“十三五”普通高等教育本科系列教材

综合布线

主　编　许　可
副主编　侯　静
编　写　张　颖　刘　剑　李孟歆　许　崇　高治军
　　　　刘美菊　林　硕　张　锐　英　宇　王　丽
　　　　郭喜峰　常　玲　贾雪松　韩忠华
主　审　魏　东

中国电力出版社
CHINA ELECTRIC POWER PRESS

内 容 提 要

本书为“十三五”普通高等教育本科系列教材。全书共7章，主要内容包括综合布线系统概论、综合布线工程常用材料及工具、信道传输特征及其主要技术指标、综合布线系统工程设计、综合布线系统施工技术、综合布线系统工程测试与验收、BIM技术及其在综合布线系统中的应用等。书中配有大量工程实例，结合建筑信息模型，在建筑电气设计中的应用，详细讲解了设计、施工及验收规范和方法，提供了大量的知识储备。

本书可作为普通高等院校建筑电气类及电子信息类专业的教材，也可作为相近专业教材，还可供从事设计、科研、运行的工程技术人员参考使用。

图书在版编目（CIP）数据

综合布线/许可主编．—北京：中国电力出版社，2018.1（2021.8重印）
“十三五”普通高等教育本科规划教材
ISBN 978-7-5198-0758-0

Ⅰ．①综…　Ⅱ．①许…　Ⅲ．①计算机网络－布线－高等学校－教材
Ⅳ．①TP393.033

中国版本图书馆CIP数据核字（2017）第217120号

出版发行：中国电力出版社
地　　址：北京市东城区北京站西街19号（邮政编码100005）
网　　址：http://www.cepp.sgcc.com.cn
责任编辑：孙　静　（010-63412542）
责任校对：闫秀英
装帧设计：左　铭
责任印制：吴　迪

印　　刷：北京天泽润科贸有限公司印刷
版　　次：2018年1月第一版
印　　次：2021年8月北京第五次印刷
开　　本：787毫米×1092毫米　16开本
印　　张：16.5
字　　数：401千字
定　　价：49.00元

前 言

随着我国建筑业蓬勃发展及人民生活水平不断提高，对智能建筑的需求越来越多。不管是大厦的布线还是园区网络，都离不开信息传输的通道，离不开综合布线系统。若智能建筑大楼为人体，综合布线系统就如体内的神经，它采用了一系列高质量的标准材料，以模块化的组合方式，把语音、数据、图像和部分控制信号系统用统一的传输媒介进行综合，经过统一的规划设计，综合在一套标准的布线系统中，将现代建筑的三大子系统有机地连接起来，为现代建筑的系统集成提供了物理介质。

本书从实际出发，结合国家标准规范，阐述综合布线系统的设计和施工，并结合建筑信息模型（Building Information Modeling，BIM）在建筑电气设计的应用，详细讲解了设计、施工及验收规范和方法，提供了大量的知识储备。通过本书的学习，使学生能对综合布线系统的设计与施工技术有较完整的概念，并能掌握通信网络工程施工的基本操作技能，为今后从事综合布线工程设计与施工或者通信布线系统维护工作奠定一定的基础。

本书由许可任主编，侯静任副主编。全书共分 7 章，第 1 章由侯静编写，第 2 章由张颖、刘剑、李孟歆、许崇编写，第 3 章由刘美菊、张锐、林硕编写，第 4、7 章由许可编写，第 5 章由高治军、英宇、王丽、郭喜峰共同编写，第 6 章由常玲、贾雪松、韩忠华编写。全书由许可统稿。

本书由北京建筑大学魏东主审，对本书的编写提出了许多宝贵的意见和建议，在此表示感谢。

由于编者水平有限，书中难免有不足之处，恳请专家和读者批评指正。

编　者
2017 年 11 月
于沈阳建筑大学

目　　录

第 1 章 综合布线系统概论

1.1 智能建筑概述

1.1.1 智能建筑的概念

智能建筑的概念最早是由美国人提出来的，1984 年 1 月，美国建成了世界上第一座智能化大楼，该大楼采用计算机技术对楼内的空调、供水、防火、防盗及供配电等系统进行自动化综合管理，并为大楼的用户提供语音、文字、数据等各类信息服务。然而，对于“智能建筑”的定义，不同的国家有不同的解释。

美国智能建筑学会定义：智能建筑是对建筑物的结构、系统、服务和管理这四个基本要素进行最优化组合，为用户提供一个高效率并具有经济效益的环境。

日本智能建筑研究会定义：智能建筑应提供包括商业支持功能、通信支持功能等在内的高度通信服务，并能通过高度自动化的大楼管理体系保证舒适的环境和安全，以提高工作效率。

欧洲智能建筑集团定义：智能建筑是使其用户发挥最高效率，同时又以最低的保养成本、最有效的管理本身资源的建筑，能够提供一个反应快、效率高和支持力的环境，以使用户达到其业务目标。

我国智能建筑方面的建设起始于 1990 年，北京发展大厦被认为是我国智能建筑的雏形。在 20 世纪 90 年代的中后期形成建设高潮，上海市浦东区，仅 1997 年内就规划建设了上百幢智能建筑。我国在 2000 年 10 月正式实施 GB/T 50314—2015《智能建筑设计标准》。在该标准中明确提出了智能建筑是“以建筑为平台，兼备建筑设备、办公自动化及通信网络系统，集结构、系统、服务、管理及它们之间的最优化组合，向人们提供一个安全、高效、舒适、便利的建筑环境。”这个以国家标准形式给出的智能建筑定义，明确了智能建筑的内容及意义，规范了智能建筑的概念，符合智能建筑本身动态发展的特征。智能建筑是为适应现代社会信息化与经济国际化的需求而兴起，是随计算机技术、通信技术和现代控制技术的发展和相互渗透而发展起来的，并将继续发展下去。

智能建筑由楼宇自动化系统（Building Automation System，BAS）、通信自动化系统（Communication Automation System，CAS）和办公自动化系统（Office Automation System，OAS）三部分构成，通常称为 3A 系统。我国部分房地产开发商将 BAS 中的防火监控系统（Fire Automation System，FAS）和保安监控系统（Safety Automation System，SAS）独立出来，变为 5A 系统。

1. 楼宇自动化系统

楼宇自动化系统主要是对智能建筑中的所有机电装置和能源设备实现高度自动化及智能化的集中管理，通过计算机对各子系统进行监测、控制、记录，实现分散节能控制和集中科学管理，为用户提供良好的工作环境，也为管理者提供更方便的管理手段。楼宇自动化系统主要包括空调监控系统、冷冻站监控系统、给排水监控系统、变配电监控系统、热力站监控系统、照明监控系统、安全防范监控系统、消防灭火报警监控系统、背景音乐系统和消防广播等。

2. 通信自动化系统

智能建筑的通信自动化系统是保证建筑物内语音、数据、图像传输的基础，同时与外部通信网（如数据网、计算机网、卫星及广电网）相连，与世界各地互通信息。

智能建筑中的通信系统目前主要由两大系统组成，即程控数字用户交换机和有线电视网（CATV）。

通信自动化系统的设计应满足办公自动化系统的要求，并能适应楼外电信部门的通信网向数字化、智能化、综合化、宽带化及个人化发展的趋势。此外，还应考虑适应接入网和综合业务数字网（ISDN）方面的发展，向用户提供快捷、有效、安全及可靠的信息通信服务，包括语言文本、图形、图像及计算机数据等多种媒体的通信服务。

通信自动化系统主要包括下列内容：

（1）通信网络系统。

（2）固定电话通信系统。包括程控数字用户交换机等。

（3）声讯服务通信系统。语音信箱可存储外来语音，使电话用户通过信箱密码提取语音留言；可自动向具有语音信箱的客户提供呼叫（当语音信箱系统和无线寻呼系统连接后），通知其提取语音留言；可设置语音应答系统，通过电话查询有关信息并有及时应答服务的功能。

（4）无线通信系统。应具备选择呼叫和群呼功能。

（5）卫星通信系统。楼顶安装卫星收发天线和微型地球站（VSAT）通信系统，与外部构成语音和数据通道，实现远距离通信的目的。

（6）多媒体通信系统。包括国际互联网（Internet），可以通过电话网、分组数据网（X25）、数字数据网（DDN）、综合业务数字网（ISDN）、帧中继网（FR）接入，采用TCP/IP 协议；企业内网（Intranet），一个企业或集团内部的计算机网络。

（7）视讯服务系统。包括可视图文系统，接收动态图文信息；电子信箱系统，具有存储及提取文本、传真、电传等邮件的功能；电视会议系统，通过具有视频压缩技术的设备向系统的使用者提供显示近处或远处可观察的图像并进行同步通话的功能。

（8）电视通信系统。包括有线电视系统、可接收加密的卫星电视节目，以及加密的数据信息、公共广播系统。

（9）电子信息显示系统。

（10）视频点播系统。

（11）同声翻译系统。

3. 办公自动化系统

办公自动化系统是指办公人员利用现代化科学技术的最新成果，借助于先进的办公设备，实现办公活动的科学化、自动化，即计算机取代人处理办公业务。其目的是最大限度地提高办公效率和改进办公质量，缩短办公周期，减少或避免各种差错，提高管理和决策的科学化水平。

办公自动化除了与科学和技术有关外，还涉及人的因素，即管理方面的问题，它要求系统简单、实用、方便、安全，在客户/服务器方式下，通过局域网络的互相连接，能够迅速有效地承担起大厦的管理职能。

智能大厦办公自动化系统的主要服务类别有：

(1) 人事、财务类。包括人事档案管理系统，建立人事档案，对人事动态情况进行管理；财务管理系统，建立财务账目，对财务账目中的数据进行复核、分类、统计，及时提供每月的人员、成本费和盈亏状况，处理银行账务往来和客户账务往来；固定资产管理系统；工资支付管理系统等。

(2) 领导办公类。包括公文管理系统、领导要事安排管理系统、文档管理系统、总经理查询系统及本行业国内外商情管理系统等。

(3) 管理类。包括酒店管理系统、大厦大事记系统、客房管理系统、停车场管理系统及大厦运行管理系统等。

(4) 商场类。包括商场POS管理系统、商品供应管理系统、商品合同管理系统、商品库存管理系统、餐厅酒吧管理系统及舞厅、游泳、健身房管理系统等。

(5) 公共服务类。包括顾客综合服务系统和民航班机时刻表管理、火车时刻表管理、轮船时刻表管理、汽车时刻表管理及电子布告管理系统等。

1.1.2 智能建筑的发展与前景

智能建筑的未来发展，将主要体现在智能建筑技术及其相关技术的发展、智能建筑应用领域的发展和智能建筑及其相关产业的持续发展三个方面。

由于智能建筑惊人的发展速度和良好的发展前景，吸引了大量的资金进入，为新技术、新产品的研究与开发提供了可靠的资金保证。著名的Siemens公司，在20世纪90年代后期通过收购Landis公司技术成熟且有很大知名度和很高市场占有率的技术与产品，进入了智能建筑行业，并很快成为国际著名的技术与产品供应商之一，就是一个典型的例证。

随着时代的前进与发展，“智能建筑”范围也在不断地发展与充实。由于建筑智能化技术在住宅建筑中的大量应用，供人们居住的具有智能化、信息化、数字化功能的住宅小区不断涌现，智能化住宅（小区）动态地改变了“智能建筑”原有的含义，成为“智能建筑”的另一重要组成部分。智能化住宅（小区）的建设与发展，不仅已经成为一个国家经济实力的体现，而且是一个国家科学技术水平的综合标志之一，它也成为人类社会住宅建设发展的必然趋势。

在人类社会步入21世纪的今日，在现代化城市中，人们建设了越来越多的智能建筑（群），以及具备了“智能建筑”特点的现代化居住小区。虽然它们都具有自己独具特色的综合“信息系统”，但从整个城市来讲，它们仍只是一个个功能齐全的“信息孤岛”或者称为“信息单元”。如何将这些信息孤岛有机地联系起来，更大地发挥它们的功能和作用，进而将整个城市推向现代化、信息化和智能化，“数字化城市”的概念应运而生。在某种意义上，可以认为“数字化城市”是“智能建筑”概念的一个具有特殊意义的扩展。可以设想，在将住宅、社区、医院、银行、学校、超市、购物中心等所有智能建筑通过信息网络连接形成“数字化城市”信息平台之上的智能建筑、智能住宅或智能小区，与现代的智能建筑、智能住宅或智能小区会有多大的差别？这些可以预见的前景，预示着智能建筑具有极其广阔的发展领域。

国内近几年智能建筑的发展，已经带动和促进了相关行业的迅速发展，已经成为高新技术产业重要的组成部分。智能建筑技术的迅速发展和智能建筑领域的持续扩展将会使相关的产业规模不断壮大和发展速度不断加快。智能建筑的发展，也带动了建筑设备智能化技术的快速发展。近年来制冷机组、电梯、变配电、照明等系统与设备的控制系统的智能化程度越来越高，一方面为智能建筑功能的提高提供了有力的技术支持；另一方面也促进了相关行业产品技术水平的不断提高和产品的更新换代。智能建筑及其相关高新技术产业得以在世界范围内高速发展，绝非个人意志所及，其适应时代发展需要的固有优势，尤其是巨大的经济效益，使之充满活力，方兴未艾，并将成为21世纪的主要高技术产业之一。前瞻产业研究院在《"十三五"数据中国建设下智能建筑行业深度调研及投资前景预测报告》中指出，我国智能建筑市场规模将由2012年的4.27亿美元增长到2020年的10.4亿美元，为先进的建筑技术和服务提供了广阔的发展空间。未来所呈现的将是亚洲新建建筑市场快速发展的景象，同时带动了智能建筑的迅猛发展。

在亚洲很多国家，智能城市实现了一种可持续化的城市发展模式。智能城市包括很多内容，主要是通信技术（ICT）基础设施，也包括生态、可持续性、绿色和低碳城市，诠释了不同的绿色元素。在日本和韩国分别有Fujisawa和SongdoIDB两座智能城市。中国有36座智能城市正在建设。到2050年，新加坡将成为智能国家，马拉西亚的Iskanda已经成为其旗舰智能城市。德里、孟买工业带将成为未来印度的智能城市。中国正投资2500亿元将天津建设成低碳示范城市。

智能城市为通信信息技术、软件、电子硬件产品和低碳工业提供了大量的商业机会。目前，通信信息技术和软件企业正在智能城市市场中不断增长。系统和服务商与政府建立合作关系并成为独立投资者。除了日本，零能建筑相比较其更高的目标而言，在亚洲很多国家更多的是一个概念。通常，零能建筑是作为各类低碳技术应用的示范。

1.1.3 智能建筑与综合布线的联系

由于智能建筑是集建筑、通信、计算机网络和自动控制等多种高新科技之大成，所以智能建筑工程项目的内容极为广泛，智能建筑中的神经系统（综合布线系统）是智能建筑的关键部分和基础设施之一，因此，不应将智能建筑和综合布线系统相互等同，否则容易错误理解。综合布线系统在建筑内和其他设施一样，都是附属于建筑物的基础设施，为智能建筑的主人或用户服务。虽然综合布线系统和房屋建筑彼此结合形成不可分离的整体，但要看到它们是不同类型和工程性质的建设项目。它们从规划、设计直到施工及使用的全过程中，其关系是极为密切的。具体表现有以下几点：

1. 综合布线系统是衡量建筑智能化程度的重要标志

在衡量建筑智能化程度时，既不完全看建筑物的体积是否高大巍峨和造型是否新颖壮观，也不会看装修是否宏伟华丽和设备是否配备齐全，主要是看综合布线系统配线能力，如设备配置是否成套，技术功能是否完善，网络分布是否合理，工程质量是否优良，这些都是决定建筑智能化程度高低的重要因素，因为智能建筑能否为用户更好地服务，综合布线系统具有决定性的作用。

2. 综合布线系统使智能建筑充分发挥智能化效能，它是智能建筑中必备的基础设施

综合布线系统把智能建筑内的通信、计算机和各种设备及设施，在一定的条件下纳入其中，互相连接形成完整配套的整体，以实现高度智能化的要求。由于综合布线系统能适应各种设施当前需要和今后发展，具有兼容性、可靠性、使用灵活性和管理科学性等特点，所以它是智能建筑能够保证优质高效服务的基础设施之一。在建筑中如没有综合布线系统，各种

设施和设备因无信息传输媒质连接而无法相互联系、正常运行，智能化也难以实现，这时建筑只是一幢只有空壳躯体的、实用价值不高的土木建筑，也就不能称为智能建筑。在建筑中只有配备了综合布线系统时，才有实现智能化的可能性，这是智能建筑工程中的关键内容。

3. 综合布线系统能适应今后智能建筑和各种科学技术的发展需要

众所周知，房屋建筑的使用寿命较长，大都在几十年以上，甚至近百年。因此，目前在规划和设计新的建筑时，应考虑如何适应今后发展的需要。由于综合布线系统具有很高的适应性和灵活性，能在今后相当长的时期内满足客观发展需要，为此，在新建的高层或重要的智能建筑中，应根据建筑物的使用性质和今后发展等各种因素，积极采用综合布线系统。对于近期不拟设置综合布线系统的建筑，应在工程中考虑今后设置综合布线系统的可能性，在主要部位、通道或路由等关键地方，适当预留房间（或空间）、洞孔和线槽，以便今后安装综合布线系统时，避免打洞穿孔或拆卸地板及吊顶等装置，有利于扩建和改建。

总之，综合布线系统分布于智能建筑中，必然会有相互融合的需要，同时又可能发生彼此矛盾的问题。因此，在综合布线系统的规划、设计、施工和使用等各个环节，都应与负责建筑工程等有关单位密切联系、配合协调，采取妥善合理的方式来处理，以满足各方面的要求。

1.2　综合布线系统概述

信息化社会中，现代化的房屋建筑不断涌现，作为现代化房屋建筑的关键部分和基础设施之一的综合布线系统是一个重要课题。综合布线是一种由缆线及相关接续设备组成的信息传输系统，它以一套单一的配线系统综合通信网络、信息网络及控制网络，可以使相互间的信号实现互联互通。与建筑中强电系统常用的电力电缆不同，综合布线中常用双绞线电缆及光缆进行信号的传输。

1.2.1　综合布线系统的概念

综合布线系统是为适应综合业务数字网（ISDN）的需求而发展起来的布线方式，它为智能大厦和智能建筑群中的信息设施提供了多厂家产品兼容，模块化扩展、更新与系统灵活重组的可能性。综合布线系统是智能建筑的重要组成部分，主要体现在建筑自动化（Building Automatization，BA）、通信自动化（Communication Automatization，CA）、办公自动化（Office Automatization，OA）等几个方面。

传统专属布线中，不同应用系统（电话语音系统、计算机网络系统、建筑自动化系统等）的布线系统各自独立，不同的设备采用不同的传输介质构成各自的通信网络；同时，连接传输介质的插座、模块及配线架的结构和标准也不尽相同。而综合布线是指建筑物或建筑群内的线路布置标准化、简单化，是一套标准的集成化分布式布线系统。通常是将建筑物或建筑群内的若干种线路，如电话语音系统、数据通信系统、报警系统、监控系统等合为一种布线系统，进行统一布置，并提供标准的信息插座，以连接各种不同类型的终端设备。与传统的布线相比较，综合布线系统有着许多优越性，是传统布线无法相比的，其特点主要表现在它具有兼容性、开放性、灵活性、可靠性、先进性和经济性。

事实上，对于综合布线系统还很难给出一个统一的能够精确概括其含义的描述。目前所说的建筑物与建筑群综合布线系统，简称综合布线系统。它是指一幢建筑物内（或综合性建筑物）或建筑群体中的信息传输媒质系统。它将相同或相似的缆线（如双绞线电缆、同轴电缆或光缆）、连接硬件组合在一套标准的，且通用的、按一定秩序和内部关系而集成的整体中，因此，目前它是以CA为主的综合布线系统。今后随着科学技术的发展，会逐步提高和完善，形成能真正充分满足智能建筑所需要的系统。

1.2.2 综合布线系统的发展过程

20世纪50年代，发达国家在兴建大型高层建筑中，首先提出楼宇自动化的要求。在建筑物内部装设各种仪表、控制装置和信号显示等设备，并采取集中控制、监视的方法，以便于运行操作和维护管理。这些设备分别设有独立的传输线路，将分散在建筑物内的设备连接起来，组成各自独立的集中监控系统，这种线路称为专业布线系统。

1985年，美国电话电报公司（AT&T）贝尔实验室首先推出了综合布线系统，于1986年通过美国电子工业协会（EIA）和通信工业协会（TIA）的认证，很快得到了世界的广泛认同并在全球范围内推广。综合布线系统的出现，彻底打破了数据传输和话音传输的界线，并使这两种不同的信号在一条线路中传输，从而为迎接未来综合业务数据网络（ISDN）的实施提供了传输保证。近几年来，随着我国城市中各种高层建筑和现代化公共建筑的不断涌现，尤其是智能建筑的建成，综合布线系统已成为建筑工程中的热门课题。

综合布线系统在中国的发展过程，大致经过以下四个阶段：

1. 引入、消化和吸收阶段

1992～1995年，由国际著名通信公司、计算机网络公司推出了结构化综合布线系统，并将结构化综合布线系统的理念、技术、产品带入中国。这段时间内，国内有关电缆生产厂家也处在产品的研发阶段；同时，也是布线系统性能等级和标准的初级阶段，布线系统性能等级以三类（16MHz）产品为主。

2. 推广应用阶段

1995～1997年，开始广泛地推广应用和关注工程质量。网络技术更多地采用10/100Mbit/s以太网和100Mbit/sFDDI光纤网，基本淘汰了总线型和环形网络。

3. 快速发展阶段

1997～2000年，网络技术在10/100Mbit/s以太网的基础上，提出1000Mbit/s以太网的概念和标准。我国国家标准和行业综合布线标准也正式出台。

4. 高端综合布线系统应用和发展

从2000年至今，计算机网络技术的发展和千兆以太网标准出台，5e类（即超5类）、6类布线及光纤产品开始普遍应用。我国国家及行业综合布线标准的制定，使我国综合布线走上标准化轨道，促进了综合布线在我国的应用和发展。

1.2.3 综合布线系统的标准

1. 相关国际标准组织与机构

美国国家标准协会（American National Standards Institute，ANSI）

国际建筑业咨询服务（Building Industry Consulting Service International，BICSI）

国际电报和电话协商委员会（Consultative Committee on International Telegraphy and Telephony，CCITT）

电子行业协会（Electronic Industries Association，EIA）

绝缘电缆工程师协会（Insulated Cable Engineers Association，ICEA）

国际电工委员会（International Electrotechnical Commission，IEC）

美国电气与电子工程师协会（Institute of Electrical and Electronics Engineers，IEEE）

国际标准化组织（International Standards Organization，ISO）

国际电信联盟-电信标准化部（International Telecommunications Union-Telecommunications Standardization Section，ITU-TSS）

美国国家电气制造商协会（National Electrical Manufactures Association，NEMA）

美国国家防火协会（National Fire Protection Association，NFPA）

美国电信行业协会（Telecommunications Industry Association，TIA）

安全实验室（Underwriters Laboratories，UL）

电子测试实验室（Electronic Testing Laboratories，ETL）

美国联邦电信委员会[Federal Communications Commission（U.S.），FCC]

美国国家电气规范[National Electrical Code（issued by the NFPA in the U.S.），NEC]

加拿大标准协会（Canadian Standards Association，CSA）

加拿大工业技术协会（Industry and Science Canada，ISC）

加拿大标准委员会（Standards Council of Canada，SCC）

2. 综合布线系统主要国际标准

ISO/IEC 11801：1995（E）《信息技术-用户建筑物综合布线》

国际标准ISO/IEC 11801是由联合技术委员会ISO/IEC JTC1的SC 25/WG 3工作组在1995年制定发布的，这个标准把有关元器件和测试方法归入国际标准。目前该标准有三个版本：ISO/IEC 11801：1995、ISO/IEC 11081：2000、ISO/IEC 11081：2000+。

欧洲标准EN50173《建筑物布线标准》

美国国家标准协会TIA/EIA-568A/B《商业建筑物电信布线标准》

美国国家标准协会TIA/EIA-569A《商业建筑物电信布线路径及空间距标准》

美国国家标准协会TIA/EIA TSB-67《非屏蔽双绞线布线系统传输性能现场测试规范》

美国国家标准协会TIA/EIA TSB-72《集中式光缆布线准则》

美国国家标准协会TIA/EIA TSB-75《大开间办公环境的附加水平布线惯例》

3. 综合布线系统主要中国标准

GB/T 50312—2000《建筑与建筑群综合布线系统工程施工及验收规范》

CECS 89：1997《建筑与建筑群综合布线系统工程设计及验收规范》

GB 50311—2016《综合布线系统工程设计规范》

4. 综合布线其他相关标准

在网络综合布线工程设计中，不但要遵循综合布线相关标准，同时还要结合电气防护及接地、防火等标准进行规划、设计。

（1）电气防护、机房及防雷接地标准。在综合布线时，需要考虑缆线的电气防护和接地，在GB 50311—2016《综合布线系统工程设计规范》中规定：

1）综合布线电缆与附近可能产生的高电平电磁干扰的电动机、电力变压器、射频应用设备等电气设备之间应保持必要的间距。

2）综合布线系统缆线与配电箱的最小净距宜为1m，与变电室、电梯机房、空调机房之间的最小净距宜为2m。

3）墙上敷设的综合布线缆线及管线与其他管线的间距应符合表1-1的规定。当墙壁电缆敷设高度超过6m时，与避雷引下线的交叉间距应按下式计算

$$s \geqslant 0.05l \quad (1-1)$$

式中　s——交叉间距，mm；

l——交叉处避雷引下线距地面的高度，mm。

表1-1　综合布线缆线及管线与其他管线的间距

其他管线	平行净距（mm）	垂直交叉净距（mm）	其他管线	平行净距（mm）	垂直交叉净距（mm）
避雷引下线	1000	300	热力管（不包封）	500	500
保护地线	50	20	热力管（包封）	300	300
给水管	150	20	煤气管	300	20
压缩空气管	150	20			

4）综合布线系统应根据环境条件选用相应的缆线和配线设备，或采取防护措施，并应符合下列规定：

a. 当综合布线区域内存在的电磁干扰场强低于3V/m时，宜采用非屏蔽电缆和非屏蔽配线设备。

b. 当综合布线区域内存在的电磁干扰场强高于3V/m，或用户对电磁兼容性有较高要求时，可采用屏蔽布线系统和光缆布线系统。

c. 当综合布线路由上存在干扰源，且不能满足最小净距要求时，宜采用金属管线进行屏蔽，或采用屏蔽布线系统及光缆布线系统。

5）在配线间、设备间进线应设置楼层或局部等电位接地端子板。

6）综合布线系统应采用共用接地的接地系统，如单独设置接地体，接地电阻不应大于4Ω。如接地系统中存在两个不同的接地体，其接地电位差不应大于1V。

7）楼层安装的各个配线柜（架、箱）应采用适当截面的绝缘铜导线单独布线至就近的等电位接地装置，也可采用竖井内等电位接地铜排引到建筑物共用接地装置，铜导线的截面应符合设计要求。

8）缆线在雷电防护区交界处时，屏蔽电缆屏蔽层的两端应做等电位连接并接地。

9）综合布线的电缆采用金属线槽或钢管敷设时，线槽或钢管应保持连续的电气连接，并应有不少与两点的良好接地。

10）当缆线从建筑物外面进入建筑物时，电缆和光缆的金属护套或金属件应在入口处就近与等电位接地端子板连接。机房及防雷接地标准还可参照以下标准：

GB/T 50057—2016《建筑物防雷设计规范》

GB/T 50174—1993《数据中心设计规范》

GB/T 2887—2011《计算机场地通用规范》

GB/T 9361—2011《计算机场站安全要求》

IEC 1024-1《防雷保护装置规范》

IEC 1312-1《防止雷电波侵入保护规范》

J-STD-607-A《商业建筑电信接地和接线要求》

J-STD-607-A推出的目的在于帮助需要增加接地系统的技术安装人员，它完整地介绍了规划、设计、安装接地系统的方法，相关技术安装人员都可以参照此标准。

（2）防火标准。缆线是综合布线系统防火的重点部件，GB 50311—2016《综合布线系统工程设计规范》中规定：

1）根据建筑物的防火等级和对材料的耐火要求，综合布线系统的缆线选用和布放方式及安装的场地应采取相应的措施。

2）综合布线工程设计选用的电缆、光缆应从建筑物的高度、面积、功能、重要性等方面加以综合考虑，选用相应的防火缆线。

对于防火缆线的应用分级，北美、欧洲及国际的响应标准中主要以缆线受火的燃烧程度及着火以后，火焰在缆线上蔓延的距离、燃烧的时间、热量与烟雾的释放、释放气体的毒性等指标，并通过实验室模拟缆线燃烧的现场状况实测取得。

国际上综合布线中电缆的防火测试标准有UL910和IEC 60332。其中UL910等标准为加拿大、日本、墨西哥和美国使用，UL910等同于美国消防协会的NFPA262—1999。UL910标准则高于IEC 60332-1及IEC 60332-3标准。

对欧洲、美洲、国际的缆线测试标准进行同等比较以后，建筑物的缆线在不同的场合与安装敷设时，建议选用符合相应防火等级的缆线，并按以下几种情况分别列出：

a. 在通风空间内（如吊顶内及高架地板下等）采用敞开方式敷设缆线时，可选用CMP级（光缆为OFNP或OFCP）或B1级。

b. 在缆线竖井内的主干缆线采用敞开的方式敷设时，可选用CMR级或B2、C级。

c. 在使用密封的金属管槽做防火保护的敷设条件下，缆线可选用CM级或D级（CMP、CMR、CM为UL910阻燃标准。CMP级缆线的测试标准主要是美国的UL 910，主要用于水平子系统中的不采用金属管线而直接敷设在通风或强制通风环境中的缆线。CMR级缆线的测试标准为UL 1666，主要用于垂直干线子系统中的缆线。CM级缆线大多是水平双绞线，在配线子系统中使用。B1、B2、C、D为IEC线缆防火测试标准）。

此外，建筑物综合布线还应依照国内的相关标准：GB 50045—2005《高层民用建筑设计防火规范》、GB 50016—2014《建筑设计防火规范》、GB 50222—2015《建筑内部装修设计防火规范》。

1.2.4　综合布线系统中使用的标识符

标识符是文字，用以说明被标识的对象，由前缀（字符串）和后缀（数字）组成。前缀为代表的对象，后缀为该对象的型号、编号或级别等。

1. 通道类标识

CT XXX—电缆桥架，SL XXX—电缆孔，CD XXX— 管道（路径），BCD XXX—干线管道

2. 空间类标识

ER XXX—设备间，H（M）H XXX—手（人）孔，SE XXX—维修入口，TC（3A）XXX—配线间，WA XXX—工作区

3. 电缆类标识

C XXX—电缆，CB XXX—干线电缆，F XXX—光缆

4. 接地类标识

EC XXX—设备连接导线，GB XXX—接地母线，TGB XXX—电信接地母线

例如：TC02 代表二楼配线间，ER00 代表底层设备间。

1.3 综合布线系统设计概述

综合布线系统工程总体方案设计有时又称系统设计，它包含的内容较多，对综合布线系统工程的整体性和系统性具有举足轻重的作用，直接影响着智能建筑和智能小区使用功能的高低和服务质量的优劣。综合布线系统工程总体方案设计的主要内容有布线系统组成、总体网络结构、系统技术指标、设备选型配置和与其他系统工程的配合等。

1.3.1 综合布线系统工程的范围和组成

综合布线系统就是为了顺应发展需求而特别设计的一套布线系统。对于现代化的大楼来说，就如体内的神经，它采用了一系列高质量的标准材料，以模块化的组合方式，把语音、数据、图像和部分控制信号系统用统一的传输媒介进行综合，经过统一的规划设计，综合在一套标准的布线系统中，将现代建筑的三大子系统有机地连接起来，为现代建筑的系统集成提供了物理介质。可以说，结构化布线系统的成功与否直接关系到现代化大楼的成败，选择一套高品质的综合布线系统是至关重要的。

综合布线系统是开放式结构，能支持电话及多种计算机数据系统，还能支持会议电视、监视电视等系统的需要。综合布线系统可划分成工作区子系统、配线（水平）子系统、干线（垂直）子系统、设备间子系统、管理间子系统、建筑群子系统、进线间子系统七个子系统。

1. 工作区子系统

一个独立的需要设置终端设备（TE）的区域划分为一个工作区。工作区由配线子系统的信息插座模块（TO）延伸到终端设备处的连接缆线及适配器组成，如图 1-1 所示。

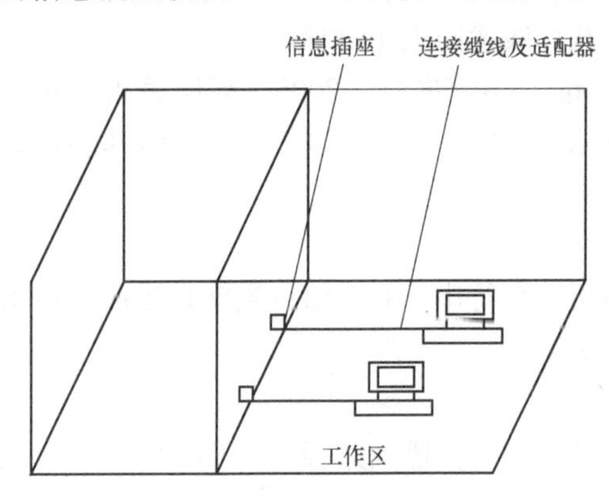

图 1-1 工作区子系统示意图

适配器（Adapter）可以是一个独立的硬件接口转接设备，也可以是信息接口。综合布线系统工作区信息插座是标准的 RJ-45 接口模块。如果终端设备不是 RJ-45 接口，则需要另配一个接口转接设备（适配器）才能实现通信。

工作区子系统常见的终端设备有计算机、电话机、传真机和电视机等。因此工作区对应的信息插座模块包括计算机网络插座、电话语音插座和 CATV 有线电视插座等，并配置相应的连接缆线，如 RJ-45 连接缆线、RJ-11 电话线和有线电视电缆。

工作区是需要设置终端设备的独立区域，通常将一个独立的需要设置终端设备的区域划分为一个工作区，一个工作区的服务面积可按 5～10m² 估算，或按不同的应用场合调整面积的大小。

需要注意的是，信息插座模块尽管安装在工作区，但它属于配线子系统的组成部分。

2. 配线（水平）子系统

配线子系统由工作区的信息插座模块、信息插座模块至配线间配线设备（FD）的配线电缆和光缆、配线间的配线设备及设备缆线和跳线等组成，如图 1 - 2 所示。

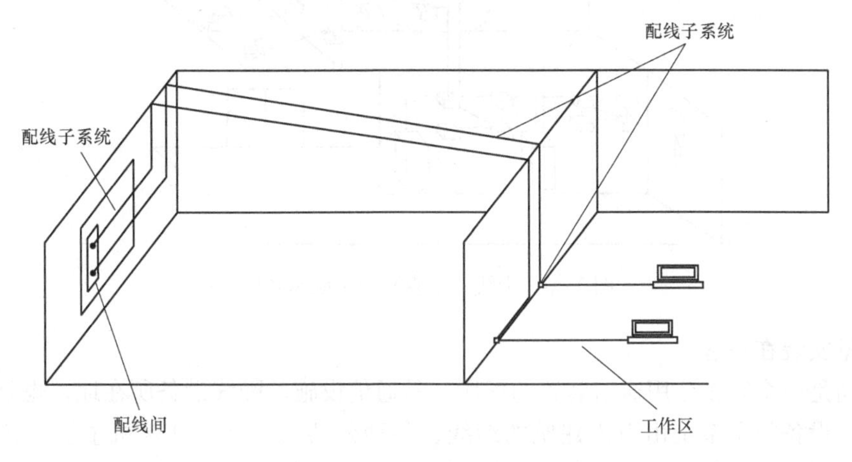

图 1 - 2 配线子系统示意图

配线设备是电缆或光缆进行端接和连接的装置。在配线设备上可进行互相连接或交叉连接操作。交叉连接是采用接插软线或跳线连接配线设备和信息通信设备（数据交换机、语音交换机等），互相连接是不用接插软线或跳线，而使用连接器件把两个配线设备连接在一起。通常的配线设备就是配线架，规模大一点的还有配线箱和配线柜。配线间、建筑物设备间和建筑群设备的配线设备分别简称为 FD、BD 和 CD。

在综合布线系统中，配线子系统要根据建筑物的结构合理选择布线路由，还要根据所连接不同种类的终端设备选择相应的缆线。配线子系统常用的缆线是 4 对屏蔽或非屏蔽双绞线、同轴电缆或双绞线跳线。对于某些高速率通信应用，配线子系统也可以使用光缆构建一个光纤到桌面的传输系统。

配线子系统一般处在同一楼层，将主干子系统线路延伸到用户工作区，缆线均沿大楼的地面或吊顶中路由敷设，最大的水平缆线长度一般为 90m，若需要更长的距离布线可采用光缆。

3. 干线（垂直）子系统

干线子系统是旧的国家标准中的垂直干线子系统，是综合布线系统中连接各管理间、设备间的子系统，是楼层之间垂直干线电缆的通称，由设备间配线设备和跳线及设备间至各楼层配线间的电缆组成，主要包括主交叉连接、中间交叉连接和楼间主干电缆或光缆，以及将此干线连接到相关的支撑硬件，如图 1 - 3 所示。它可以提供设备间总（主）配线架与干线接线架之间的干线路由。

干线子系统一般采用大对数双绞线电缆或光缆，两端分别端接在设备间和楼层配线间的配线架上。干线电缆的规格和数量由每个楼层所连接的终端设备类型及数量决定。干线子系统一般采用垂直路由、干线缆线沿着垂直竖井布放。

4. 设备间子系统

设备间是在每栋建筑物的适当地点进行网络管理和信息交换的场地。对于综合布线系统工程设计，设备间主要安装建筑物配线设备。电话交换机、计算机主机设备及入口设备也可

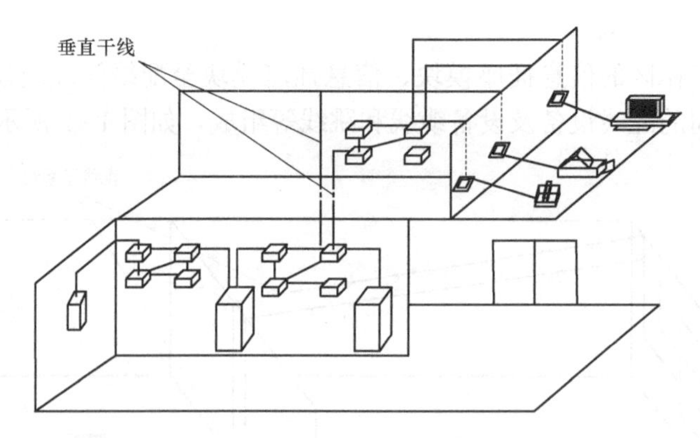

图 1-3 干线（垂直）子系统示意图

与配线设备安装在一起。

设备间是一个安放公用通信装置的场所，是通信设施、配线设备所在地，也是线路管理的集中点。设备间子系统由引入建筑的缆线、各种公共设备（如计算机主机、各种控制系统、网络互联设备、监控设备）和其他连接设备（如主配线架）等组成，把建筑物内公共系统需要互相连接的各种不同设备集中连接在一起，完成各个楼层水平子系统之间的通信线路的调配、连接和测试，并建立与其他建筑物的连接，从而形成对外传输的路径。

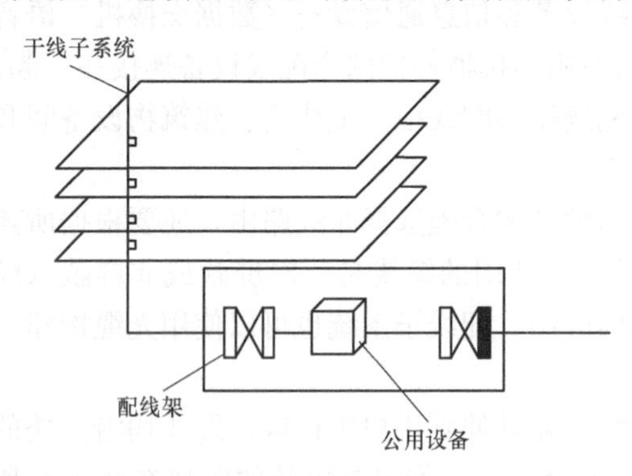

图 1-4 设备间子系统示意图

设备间子系统是建筑物中电信设备、计算机网络设备及建筑物配线设备（BD）安装的地点，同时也是网络管理的场所，由设备间电缆、连接器和相关支撑硬件组成，将各种公用系统设备连接在一起，如图 1-4 所示。

5. 管理间子系统

管理间子系统主要对工作区、配线间、设备间、进线间的配线设备、缆线和信息插座模块等设施按一定的模式进行标识和记录。管理间子系统设置在每层配线设备的房间内，由配线间的配线设备、输入/输出（I/O）设备等组成，如图 1-5 所示。管理间子系统采用交叉连接和互相连接等方式管理垂直电缆和各楼层水平布线子系统的电缆，为连接其他子系统提供了连接手段，即提供了干线接线间、中间接线间、主设备间中各个楼层配线架（箱）、主配线架（箱）上水平干线与垂直干线缆线之间通信线路连接通信、线路定位与移位的管理。配线间可安排或重新安排路由，所以通信线路能够延续到连接建筑物内部的各信息插座，从而实现综合布线系统的管理。管理是针对设备间和工作区的配线设备和缆线按一定的规模进行标识和记录的规定，其内容包括管理方式、标识、色标、交叉连接等。

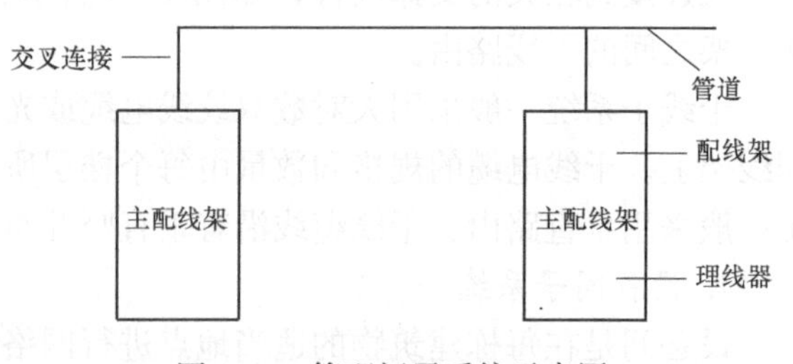

图 1-5 管理间子系统示意图

通过管理间子系统，用户可以在配线架上灵活地更改、增加、转换和扩展线路，而不需要专门工具，正因为如此，使综合布线系统具备高度的开放性、扩展性和灵活性。

6. 建筑群子系统

建筑群子系统由连接多个建筑物之间的主干电缆和光缆、建筑群配线设备及设备缆线和跳线组成。建筑群配线设备是指终接建筑群主干缆线的配线设备。建筑群子系统将建筑物内电缆延伸到建筑群的另外一些建筑物中的通信设备和装置上，是建筑物外界网络与内部系统之间的连接系统，如图 1-6 所示。

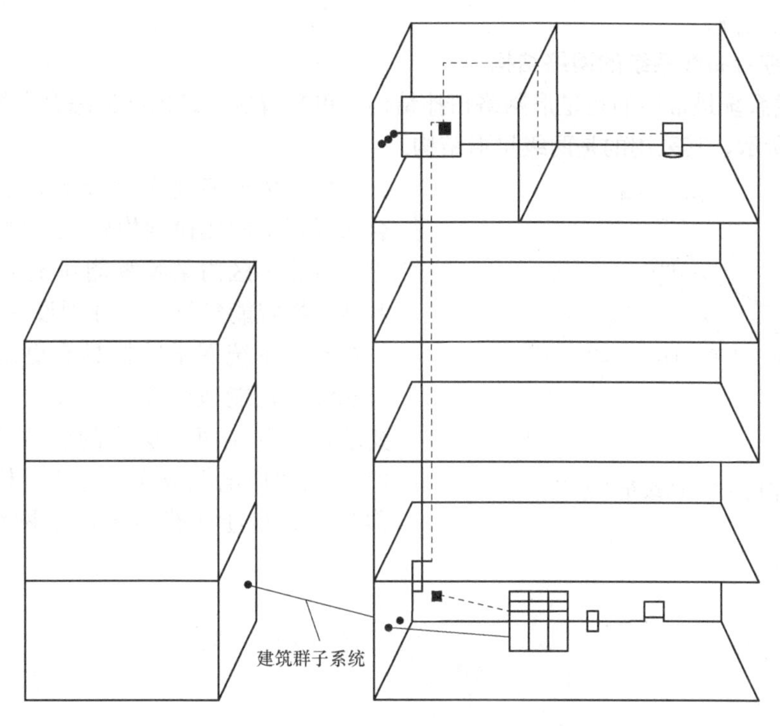

图 1-6 建筑群子系统

大中型网络中都拥有多栋建筑物，建筑群子系统（Campus Backbone Subsystem）用于实现建筑物之间的各种通信。建筑群子系统是指建筑物之间使用传输介质（电缆或光缆）和各种支持设备（如配线架、交换机等）连接在一起，构成一个完整的系统，从而实现彼此之间的语音、数据、图像或监控等信号的传输。建筑群子系统包括建筑物间的干线布线及建筑物中的引入口设备，由楼群配线架（Campus Distributor，CD）与其他建筑物的楼宇配线架（Building Distributor，BD）之间的缆线及配套设施组成。

7. 进线间子系统

进线间是建筑物外部通信和信息管线的入口部位，并可作为入口设施和建筑群配线设备的安装场地。进线间主要作为多家电信业务经营者和建筑物布线系统安装入口设施共同使用，并满足室外电缆、光缆引入楼内成端与分支及光缆的盘长空间的需要。由于光缆至大楼（FTTB）、至用户（FTTH）、至桌面（FTTO）的应用会使得光纤的容量日益增多，进线间就显得尤为重要。同时，进线间的环境条件应符合入口设施的安装工艺要求。在建筑物不具备设置单独进线间或引入建筑物内的电缆、光缆数量容量较小时，也可以在缆线引入建筑物内的部位采用挖地沟或使用较小的空间完成缆线的成端与盘长，入口设施（配线设备）则可安装在设备间，但多家电信业务经营者的入口设施（配线设备）宜设置单独的场地，以便功能分区。建筑物内如果包括数据中心，需要分别设置独立使用的进线间。

从功能及结构来看，综合布线系统的7个子系统密不可分，组成了一个完整的系统。如果将综合布线系统比喻为一棵树，则工作区子系统是树的叶子，配线子系统是树枝，干线子系统是树干，进线间、设备间子系统是树根，管理子系统是树枝与树干、树干与树根的连接处。工作区内的终端设备通过配线子系统、干线子系统构成的链路通道，最终连接到设备间内的应用管理设备。

1.3.2　综合布线系统的网络结构

综合布线系统最常用的是星形网络拓扑结构。单幢智能建筑内部的综合布线系统网络结构如图1-7所示，其采用的是两级星形结构。

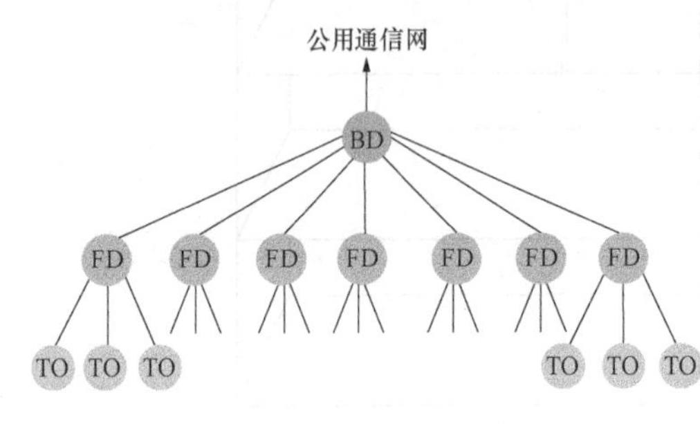

图1-7　两级星形结构

由多幢智能建筑组成的智能小区，其综合布线系统的建设规模较大，网络结构复杂，除在智能小区内某幢智能建筑中设有CD外，其他每幢智能建筑中还分别设有BD。为了使综合布线系统网络结构具有更高的灵活性和可靠性，且能适应今后多种应用系统的使用要求，可以在两个层次的配线架（如BD或FD）之间用电缆或光缆连接，构成分级（又称多级）有迂回路由的星形网络拓扑结构，如图1-8所示。

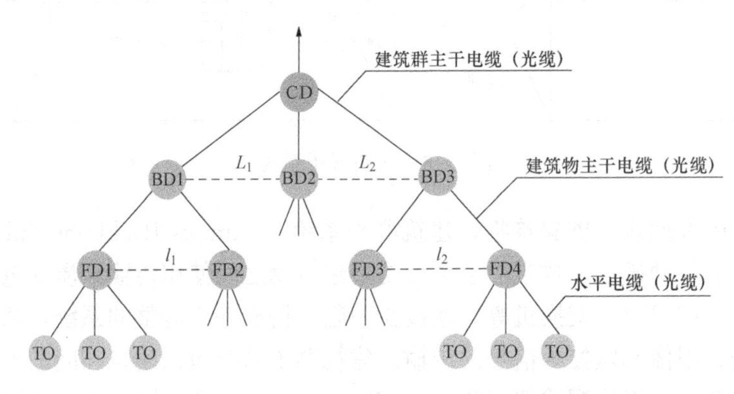

图1-8　分级（多级）星形网络结构

图1-8中BD之间（BD1与BD2之间的L_1，BD2与BD3之间的L_2）或FD之间（FD1与FD2之间的l_1，FD3与FD4之间的l_2）为互相连接的电缆或光缆。这种网络结构较为复杂，增加了缆线长度和工程造价，对维护检修不利。因此，在考虑综合布线系统网络结构时，需经过技术经济比较后确定。

在智能小区的综合布线系统工程设计中，为了保证通信传输安全可靠，可以考虑增加冗余度，综合布线系统采取分集连接方法，即分散和集中相结合的连接方式，如图1-9所示。

引入智能小区的通信线路（电缆或光缆）设有两条路由，分别连接到智能小区内两幢智能建筑各自的建筑物主干布线子系统，与建筑物配线架相连接，用建筑物主干布线子系统的

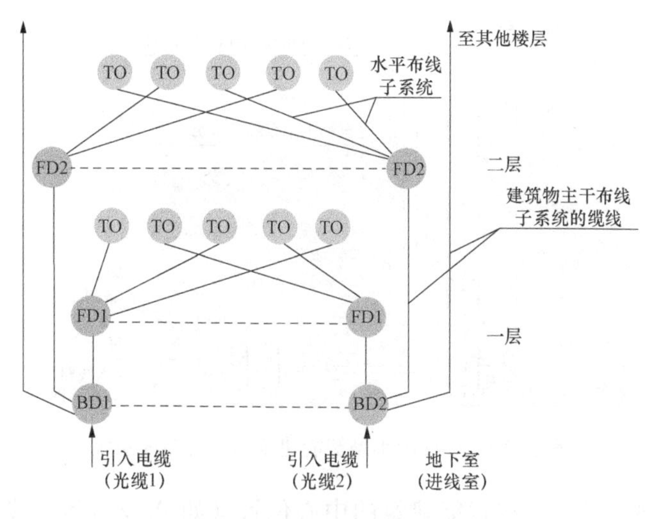

图 1-9　分集连接方法

主干电缆或光缆连接到各自管辖的楼层配线架。根据网络结构和实际需要，可以在建筑物配线架之间（BD1 和 BD2）或楼层配线架之间（FD1 和 FD2）采用电缆或光缆互相连接，形成类似网状的形状。这种网络结构对于防止火灾等灾害或公用通信网线路障碍发生的通信中断事故具有保障作用。但是应看到这种连接方式存在使网络结构变得复杂，配置设备、工程造价和维护费用增加的缺陷。因此，应根据工程实际需要慎重比较后再使用，也可有计划地分期实施。

1.3.3　综合布线系统工程的设备配置

综合布线系统工程的设备配置是工程设计中的重要内容，它与所在地区的智能建筑或智能小区的建设规模和系统组成有关。综合布线系统工程的设备配置主要是指各种配线架、布线子系统、传输媒质和通信引出端（即信息插座）等的配置。

1. 单幢智能建筑综合布线系统工程的设备配置

目前，单幢智能建筑综合布线系统工程的典型设备配置和子系统连接方式有以下几种：

（1）单幢的中小型智能建筑，其附近没有其他房屋建筑，不会发展成为智能建筑群体。这种情况可以不设建筑群配线架，也不需要建筑群主干布线子系统。在单幢智能建筑中，需设置两次配线点，即建筑物配线架和楼层配线架，只采用建筑物主干布线子系统和水平布线子系统。这种综合布线系统的网络结构最简单，且使用比较普遍，如图 1-10 所示。

当单幢智能建筑的楼层面积不大、用户信息点数量不多时，为了简化网络结构和减少接续设备，可以采取每 2～5 个楼层设置 FD，由中间楼层的 FD 分别与相邻楼层的通信引出端（TO）相连的连接方法。但是要求 TO～FD 之间的水平缆线的最大长度不应超过 90m，以满足标准规定的传输通道要求。

（2）单幢大型智能建筑由于建设规模和建筑面积大，同时建筑性质和功能不同，其建筑外形或层数也不同。因此，在综合布线系统工程设计时，应根据该建筑的分区性质、功能特点、楼层面积大小、目前用户信息点的分布密度和今后发展等因素综合考虑，一般有以下两种设备配置方式，可分别在不同情况下采用：

1）可将整幢智能建筑看作智能建筑群体，各个分区（如图 1-11 中的 A 座、B 座和 C

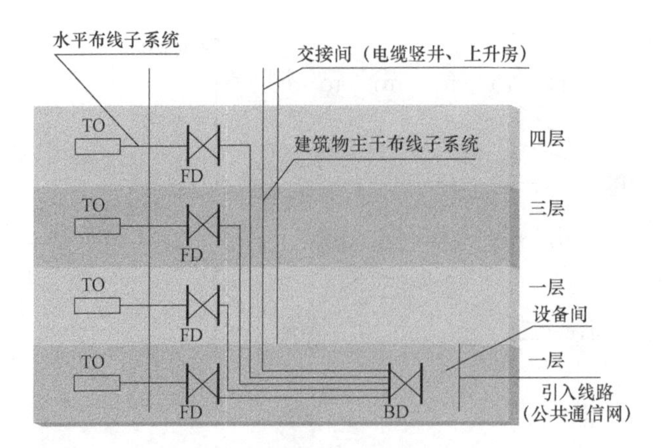

图 1 - 10　单幢中小型智能建筑的综合布线系统

座分区）视作多幢智能建筑。在智能建筑的中心位置（如 A 座分区）设置建筑群配线架，在各个分区的适当位置设置建筑物配线架，A 座分区的建筑物配线架 BD 可与 CD 合二为一。这时，该智能建筑中包含有在同一建筑物内设置的建筑群主干布线子系统，此外，还有建筑物主干布线子系统和水平布线子系统，如图 1 - 11 中所示。这种综合布线系统的设备配置较为典型，采用的网络结构也较为复杂。

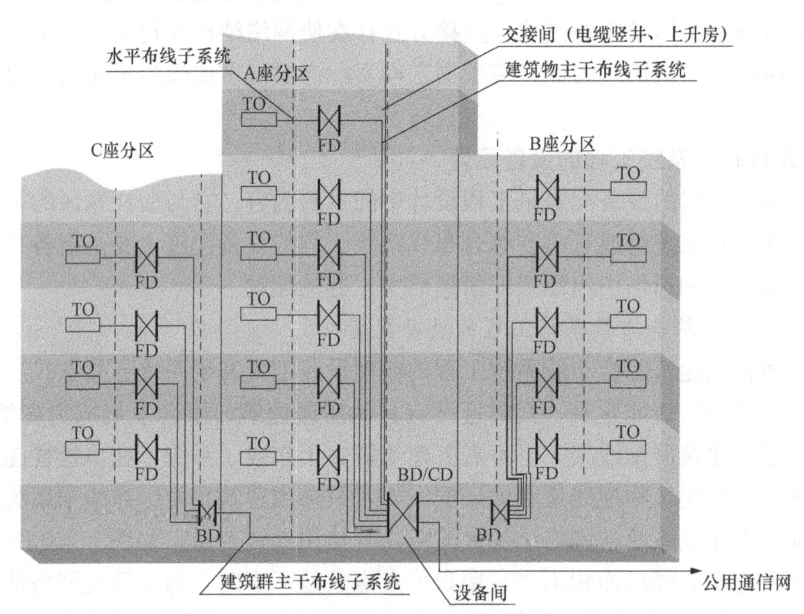

图 1 - 11　单幢大型智能建筑的综合布线系统

2）智能建筑的建设规模和楼层面积较大，但目前用户信息点的分布密度较稀，如果对今后的发展或变化尚难确定，为了节省本期工程建设投资，可不按建筑群体考虑，采取与单幢中小型智能建筑相同的综合布线系统方案。为了保证安全，可以将智能建筑划成两个分区，采用两条线路路由，并分别引入智能建筑中的两个分区，分别设置建筑物配线架和各自管辖的建筑物主干布线子系统，即采用如图 1 - 9 所示的分集连接方法。该网络结构虽然显得复杂，线路长度有所增加，但对今后发展扩建是有利的。

2. 多幢智能建筑综合布线系统的设备配置

在由多幢智能建筑组成的智能小区中，综合布线系统的总体方案和设备配置一般有以下几种：

（1）单个建筑群配线架方案。在智能小区中，最好选择位于建筑群体中心位置的智能建筑作为各幢建筑物通信线路和对公用通信网连接的最佳汇接点，并在此安装建筑群配线架。建筑群配线架可与该幢建筑物配线架合设，达到既能减少配线接续设备和通信线路长度，又能降低工程建设费用的目的。各幢智能建筑中分别装设建筑物配线架和敷设建筑群主干布线子系统的主干线路，并与建筑群配线架相连，如图1-12所示。单个建筑群配线架方案适用于智能建筑幢数不多、小区建设范围不大的场合。

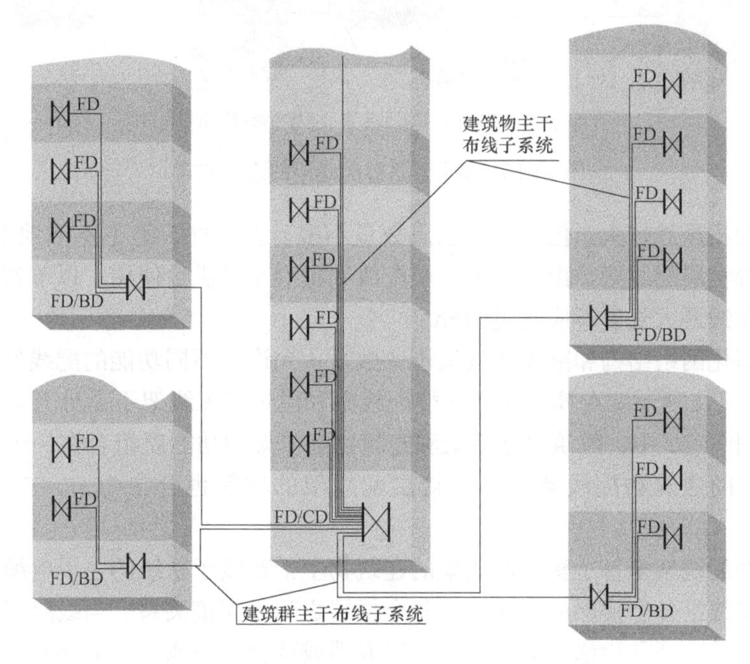

图1-12 建筑群体的综合布线系统

（2）多个建筑群配线架方案。当智能小区的工程建设范围较大，且智能建筑幢数较多而分散时，设置一个建筑群配线架有设备容量过大且过于集中，建筑群主干布线子系统的主干线路长度增加，又不便于维护管理等缺点。为此，可将该小区的房屋建筑根据平面布置适当分成两个或两个以上的区域，形成两个或多个综合布线系统的管辖范围，在各个区域内中心位置的某幢智能建筑中分别设置建筑群配线架，并分别设有与公用通信网相连的通信线路。此外，各个区域中每幢建筑物的建筑群主干布线子系统的主干电缆或光缆均与所在区域的建筑群配线架相连。为了使智能小区内的通信灵活和安全可靠，在两个建筑群配线架之间，根据网络需要和小区内管线敷设条件，设置电缆或光缆互相连接，形成互相支援的备用线路，如图1-13所示。

3. 综合布线系统设备配置时的注意事项

（1）楼层配线架的配备应根据楼层面积大小、用户信息点数量多少等因素来考虑。一般情况下，每个楼层通常在配线间设置一个楼层配线架。如楼层面积较大（超过1000m²）或用户信息点数量较多，可适当分区增设楼层配线架，以便缩短水平布线子系统的缆线长度。

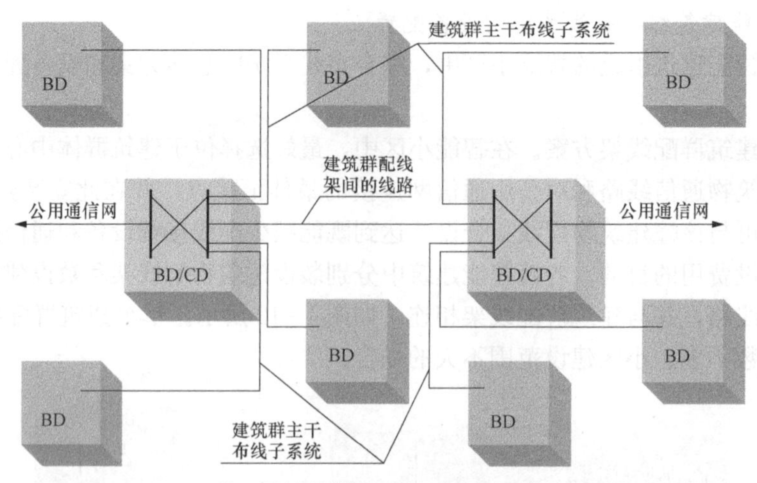

注：本图为简化起见未表示各幢智能建筑的楼层情况。

图 1-13 多个建筑群配线架的连接方式

如果某个楼层面积虽然较大，但用户信息点数量不多，在门厅、地下室或地下车库等场合，可不必单独设置楼层配线架，由邻近的楼层配线架越层布线供给使用，以节省设备数量。但应注意其水平布线最大长度不应超过 90m。

(2) 为了简化网络结构和减少配线架设备数量，允许将不同功能的配线架组合在一个配线架上。如图 1-11 所示，A 座分区建筑群配线架和建筑物配线架不是分开设置的，但也可分开设置。在图 1-12 中，建筑群配线架和建筑物配线架的功能就组合在一个配线架上。同样，图 1-12 中的建筑物配线架和底层楼层配线架的功能也合二为一，在一个配线架上实现。

(3) 建筑物配线架至每个楼层配线架的建筑物主干布线子系统的主干电缆或光缆，一般采取分别独立供线给各个楼层的方式，在各个楼层之间无连接关系。当线路发生故障时，影响范围较小，容易判断和检修。同时，还可以取消或减少电缆或光缆的接头数量，有利于安装施工。其缺点是因分别单独供线，使线路长度和条数增多，工程造价提高，安装敷设和维护的工作量增加。

(4) 综合布线系统总体方案中的主干线路连接方式均采用星形网络拓扑结构，其目的是简化布线系统结构和便于维护管理。因此，要求整个布线系统的主干电缆或光缆的交叉连接次数在正常情况下不应超过两次（除前面采用分集连接方式或分级星形网络拓扑结构的应急迂回路由等特殊连接方式外），从楼层配线架到建筑群配线架之间，只允许经过一次配线架，即建筑物配线架，成为 FD—BD—CD 的结构形式。这是采用两级主干布线系统（建筑物主干布线子系统和建筑群主干布线子系统）进行布线的情况。如没有建筑群配线架，只有一次交叉连接，成为 FD—BD 的结构形式和一级建筑物主干布线子系统进行布线。在有些智能建筑中的底层（如地下一、二层或地面上一、二层），因房屋平面布置限制或为减少占用建筑面积，可以不单独设置配线间安装楼层配线架。如与设备间在同一楼层，可考虑将该楼层配线架与建筑物配线架共同装在设备间内，甚至将 FD 与 BD 合二为一，既可减少设备，又便于维护管理。但是采用这一方法时，必须在 BD 上划分明显的分区连接范围和增加醒目的标志，以示区别和有利于维护。

1.3.4　综合布线系统的管槽系统设计

管槽系统是综合布线系统缆线敷设和设备安装的必要设施。因此，管槽系统设计在综合布线系统的总体方案设计中是极为重要的内容。虽然其具体设计是由智能建筑设计统一考虑，但管槽的总体系统布局、规格要求等资料，主要根据综合布线系统各种缆线分布和设备配置等总体方案的要求，向建筑设计单位提供，以便在房屋建筑设计中考虑。

1. 管槽系统设计的主要要求

（1）在新建或扩建的智能建筑中，综合布线系统缆线的敷设和设备安装方式，应采用暗敷管路槽道（包括在桥架上）和设备箱体（底座）或盒体暗装方式，不宜采用明敷管槽和明装箱体方式，以免影响内部环境美观。原有建筑改造成智能建筑需增设综合布线系统时，可根据工程实际，尽量创造条件采用暗敷管槽系统，只有在不得已时，才允许采用明敷管槽系统。

（2）管槽系统是智能建筑内的基础管线设施之一，要求与建筑设计和施工同步进行。所以在综合布线系统总体方案决定后，管槽系统需要预留管槽的位置和尺寸、洞孔的规格和数量及其他特殊工艺要求（如防火要求或与其他管线的间距等），使管槽系统能满足综合布线系统缆线敷设和设备安装的需要。

（3）管槽系统建成后，与房屋建筑成为一个整体，属于永久性设施，因此，它的使用年限应与建筑物的使用年限一致。这说明管槽系统的满足年限应大于综合布线系统缆线的满足年限。这样，管槽系统的规格尺寸和数量要依据建筑物的终期需要从整体和长远来考虑。

（4）管槽系统是由引入管路、上升管路（包括上升房、电缆竖井和槽道等）、楼层管路（包括槽道和工作区管路）和联络管路等组成。它们的走向、路由、位置、管径和槽道的规格，以及与设备间、配线间等的连接，都要从整体和系统的角度来统一考虑。此外，对于引入管路和公用通信网地下管路的连接，也要做到互相衔接，配合协调，不应产生脱节和矛盾等现象。

2. 管槽系统设计中的技术要点

暗敷管槽系统设计中必须注意以下几点：

（1）暗敷管槽系统与建筑物同时建成后，一般不能改变其路由和位置，因此在设计时，应考虑管槽系统具有一定的灵活性。可以采用多条路由和一定的备用管路，以及预留洞孔、线槽的富余度等，以便需要时穿放缆线和安装设备，适应智能建筑内信息业务数量和位置的变化。所以在管槽系统的布局中，对于某些位置应考虑增设联络管或备用管，有些房间可适当增设用户信息点数量（预留通信引出端）。

（2）在智能建筑中尚有各种其他管线设施，必须充分了解它们的性质、分布、位置、管径和技术要求，以便在管线综合协调时，能够密切配合、互相沟通，妥善解决工程中的问题。

（3）根据智能建筑内装设的用户电话交换机、计算机主机的位置，结合引入管路和上升管路（包括上升房、电缆竖井等）的具体位置等因素，全面确定暗敷管槽系统的分布方案（包括上升主干、楼层分布、路由、位置和管径等）。当智能建筑内不装用户电话交换机时，应以建筑物配线架为枢纽，全面考虑管槽系统，务必使管槽系统分布合理、路由短捷、便于施工维护，并能满足综合布线系统缆线传送信息的需要。

（4）在大型智能建筑中，上升部分是管槽系统的主干线路，因缆线条数多、容量大，且较集中，一般是利用上升管路、电缆竖井或上升房来敷设。由于它们各有其特点和适用场合，在设计时，应根据智能建筑的具体实际来选用。综合布线系统的水平部分暗敷管路数量最多，分布极广，涉及整幢建筑中各个楼层，所以在管槽系统设计时要细致考虑，注意与建筑设计和施工方面的配合协调，力求及早解决彼此的矛盾和存在的问题。

1.3.5 综合布线系统工程实施流程

在综合布线系统设计时，应从设计原则出发，在总体设计的基础上，进行综合布线系统工程各子系统的详细设计，选择合理的布线结构、布线方法和设备，对保证综合布线系统的整体性和系统性具有重要意义，它直接影响着智能建筑使用功能是否完善、投资效益是否得到保证和服务质量的优劣等多个方面。

综合布线系统工程设计的具体步骤与设计内容基本一致。但是，有时因客观因素的限制或变化，会出现工作顺序前后颠倒、上下工序互相交叉，甚至发生反复进行的现象，在工作中应力求避免。

在综合布线系统工程设计的过程中，综合布线系统设计人员须要做以下一些工作：

(1) 收集工程设计的基础资料和有关数据。

首先要收集与综合布线系统有关的基础资料（包括智能建筑的平面布置图、信息点数量等）和数据，力求资料和数据可靠翔实。收集的基础资料和有关数据的范围和内容应根据建设项目特点、建筑性质功能等来考虑，主要有以下几个方面：

1) 建筑方面。

a. 建筑物的总体高度。GB 50325—2012《民用建筑设计通则》规定，建筑物总体高度超过 24m 时为中高层建筑或高层建筑；多层建筑总体高度为 20m 左右；低层建筑总体高度为 10m 左右。

b. 建筑物结构体系。目前有混合结构、钢筋混凝土结构和钢结构等几大类型。混合结构有砖混结构和内框架结构两种；钢筋混凝土结构可分为框架结构、框架—剪力墙结构、剪力墙结构和筒体结构等体系。

c. 建筑物的总建筑面积、楼层数量和高度、各个楼层的使用功能和建筑面积等。

d. 建筑物的平面布置。重要通信设备安装房间（又称设备间）的位置和面积（如计算机主机房和用户电话交换机机房等）、楼梯间或电梯间的数量和位置、建筑物内部的平面布置图等。高层智能建筑，应了解有无技术夹层或设备层等结构，还应收集各类竖井的分布位置和技术要求，各类竖井是否有电梯井、电缆井、管道井、垃圾道、排烟道和通风道等。此外，有些重要的高层智能建筑还根据需要，专门设置综合布线系统竖井和消防竖井等，以达到重要井道专设的要求。

e. 其他技术要求较多，如建筑物内部装修标准、防火报警要求、防电磁干扰影响、防尘和防静电等要求。此外，还有建筑物各种接地和防雷措施的技术方案等。

2) 各种管线方面。在智能建筑中的各种管线设施较多，主要有以下几种系统。

a. 建筑物内部的给水和排水系统。主要有给水管网和排水管路及通气系统（为减少排水管路噪声和有害气体，在高层建筑均须设置通气系统）。

b. 高低压电力照明线路系统。电力照明系统包括装设配电设备的房间和高低压电力线路及接地装置等，尤其是电力线路的路由和位置。

c. 供暖和通风及空调系统。国内目前主要有水暖和气暖两种，并以集中供应的水暖为主，在建筑物中供暖管网是一个庞大的系统。在一些重要通信设备房间，例如，电池室需要通风管道，用户电话交换机机房需要空调风管等。上述管道的走向、路由和位置均须注意。

3）其他系统设施方面。在智能建筑中根据建筑性质和使用功能，设有各种系统设施，有些系统设施与综合布线系统有着密切关系，最常用的是计算机系统、民用闭路监视电视系统、有线电视系统、火灾自动报警系统和建筑自动化控制系统等。这些系统中除有装置设备的房间外，还有遍布在智能建筑内部四周的各种缆线，对于它们的分布路由和起讫位置等都应了解，以便在综合布线系统工程设计中全面考虑。

上述基础资料和有关数据（包括建筑物平面布置和各种管线图），都是综合布线系统工程设计中的主要技术依据，它直接影响设计方案是否合理可行，所以收集的基础资料和有关数据必须准确可靠，资料和数据应以书面形式为主，方可作为设计依据。对于口头意见或情况一般只作设计中的参考，不能作为依据，以保证工程设计的正确性。如果是已建成的建筑物，在综合布线系统工程设计中，所须收集的基础资料和有关数据等内容，基本与新建的智能建筑相同，但是由于是原有的建筑，必须对建筑物内各种缆线设施和其他系统进行对照核实，尤其是当建筑物的使用功能等有所改变时，原有的基础资料和有关数据也会发生变化（如房间重新划分、使用功能和建筑面积改变等）。为此，在工程设计前，必须与负责项目建设的主管单位，商讨改变的主要原则和具体细节。对于改变的内容，要用书面的形式和修改图纸作为工程设计的主要依据。

（2）调查、了解智能建筑各方面对综合布线系统的要求。调查、了解和收集资料是综合布线系统工程设计中的重要一环，其重点在于调查、了解智能建筑各方面对综合布线系统的要求，其内容极为广泛和复杂，程度也有深有浅，应以满足综合布线系统工程设计需要为准，且各个工程有所区别，例如建筑规模大小、工程范围宽窄、建筑物是新建或原有、其他系统设置的多少等。现以较为常见的几个调查内容进行介绍，作为示例以供设计人员参考。

例如，智能建筑结构体系采取钢筋混凝土结构，其构件多为钢筋混凝土，不允许打洞凿眼，综合布线系统的各种缆线不应明敷，其位置和路由应及早提交建筑设计单位，以便考虑敷设暗管或槽道供穿放缆线使用。为此，应向建筑设计单位调查、了解管槽暗设部分设计，如管槽的路由、位置和规格及安装方式等，必要时应收集该部分有关设计图纸，以便于综合布线系统工程设计中参考和使用。又如，在智能建筑中装有计算机网络系统，为此须要调查、了解其计算机主机型号、机房位置、网络结构、信息点配置和最高数据传输速率等情况，以便在综合布线系统工程设计中，统一考虑缆线选型和信息插座配置等具体细节。其他如民用闭路监视电视系统、建筑自动化控制系统等也都有类似的问题，需要调查、了解其与综合布线系统相关的内容。

（3）用户信息点和业务需要的预测估计。

综合布线系统工程设计的重要基础是用户信息点的数量和位置及其业务需要程度。对于这些基础数据和情况进行调查研究和预测估计，是工程设计中一项不可缺少的重要内容。如建设单位或有关部门能够提供上述资料和数据，在设计中也要根据情况和具体条件进行核实，予以确认，以免发生较大的误差。

（4）综合布线系统的总体方案设计。综合布线系统的总体方案是工程设计中的关键部分，它主要是系统的整体设想，包含确定网络结构、系统组成、类型级别、产品选型、设备配置和系统指标等重要问题。要提高综合布线系统工程设计质量，必须在广泛收集基础资料、深入调查研究工程实际和掌握用户客观需要等情况的前提条件下，拟订初步设想的总体方案，广泛吸取各方面意见，力求不断修正和完善，提高总体方案的先进性、正确性和合理性。

(5) 各部分和布线子系统的具体设计。综合布线系统除由各个布线子系统组成外，还有其他部分，主要有电源、电气保护（包括屏蔽等）、防雷接地和防火等。上述部分都是综合布线系统工程不可缺少的，与整个综合布线系统工程设计形成整体。在进行综合布线系统总体方案的整体设计时，应掌握相应部分的资料和数据，充分研究，做好各部分和布线子系统工程的具体设计。在各部分设计中都要求与左、右、上、下相关部分的内容互相配合衔接，彼此加强协调，最终尽量做到无遗漏、不脱节，能够成为完整的配套设计，以满足工程建设需要。

(6) 编制工程设计文件。编制工程设计文件的具体内容有编写工程设计说明、绘制设计和施工图纸及做工程概（预）算等，概（预）算中应包括综合布线系统整个工程的投资费用(即工程总造价)、工程中所需的各种设备和器材及其辅件的清单。工程设计文件作为工程建设投资费用的结算依据，是安装施工的指导文件，又是今后使用、维护和管理的查考档案，也是设计单位总结经验教训的工程资料，它对于各个方面都是极为重要的。为此，必须做到技术观点明确，文字叙述流畅，图纸清楚美观，预算数据正确。

(7) 将初步的系统设计和估算成本通知用户。

(8) 在收到最后合同批文后，完成含有以下系统配置的最终设计方案：

1) 电缆路由文档。

2) 光缆分配及管理方案。

3) 布局和接合细节。

4) 光缆链路、损耗预算。

5) 施工许可证。

6) 订货信息。

7) 工程预算。

1.3.6 综合布线系统设计和施工行业惯例

在综合布线系统设计和施工过程中，除了要遵循相应的国际和国内标准、规范外，还应遵循相应的行业惯例。例如，在设计施工中经常要考虑的一个重要问题是不同缆线相遇时的处理方案等。理论上，同一综合布线系统工程项目中，不会出现缆线交叉走线的情况，但是在具体施工时可能会有些特例。如果出现了特例，在通常情况下，相互平行的缆线走线时，电源缆线一般位于信息缆线的上部。如果出现电源线与信息缆线相交叉，尽量采用垂直交叉走线，并符合最小交叉净距离要求，且通常是电源缆线“绕道而行”。

1.3.7 综合布线系统的设计

1. 名词术语

(1) 布线（Cabling）。能够支持信息电子设备相连的各种缆线、跳线、接插软线和连接器件组成的系统。

(2) 建筑群子系统（Campus Subsystem）。由配线设备、建筑物之间的干线电缆或光缆、设备缆线、跳线等组成的系统。

(3) 配线间（Telecommunications Room）。放置电信设备、电缆和光缆终端配线设备并进行缆线交接的专用空间。

（4）信道（Channel）。连接两个应用设备的端到端的传输通道。信道包括设备电缆、设备光缆和工作区电缆、工作区光缆。

（5）CP集合点（Consolidation Point）。楼层配线设备与工作区信息点之间水平缆线路由中的连接点。

（6）CP链路（Cp Link）。楼层配线设备与集合点（CP）之间，包括各端连接器件在内的永久性的链路。

（7）链路（Link）：一个CP链路或是一个永久链路。

（8）永久链路（Permanent Link）。信息点与楼层配线设备之间的传输线路。它不包括工作区缆线和连接楼层配线设备的设备缆线、跳线，但可以包括一个CP链路。

（9）建筑物入口设施（Building Entrance Facility）。提供符合相关规范机械与电气特征的连接器件，使得外部网络电缆和光缆引入建筑物内。

（10）建筑群主干电缆、建筑群主干光缆（Campus Backbone Cable）。用于在建筑群内连接建筑群配线架与建筑物配线架的电缆、光缆。

（11）建筑物主干缆线（Building Backbone Cable）。连接建筑物配线设备至楼层配线设备及建筑物内楼层配线设备之间相连接的缆线。建筑物主干缆线可为主干电缆和主干光缆。

（12）水平缆线（Horizontal Cable）。楼层配线设备到信息点之间的连接缆线。

（13）永久水平缆线（Fixed Horizontal Cable）。楼层配线设备到CP的连接缆线，如果链路中不存在CP点，则为直接连至信息点的连接缆线。

（14）CP缆线（Cp Cable）。连接集合点（CP）至工作区信息点的缆线。

（15）信息点（Telecommunications Outlet）。各类电缆或光缆终接的信息插座模块。

（16）线对（Pair）。一个平衡传输线路的两个导体，一般指一个对绞线对。

（17）交叉连接（Cross - Connect）。配线设备和通信设备之间采用接插软线或跳线上的连接器件相连的一种连接方式。

（18）互相连接（Interconnect）。不用接插软线或跳线，使用连接器件把一端的电缆、光缆与另一端的电缆、光缆直接相连的一种连接方式。

2. 符号和缩略词

综合布线系统工程的图纸设计、施工、验收和维护中工程技术人员应用许多符号和缩略词，见表1-2。

表1-2　GB 50311—2016《综合布线系统工程设计规范》对于符号和缩略词的规定

英文缩写	英文名称	中文名称或解释
ACR	Attenuation to Crosstalk Ratio	衰减串扰比
BD	Building Distributor	建筑物配线设备
CD	Campus Distributor	建筑群配线设备
CP	Consolidation Point	集合点
dB	dB	电信传输单元：分贝
D. C.	Direct Current	直流

续表

英文缩写	英文名称	中文名称或解释
ELFEXT	Equal Level Far End Crosstalk Attenuation (Loss)	等电平远端串扰衰减（损耗）
FD	Floor Distributor	楼层配线设备
FEXT	Far End Crosstalk Attenuation (Loss)	远端串扰衰减（损耗）
IL	Insertion Loss	插入损耗
ISDN	Integrated Services Digital Network	综合业务数字网
LCL	Longitudinal to Differential Conversion Loss	纵向对差分转换损耗
OF	Optical Fibre	光纤
PS NEXT	Power Sum NEXT Attenuation (Loss)	近端串扰衰减（损耗）功率和
PSACR	Power Sum ACR	ACR 功率和
PS ELFEXT	Power Sum EL FEXT Attenuation (Loss)	EL FEXT 衰减（损耗）功率和
RL	Return Loss	回波损耗
SC	Subscriber Connector (Optical Fibre Connector)	用户连接器（光纤连接器）
SFF	Small Form Factor Connector	小型连接器
TCL	Transverse Conversion Loss	横向转换损耗
TE	Terminal Equipment	终端设备
Vr. m. s	Vroot mean square	电压有效值

3. 综合布线系统的设计等级

对于建筑物的综合布线系统，一般定位 3 种不同的布线系统等级，分别是基本型综合布线系统、增强型综合布线系统和综合型综合布线系统。

(1) 基本型综合布线系统。基本型综合布线系统方案，是一个经济有效的布线方案。它支持语音或综合型语音/数据产品，并能够全面过渡到数据的异步传输或综合型综合布线系统。其基本配置包括：

1) 每一个工作区有 1 个信息插座；

2) 每一个工作区有一条水平布线 4 对非屏蔽双绞线（UTP）系统；

3) 完全采用 110A 交叉连接硬件，并与未来的附加设备兼容；

4) 每个工作区的干线电缆至少有 4 对双绞线。

基本型综合布线系统的特点为：能够支持所有语音和数据传输应用；支持语音、综合型语音/数据高速传输；便于维护人员维护、管理；能够支持众多厂家的产品设备和特殊信息的传输。

(2) 增强型综合布线系统。增强型综合布线系统不仅支持语音和数据的应用，还支持图像、影像、影视和视频会议等。它具有为增加功能提供发展的余地，并能够利用接线板进行管理，其基本配置包括：

1) 每个工作区有两个以上信息插座；

2) 每个信息插座均有水平布线 4 对非屏蔽双绞线（UTP）系统；

3) 具有 110A 交叉连接硬件；

4) 每个工作区的电缆至少有 8 对双绞线。

增强型综合布线系统的特点为：每个工作区有两个信息插座，灵活方便、功能齐全；任何一个插座都可以提供语音和高速数据传输；便于管理和维护；能够为众多厂商提供服务环境的布线方案。

(3) 综合型综合布线系统。综合型综合布线系统是将双绞线和光缆纳入建筑物布线的系统。其基本配置包括：

1) 在建筑、建筑群的干线或水平布线子系统中配置 62.5μm 的多模光缆；

2) 在每个工作区的电缆内配有 4 对双绞线；

3) 每个工作区的电缆中应有两条以上的双绞线。

综合型综合布线系统的特点为：每个工作区有两个以上的信息插座，不仅灵活方便，而且功能齐全；任何一个信息插座都可供语音和高速数据传输；有一个很好的环境为客户提供服务。

4. 综合布线系统概况

(1) 系统构成。

1) 综合布线系统（GCS）应是开放式结构，应能支持语音、数据、图像、多媒体业务等信息的传递。

2) 参考 GB 50311—2016《综合布线系统工程设计规范》将建筑物综合布线系统分为 7 个子系统，即工作区子系统、配线子系统、干线子系统、设备间子系统、管理子系统、建筑群子系统、进线间子系统。

(2) 系统分级与组成。

1) 综合布线系统应能满足所支持的数据系统的传输速率要求，并应选用相应等级的缆线和传输设备。综合布线铜缆系统的分级与类别划分应符合表 1-3 的要求。

表 1-3　综合布线铜缆系统的分级与类别

系统分级	支持带宽	支持应用器件	
		电缆	连接硬件
A	100kHz		
B	1MHz		
C	16MHz	3类	3类
D	100MHz	5/5e类	5/5e类
E	250MHz	6类	6类
F	600MHz	7类	7类

2) 光纤信道分为 OF-300、OF-500 和 OF-2000 3 个等级，各等级光纤信道应支持的应用长度不应小于 300、500m 及 2000m。综合布线系统应能满足所支持的电话、数据、电视系统的传输标准要求。

3) 综合布线系统信道应由最长 90m 水平缆线、最长 10m 的跳线和设备缆线及最多 4 个连接器件组成，永久链路则由 90m 水平缆线及 3 个连接器件组成。

4) 当工作区用户终端设备或某区域网络设备需直接与公用数据网进行互通时，宜将光缆从工作区直接布放至电信入口设施的光配线设备。

(3) 缆线长度划分。

1) 综合布线系统水平缆线与建筑物主干缆线及建筑群主干缆线之和所构成信道的总长

度不应大于 2000m。

2）建筑物或建筑群配线设备之间（FD 与 BD、FD 与 CD、BD 与 BD、BD 与 CD 之间）组成的信道出现 4 个连接器件时，主干缆线的长度不应小于 15m。

3）配线子系统各缆线长度应符合图 1-14 所示的要求。

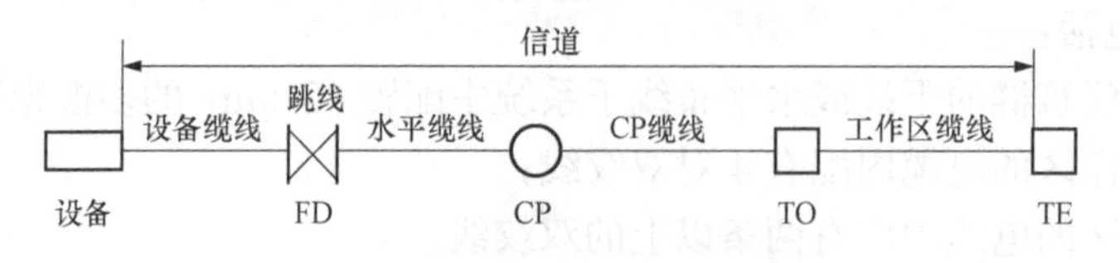

图 1-14 配线子系统缆线划分

注：

（1）配线子系统信道的最大长度不应大于 100m。

（2）工作区设备缆线、配线间配线设备的跳线和设备缆线长度之和不应大于 10m，当大于 10m 时，水平缆线长度（90m）应适当减小。

（3）楼层配线设备（FD）跳线、设备缆线及工作区设备缆线各自的长度不应大于 5m。

（4）系统应用。

1）同一布线信道及链路的缆线和连接器件应保持系统等级与阻抗的一致性。

2）综合布线系统工程的产品类别及链路、信道等级确定应综合考虑建筑物的功能、应用网络、业务终端类型、业务的需求及发展、性能价格、现场安装条件等因素，并应符合表 1-4 的要求。

表 1-4　　综合布线系统等级与类别的选用

业务种类	配线子系统		干线子系统		建筑群子系统	
	等级	类别	等级	类别	等级	类别
语音	D/E	5e/6	C	3（大对数）	C	3（室外大对数）
数据	D/E/F	5e/6/7	D/E/F	5e/6/7（4 对）		
	光纤（多模或单模）	62.5μm 多模、50μm 多模＜10μm 单模	光纤	62.5μm 多模、50μm 多模＜10μm 单模	光纤	62.5μm 多模、50μm 多模＜1μm 单模
具他应用	可采用 5e/6 类 4 对对绞线电缆和 62.5μm 多模或 50μm 多模或＜10μm 多模、单模光纤					

3）综合布线系统光纤信道应采用标称波长为 850nm 和 1300nm 的多模光纤及标称波长为 1310nm 和 1550nm 的单模光纤。

4）单模和多模光缆的选用应符合网络的构成方式、业务的互通互连方式及光纤在网络中的应用传输距离。楼内宜采用多模光缆，建筑物之间宜采用多模或单模光缆，需直接与电信业务经营者相连时宜采用单模光缆。

5）为保证传输质量，配线设备连接的跳线宜选用产业化制造的电、光各类跳线，在电话应用时宜选用双芯对绞线电缆。

6）工作区信息点为电端口时，应采用 8 位模块通用插座（RJ-45），光端口宜采用 SFF 小型光纤连接器件及适配器。

7）FD、BD、CD配线设备应采用8位模块通用插座或卡接式配线模块（多对、25对及回线型卡接模块）和光纤连接器件及光纤适配器（单工或双工的ST、SC或SFF光纤连接器件和适配器）。

8）CP集合点安装的连接器件应选用卡接式配线模块或8位模块通用插座或各类光纤连接器件和适配器。

（5）屏蔽布线系统。

1）综合布线区域内存在的电磁干扰场强高于3V/m时，宜采用屏蔽布线系统进行防护。

2）用户对电磁兼容性有较高的要求（电磁干扰盒防信息泄露）时，或对网络安全有保密需要时，宜采用屏蔽布线系统。

3）采用非屏蔽布线系统无法满足安装现场条件对缆线的间距要求时，宜采用屏蔽布线系统。

4）屏蔽布线系统采用的电缆、连接器件、跳线、设备电缆都应是屏蔽的，并应保持屏蔽层的连续性。

1. 什么是综合布线系统？
2. 综合布线与传统布线相比有什么特点？
3. 标识符CD 26及C 02～06、CD 01～05、CT 02～20各代表什么含义？
4. GB 50311—2016《综合布线系统工程设计规范》中将综合布线系统划分为几个部分？
5. 综合布线系统FD—BD系统结构有几种形式？如何选择？
6. 什么是智能建筑？包括几个部分？
7. 简述智能建筑与综合布线系统的联系。
8. 综合布线系统工程总体方案设计的主要内容有哪些？
9. 什么是建筑群主干电缆、建筑群主干光缆？
10. 什么是建筑物主干缆线？

第2章　综合布线系统工程常用材料及工具

综合布线系统中，各种应用设备的连接都是通过传输介质和相关接续设备来完成。传输介质和相关接续设备的选择正确与否、质量的好坏和设计是否合理，直接关系到综合布线系统的可靠性和稳定性。

本章主要介绍综合布线系统工程常用材料和工具，包括传输介质、接续设备和常用工具。传输介质是连接网络设备的中间介质，也是信号传输媒体的载体。综合布线系统常见的有线传输介质利用电缆和光缆来充当传输导体，通过连接件、配线设备及交换设备将应用设备连接起来，它包括双绞线电缆、同轴电缆和光缆等。接续设备是综合布线系统中连接硬件的统称，包括使用于终端和支持通信电缆的所有布线部件，不仅包括连接器，也包括各种连接模块、配线架及配线管理组件等。按照传输介质种类不同，接续设备可分为电缆接续设备和光缆接续设备。常用工具主要是布线中用于剥线、打线和压线的工具。

2.1　电　　缆

综合布线常见的电缆主要是双绞线电缆和同轴电缆。

2.1.1　双绞线电缆

双绞线（Twisted Pair，TP）是综合布线工程中最常用的一种传输介质。双绞线是由一对相互绝缘的金属导线绞合而成，一般是由两根22号、24号或26号的绝缘铜导线相互缠绕而成。将两根绝缘的导线按一定密度互相绞在一起的方式，不仅可以抵御一部分来自外界的电磁波干扰，也可以降低多对绞线之间的相互干扰。把两根绝缘的导线互相绞在一起，干扰信号即共模信号作用在这两根导线上是一致的，在接收信号的差分电路中可以将共模信号消除，从而提取出有用信号即差模信号。在一对双绞线电缆中，每米的缠绕越多，对所有形式的噪声的抗噪性就越好。质量越好、价格越高的双绞线电缆在每米中也必将包含越多的缠绕。每米或每英尺的缠绕率也将导致更大的衰减，为最优化性能，电缆生产厂商必须在串扰和衰减减小之间取得一个平衡。双绞线一个扭绞周期的长度，叫做节距，节距越小，抗干扰能力越强。与其他传输介质相比，双绞线在传输距离、信道宽度和数据传输速度等方面均受一定限制，但价格较为低廉。

虽然双绞线主要是用来传输模拟声音信息的，但同样适用于数字信号的传输，其数据传输率与电缆的长度有关，距离短时，数据传输率可以高一些，因此特别适用于较短距离的信息传输。在传输期间，信号的衰减比较大，并且使波形畸变。

采用双绞线的局域网络的带宽取决于所用导线的质量、导线的长度及传输技术。只要精心选择和安装双绞线，就可以在有限距离内达到几Mbit/s的可靠传输速率。当距离很短，并且采用特殊的电子传输技术时，传输速率可达100～155Mbit/s。

因为双绞线传输信息时要向周围辐射，很容易被窃听，所以要花费额外的代价加以屏蔽，以减小辐射（但不能完全消除），这就是常说的屏蔽双绞线电缆。屏蔽双绞线电缆相对来说贵一些，安装要比非屏蔽双绞线电缆难一些，类似于同轴电缆，它必须配有支持屏蔽功能的特殊连接器和相应的安装技术。但它有较高的传输速率，100m内可达到155Mbit/s。

1. 双绞线电缆的分类

(1) 按屏蔽层的有无分类。双绞线可分为非屏蔽双绞线电缆（Unshielded Twisted Pair，UTP，也称无屏蔽双绞线）和屏蔽双绞线电缆（Shielded Twisted Pair，STP)。非屏蔽双绞线电缆是由一对或多对扭绞在一起的线对多股线外包缠一层塑橡护套组成。这种电缆的优点在于，安装非常容易，轻、薄、易弯曲；无屏蔽外套，细小，节省空间；平衡传输，避免外界干扰；将串扰减至最小或消除；可支持高速数据的应用；通过EMC测试；使用时保持独立，具有开放性。因此，它是目前在网络安装上使用最为广泛的电缆。屏蔽双绞线电缆是在塑橡护套内增加了金属层。该金属层对线对的屏蔽作用使其免受外界电磁干扰。按增加金属层数量和金属屏蔽层缠绕的方式，可分为铝箔屏蔽双绞线电缆（FTP)、铝箔/金属网双层屏蔽双绞线电缆（SFTP）和独立双层屏蔽双绞线电缆（STP）3种。FTP是在多对双绞线外纵包铝箔，在屏蔽层外是电缆护套。SFTP是在多对双绞线外纵包铝箔，再加金属编织网构成，它的电磁屏蔽特征要优于STP。SFTP双绞线电缆结构如图2-1所示。STP是在每对双绞线外纵包铝箔，再将纵包铝箔的多对双绞线加金属编织网构成，这种结构不仅可以减少电磁干扰，也使线对之间的综合串扰得到有效控制。屏蔽双绞线电缆的优点是抗外界干扰能力强；保密性好，不易被窃听，防自身外辐射。在屏蔽双绞线系统中，缆线和连接硬件都应是屏蔽的，并应该做良好的接地处理。

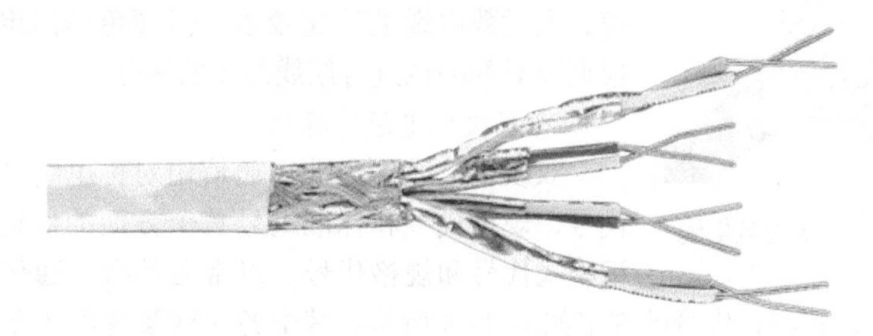

图2-1 SFTP结构示意图

(2) 按照线径粗细分类。双绞线的规格型号常用“类”表示，用来指某一类布线产品所能支持的布线等级。综合布线系统中常见的有5类线、超5类线（5e类）及6类线；此外，还有超6类（6e类）线、7类线。

1) 5类线（CAT5)。该类电缆增加了绕线密度，外套一种高质量的绝缘材料，缆线最高频率带宽为100MHz，最高传输速率为100Mbit/s，用于语音传输和最高传输速率为100Mbit/s的数据传输，主要用于100BASE-T和1000BASE-T网络，最大网段长度为100m，采用RJ形式的连接器。这是最常用的以太网电缆。在双绞线电缆内，不同线对具有不同的绞距长度。通常，4对双绞线绞距周期在长度为38.1mm内，按逆时针方向扭绞，一对线对的扭绞长度在12.7mm以内。

2) 超5类线（CAT5e)。超5类双绞线是增强型的5类双绞线，与5类线相比具有衰减小、串扰少，并且具有更高的衰减与串扰的比值（ACR）和信噪比（Structural Return Loss)、更小的时延误差，性能得到很大提高。超5类线的最高传输频率可达200MHz，在4对双绞线都工作于全双工通信时，最高传输速率可达1000Mbit/s，故主要用于千兆位以太网。超5类线的最大网段长为100m，采用RJ形式的连接器。

3）6类线（CAT6）。该类电缆的传输频率为1～250MHz，6类布线系统在200MHz时综合衰减串扰比（PS-ACR）应该有较大的余量，它提供2倍于超5类的带宽。6类布线的传输性能远远高于超5类标准，最适用于传输速率高于1Gbit/s的应用。6类与超5类的一个重要的不同点在于：改善了在串扰及回波损耗方面的性能，对于新一代全双工的高速网络应用而言，优良的回波损耗性能是极重要的。6类标准中取消了基本链路模型，布线标准采用星形拓扑结构，要求的布线距离为：永久链路的长度不能超过90m，信道长度不能超过100m。

4）超6类或6A（CAT6A）。此类产品传输带宽为500MHz，介于6类和7类之间，目前和7类产品一样，国家还没有出台正式的检测标准，只是行业中有此类产品，各厂家宣布一个测试值。

5）7类线（CAT7）。7类双绞线电缆是欧洲提出的一种电缆标准，其计划带宽为600MHz，但是其连接模块的结构与RJ-45不兼容，其连接头要求在600MHz时所有的线对提供至少60dB的综合布线近端串扰比，用于10Gbit/s以太网。

6）大对数电缆。在一般的干线敷设中，由于用缆量比较大，经常使用大对数电缆，如图2-2所示。大对数电缆是指很多一对一对的电缆组成小捆，再由很多小捆组成一大捆，更大对数的电缆则再由一大捆一大捆组成一根大电缆。大对数电缆的线比较多，但颜色是固定的几个，可以根据线对的颜色进行缆线线序的区分。

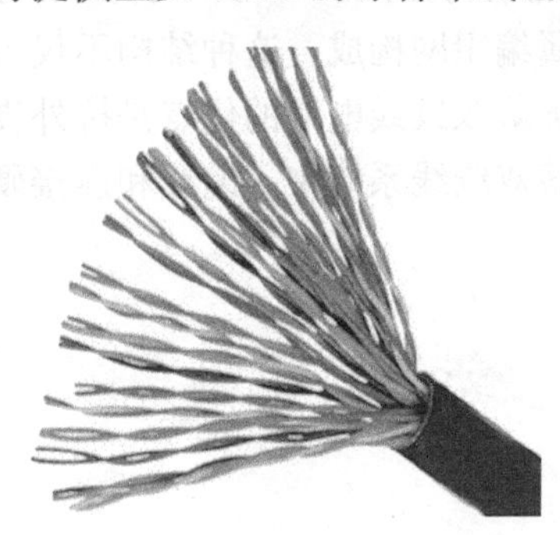

图2-2　5类50对大对数电缆

2. 双绞线电缆的标识

双绞线电缆作为数字通信用对称电缆产品，包括型式代号、规格代号和标准编号三个方面的标记，但一般只标记型式代号和规格代号。以常见的数字通信用聚烯烃水平对绞线电缆为例，其型式代号的规定如图2-3所示，其中各代号及其含义应符合表2-1的要求。

1	2	3	4	5	6	7	8	—	9	10

图2-3　对绞线电缆型式代号

1—分类代号；2—用途代号；3—导体代号；4—绝缘代号；5—绝缘形式代号；
6—外护套代号；7—屏蔽代号；8—派生代号；9—对数；10—规格代号

表2-1　对绞线电缆型式代号

划分方法	类别	代号	划分方法	类别	代号
用途	主干电缆	HSG	绝缘材料	聚烯烃	Y
	水平电缆	HS		聚氯乙烯	V
	工作区缆线	HSQ		含氟聚合物	W
	设备	HSB		低烟无卤热塑性材料	Z

续表

划分方法	类别	代号	划分方法	类别	代号
导体结构	实心导体	省略	护套材料	聚氯乙烯	V
	绞合导体	R		含氟聚合物	W
	铜皮导体电缆	TR		低烟无卤热塑性材料	Z
绝缘形式	实心绝缘	省略	总屏蔽	有总屏蔽	P
	泡沫实心皮绝缘	P		无总屏蔽	省略
最高传输速率	5类电缆	5	特征阻抗	100Ω	省略
	6类电缆	6		150Ω	150

注 1. 实心铜导体代号省略。
2. 聚烯烃包含聚丙烯（PP）、低密度聚乙烯（LDPE）、中密度聚乙烯（MDPE）、高密度聚乙烯（HDPE）。
3. 低烟无卤阻燃聚烯烃简称LSZH。
4. 聚全氟乙丙烯共聚物缩写代号为FEP。
5. 当用户要求时，可以采用其他类型的护套材料。

电缆规格代号由电缆中的线对数量、导体标称直径及线对是否具有单独屏蔽来表示，不包括总屏蔽结构。

常见电缆的主要形式及其适用场合见表2-2。

表2-2　电缆主要形式及使用场合

护套形式	绝缘形式		
	实心聚烯烃绝缘	皮-泡-皮聚烯烃绝缘	聚全氟乙丙烯共聚物绝缘
聚氯乙烯护套	HSYV/HSYVP	HSYVP/HSYPVP	HSWV/HSWVP
低烟无卤阻燃聚烯烃护套	HSYZ/HSYZP	HSYZP/HSYPZP	—
含氟聚合物护套	—	—	HSWW/HSWWP
使用场合	钢管或阻燃硬质PVC管内		各种场合均适用（包括吊顶、空调通风管道内以及夹层地板中）

电缆规格应符合表2-3的规定。

表2-3　电缆规格

电缆类别	3、5、5e		6、6A	7、7A
屏蔽类型	非屏蔽	屏蔽	非屏蔽或屏蔽	屏蔽
导体标称直径（mm）	0.50	0.52	0.57	0.60
标称线对数	4/8/16/20/25	4/8/16/20/25	4	4

电缆产品标记应由电缆型式代号、规格代号和标准编号组成。

例如：4对标称直径为0.57mm的非屏蔽6类实心高密度聚乙烯（HDPE）绝缘聚氯乙烯护套水平对绞线电缆的产品标记为

HSYV-6 4×2×0.57　YD/T 1019—2013

3. 线对

双绞线是由分别称作a线和b线的两根绝缘导线均匀地绞合成线对。为使绞合线对结构稳定，允许a线和b线的绝缘局部粘连。线对绞距的设计应能使成品电缆满足标准规定的传输特征要求。绝缘线芯要按规定的颜色色序构成线对，线对优先采用的颜色色序也应符合表2-4的规定。

表2-4　线对优先采用的颜色色序

线对序号		标识颜色	线对序号		标识颜色	线对序号		标识颜色
1	a	白（蓝）	10	a	灰（红）	19	a	黄（棕）
	b	蓝		b	灰		b	棕
2	a	白（橙）	11	a	蓝（黑）	20	a	黄（灰）
	b	橙		b	蓝		b	灰
3	a	白（绿）	12	a	橙（黑）	21	a	蓝（紫）
	b	绿		b	橙		b	蓝
4	a	白（棕）	13	a	绿（黑）	22	a	橙（紫）
	b	棕		b	绿		b	橙
5	a	白（灰）	14	a	棕（黑）	23	a	绿（紫）
	b	灰		b	棕		b	绿
6	a	红（蓝）	15	a	灰（黑）	24	a	棕（紫）
	b	蓝		b	灰		b	棕
7	a	橙（红）	16	a	黄（蓝）	25	a	灰（紫）
	b	橙		b	蓝		b	灰
8	a	绿（红）	17	a	黄（橙）			
	b	绿		b	橙			
9	a	红（棕）	18	a	黄（绿）			
	b	棕		b	绿			

注　表中括号内的标识颜色为色条或色环的颜色。

电缆中各线对的绞距小于38mm时，线对颜色色序可用表2-5所示的代用颜色色序标识。

表2-5　电缆线对的代用颜色色序

线对序号		标识颜色	线对序号		标识颜色	线对序号		标识颜色
1	a	白	4	a	白	7	a	红
	b	蓝		b	棕		b	橙
2	a	白	5	a	白	8	a	红
	b	橙		b	灰		b	绿
3	a	白	6	a	红	9	a	红
	b	绿		b	蓝		b	棕

续表

线对序号		标识颜色	线对序号		标识颜色	线对序号		标识颜色
10	a	红	16	a	黄	22	a	紫
	b	灰		b	蓝		b	橙
11	a	黑	17	a	黄	23	a	紫
	b	蓝		b	橙		b	绿
12	a	黑	18	a	黄	24	a	紫
	b	橙		b	绿		b	棕
13	a	黑	19	a	黄	25	a	紫
	b	绿		b	棕		b	灰
14	a	黑	20	a	黄			
	b	棕		b	灰			
15	a	黑	21	a	紫			
	b	灰		b	蓝			

对于超过25对的大对数电缆，电缆各子单位一般由4个线对绞合而成，每个子单位内的线对应为同一种形式。各子单位中的线对宜优先采用表2-4或表2-5中第1对～第4对的颜色色序，也可以按顺序采用表2-4或表2-5规定的颜色色序。每个子单位应采用非吸湿性扎带螺旋捆扎，捆扎节距宜小于60mm。当各子单位的线对颜色色序相同时，子单位扎带的标识颜色应互不相同，扎带颜色色序应符合表2-6的规定。

表2-6 子单位扎带颜色色序

子单位序号	扎带标识颜色	子单位序号	扎带标识颜色
1	白蓝	6	红蓝
2	白橙	7	红橙
3	白绿	8	红绿
4	白棕	9	红棕
5	白灰	10	红灰

4. 双绞线电缆外部护套上的标识

根据GB/T 6995.3—2008《电线电缆识别标志方法》的规定，电线电缆应具有识别标志，因此在线材上，每隔一定的距离就会有一段文字标识，描述线材的一些技术参数，不同生产商的产品标识可能略有不同，但一般应包括双绞线的生产商和产品编码、双绞线类型、NEC/UL防火测试和级别、CSA防火测试、长度标志、生产日期等信息。例如：TCL PC101004 TYPE CAT5e 24AWG/4PRS UTP 75℃ 292M 2009.12.03，其中：TCL标识线缆生产厂商标识，即生产厂家为TCL公司；PC101004表示电缆产品的型号；CAT5e表示双绞线的类型，即为超5类双绞线；24AWG/4PRS表明双绞线是由4线对直径为24AWG的线芯构成，铜电缆的直径通常采用AWG（American Wire Gauge）单位来衡量，通常AWG数值越小，电缆直径越大，常见的有11、24、26等；UTP表示非屏蔽双绞线；292M表示生产这条双绞线时的长度点，该标记对于购买对绞线电缆非常有用，如果想知道一箱对绞线电缆的长度，可以找到对绞线电缆头部和尾部的长度标记相减后得出；2009.12.03 为电缆的生产日期。

2.1.2 同轴电缆

同轴电缆（Coaxial Cable）是有两个同心导体，而导体和屏蔽层又共用同一轴心的电缆，它是计算机网络布线中较早使用的一种传输介质。近年来，随着以双绞线和光纤为主的标准化布线的推行，在大中型网络中已经不再使用同轴电缆。但是，在智能小区及智能家居布线中，仍采用同轴电缆来传送有线电视信号。

1. 同轴电缆的结构

最常见的同轴电缆由绝缘材料隔离的铜线导体组成，在里层绝缘材料的外部是另一层环形导体及其绝缘体，然后整个电缆由聚氯乙烯或特氟纶材料的护套包住。常见的同轴电缆结构如图 2-4 所示。同轴电缆由中心导体（金属线）、绝缘材料层、金属网状织物构成的屏蔽层和外部的绝缘护套组成，其中，中心导体主要用于传导，金属屏蔽层用来接地。当同轴电缆连上接头时，中心导体和屏蔽层恰好可构成电流的回路。因此，在制作同轴电缆的接头时，不能将屏蔽层的任何部分与中心导体相接触，以免造成短路。

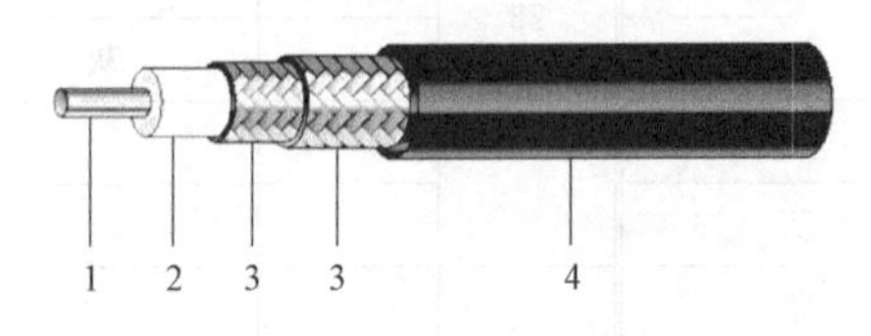

图 2-4 同轴电缆的结构

1—中心导体；2—绝缘层；3—编织屏蔽层；4—护套

2. 同轴电缆的特点

在同轴电缆中，中心导体与屏蔽层之间用绝缘材料隔开，因此其频率特征比双绞线电缆好，能进行较高速率的传输。由于它的屏蔽性能好，抗干扰能力强，通常多用于基带传输。

3. 同轴电缆的命名规则

我国同轴电缆的命名规则如图 2-5 所示。

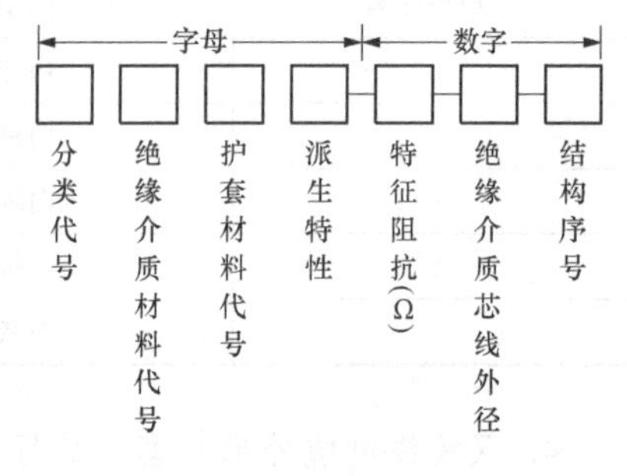

图 2-5 同轴电缆型号

（1）分类代号。S 代表同轴射频，SE 代表射频对称电缆，ST 代表特种射频电缆。因此同轴电缆的分类编号一般均为 S。

（2）绝缘介质材料代号。Y 代表聚乙烯，F 代表聚四氟乙烯（F46），X 代表橡皮，W 代表稳定聚乙烯，D 代表聚乙烯空气，U 代表氟塑料空气。

（3）护套材料代号。V 代表聚氯乙烯，Y 代表聚乙烯，W 代表物理发泡，D 代表锡铜，F 代表氟塑料。

（4）派生特性。Z 代表综合/组合电缆（多芯），P 代表多芯再加一层屏蔽铠装。

（5）特征阻抗。50、100、120Ω。

（6）绝缘介质线芯外径整数值。1、2、3、4、5mm…。

（7）屏蔽层。一般屏蔽层有 1 层、2 层、3 层及 4 层。

2.2 光 缆

光纤（是光导纤维的简写）是一种由玻璃或塑料制成的纤维，可作为光传导工具。光缆（Optical Fiber Cable）是为了满足光学、机械或环境的性能规范而制造的，它是利用置于包覆护套中的一根或多根光纤作为传输媒质并可以单独或成组使用的通信缆线组件。光缆是数据传输中最有成效的一种传输介质，它具有以下几个优点：

（1）较宽的频带。

（2）电磁绝缘性能好。光缆中传输的是光束，而光束是不受外界电磁干扰影响的，而且本身也不向外辐射信号，因此它适用于长距离的信息传输及要求高度安全的场合。当然，抽头困难是它固有的难题，因为割开光缆需要再生和重发信号。

（3）衰减较小，可以说在较大范围内是一个常数。

（4）中继器的间隔距离较大，因此整个通道中继器的数目可以减少，这样可降低成本。根据贝尔实验室的测试，当数据速率为 420Mbit/s，且距离为 119km 无中继器时，其误码率为 10^{-8}，可见其传输质量很好。而同轴电缆和双绞线电缆在长距离使用中就需要接中继器。

2.2.1 光纤的物理特征

光纤的典型结构是由中心的纤芯和外围的包层同轴组成的圆柱形细丝。一根标准的光纤包括光导纤维、缓冲层、加强层和外护套几个部分。每个部分都有其特定的功能，以保证数据能够可靠传输。光纤裸纤一般包括 3 个主要部分：①中心为高折射率的玻璃纤芯（称为芯径），纤芯的折射率比包层稍高，损耗比包层低，光能量主要在纤芯内传输。②中间为低折射率硅玻璃形成的包层，包层为光的传输提供反射面和光隔离，并起一定的机械保护作用。③外面是保护性的树脂涂覆层。由于这 3 个部分之间关系紧密，通常一起生产。典型的单模光纤结构示意图如图 2-6 所示。

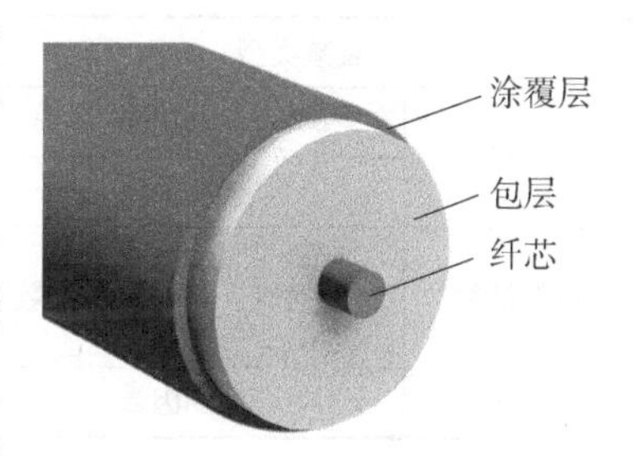

图 2-6　典型的单模光纤结构示意图

由光的折射、反射和全反射原理可知，光在不同物质中的传播速度是不同的。当光从一种物质射向另一种物质时，就会在两种物质的交界面处产生折射和反射；而且，折射光的角度会随入射光的角度变化而变化，当入射光的角度达到或超过某一角度时，折射光会消失，入射光全部被反射回来，这就是光的全反射。不同的物质对相同波长光的折射角度是不同的（即不同的物质有不同的光折射率），相同的物质对不同波长光的折射角度也不同。光纤通信就是基于这个原理而形成的。

光纤纤芯由高纯度二氧化硅（SiO_2）制造，并有极少量的掺杂剂，如二氧化锗（GeO_2）等，折射率为 n_1。事实上，有许多材料可用来制造光纤纤芯。每种材料的主要区别在于它们的化学成分和折射率，掺杂的目的是提高折射率。包层紧包在纤芯的外面，通常也用高纯二氧化硅（SiO_2）制造，折射率为 n_2，并掺杂 B_2O_3 及 F 等以降低其折射率。包层的主要作用是提供一个使纤芯内光线反射回去的环绕界面。根据几何光学的全反射原理，包层的折射率要略小于纤芯的折射率，即 $n_2 < n_1$，以便使光线被束缚在纤芯中传输。除了纤芯和包层外，在包层外面通常还分别有一次涂覆层（厚 5～40μm）、100μm 厚的缓冲层和二次涂覆层（即套塑层）。涂覆层的材料是环氧树脂或硅橡胶，其作用是增强光纤的机械强度，在光纤受到外界振动时保护光纤的物理和化学性能，同时又可以增加柔韧性，隔离外界水气的侵蚀。

光纤纤芯和包层是不可分离的，纤芯与包层合起来组成裸纤，光纤的传输特征主要由裸纤决定。用光纤工具剥去外护套及套塑层后，暴露在外面的是涂有包层的纤芯。实际上，很难看到真正的纤芯。通常所说的光纤是指涂覆后的光纤。裸纤经过涂覆后才能制作光缆。光纤芯径是指光波导的几何尺寸。光纤芯径的规定是：多模光纤为 62.5μm/125μm 和 50μm/125μm，单模光纤小于 10μm/125μm。对于 50μm 多模光纤，已从 OM1、OM2 发展到第三代 OM3。通常谈到的 62.5μm/125μm 多模光纤，是指纤芯外径为 62.5μm，加上包层后的外径为 125μm。对于 50μm/125μm 规格的光纤，纤芯外径为 50μm，加上包层后的外径为 125μm。单模光纤纤芯是 8～10μm，外径也是 125μm。

2.2.2 光纤的传输特征

光纤的传输特征主要包括衰减特征、色散和带宽特征。

1. 光纤的衰减

光信号沿光纤传输的过程中，光能逐渐减小的现象称为光纤的传输衰减。光纤的传输衰减是光纤通信主要的传输参数之一。光纤的损耗通常用衰减系数 α 表示，单位为 dB/km。α 直接影响着通信系统的传输距离。一般光纤衰减定义长度为 L（km）光纤输出端光功率 P_o 与输入端光功率 P_i 的比值，用分贝（dB）表示为

$$\alpha_l = \frac{10}{L}\lg(P_o/P_i) \tag{2-1}$$

各类光纤的传输衰减可分为两部分，即固有衰减和附加衰减。

导致光纤衰减的原因有材料吸收、材料散射及机械变形等外部原因造成的辐射等，具体见表 2-7。

表 2-7 光纤衰减原因

衰减类型		衰减原因
材料吸收	材料损耗	电子跃迁吸收、分子振动吸收
	杂质损耗	过渡金属吸收、氢氧根吸收
材料散射	材料损耗、结构不均匀散射	瑞利散射、梅耶散射、布里渊散射、拉曼散射、纤芯一包层界面结构不完整散射、缺陷散射、气泡、析晶散射
辐射	外部因素	核辐射等机械变形、弯曲

根据光纤对传输光波损耗测试结果表明，光纤的损耗还与所传输的光波波长有关。在某些波长附近光纤的损耗最低。把这些波段称为光纤的低损耗窗口或传输窗口。多模光纤一般有两个窗口，即两个最佳的光传输波长，分别是 850nm 和 1300nm；单模光纤也有两个窗口，分别是 1310nm 和 1550nm。对应于这些窗口波长，选用适当的光源，可以降低光能的损耗。

2. 光纤的色散

由不同模式或不同频率（波长）成分组成的光信号，在光线中传输时，由于速度不同而引起信号畸变的物理现象称为光纤的色散。光纤的色散可分为模式色散（模间畸变）、材料色散及波导色散。后两种色散是某一模式本身的色散，也称为模内色散。

（1）模式色散。在多模光纤中传输的模式很多，而不同模式有不同的传输线路。一个脉冲的能量是分布在多个模式上进行传输的，这就使得光脉冲沿着光纤传输到光电检波器时，有的模式先到，有的后到，这就会出现脉冲畸变，即脉冲展宽。光纤传输的模式越多，脉冲展宽就越严重，对光纤传输带宽的限制也就越严重。同样，传输距离越长，脉冲展宽也就越严重。

(2) 材料色散。是指用来制造光纤的材料的一种特征。它是由于光纤材料的折射率随传输的光波波长而变化所造成的。折射率不同，传输速度也不同，因而对光源的一定频谱宽度将产生另一种脉冲展宽。所以，在测量光纤带宽时，必须选定标准光源，因为用不同谱线的光源所测得的光纤带宽是不同的。

(3) 波导色散。由于光纤纤芯尺寸、几何形状、几何结构、相对折射率差等方面的原因，使一部分光线在纤芯中传播，而另一部分光则在包层中传播。在纤芯和包层中传播的速度不同而造成光的脉冲展宽，称为波导色散。

通常波导色散很小，对多模光纤，因模式畸变占主导地位，波导色散可以忽略不计。对于单模光纤，由于无模式色散，其带宽仅由材料色散和波导色散两者来决定，波导色散的影响就不可忽略。

光纤的色散导致光信号的波形失真，表现为脉冲展宽，它是光纤的时域特征。脉冲展宽也称脉冲信号的延时失真。这种延时失真的大小是由光纤的色散特征所决定的。

对于数字通信系统，光信号的脉冲展宽是一项重要指标。脉冲展宽过大就会引起相邻脉冲间隙减小，相邻脉冲将会产生部分重叠而使再生中继器发生脉冲判断错误，从而使误码率增加，限制了光纤的传输容量。

3. 光纤的带宽

光纤带宽是指光纤不失真地传递信息的速率的大小。光纤的带宽可以用光纤对传输脉冲的展宽来表示。虽然光纤采用了渐变折射技术，但在光纤中依然存在模态散射，仅仅是程度有所不同。即便是单模光纤，在光纤的拐弯处也会有反射，而一旦有反射就涉及路径不同，因此还会发生散射。所以，光脉冲经过光纤传输之后，不但幅度会因衰减而减小，波形也会出现越来越大的失真，发生脉冲宽度随时间而展宽的现象。如果这种扩散太大，展宽的脉冲可能对某一端的脉冲造成干扰，进而在传输系统中导致码间干扰和相应高比特差错率，使两个原本有一定间隔的光脉冲，经过光纤传输之后产生了部分重叠。为避免重叠的发生，对输入脉冲应有最高速率限制。若定义相邻两个脉冲虽然重叠但仍能区别开来的最高脉冲速率为该光纤链路的最大可用带宽，则脉冲的展宽不仅与脉冲的速率有关，也与光纤的长度有关。所以，通常用光纤传输信号的速率与其传输长度的乘积来描述光纤的带宽特征，用 *BL* 表示，单位为 GHz·km 或 MHz·km。显然，对某个 *BL* 值而言，当距离增长时，允许的模式带宽就需要相应减小。

2.2.3　光纤的类型与标准

1. 按材料分类

(1) 石英光纤。石英光纤（Silica Fiber）是以二氧化硅（SiO_2）为主要原料，并按不同的掺杂量，来控制纤芯和包层的折射率分布的光纤。石英（玻璃）光纤的优点是损耗低，当光波长为 1.0～1.7μm（约 1.4μm 附近）时，损耗只有 1dB/km，在 1.55μm 处最低，只有 0.2dB/km。石英光纤与其他原料的光纤相比，还具有从紫外线光到近红外线光的透光广谱，除通信用途之外，还可用于导光和传导图像等领域。

(2) 掺氟光纤。掺氟光纤（Fluorine Doped Fiber）为石英光纤的典型产品之一。通常，作为 1.3pm 波域的通信用光纤中，控制纤芯的掺杂物为二氧化锗（GeO_2），包层是用 SiO_2 作成的。但掺氟光纤的纤芯，大多使用 SiO_2，而在包层中却是掺入氟素的。

由于，瑞利散射损耗是因折射率的变动而引起的光散射现象。因此，希望形成折射率变动因素的掺杂物，以少为佳。氟素的作用主要是可以降低 SiO_2 的折射率，因而，常用于包层的掺杂。由于掺氟光纤中，纤芯并不含有影响折射率的氟素掺杂物，它的瑞利散射很小，而且损耗也接近理论的最低值，所以多用于长距离的光信号传输。

(3) 多组分玻璃光纤。用常规玻璃制成，损耗也很低。如硼硅酸盐玻璃光纤，在光波长为 0.84μm 时，最低损耗为 3.4dB/km。

(4) 塑料光纤。塑料光纤是用高度透明的聚苯乙烯或聚甲基丙烯酸甲酯（有机玻璃）制成的。它的特点是制造成本低廉，相对来说芯径较大，与光源的耦合效率高，耦合进光纤的光功率大，使用方便。但由于损耗较大，当光波波长为 0.63μm 时，损耗高达 100～200dB/km，且其带宽较小，因此这种光纤只适用于短距离、低速率通信，如短距离计算机网链路、船舶内通信等。

2. 按光纤纤芯折射率分类

(1) 阶跃型光纤。光纤的纤芯折射率高于包层折射率，使得输入的光能在纤芯-包层交界面上不断产生全反射而前进。这种光纤纤芯的折射率是均匀的，包层的折射率稍低一些。光纤中心玻璃芯到玻璃包层的折射率是突变的，只有一个台阶，所以称为阶跃型折射率多模光纤，简称阶跃型光纤，也称突变光纤。这种光纤的传输模式很多，各种模式的传输路径不一样，经传输后到达终点的时间也不相同，因而产生时延差，使光脉冲受到展宽。所以这种光纤的模间色散高，传输频带不宽，传输速率不能太高，用于通信不够理想，只适用于短途、低速通信，如工控。但单模光纤由于模间色散很小，所以单模光纤都采用突变型。这是研究开发较早的一种光纤，现在已逐渐被淘汰了。

(2) 渐变型光纤。为了解决阶跃型光纤存在的弊端，人们又研制开发了渐变折射率多模光纤，简称渐变型光纤。光纤中心玻璃芯到玻璃包层的折射率是逐渐变小的，可使高次模的光按正弦形式传播，这能减少模间色散，提高光纤带宽，增加传输距离，但成本较高，现在的多模光纤多为渐变型光纤。渐变型光纤的包层折射率分布与阶跃型光纤一样，都是均匀的。渐变型光纤的纤芯折射率中心最大，沿纤芯径方向逐渐减小。由于高次模和低次模的光线分别在不同的折射率层界面上按折射定律产生折射，进入低折射率层中去，因此，光的行进方向与光纤轴方向所形成的角度将逐渐变小。同样的过程不断发生，直至光在某一折射率层产生全反射，使光改变方向，朝中心较高的折射率层行进。这时，光的行进方向与光纤轴方向所构成的角度，在各折射率层中每折射一次，其值就增大一次，最后达到中心折射率最大的地方。在这以后，与上述完全相同的过程不断重复进行，由此实现了光波的传输。可以看出，光在渐变型光纤中会自觉地进行调整，从而最终到达目的地，称为自聚焦。

3. 按传输模式分类

(1) 单模光纤（Single Mode Fiber）。单模光纤的中心玻璃芯很细（芯径一般为 9μm 或 10μm），只能传输一种模式的光。因此，其模间色散很小，适用于远程通信，但还存在着材料色散和波导色散，这样单模光纤对光源的谱宽和稳定性有较高的要求，即谱宽要窄，稳定性要好。后来又发现在波长为 1.31μm 处，单模光纤的材料色散和波导色散的方向相反，大小也正好相等。这就是说在波长为 1.31μm 处，单模光纤的总色散为零。从光纤的损耗特征来看，波长为 1.31μm 处正好是光纤的一个低损耗窗口。这样，1.31μm 波长区就成了光纤通信的一个很理想的工作窗口，也是现在实用光纤通信系统的主要工作波段。波长为 1.31μm 的常规单模光纤的主要参数是由国际电信联盟 ITU-T 在 G652 建议中确定的，因此这种光纤又称G652光纤，结构如图2-7所示。

单模光纤采用激光二极管LD作为光源，1000Mbit/s光纤的传输距离为0.55～100km。单模光缆和单模光纤端口的价格都比较昂贵，但是能提供更远的传输距离和更高的网络带宽，通常被用于远程网络或建筑物间的连接，即建筑群子系统。

(2) 多模光纤（Multi Mode Fiber）。多模光纤的中心玻璃芯较粗（芯径一般为50μm或62.5μm），可传输多种模式的光。但其模间色散较大，这就限制了传输数字信号的频率，而且随距离的增加会更加严重。多模光纤的性能较差，带宽较窄，但由于纤芯的截面面积大，因此容易制造并且连接耦合比较方便，因此也得到了广泛的应用，结构如图2-8所示。

多模光纤采用发光二极管LED为光源，1000Mbit/s光纤的传输距离为220～550m。多模光缆和多模光纤端口的价格都相对便宜，但传输距离较近，因此被更多地用于垂直主干子系统，有时也被用于水平子系统或建筑群子系统。

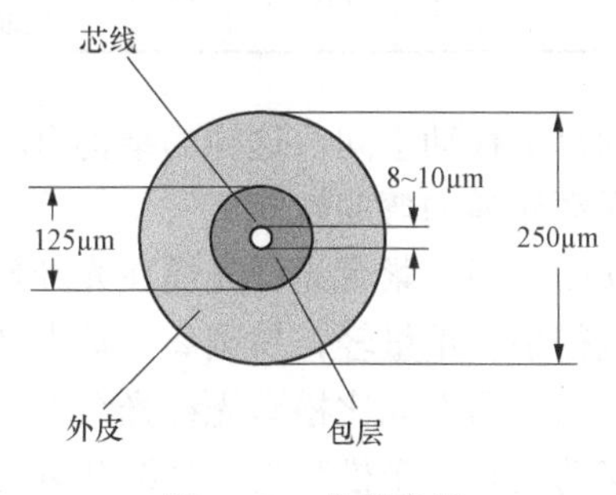

图2-7　单模光纤

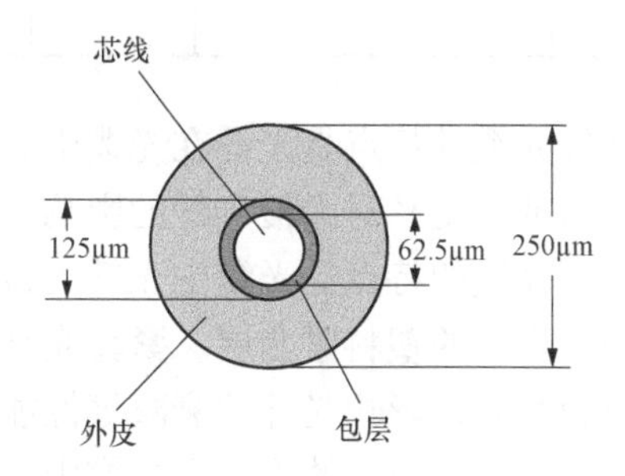

图2-8　多模光纤

2.2.4　光缆的分类

光缆（Optical Fiber Cable），是一定数量的光纤按照一定方式组成缆心，外包有护套，有的还包覆外护层，用以实现光信号传输的一种通信线路，一般是由缆芯、加强件、填充物和护套等几部分组成。另外，根据需要还有防水层、缓冲层、绝缘金属导线等构件。光缆是将一根或多根光纤或光纤束制作成负荷光学、机械和环境特征结构的缆线。

1. 光缆的标识

光缆型号及规格通常由9部分组成，对应相应的字母和数字形式，其命名规则如图2-9所示。

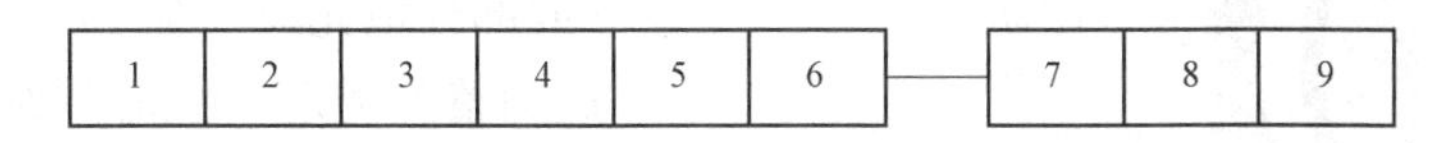

图2-9　光缆的标识

1—分类代号；2—加强件代号；3—结构特征代号；4—保护层代号；5—外护套代号；
6—外护层代号；7—光纤数；8—光纤类别代号；9—光纤主要尺寸

通信用光缆型号中的常用标注符号见表2-8。

当有外护层时，它可包括垫层、铠装层和外被层的某些部分或全部。其代号用两组数字表示（垫层不需要表示），第一组表示铠装层，第二组表示外被层或外套。

2. 光缆的分类方法

(1) 按光缆中的光纤状态分类。按光纤在光缆中是否可以自由移动，光缆可分为松套光纤光缆、紧套光纤光缆和半松半紧光纤光缆。

表 2-8 通信用光缆型号中的常用标注符号

分类代号		加强件类型		结构特征		保护层		光缆护套		光缆外护层	
代号	含义	代号	含义	代号	含义	代号	含义	代号	含义	代号	含义
GY	室（野）外光缆		金属	D	带状结构	S	松套管缓冲	Y	聚乙烯	23	钢带铠装聚乙烯
GR	软光缆	F	非金属		层绞式	J	紧套管缓冲	V	聚氯乙烯	22	绕包钢带铠装聚氯乙烯
GJ	室（局）内用光缆			X	中心束管式			U	聚氨乙烯	53	纵包钢带铠装聚氯乙烯
GS	设备内光缆							A	铝塑综合	33	单层细圆钢丝带铠装聚乙烯
GH	海底光缆							S	钢塑综合	333	双层细圆钢丝带铠装聚乙烯

松套光纤光缆的特点是光纤在光缆中有一定的自由移动空间，这样的结构有利于减少外界机械应力（或应变）对涂覆光纤的影响，即增强额光缆的弯曲性能。

紧套光纤光缆的特点是光缆中光纤无自由移动的空间。紧套光纤光缆在光纤预涂覆层外直接挤下一层合适的塑料紧套层。紧套光纤光缆直径小，重量轻，易剥离、敷设和连接；但高的拉伸应力会直接影响光纤的衰减等性能，即它的弯曲性能比松套光纤光缆差。

半松半紧光纤光缆中的光纤在光缆中的自由移动空间介于松套光纤光缆和紧套光纤光缆之间。

（2）按缆芯结构分类。按缆芯结构特点的不同，光缆可分为层绞式光缆、中心管式光缆和骨架式光缆。

层绞式光缆是将几根至几十根或更多根光纤或光纤带子单元围绕中心加强件螺旋绞合（S 绞或 SZ 绞）成一层或几层的光缆。层绞式光缆的最大优点是易于分叉，即光缆部分光纤需分别使用时，不必将整个光缆开断，只需将分叉的光纤开断即可。图 2-10 所示为层绞式光缆结构示意图及实物图。

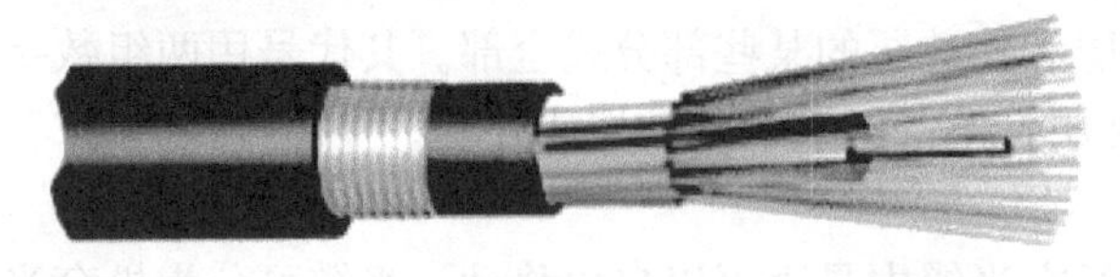

图 2-10 层绞式光缆结构示意图及实物图

目前使用最多的层绞式光缆是松套层绞式光缆，该光缆是由 6 根松套管（或部分填充绳）绕中心金属加强件绞合成圆整的缆芯，缆芯外纵包复合铝带并挤上 PE 护套形成铝-塑粘接护套。松套管是由温度特征好的材料挤成，管中放入具有合适余长的多根（2～8 芯）单模或多模光纤，并充满防潮光纤用油膏，缆芯所有缝隙均填充有阻水化合物。

中心管式光缆是将光纤或光纤带无绞合直接放到光缆中心位置的套管中而制成的光缆。一般 12 芯以下的采用中心束管式，中心束管式工艺简单，成本低，其结构示意图及实物图如图 2-11 所示。

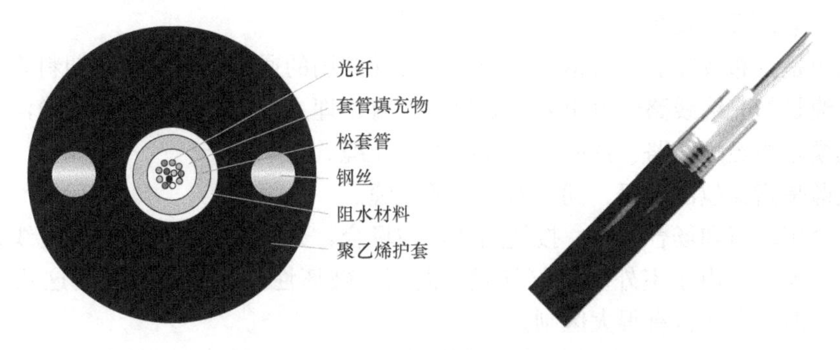

图 2-11　中心管式光缆结构示意图及实物图

骨架式光缆是将光纤或光纤带经螺旋绞合置于塑料骨架槽中构成的光缆。这种光缆的缆芯抗侧压力性能好，利于对光纤的保护，其结构示意图及实物图如图 2-12 所示。

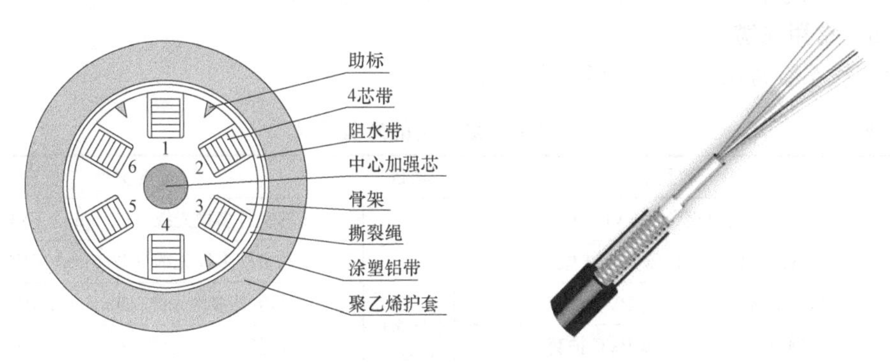

图 2-12　骨架式光缆结构示意图及实物图

骨架式带状光缆结构使用骨架和中心加强件为支撑单元。骨架采用高密度聚乙烯材料，抗侧压性能好，对光纤带有很好的保护。同时，可以防止开剥光缆时损伤光纤。中心加强件是单根钢丝或多根绞合钢丝、骨架和钢丝黏结在一起形成整体，保证光缆的机械性能和温度特征。骨架槽内放入信息载体，光纤带 400 芯以上的光缆通常使用 8 芯光纤带，制作工艺是先将两个 4 芯光纤带作一次涂覆，然后将两个 4 芯光纤带作二次涂覆形成一体 8 芯带，使用时可将两个 4 芯光纤带分开各自进行熔接。骨架外层包绕阻水带，阻水带特征是当水分与阻水带接触时阻水粉能迅速填充所有空间达到阻水效果。根据不同的使用场合，阻水带外层加钢带或铝带铠装，以保护光缆。最外层是 PE 护套，充气式光缆则采用双层护套结构。外护套采用三色条识别方式，方便辨认和维护，减少误操作事故的发生。

骨架式带状光缆通过良好的结构设计和工艺控制，具有优越的光学、机械和环境性能；采用无纤膏和缆膏的干式阻水结构，克服传统油膏不易清除的缺点，减少了施工准备时间，极大地提高了接续效率，便于施工和维护；骨架式结构抗侧压性好，对光纤带有良好的保护；光纤组装密度高，光缆相对直径小，重量轻，便于敷设；骨架式结构开剥后，可直接取出光纤带，便于分歧；护套内放置撕裂绳，便于开剥。

（3）按线路敷设方式分类。按线路敷设方式，光缆可分为架空光缆、管道光缆、直埋光缆、隧道光缆和水底光缆。

架空光缆是指以架空形式挂放的光缆，它必须借助吊线（镀锌钢绞线）或自身具有的抗拉元件悬挂在电线杆或铁塔上。

管道光缆是指布放在通信管道内的光缆，目前常用的通信管道主要是塑料管道。

直埋光缆是指光缆线路经过市郊或农村时，直接埋入规定深度和宽度的缆沟中的光缆。

隧道光缆是指经过公路、铁路等交通隧道的光缆。

水底光缆是指穿越江、河、湖、海水底的光缆。

(4) 按使用环境和场合分类。按使用环境与场合，光缆主要可分为室外光缆、室内光缆及特种光缆三大类。由于室外环境（气候、温度、破坏性）相差很大，故这几类光缆在构造、材料、性能等方面也有很大区别。

室外光缆由于使用条件恶劣，光缆必须具有足够的机械强度、防渗能力和良好的温度特征，其结构较复杂。

室内光缆结构紧凑、轻便柔软并应具有阻燃性能。

特种光缆用于特殊场合，如海底、污染区或高原地区等。

2.2.5 常用光缆

综合布线系统常用的光缆类型见表 2-9。

表 2-9 综合布线系统常用的光缆类型

项目	光缆类型	项目	光缆类型
室内单模普通型	4 芯室内单模光缆 PVC 护套	室外多模普通型	4 芯室外多模光缆（62.5μm）PVC 护套
	6 芯室内单模光缆 PVC 护套		6 芯室外多模光缆（62.5μm）PVC 护套
	12 芯室内单模光缆 PVC 护套		12 芯室外多模光缆（62.5μm）PVC 护套
	24 芯室内单模光缆 PVC 护套		24 芯室外多模光缆（62.5μm）PVC 护套
	48 芯室内单模光缆 PVC 护套		48 芯室外多模光缆（62.5μm）PVC 护套
	96 芯室内单模光缆 PVC 护套		96 芯室外多模光缆（62.5μm）PVC 护套
	144 芯室内单模光缆 PVC 护套		144 芯室外多模光缆（62.5μm）PVC 护套
室内多模普通型	4 芯室内多模光缆（62.5μm）PVC 护套	室内单模低烟无卤阻燃型	4 芯室内单模光缆低烟无卤阻燃护套
	6 芯室内多模光缆（62.5μm）PVC 护套		6 芯室内单模光缆低烟无卤阻燃护套
	12 芯室内多模光缆（62.5μm）PVC 护套		12 芯室内单模光缆低烟无卤阻燃护套
	24 芯室内多模光缆（62.5μm）PVC 护套		24 芯室内单模光缆低烟无卤阻燃护套
	48 芯室内多模光缆（62.5μm）PVC 护套		48 芯室内单模光缆低烟无卤阻燃护套
	96 芯室内多模光缆（62.5μm）PVC 护套		96 芯室内单模光缆低烟无卤阻燃护套
	144 芯室内多模光缆（62.5μm）PVC 护套		144 芯室内单模光缆低烟无卤阻燃护套
室外单模普通型	4 芯室外单模光缆 PVC 护套	室内多模低烟无卤阻燃型	4 芯室内多模光缆（62.5μm）低烟无卤阻燃护套
	6 芯室外单模光缆 PVC 护套		6 芯室内多模光缆（62.5μm）低烟无卤阻燃护套
	12 芯室外单模光缆 PVC 护套		12 芯室内多模光缆（62.5μm）低烟无卤阻燃护套
	24 芯室外单模光缆 PVC 护套		24 芯室内多模光缆（62.5μm）低烟无卤阻燃护套
	48 芯室外单模光缆 PVC 护套		48 芯室内多模光缆（62.5μm）低烟无卤阻燃护套
	96 芯室外单模光缆 PVC 护套		96 芯室内多模光缆（62.5μm）低烟无卤阻燃护套
	144 芯室外单模光缆 PVC 护套		144 芯室内多模光缆（62.5μm）低烟无卤阻燃护套

续表

项目	光缆类型	项目	光缆类型
室外单模低烟无卤阻燃型	4 芯室外单模光缆低烟无卤阻燃护套	室外多模低烟无卤阻燃型	4 芯室外多模光缆（62.5μm）低烟无卤阻燃护套
	6 芯室外单模光缆低烟无卤阻燃护套		6 芯室外多模光缆（62.5μm）低烟无卤阻燃护套
	12 芯室外单模光缆低烟无卤阻燃护套		12 芯室外多模光缆（62.5μm）低烟无卤阻燃护套
	24 芯室外单模光缆低烟无卤阻燃护套		24 芯室外多模光缆（62.5μm）低烟无卤阻燃护套
	48 芯室外单模光缆低烟无卤阻燃护套		48 芯室外多模光缆（62.5μm）低烟无卤阻燃护套
	96 芯室外单模光缆低烟无卤阻燃护套		96 芯室外多模光缆（62.5μm）低烟无卤阻燃护套
	144 芯室外单模光缆低烟无卤阻燃护套		144 芯室外多模光缆（62.5μm）低烟无卤阻燃护套

2.3　综合布线系统连接器件

在综合布线系统中，无论是电缆还是光缆都需要一些连接硬件，在缆线的各接续点位置用于端接。电缆连接器件主要是 RJ-45 连接器，光缆连接器件按接头形式的不同分类较多，常见的如 ST、FC、SC、MT 等。连接器件是综合布线系统必不可少的器件，要对不同种类的连接器件的性能有所了解。

2.3.1　电缆连接器件

电缆连接器件主要是指 RJ-45 连接器，它是一种只能沿固定方向插入并自动防止脱落的塑料接头，俗称“水晶头”，专业术语为 RJ-45 连接器，如图 2-13 所示。RJ-45 是一种网络接口规范，类似的还有 RJ-11 接口，就是平常所用的“电话接口”，用来连接电话线。双绞线电缆的两端必须安装 RJ-45 插头，以便插在网卡（NIC）、集线器（HUB）或交换机（SWITCH）的 RJ-45 接口上，进行网络通信。水晶头适用于设备间或水平子系统的现场端接，外壳材料采用高密度聚乙烯。每条双绞线两头通过安装水晶头与网卡和集线器（或交换机）相连。

图 2-14 所示为 RJ-45 连接器接线示意图，从左到右的引脚顺序分别为 1～8，常用的 RJ-45 连接器接线方法有直接互连法和交叉互连法两种。

直接互连法网线两端均按 T568B 接，常用于计算机与路由器、交换机和集线器之间的连接。交叉互连法网线的一端按 T568B 接，另一端按 T568A 接，常用于计算机之间、路由器之间、集线器之间和交换机之间的连接。

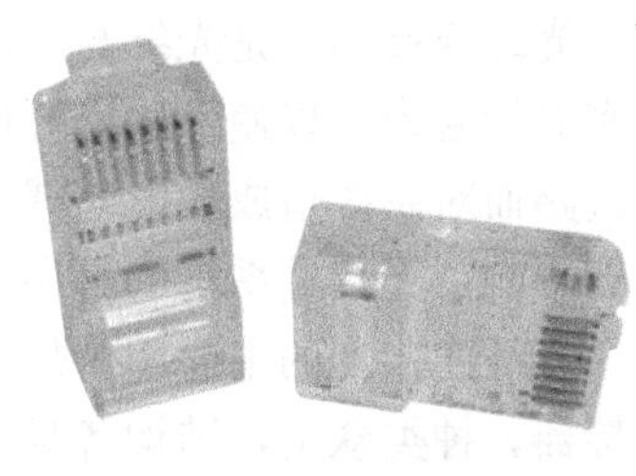

图 2-13　RJ-45 连接器

水晶头虽小，但在网络中的重要性一点都不能小看，在许多网络故障中就有相当一部分是因为水晶头质量不好而造成的。水晶头要选择接触探针为纯铜的，若接触探针是镀铜的，容易生锈，造成接触不良，网络不通。挑选晶莹透亮可塑性强的，用线钳压制时可塑性差的水晶头会发生碎裂等现象，质量好的水晶头用手指拨动弹片会听到“铮铮”的声音，将弹片向前拨动到 90°，弹片也不会折断，而且会恢复原状并且弹性不变。质量差的水晶头塑料扣位不紧，也很容易造成接触不良，网络中断。

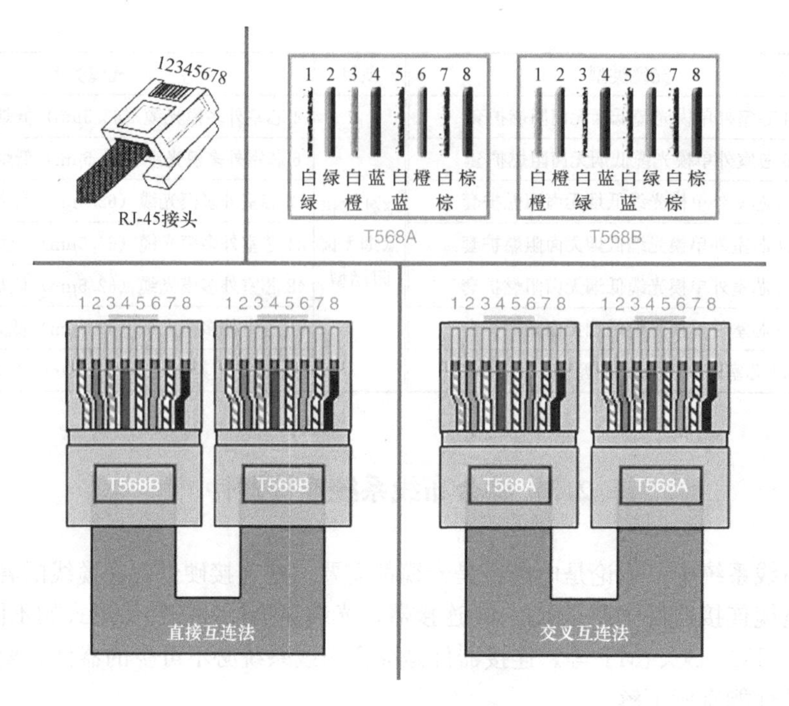

图 2-14 RJ-45 连接器接线示意图

2.3.2 光缆连接器件

在安装任何光纤系统时，都必须考虑以低损耗的方法把光纤或光缆相互连接起来，以实现光链路的接续。光纤链路的接续，又可分为永久性的和活动性的两种。永久性的接续，大多采用熔接法、粘接法或固定连接器来实现；活动性的接续，一般采用活动连接器来实现。

光纤连接器是很独特的，光纤必须同时在其中建立光学连接和机械连接。这种连接不像铜介质网线的连接器，铜介质网线的连接器只要金属针接触就可以建立起足够的连接。而光纤连接器则必须使网线中的光纤几乎完美地对齐在一起。

光纤连接器，是光纤与光纤之间进行可拆卸（活动）连接的器件，它把光纤的两个端面精密对接起来，以使发射光纤输出的光能最大限度地耦合到接收光纤中去，并使由于其介入光链路而对系统造成的影响减到最小，这是光纤连接器的基本要求。在一定程度上，光纤连接器影响了光传输系统的可靠性和各项性能。

光纤连接器的主要用途是实现光纤的接续。现在已经广泛应用在光纤通信系统中的光纤连接器，种类众多，结构各异。但细究起来，各种类型的光纤连接器的基本结构却是一致的，绝大多数的光纤连接器一般采用高精密组件（由两个插针和一个耦合管共三个部分组成）实现光纤的对准连接，即将光纤穿入并固定在插针中，将插针表面进行抛光处理后，在耦合管中实现对准。插针的外组件采用金属或非金属的材料制作。插针的对接端必须进行研磨处理，另一端通常采用弯曲限制构件来支撑光纤或光纤软缆以释放应力。耦合管一般是由陶瓷或青铜等材料制成的两半合成的、紧固的圆筒形构件作成，多配有金属或塑料的法兰盘，以便于连接器的安装固定。为尽量精确地对准光纤，对插针和耦合管的加工精度要求很高。

光纤连接器按传输媒介的不同可分为常见的硅基光纤的单模和多模连接器，还有其他如以塑胶等为传输媒介的光纤连接器；按连接头结构形式可分为 FC、SC、ST、LC、D4、DIN、MU、MT 等各种形式。其中，ST 连接器通常用于布线设备端，如光纤配线架、光纤模块等；而 SC 和 MT 连接器通常用于网络设备端。按光纤端面形状可分为 FC、PC（包括 SPC 或 UPC）和 APC；按光纤芯数还有单芯和多芯（如 MT - RJ）之分。光纤连接器应用广泛，品种繁多，在实际应用过程中，一般按照光纤连接器结构的不同来加以区分。

1. FC 型光纤活动连接器（Type FC Optical Fiber Connector）

FC（Ferrule Connector）型光纤活动连接器最早是由日本 NTT 研制，其外部加强方式是采用金属套，紧固方式为螺栓扣。FC 型光纤活动连接器，采用的陶瓷插针的对接端面是平面接触方式（FC）。此类连接器结构简单，操作方便，制作容易，但光纤端面对微尘较为敏感，且容易产生菲涅尔反射，提高回波损耗性能较为困难。后来，对该类型连接器做了改进，采用对接端面呈球面的插针（PC），而外部结构没有改变，使得插入损耗和回波损耗性能有了较大幅度的提高。

FC 型光纤活动连接器是一种以单芯插头和适配器为基础组成的螺纹旋转式连接器。它的特点是光纤嵌插在标称直径为 2.500mm 的高精度插针圆柱体中，两插头用 M8×0.75 的螺母与适配器进行螺纹连接。连接器的光对中装置是弹性套筒或刚性内孔。

尾纤使用单模光纤的活动连接器称为 FC 型单模光纤活动连接器，尾纤使用多模光纤的活动链接器称为 FC 型多模光纤活动连接器；插针端面为球面的光纤活动连接器称为 FC/PC 型光纤活动连接器，插针端面为斜角球面的光纤活动连接器为 FC/APC 型光纤活动连接器。FC 型连接器应标明 FC/PC 或 FC/APC 窄键/宽键类型，且 FC/APC 型连接器插头尾套一般为绿色，如图 2 - 15 所示。

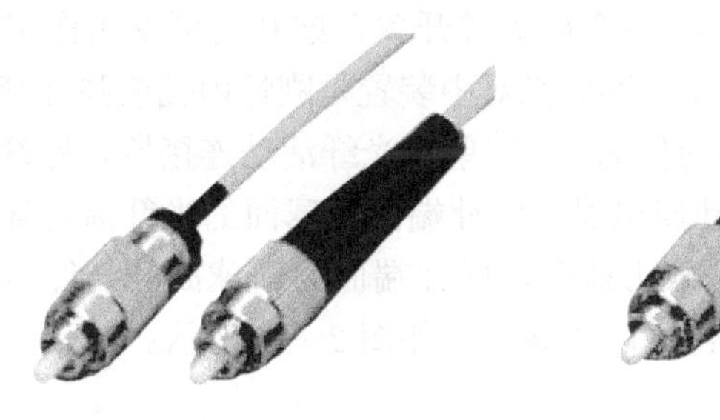

FC/PC型光纤活动连接器　　FC/APC型光纤活动连接器

图 2 - 15　FC/PC 型光纤活动连接器与 FC/APC 型光纤活动连接器

（1）分类。

1）插头接口。按插针体端面形状可分成两种接口：

a. FC/PC 型连接器插头接口。具有一个带球面抛磨面并实现物理接触（PC）的插针体。

b. FC/APC 型连接器插头接口。具有一个带斜球面抛磨面（角度一般为 8°），并实现物理接触（APC）的插针体。

2）适配器接口。按应用场合可分为两种接口：

a. PC 型连接器适配器接口。

b. APC 型连接器适配器接口。

3）有源器件插座。

a. PC 型连接器插头式有源器件插座接口。

b. APC 型连接器插头式有源器件插座接口。

(2) 连接器的光学性能。

1) FC 型单模连接器插头允许的光学性能指标。

a. 任一插头通过标准适配器与标准插头的插入损耗小于或等于 0.35dB（含重复性）；回波损耗：FC/PC 型大于 40dB，FC/APC 型大于 60dB。

b. 两个插头通过任意适配器连接的插入损耗小于或等于 0.5dB；回波损耗：FC/PC 型大于 35dB，FC/APC 型大于 58dB。

2) FC 型多模连接器插头允许的光学性能指标。

a. 任一插头通过标准适配器与标准插头的插入损耗小于或等于 0.2dB（含重复性）。

b. 两个插头通过任意适配器连接的插入损耗小于或等于 0.3dB。

3) FC 型适配器允许的光学性能指标。FC 型适配器允许相对于两个标准插头的损耗：单模小于或等于 0.2dB，多模小于或等于 0.1dB。

2. SC 型光纤活动连接器（Type SC Optical Fiber Connector）

SC 型光纤活动连接器是由日本 NTT 公司开发的光纤连接器，其外壳呈矩形，所采用的插针与耦合套筒的结构尺寸与 FC 型光纤活动连接器完全相同。其中插针的端面多采用 PC 型或 APC 型研磨方式；紧固方式是采用插拔销闩式，不需旋转。此类连接器价格低廉，插拔操作方便，介入损耗波动小，抗压强度较高，安装密度高。

SC 型光纤活动连接器是一种以单芯插头和适配器为基础组成的插拔式连接器，采用矩形结构及弹性卡子锁紧机构，包括一个耦合销键和一个加载光轴方向上具有弹性的插针。插针典型外径标称值为 2.5mm；插头具有一个插入式开关，该开关可以用作定位和连接器与配接元件之间相关位置的限位。该型连接器的光对中装置是刚性内孔或弹性套筒。

尾纤使用单模光纤的活动连接器的称为 SC 型单模光纤活动连接器，尾纤使用多模光纤的活动连接器称为 SC 型多模光纤活动连接器；插针端面为球面的光纤活动连接器称为 SC/PC 型光纤活动连接器，且其外部件一般为蓝色，插针端面为斜球面的光纤活动连接器称为 SC/APC 型光纤活动连接器，其外部件一般为绿色，如图 2-16 所示。

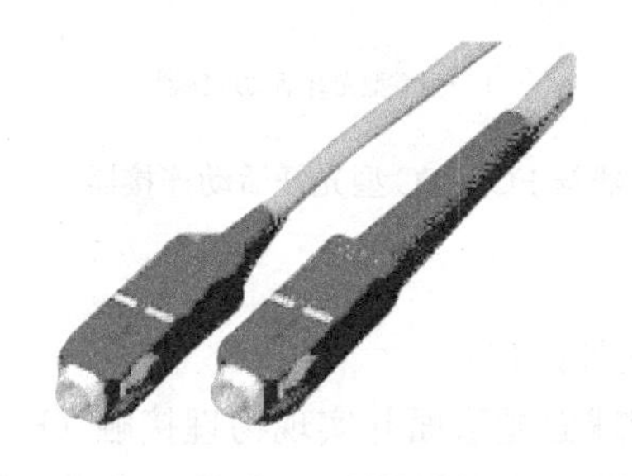

SC/PC型光纤活动连接器

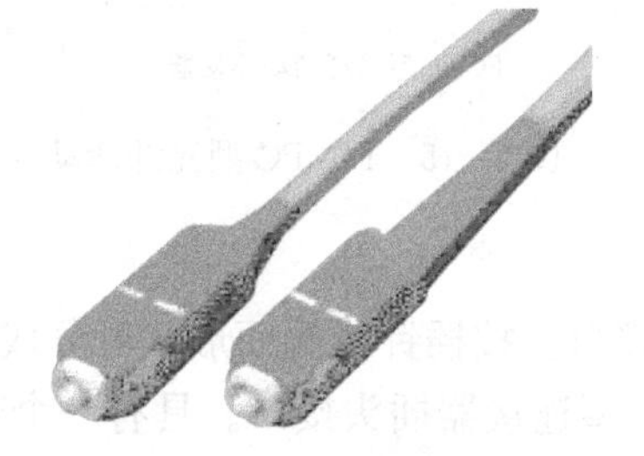

SC/APC型光纤活动连接器

图 2-16 SC/PC 型光纤活动连接器与 SC/APC 型光纤活动连接器

(1) 分类。

1) 插头接口。按光缆芯数及插针体端面形状可分成 4 种接口：

a. PC 型单芯连接器插头接口。

b. APC 型单芯连接器插头接口。

c. PC 型双芯连接器插头接口。

d. APC 型双芯连接器插头接口。

PC 型连接器插头接口具有一个带球面抛磨面并实现物理接触的插针。APC 型连接器具有一个带斜球面抛磨面（角度一般为 8°），并实现物理接触的插针体。

2）适配器接口。按光缆芯数及应用场合可分为 6 种接口：

a. 单芯连接器适配器接口。

b. PC 型单芯连接器插头式有源器件插座接口。

c. APC 型单芯连接器插头式有源器件插座接口。

d. 双芯连接器适配器接口。

e. PC 型双芯连接器插头式有源器件插座接口。

f. APC 型双芯连接器插头式有源器件插座接口。

（2）连接器的光学性能。

1）SC 型单模连接器插头允许的光学性能指标。

a. 任一插头通过标准适配器与标准插头的插入损耗小于或等于 0.35dB（含重复性）；回波损耗：SC/PC 型大于 40dB，SC/APC 型大于 60dB。

b. 两个插头通过任意适配器连接的插入损耗小于或等于 0.5dB；回波损耗：SC/PC 型大于 35dB，SC/APC 型大于 58dB。

2）SC 型多模连接器插头允许的光学性能指标。

a. 任一插头通过标准适配器与标准插头的插入损耗小于或等于 0.35dB（含重复性）。

b. 两个插头通过任意适配器连接的插入损耗小于或等于 0.5dB。

3）SC 型适配器或插座允许的光学性能指标。SC 型适配器或插座允许相对于两个标准插头的损耗：单模小于 0.2dB，多模小于 0.1dB。

3. ST 型光纤活动连接器（Type ST Optical Fiber Connector）

ST 型光纤活动连接器外壳呈圆形，所采用的插针与耦合套筒的结构尺寸与 FC 型光纤活动连接器完全相同，其中插针的端面多采用 PC 型或 APC 型研磨方式；紧固方式为螺栓扣。此类连接器适用于各种光纤网络，操作简便，且具有良好的互换性，如图 2-17 所示。

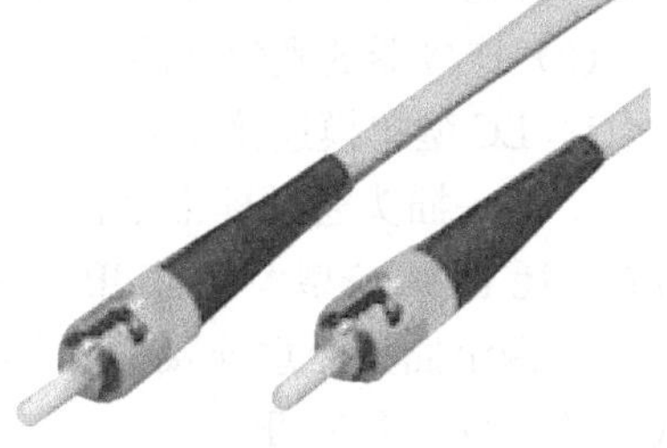

图 2-17　ST 型光纤活动连接器

ST 和 SC 接口是光纤连接器的两种类型，对于 10Base-F 连接，连接器通常是 ST 型，对于 100Base-FX 连接，连接器大部分情况下为 SC 型。ST 型连接器的芯外露，SC 型连接器的芯在接头里面。

ST 型光纤活动连接器是多模网格（大部分建筑物内或园区网络内）中最常见的连接接头。它具有一个卡口固定架和一个长度为 2.5mm 的圆柱体的陶瓷（常见）或者聚合物卡套以容载整条光纤。

4. LC 型光纤活动连接器（Type LC Optical Fiber Connector）

LC 型光纤活动连接器是著名 Bell（贝尔）研究所研究开发出来的，采用操作方便的模块化插孔（RJ）闩锁机理制成。其所采用的插针和套筒的尺寸是普通 SC、FC 型等所用尺寸的一半，为1.25mm。这样可以提高光纤配线架中光纤连接器的密度。当前，在单模SFF方面，LC型光纤活动连接器实际已经占据了主导地位，在多模方面的应用也增长迅速。

LC型光纤活动连接器是一种以小型单芯插头和适配器组成的插拔式连接器。它的特点是采用矩形结构及弹性卡子锁紧机构，包括一个耦合销键和一个加在光轴方向上具有弹性的插针。插针典型外径标称值为1.25mm；插头具有一个插入式开关，该开关可以用作定位和连接器与配接原件之间相关位置的限位。该型连接器的光对中装置是刚性内孔或弹性套筒。尾纤使用单模光纤的活动连接器的称为LC型单模光纤活动连接器，尾纤使用多模光纤的活动连接器的称为LC型多模光纤活动连接器。LC型单模光纤活动连接器ϕ2mm光缆一般为黄色，外部件一般为蓝色，结构如图2-18所示。

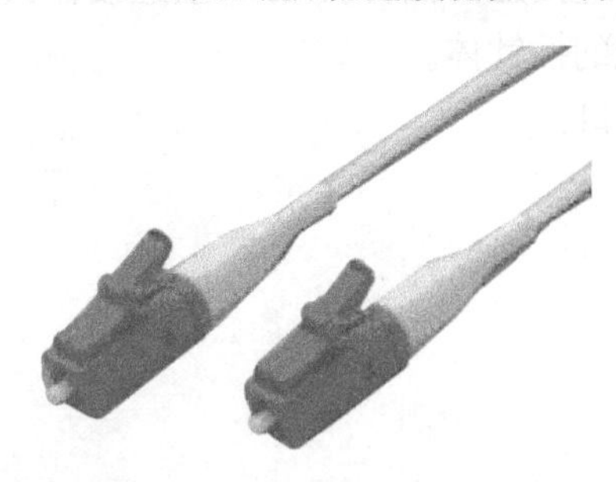

图2-18 LC型光纤活动连接器

（1）分类。

1）插头接口。按光缆芯数及插针体端面形状可分成4种接口：

a. PC型单芯连接器插头接口。

b. APC型单芯连接器插头接口。

c. PC型双芯连接器插头接口。

d. APC型双芯连接器插头接口。

PC型连接器插头接口具有一个带球面抛磨面并实现物理接触的插针。APC型连接器具有一个带斜球面抛磨面（角度一般为8°），并实现物理接触的插针体。

2）适配器接口。按光缆芯数及应用场合可分为4种接口：

a. 单芯连接器适配器接口。

b. 单芯连接器有源器件插座接口。

c. 双芯连接器适配器接口。

d. 双芯连接器有源器件插座接口。

（2）连接器的光学性能。

1）LC型单模连接器插头允许的光学性能指标。

a. 任一插头通过标准适配器与标准插头的插入损耗小于或等于0.35dB（含重复性）；回波损耗LC/PC型大于40dB，LC/APC型大于60dB。

b. 两个插头任意连接的插入损耗小于或等于0.5dB；回波损耗LC/PC型大于35dB，LC/APC型大于58dB。

2）LC型多模连接器插头允许的光学性能指标。

a. 任一插头通过标准适配器与标准插头的插入损耗小于或等于0.2dB（含重复性）。

b. 两个插头任意连接的插入损耗小于或等于0.3dB。

3）LC型适配器或插座允许相对于两个标准插头的损耗：单模小于0.2dB，多模小于0.1dB。

2.4 跳　　线

跳线主要用于配线架到交换机之间、信息插座到计算机的连接。如果线路需要改动，不需要重新走线而直接在跳线架上修改相应通路，以达到改动线路的目的。跳线主要可分为电缆跳线（即 RJ - 45 跳线）和光纤跳线。

2.4.1 电缆跳线

电缆跳线主要指 RJ - 45 跳线，其结构主要由跳线缆线导体、RJ - 45 水晶头、保护套这三部分组成，具体的跳线制作过程如下：

1. 剥线

用双绞线剥线器将双绞线塑料外皮剥去 2～3cm，如图 2 - 19 所示。

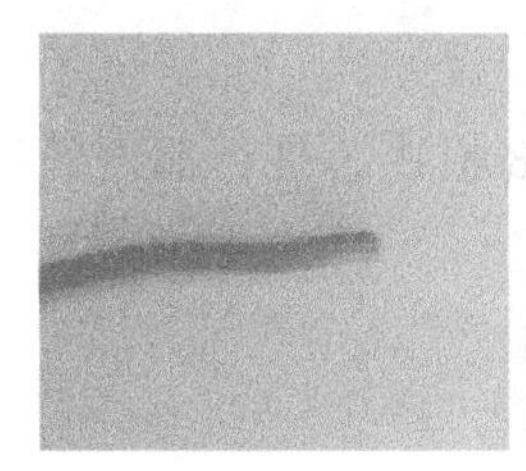
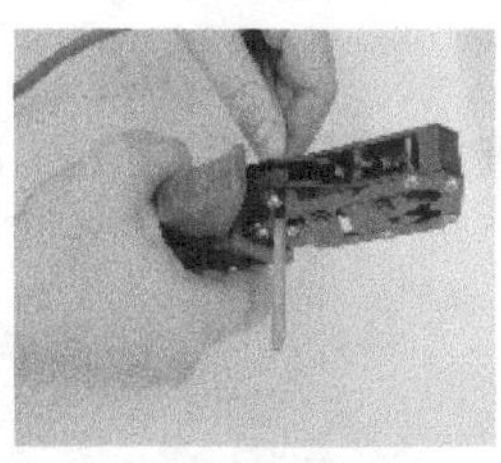
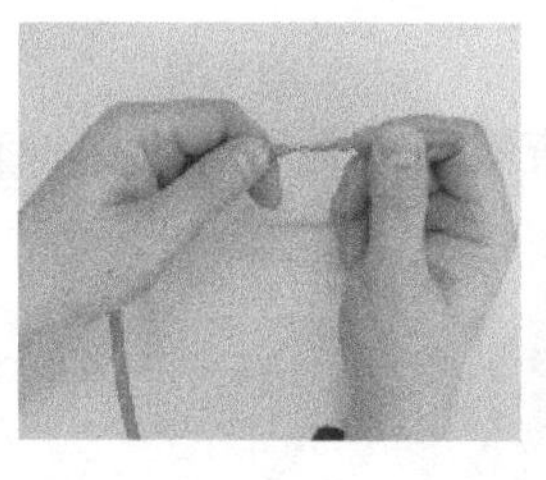
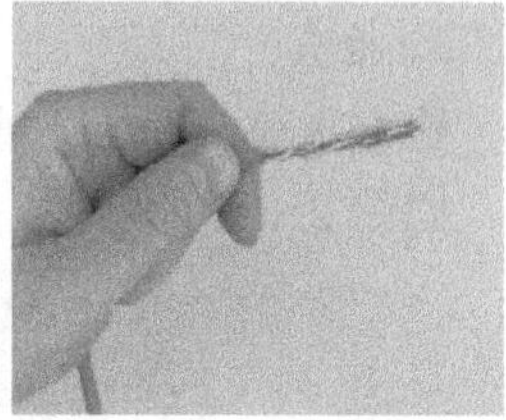

图 2 - 19　剥线过程示意图

2. 排线

将绿色线对与蓝色线对放在中间位置，而橙色线对与棕色线对放在靠外的位置，形成左一橙、左二蓝、左三绿、左四棕的线对次序，如图 2 - 20 所示。

3. 理线

小心地剥开每一线对（开绞），并将线芯按 T568B 标准排序，特别是要将白绿线芯从蓝线和白蓝线对上交叉至 3 号位置，将线芯拉直压平、挤紧理顺（朝一个方向紧靠，如图 2 - 21 所示）。

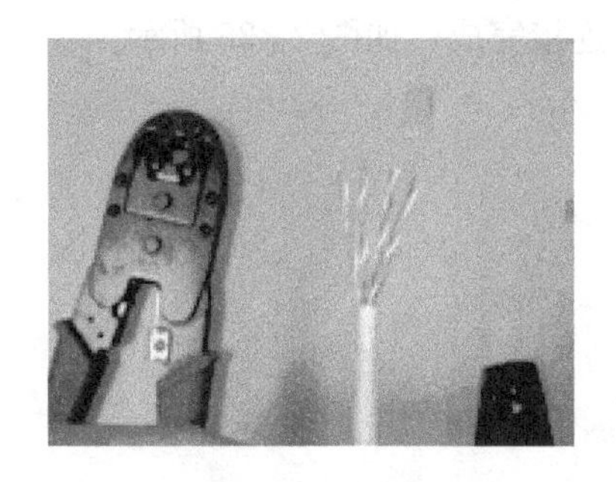

图 2 - 20　排线

图 2 - 21　理线

4. 剪切

将裸露出的双绞线芯用压线钳、剪刀、斜口钳等工具整齐地剪切，只剩下约 13mm 的长度，如图 2 - 22 所示。

5. 插入

一手以拇指和中指捏住水晶头，并用食指抵住，水晶头的方向是金属引脚朝上、弹片朝下。另一只手捏住双绞线，用力缓缓将双绞线 8 条导线依序插入水晶头，并一直插到 8 个凹槽顶端，如图 2－23 所示。

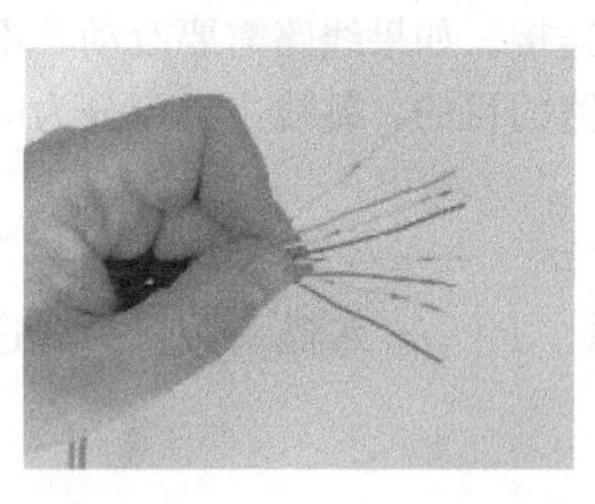

图 2－22 剪线过程

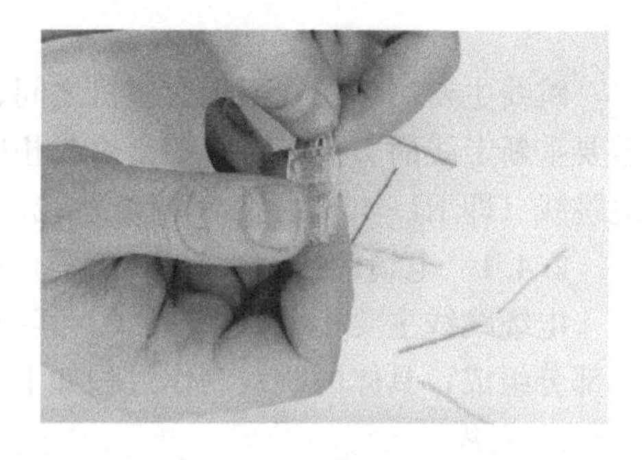

图 2－23 导线插入水晶头

6. 检查

检查水晶头正面，查看线序是否正确；检查水晶头顶部，查看 8 根线芯是否都顶到顶部，如图 2－24 所示。

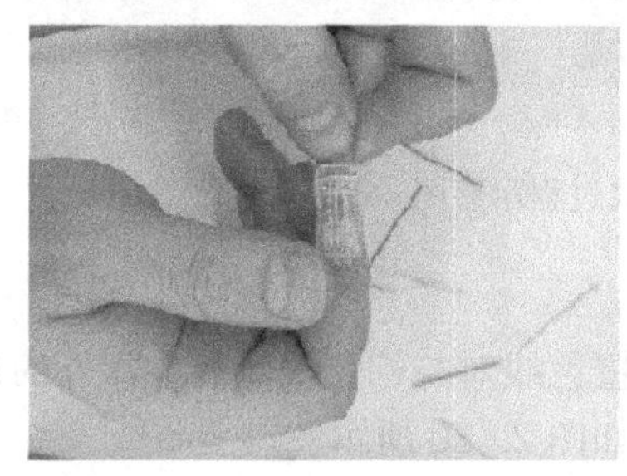
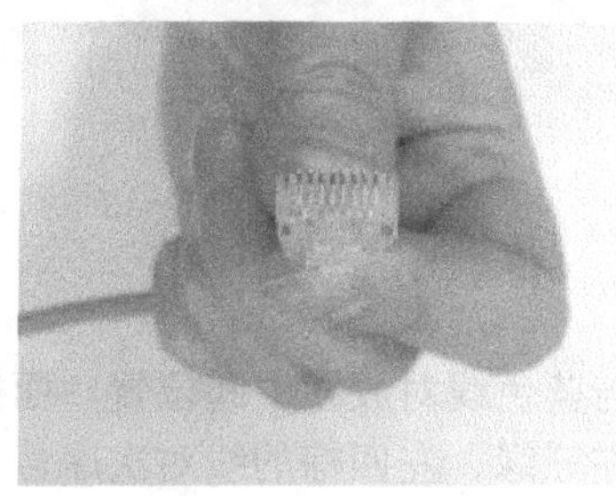

图 2－24 检查水晶头

7. 压接

3 确认无误后，将 RJ－45 水晶头推入压线钳夹槽后，用力握紧压线钳，将凸出在外面的针脚全部压入 RJ－45 水晶头内，RJ－45 水晶头连接完成，如图 2－25 所示。

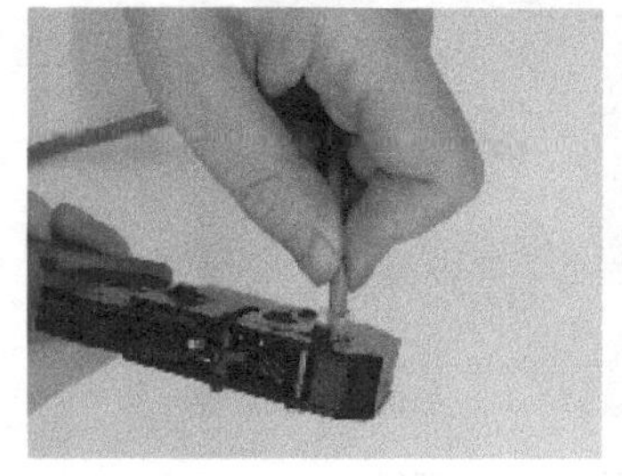

图 2－25 水晶头压接过程示意图

8. 制作跳线

用同一标准在双绞线另一侧安装水晶头，完成直通网络跳线的制作，如图 2－26 所示。

跳线制作好后应插入测线器里面测试，将水晶头插进去之后，打开电源，按下按钮。在测线仪的两端都有 8 个数字，如果仪器两端的数字依次同时亮起，则说明跳线制作成功，否则要重新进行制作。

2.4.2　光纤跳线

光纤跳线是从设备到光纤链路的跳接线，有较厚的保护层，一般用于光纤配线架到交换机光口或光电转换器之间、光纤插座到计算机的连接。根据需要，光纤跳线两端的连接器可以是同类型的，也可以是不同类型的，其长度一般在 5m 之内。

图 2-26　网络跳线

1. 光纤跳线的类型

光纤跳线（又称光纤连接器），也就是接入光模块的光纤接头，也有好多种，且相互之间不可以互用。SFP 模块接 LC 型光纤连接器，而 GBIC 模块接 SC 型光纤连接器。下面对综合布线工程中常用的几种光纤跳线进行说明。

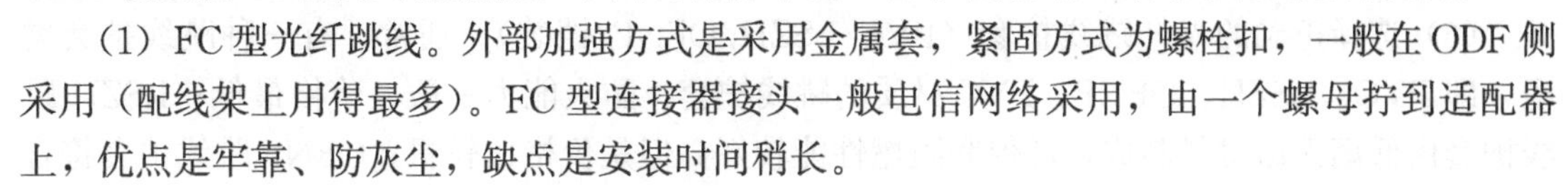

（1）FC 型光纤跳线。外部加强方式是采用金属套，紧固方式为螺栓扣，一般在 ODF 侧采用（配线架上用得最多）。FC 型连接器接头一般电信网络采用，由一个螺母拧到适配器上，优点是牢靠、防灰尘，缺点是安装时间稍长。

（2）SC 型光纤跳线。连接 GBIC 模块的连接器，它的外壳呈矩形，紧固方式是采用插拔销闩式，不须旋转（路由器交换机上用得最多）。SC 型连接器接头常用于一般网络，直接插拔，使用很方便，缺点是容易掉出来。

（3）ST 型光纤跳线。常用于光纤配线架，外壳呈圆形，紧固方式为螺栓扣（对于 10Base-F 连接，连接器通常是 ST 型，常用于光纤配线架）。ST 型连接器接头常用于一般网络，插入后旋转半周由一卡口固定，缺点是容易折断。

（4）LC 型光纤跳线。连接 SFP 模块的连接器，它采用操作方便的模块化插孔（RJ）闩锁机理制成（路由器常用）。

2. 光纤跳线的选择

光纤跳线中的光纤主要有 OM1、OM2、OM3、OM4 多模和 OS_2 单模这几种类型，光纤跳线的接头类型同样也包括 SC、ST、FC、LC 和 E2000 等。这些在实际应用时都没有固定的选择，需要根据使用情况来挑选。选择跳线时，需遵循以下步骤。

（1）选择正确的接头类型（LC/SC/ST/FC/MPO/MTP），见图 2-27。不同的接头用于插入不同的设备。如果两端设备的端口相同，可以使用 LC-LC/SC-SC/MPO-MPO 跳线。如果要连接不同的端口类型设备，可选 LC-SC/LC-ST/LC-FC 跳线。

（2）选择单模或多模光缆类型。单模光纤跳线采用 9μm/125μm 光纤，多模光纤跳线采用 50μm/125μm 或 62.5μm/125μm 光纤。单模光纤跳线主要用于长距离数据传输。多模光纤跳线主要用于短距离传输。一般的单模光纤跳线用黄色表示，接头和保护套为蓝色；而多模光纤跳线一般用橙色或蓝色表示，也有的用灰色表示，接头和保护套用米色或黑色表示。

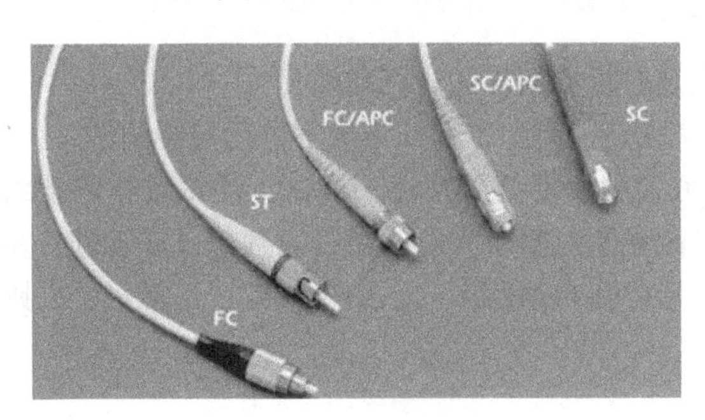

图 2-27　光纤跳线的接头类型

（3）选择单工或双工光缆类型。单工意味着此光纤跳线只带有一根光缆，每端只有一个光纤连接器，用于双向（BIDI）光模块。双工可以看成是并排的两根光纤跳线，用于普通光模块。

（4）选择正确的跳线长度（1m/5m/10m/20m/30m/50m）。光纤跳线长度不同，通常为0.5～50m，应根据要连接的设备之间的距离选择适当的电缆长度。

（5）选择正确的连接器抛光类型（UPC/APC）。由于APC型连接器的损耗低于UPC型连接器，通常，APC型连接器的光学性能优于UPC型连接器。在当前市场中，APC型连接器广泛地用于诸如光纤接入网（FTTX）、无源光网络（PON）和波分复用（WDM）等对回波损耗更敏感的应用中。但是APC型连接器价格通常比UPC型连接器贵，所以应该根据实际情况来考虑是否需要APC型连接器。对于要求高精度光纤信号的应用场所应选用APC型连接器，但是其他不太敏感的系统选用UPC型连接器良好。通常，采用APC型连接器的光纤跳线颜色为绿色，而采用UPC型连接器的光纤跳线颜色为蓝色。

（6）选择正确的光纤跳线护套（PVC/LSZH/OFNP/铠装）。通常，有三种跳线护套类型，即PVC、LSZH、OFNP。PVC材质的跳线护套，防火能力一般，价格最低；LSZH跳线护套由低烟无卤材料制成，环保和阻燃性能较好，但是价格比较贵；OFNP跳线护套符合美国防火委员会标准，能够阻燃，这种材质离开火源会自动熄灭，价格最贵，适用于大型数据中心。

除了上述三种跳线护套之外，还有另外一种铠装光纤跳线，它的钢套管结构能够很好地保护脆弱的光纤，抗弯曲能力比较强。这种跳线可以承受更高的压力，所以适合沿着地板和其他可能被踩踏的区域布线；同时，还具有耐磨性强、抗拉扯、防鼠咬等优点。

3. 光纤跳线的注意事项

（1）光纤跳线两端光模块的收发波长必须一致，也就是说光纤跳线两端必须是相同波长的光模块，简单的区分方法是光模块的颜色要一致。一般的情况下，短波光模块使用多模光纤（橙色的光纤），长波光模块使用单模光纤（黄色光纤），以保证数据传输的准确性。

（2）光纤在使用中不要过度弯曲和绕环，这样会增加光在传输过程的衰减。

（3）光纤跳线使用后一定要用保护套将光纤接头保护起来，灰尘和油污会损害光纤的耦合。

（4）如果光纤接头被弄脏了，可以用棉签蘸酒精清洁，否则会影响通信质量。

（5）使用前必须将光纤跳线陶瓷插芯和插芯端面用酒精和脱脂棉擦拭干净。

（6）使用时光纤最小弯曲半径不小150mm。

（7）保护插芯和插芯端面，防止碰伤、污染，拆卸后及时带上防尘帽。

（8）激光信号传送之时请勿直视光纤端面。

（9）出现人为及其他不可抗因素损坏时应及时更换损坏的光纤跳线。

（10）安装前应仔细阅读说明书，并在厂家或经销商的工程师指导下进行安装调试。

（11）光纤网络或系统出现异常情况时，可采用故障排除法逐一测试。测试或排除跳线故障时可以先做通断测试，通常可以使用可见激光笔对整个光纤链路打光判断；或者进一步使用精密光纤插损回损仪，测试其各项指标，指标在合格范围内，则跳线指示正常，反之则不合格。

2.5 配　线　架

配线架是管理子系统中最重要的组件，是实现垂直干线和水平布线两个子系统交叉连接的枢纽，一般放置在管理区和设备间的机柜中。配线架是由方便管理的成对连接器构成的交叉连接系统，适用于跳线连接的配线装置器，使得布线系统的移动和改变更加便利。配线架通常安装在机柜或墙上，通过安装附件，配线架可以全线满足 UTP、STP、同轴电缆、光纤、音视频的需要。在网络工程中，常用的配线架有电缆配线架和光纤配线架。

2.5.1 电缆配线架

电缆配线架主要是用以在局端对前端信息点进行管理的模块式设备，如图 2-28 所示。前端的信息点缆线（超 5 类或者 6 类线）进入设备间后首先进入配线架，将缆线打在配线架的模块上，然后用跳线（RJ-45 接口）连接配线架与交换机。总体来说，配线架是用来管理的设备，如果没有配线架，前端的信息点直接接入到交换机上，缆线一旦出现问题，就面临着重新布线。此外，管理上也比较混乱，多次插拔可能引起交换机端口的损坏。配线架的存在就解决了这个问题，可以通过更换跳线来实现较好的管理。

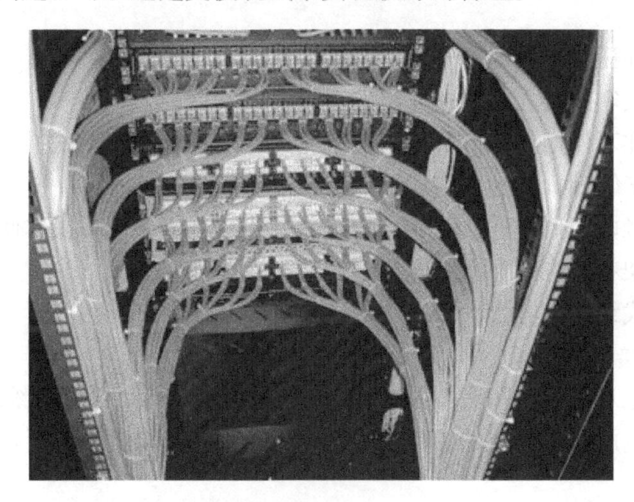

图 2-28　电缆配线架安装图

1. 配线架的功能

配线架是配线室中的接插面板，用于在配线间水平工作站电缆和网络设备端口之间提供灵活的连接，接插面板上有用于连接的插孔，能将它们对应至工作区插座插孔或网络设备端口。

配线架数量和容量的设置主要是根据总体网络点的数量或者该楼层的网络点数量来配置。不同的建筑，不同系统设计，主设备间的配线架都会不同。例如，一栋建筑只有四层，主设备间设置在一层，所有楼层的网络点均进入该设备间，那么配线架的数量就等于该建筑所有的网络点/配线架端口数（24、48 口等），并加上一定得余量；如果一栋建筑有 9 层，主设备间设置在 4 层，为了避免缆线超长，就可能每层均设有分设备间，且有交换设备，那么主设备间的配线架就等于 4 层的网络点数量/配线架端口数（24、48 口等）。24 口模块化电缆配线架如图 2-29 所示。

2. 配线架的分类

配线架由其操作界面可划分为模块式配线架和IDC式配线架，模块式配线架采用模块化跳线（RJ-45跳线）进行线路连接。IDC式配线架可采用模块化的IDC跳插线（俗称“鸭嘴跳线”，如BIX-BIX、BIX-RJ45跳插线）及交叉连接跳线进行线路连接。一般模块式配线架设计成架装安装，通过墙装支架等附件也可墙装。一般IDC式配线架通常设计用于墙上安装，通过一些架装附件或专门的设计也可用于架装。模块式跳线和IDC跳插线可方便地插拔，而交叉连接跳线则需要专用的压线工具（如BIX压线刀）将跳线压入IDC连接器的卡线夹中。

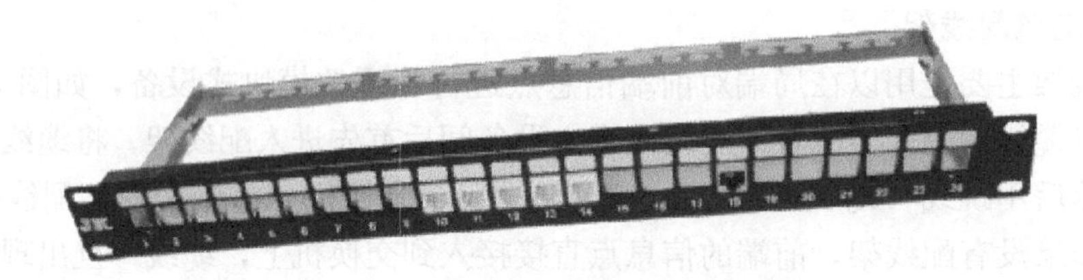

图2-29 24口模块式电缆配线架

3. 配线架的特点

（1）配线架比冲压模块更容易安装，且不容易混淆。

（2）配线架提供容易接入、快速连接的清楚的电路标记。

（3）配线架可在不使用任何工具的情况下完成增加、移动和测试。

（4）配线架易于管理，接插网络能够保持整洁有序。

（5）配线架接触电阻低，连接可靠，配线、调线、测试方便，操作便利。

（6）利用配线架布线空间宽敞，电缆走线清晰、美观。

（7）单元模块式结构，容量大，配置灵活，安装方便。

4. 配线架的打接方法

（1）先用网钳把双绞线的一头剥去2～3cm的绝缘层，然后分开双绞线内的4组线。

（2）将棕色的线放在1号口的棕色跳线槽中，用手将其向下按一下，然后按照颜色标识放好其他的线。

（3）用打线工具，将有刃口的一面朝外，放在棕色线上，然后用力垂直向下按，听到“咔嗒”一声，即可将这根线牢固地打在配线架上。

（4）打好配线架后，先将集线器、配线架安装在机柜中，再用1m长的跳线把集线器和配线架连接起来。

5. 配线架的安装过程

（1）在选定需安装的地方打一个小孔。

（2）折一段电线，插入孔中，旋转一周，用来确定选定位置的后面是否存在障碍。

（3）根据电线是否碰到物体，判断是否存在障碍。

（4）选择插座底板或托架，比看选择的地点描绘出轮廓线。

（5）按照轮廓切割前，在每个角钻出初始孔。

（6）使用栓孔锯或钢丝锯在孔与孔之间切割，直至开出孔。

（7）此时可将插座安装在墙体上，如果插座安装在盒子中，将电缆束起，从盒子的一个槽口穿入。

(8) 按照跳线模块上的色标用打线工具将双绞线打在跳线模块上（打接方法与配线架的打接方法相似），并固定在跳线模块盒上。

(9) 将盒子推入墙体开口中，拧紧盒子顶部和底部的螺栓，盒子就会与墙体紧密接合。

6. 配线架结构（以常用的 110 型配线架和模块式快速配线架为例）

110 型配线架是由高分子合成阻燃材料压模而成的塑料件，其上装有若干齿形条，每行最多可端接 25 对线。110 型配线架有 25、50、100、300 对多种规格，它的套件有活连接块、空白标签、标签夹和基座等。沿配线架正面从左到右均有色标，以区别每条输入线。把这些输入线放入齿形条的槽缝里，再与连接块（110C 型）接合。利用 788J1 型工具，就可以把连线冲压到 110C 连接块上。现场安装人员做一次这样的操作，最多可端接 5 对线，具体数目取决于所选用的连接块大小。

在结构上，110 型配线架可分为带脚（也称支撑腿）和不带脚的配线架，如图 2 - 30 所示。110 型配线架主要有 110A、110P、110JP 和 110VisiPatch 等端接器件类型，其中，110A 型是夹接式，110P 型为接插式。110A、110P、110JP 和 110VisiPatch 型配线架的电气功能完全相同，只是规模和所占用的墙面板或空间大小均有所不同，但每一种连接器件都有它自己的特点。110 型配线架的缺点是不能进行二次保护，所以在进入建筑物的地方，需要考虑安装具有过电流、过电压保护装置的配线架。

(1) 110A 型配线架。110A 型配线架配有若干引脚，俗称“带脚的 110 型配线架”，以便为其后面的安装电缆提供空间；配线架侧面的空间，可供垂直跳线使用。110A 型配线架可以应用于所有场合，特别是可用于大型语音点和数据点缆线管理，也可以应用在配线间接线空间有限的场合。110A 型配线架通常直接安装在二级配线间、配线间或设备间墙壁的胶木板上。每个交叉连接单元的安装脚使接线块后面留有缆线走线用的空间。100 对线的接线块应在现场端接。

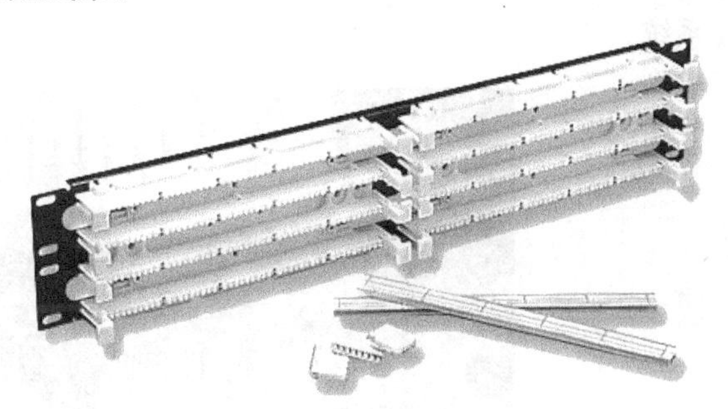

图 2 - 30　110 型配线架

110A 型配线架有 188B1 和 188B2 两种底板，底板上面装有两个封闭的塑料分线环。188B1 底板用于承受和支撑连接块之间的水平方向走线，安装在终端块的各色场之间。188B2 底板除了有高 2.54cm 的支撑脚使缆线可以在底板后面通过之外，其他与 188B1 完全一样。

(2) 110P 型配线架。110P 型配线架有 300 对和 900 对两种型号。由 300 对线的 188D2 垂直底板及相应的 188E2 水平过线槽组成的 110P 型配线架，安装在一个金属背板支架上，底部有一个半密闭状的过线槽。由于 110P 型配线架没有支撑脚，不能安装在墙上，只能用于某些空间有限的特殊环境，如装在 19in 机柜内。在 110P 型配线架上的 188C2 和 188D2 垂直底板，分别配有分线环，以便为 110P 型终端块之间的跳线提供垂直通路；188E2 底板为 110P 型终端块之间的跳线提供水平通路。

110P 型配线架用插拔快接跳线代替了跨接线，不但外观简洁，而且为管理提供了方便，对管理人员技术水平要求不高。但110P型硬件不能垂直叠放在一起，也不能用于2000条线路以上的管理间或设备间。

(3) 模块式快速配线架。模块式快速配线架又称为机柜式配线架，是一种48.26cm(19in)的模块式嵌座配线架。它通过背部的卡线连接水平或垂直干线，并通过RJ-45水晶头将工作区终端连接到网络设备。

配线架一般可容纳24、32、64或96个嵌座，其附件包括标签与嵌入式图标，方便用户对信息点进行标识；机架型配线架在19in标准机柜上安装时，还需选配水平缆线管理环和垂直缆线管理环。

模块式快速配线架中还有混合多功能型配线架，它只提供一个配线架空板，用户可以根据应用情况选择6类、5e类、5类模块或光纤模块进行安装，并且可以混合安装。这种模块化的结构设计，使安装、维护、扩容都简便快捷。

2.5.2 光纤配线架

光纤配线架的作用是在管理子系统中将光缆进行连接，通常在主配线间和各分配线间进行。光纤配线架（Optical Distribution Frame，ODF）是光传输系统中一个重要的配套设备，用于光纤通信系统中局端主干光缆的成端和分配，可方便地实现光纤线路的连接、分配和调度，见图2-31。随着网络集成程度越来越高，出现了集ODF、DDF、电源分配单元于一体的光数混合配线架，适用于光纤到小区、光纤到大楼、远端模块及无线基站的中小型配线系统。

图2-31　光纤配线架安装示意图

1. 分类

(1) 按机架结构形式可分为：

封闭式：一般指ODF正面、背面和侧面都安装有面板或门；

半封闭式：指正面或背面部分暴露，侧面一般封闭；

敞开式：指正面完全暴露。

(2) 按机架操作方式可分为：

全正面操作式：一般指 ODF 只能正面操作；

双面操作式：指能从 ODF 的正面或背面进行操作。

(3) 按机架功能组成可分为：

普通型：一般指由一个独立的机架组成；

组合型：指由两个或两个以上机架，并与走线通道一起组成。

2. 组成

普通型 ODF 由机架、光缆引入和接地单元、光纤终接单元、配线单元、光纤活动连接器、光分路器（可选）及备附件组成。各单元之间可能独立，也可能合为一体。

组合型 ODF 由走线通道、终接子架、配线子架、光纤活动连接器、光路器（可选）及备附件组成。各单元之间可能独立，也可能合为一体。

3. 常见光纤配线架结构

常见的光纤配线架按结构分为单元式、抽屉式和模块式三种。

单元式光纤配线架是在一个机架上安装多个单元，每个单元就是一个独立的光纤配线架，如图 2-32 所示。这种配线架既保留了原有中小型光纤配线架的特点，又通过机架的结构变形，提供了空间利用率，是大容量光纤配线架早期常见的结构；但由于它在空间上的固有局限性，在操作和使用上有一定的不便。

图 2-32　单元式光纤配线架

抽屉式光纤配线架也是将一个机架分为多个单元，每个单元由 1～2 个抽屉组成，集光纤熔接、储存和光缆连接于一体，既能管理束状光缆，又能管理带状光缆，如图 2-33 所示。当进行熔接和调线时，拉出相应的抽屉在架外进行操作，从而有较大的操作空间，使各单元之间互不影响。抽屉在拉出和推入状态均设有锁定装置，可保证操作使用的稳定、准确和单元内连接器件的安全、可靠。这种光纤配线架虽然巧妙地为光缆终端操作提供了较大的空间，但与单元式一样，在光纤连接线的存储和布放上，仍不能提供最大的便利。这种机架是目前应用最多的一种形式。

图 2-33　抽屉式光纤配线架

模块式结构是把光纤配线架分成多种功能模块，光缆的熔接、调配线、连接线存储及其他功能操作，分别在各模块中完成，这些模块可以根据需要组合安装到一个公用的机架内。这种结构可提供最大的灵活性，较好地满足通信网络的需要。推出的模块式大容量光纤分配架，利用面板和抽屉等独特结构，使光纤的熔接和调配线操作更方便；另外，采用垂直走线槽和中间配线架，有效地解决了尾纤的布放和存储问题。因此它是大容量光纤配线架中最受欢迎的一种，但它的造价相对较高。

4. 光纤配线架的功能要求

(1) 光缆固定保护。应具有光缆引入、固定和保护装置。该装置将光缆引入并固定在机架上，保护光缆及缆中纤芯不受损伤。光缆金属部分与金属机架绝缘，固定后的光缆金属护套及加强芯应可靠连接高压防护接地装置。

(2) 光纤终接功能。应具有光纤终接装置。该装置便于光缆纤芯及尾纤接续操作、施工、安装和维护。能固定和保护接头部位平直而不移位，避免外力影响，保证盘绕的光缆纤芯、尾纤不受损伤。

(3) 调线功能。通过光纤跳线连接器插头，能迅速方便地调度光缆中的纤芯序号及改变光传输系统的路序。

(4) 光缆纤芯保护。光缆开剥后纤芯有保护装置，固定后引入光纤有终接装置。

(5) 容量。每机架容量和单元容量（按适配器数量确定）应在产品企业标准中做出规定，光纤终接装置、光纤存储装置、光纤连接分配装置在满容量范围内应能成套配置。

(6) 标识记录功能。机架及单元内应具有完善的标识和记录装置，用于方便地识别纤芯序号或传输路序，且记录装置应易于修改和更换。

(7) 光纤存储功能。机架及单元内应具有足够的空间，用于存储余留光纤。

5. 光纤配线架的选择方法

(1) 光纤配线架通常安装在 19in 机架内，对于小型光纤配线架，可能也会直接安装在墙壁上。

(2) 选择光纤配线架时应考虑是否有光缆余留量安放空间，应当保留一定量的光缆以防在配线架内拉断光纤，承受过高的应力，并能防止光纤被扯出配线架。

(3) 应该考虑是否有保护装置，即在光纤配线架内部应设有光纤保护装置。

(4) 还要考虑所选配线架的通用性。不同的耦合器在配线架上要尽可能地体现出通用性。例如 LC 型光纤配线架就可适合双工 LC/单工 SC/MTRJ 型光纤适配器；ST 型光纤配线架就可适合 ST 型及 FC 型光纤适配器，大大提高了产品的可用性。

(5) 为了提高产品的可用性，选择的配线架结构应该具有灵活性。光纤配线架根据结构可分为 3 种类型，即壁挂式、机柜式和机架式。壁挂式一般为箱体结构，适用于光缆条数和光纤芯数都较小的场所。机柜式是采用封闭式结构，纤芯容量比较固定，外形比较美观。机架式一般是采用模块化设计，用户可根据光缆的数量和规格选择相对应的模块，灵活地组装在机架上，它是一种面向未来的结构，可以为光纤配线架向多功能发展提供便利条件。光纤配线架应尽量选用铝型材机架，其结构较牢固，外形也美观。机架的外形尺寸应与现行传输设备标准机架相似，以方便机房排列。表面处理工艺和色彩也应与机房内其他设备相近，以保持机房内的整体美观。

2.6 网络连接设备

网络连接设备通常分为网内连接设备和网间连接设备两大类。网内连接设备主要有网卡、中继器、集线器及交换机等。网间连接设备主要有网桥及路由器等。在互联网中，用于计算机之间、网络与网络之间的常见连接设备有网卡、集线器、交换机和路由器。

1. 网卡

网卡也叫网络适配器（Network Interface Card，NIC），它是物理上将计算机连接到网络的硬件设备，是计算机网络中最基本的部件之一。每种 NIC 都针对某一特定的网络，如以太网络、令牌环网络、FDDI 等。无论是对绞线电缆连接、同轴电缆连接，还是光纤连接，都须借助网卡才能实现数据通信、资源共享。

（1）网卡的主要性能指标。网卡的性能指标主要包括以下几个方面：

1）系统资源占用率。网卡对系统资源的占用一般感觉不出来，但在网络数据量较大时就很明显了。

2）全/半双工模式。网卡的全双工技术是指网卡在发送（接收）数据的同时，可以进行数据接收（发送）的能力。从理论上来说，全双工能把网卡的传输速率提高一倍，所以比半双工模式要好得多。现在的网卡一般都是全双工模式的。

3）网络（远程）唤醒。网络（远程）唤醒（Wake on LAN）功能是很多用户在购买网卡时很看重的一个指标。通俗地讲，就是远程开机，可以唤醒（启动）任何一台局域网上的计算机，这对于需要管理一个具有几十、近百台计算机的局域网工作人员来说，无疑是十分有用的。

4）兼容性。与其他计算机产品相似，网卡的兼容性也很重要，不仅要考虑与自己的机器兼容，还要考虑与其所连接的网络兼容，否则很难联网成功，出了问题也很难查找原因。所以选用网卡时尽量采用知名品牌，不仅容易安装，而且能享受到一定的质保服务。

（2）选用网卡需考虑的因素。

1）数据速率。网卡速度描述网卡接收和发送数据的快慢。10/100Mbit/s 的网卡价格较低，就应用而言能满足普通小型共享式局域网传输数据的要求；在传输频带较宽或交换式局域网中，应选用速度较快的 1000Mbit/s 或者 10Gbit/s 网卡。

2）总线类型。按主板的总线类型来分，常见的有 ISA 网卡、PCI 网卡等。ISA 网卡是一种老式的扩展总线设计，支持 8 位和 16 位数据传输，速度为 8Mbit/s。PCI 网卡是一种现代的总线设计，支持 32 位和 64 位的数据传输，速度较快。PCI 网卡的一个突出优点是比 ISA 网卡的兼容性好，支持即插即用。目前应用的网卡大多是 1000Mbit/s 的 PCI 网卡。

3）支持的介质类型及接口。按网卡所支持的介质类型及接口类型来分，有 RJ-45 水晶接口（即常说的方口）、BNC 细缆接口（即常说的圆口）、AUI 粗缆接口 3 类，以及综合了几种接口类型于一身的 2 合 1、3 合 1 网卡。接口的选择与网络布线形式有关，RJ-45 水晶接口是 100Base-T 网络采用对绞线电缆的接口类型；而 BNC 接口则是 10Base2 采用同轴电缆的接口类型，为比较新的网卡提供了光纤接口。

2. 集线器

集线器（HUB）属于通信网络系统中的基础设备，是对网络进行集中管理的最小单元，它是各分支的汇集点，如图 2-34 所示。集线器工作在局域网（LAN）环境，像网卡一样，被称为物理层设备。最简单的独立型集线器有多个用户端口（8 口或 16 口），用对绞线电缆把每一端口与网络工作站或服务器进行连接。数据从一个网络节点发送到集线器以后，就被中继到集线器中的其他所有端口，供网络上每一用户使用。独立型集线器通常是最便宜的集线器，适合小型独立的工作组、办公室或者部门。

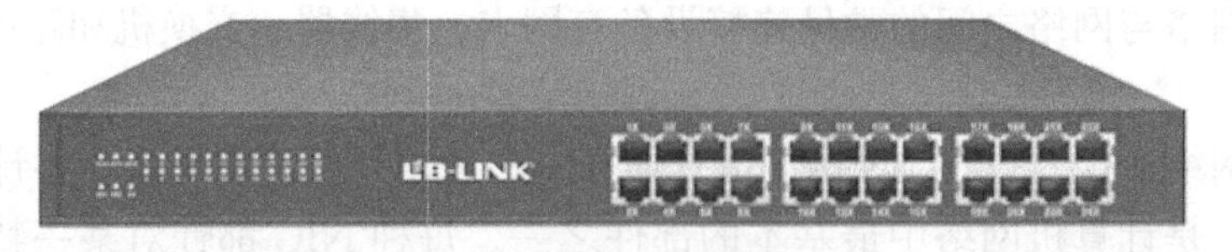

图 2-34 集线器实物图

(1) 集线器的类型。按局域网的类型，集线器可分为以下 5 种类型：

1) 单中继网段集线器。最简单的集线器是一种中继 LAN 网段的集线器，与堆叠式以太网集线器或令牌环网多站访问部件等类似。

2) 多网段集线器。多网段集线器从单中继网段集线器直接派生而来，采用集线器背板，这种集线器带有多个中继网段。其主要优点是可以将用户分布于多个中继网段上，以减少每个网段的流量负荷。

3) 端口交换式集线器。该集线器是在多网段集线器基础上，将用户端口和多个背板网段之间的连接过程自动化，并通过增加端口交换矩阵（PSM）来实现。PSM 可提供一种自动工具，用于将任何外来用户端口连接到集线器背板上的任何中继网段上。端口交换式集线器具有自动实现移动、增加和修改网段的优点。

4) 网络互联集线器。端口交换式集线器注重端口交换，而网络互联集线器在背板的多个网段之间可提供某些类型的集成连接。该功能通过一台综合网桥、路由器或 LAN 交换机来完成。目前，这类集线器常采用机箱形式。

5) 交换式集线器。目前，集线器和交换机之间的界限已变得比较模糊。交换式集线器有一个核心交换式背板，采用一个纯粹的交换系统代替传统的共享传输介质中继网段。此类产品已经广泛应用。应该指出，这类集线器和交换机之间的特征几乎没有区别。

(2) 局域网集线器的选用。随着计算机网络技术的发展，在局域网，尤其是大中型局域网中，集线器已退出应用，而被交换机所替代。目前，集线器主要应用于一些中小型网络或大中型网络的边缘部分。例如在组建中小型局域网时，若以速度为标准，选用集线器应主要考虑以下 3 个因素：

1) 上连设备带宽。如果上连设备具有 100Mbit/s 的数据传输速率，自然选用 100Mbit/s 的集线器；否则 10Mbit/s 集线器也是可用的。

2) 连接端口数。由于连接在集线器上的所有站点均争用同一个上行链路，所以连接的端口数目越多，就越容易发生冲突。同时，发往集线器任一端口的数据将被发送至与集线器相连的所有端口上，端口数过多将降低设备有效利用率。依据实践经验，一个 10Mbit/s 集线器所管理的计算机数不宜超过 15 个，100Mbit/s 的不宜超过 25 个。如果超过，应使用交换机来代替集线器。

3) 应用需求。当传输的数据信息不涉及语音、图像，流量相对较小时，选择 10Mbit/s 即可。如果数据流量较大，且涉及多媒体应用（注意：集线器不适用于传输时间敏感性信号，如语音信号）时，应选择 100Mbit/s 或 10/100Mbit/s 自适应集线器。

3. 交换机

在计算机网络中，交换机（SWITCH）是应用最广泛的一种连接设备。目前，常用的交换机都遵循以太网协议，称为以太网交换机。

（1）交换机的类型。

1）以外形尺寸划分。按照交换机的外形尺寸和安装方式，可分为机架式交换机和桌面式交换机。机架式交换机可以安装在 19in 机柜内的交换机上，以 16 口、24 口或 48 口为主流，适合于大中型网络。桌面式交换机是指直接放置于桌面使用的交换机，该类交换机大多数以 8～16 口为主流，适用于小型网络。

2）以端口速率划分。以交换机端口的传输速率为标准，可分为快速以太网交换机、千兆以太网交换机和万兆以太网交换机。

3）以所处的网络位置划分。根据在网络中的位置和担当的角色，可分为接入层交换机、汇聚层交换机和核心层交换机。

（2）交换机的性能及其选用。交换机作为网络连接的主要设备，决定着网络的性能。随用户单位规模大小的不同，网络的结构也有很大差别，需要视具体情况选用交换机；但是为了让网络能承担大量的数据传输且能持久稳定、安全可靠，必须选用性能优异、价格适宜的交换机。常见的交换机选用依据如下：

1）背板带宽、2/3 层交换吞吐率。

2）虚拟网类型和数量。

3）Trunking。目前交换机都支持 Trunking 功能。

4）交换机端口数量及类型。

5）支持网络管理的协议和方法。

4. 路由器

路由器（Router）是网络之间互联的设备。如果交换机的作用是实现计算机、服务器等设备之间的互联，从而构建局域网；那么，路由器的作用则是实现网络与网络之间的互联，从而组成更大规模的互联网。目前，任何一个有一定规模的计算机网络（如企业网、园区网等），无论采用的是快速以大网技术、FDDI 技术，还是光以太网技术，都离不开路由器，否则就无法正常运行和管理。

（1）路由器的功能。路由器主要完成网络层中继的任务，其功能是：①数据包转发和路由选择；②建立、实现和终止网络连接；③在一条物理数据链路上实现复用多条网络连接；④差错检测与恢复；⑤排序、流量控制；⑥服务选择；⑦网络管理。其中连接不同的网络、路由选择和数据包转发是其重要的功能。

（2）路由器的类型。根据路由器所处的位置及作用，路由器可分为下面三种类型：

1）接入路由器。接入路由器是指将局域网用户接入到广域网中的路由器设备，局域网用户接触最多的是接入路由器。只要有网络的地方，就会有路由器。如果用户通过局域网共享线路联入网络，就一定要使用路由器。

2）企业级路由器。企业级路由器连接许多计算机系统，其主要目标是以尽量简单的方法实现尽可能多的端点互联，并支持不同的服务质量。许多现有的企业网络都是由集线器或网桥连接起来的以太网段。尽管这些设备价格便宜、易于安装、无需配置，但它们不支持服务等级。相反，有路由器参与的网络能够将机器分成多个碰撞域，并因此能够控制一个网络的大小。此外，路由器还支持一定的服务等级，至少允许分成多个优先级别。

3）骨干级路由器。骨干级路由器实现企业级网络的互联。

（3）路由器的主要性能指标及其选用。衡量路由器的性能指标有许多，从专业技术的角度讲，主要包括全双工线速转发能力、设备吞吐率、端口吞吐率、背靠背帧数、路由表能力、丢包率、时延、时延抖动、VPN支持能力、无故障工作时间。

2.7 线槽与线管

管槽（即线槽和线管的合称）是构建综合布线系统缆线通道的元素，用于隐蔽、保护和引导缆线，管槽系统是综合布线系统敷设和设备安装的必要设施。

图2-35 管槽系统示意图

综合布线系统中主要使用的管槽有金属槽和附件、金属管和附件、塑料槽和附件、塑料管和附件。

1. 金属槽

金属槽由槽底和槽盖组成，每根槽一般长度为2m，槽与槽连接时使用相应尺寸的铁板和螺栓固定。

在综合布线系统中，一般使用的金属槽的规格有50mm×100mm、100mm×100mm、100mm×200mm、100mm×300mm、200mm×400mm等多种规格。

2. 金属管

金属管主要用于分支结构或暗埋的线路，工程施工中常用的金属管有D16、D20、D25、D32、D40、D50、D63、D110等规格。在金属管内穿线比线槽布线难度更大一些，在选择金属管时要注意管径选择大一点，一般管内填充物占30%左右，以便于穿线。金属管还有一种软管（俗称蛇皮管）的形式，供弯曲的地方使用。

金属管主要指钢管，它具有屏蔽电磁干扰能力强、机械强度高、密封性能好、抗弯、抗压和抗拉性能好等特点。钢管按壁厚的不同可分为普通钢管、加厚钢管和薄壁钢管。普通钢管和加厚钢管有时候简称为厚管，它具有较厚的管壁、机械强度较高、承压能力大等特点，在综合布线系统中主要用于垂直干线上升管路、房屋底层。薄壁钢管简称为薄管或电管，因管壁较薄承受不了太大的压力，常用于建筑物天花板内外部受力较小的暗敷管路。

3. 塑料槽

塑料（PVC）槽的外形与金属槽的外形类似，它是一种带盖板封闭式的线槽材料，盖板和槽体通过卡槽合紧。与金属槽相比，塑料槽的品种规格更多，从型号上有PVC20系列、PVC40系列、PVC60系列等，从规格上有20mm×12mm、25mm×12.5mm、25mm×25mm、40mm×20mm等。与PVC槽配套的附件有阳角、阴角、直转角、平三通、左三通、右三通、连接头、终端头和接线盒（暗盒、明盒）等。

阳角主要用于成直角连接的建筑的外立面，连接两侧墙壁上的PVC线槽；阴角主要用于成直角连接的建筑的内立面，连接两侧墙壁上的PVC线槽；直转角用于同一墙面上布线方向需要直角拐弯之处；平三通用于同一墙面上布线有部分缆线需要改变方向、部分缆线不改变方向之处；左三通用于两面墙相交时，左侧墙面上布线有缆线改变方向、右侧墙面不改变方向之处；右三通用于两面墙相交时，右侧墙面上布线有缆线改变方向、左侧墙面不改变方向之处。

4. 塑料管

综合布线系统常用的塑料管有聚氯乙烯管（PVC-U管）、高密度聚乙烯管（HDPE管）、双壁波纹管、子管、铝塑复合管、硅芯管和混凝土管等。

聚氯乙烯管（PVC-U管）是综合布线系统工程中使用最多的一种塑料管，有软聚氯乙烯管和硬聚氯乙烯管之分，且两者都是内、外壁光滑的实壁塑料管。管长通常为4、5.5m或6m。PVC-U管具有优异的耐酸、耐碱、耐腐蚀性，耐外压强度、耐冲击强度等都非常高，具有优异的电气绝缘性能，适用于各种条件下的电线、电缆的保护套管配管工程。

双壁波纹管的刚性大，耐压强度高于同等规格的普通光身塑料管；重量是同规格普通塑料管的一半，从而方便施工，减轻工人劳动强度；密封好，在地下水位高的地方使用更能显示其优越性；波纹结构能加强管道对土壤负荷抵抗力，便于连续敷设在凹凸不平的地面上；使用双壁波纹管工程造价比普通塑料管降低1/3。子管的口径小，管材质软，具有耐腐蚀、抗老化、机械强度高、使用寿命长、电气绝缘性能良好等特点，适用于光纤电缆的保护。管材的颜色较多，通常为红色、白色、黑色和蓝色等。

2.8 电缆桥架

电缆桥架是使电线、电缆、管道铺设达到标准化、系列化、通用化的电缆铺设装置。它是承载导线的一个载体，使导线到达建筑物内很多位置，且不会影响建筑物美观，是应用在水平布线系统和垂直布线系统的安装通道。桥架是由托盘、梯架的直线段、弯通、附件及支、吊架等构成，用以支撑电缆的具有连续的刚性结构系统的总称，如图2-36所示。

1. 槽式电缆桥架

槽式电缆桥架，是一种全封闭型电缆桥架，它最适用于敷设计算机电缆、通信电缆、热电偶电缆及其他高灵敏度系统的控制电缆的屏蔽干扰和重腐蚀环境中电缆的防护都有较好的效果，如图2-37所示；适用于室内外和需要屏蔽的场所。槽式电缆桥架在敷设时其走向应短捷，并应尽量沿墙、柱或梁敷设。

图 2-36 电缆桥架敷设实物示意图

2. 托盘式电缆桥架

托盘式电缆桥架，具有重量轻、荷载大、造型美观、结构简单、安装方便等优点，它既适用于动力电缆的安装，也适用于控制电缆的敷设，如图 2-38 所示。

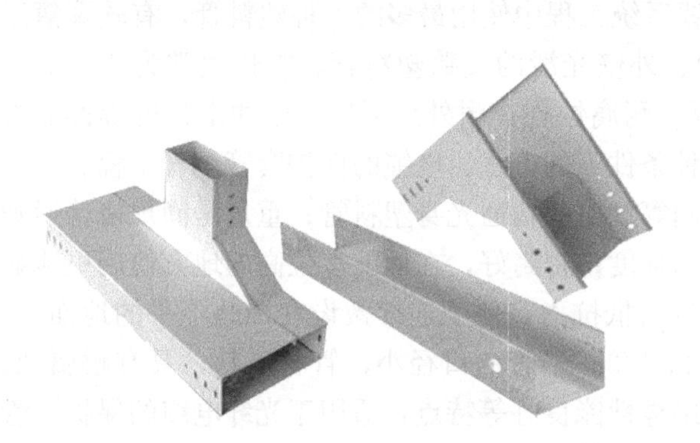

图 2-37 槽式电缆桥架

图 2-38 托盘式电缆桥架

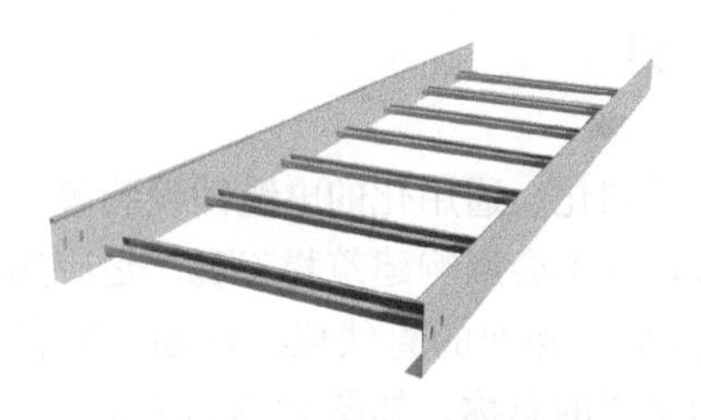

图 2-39 梯级式电缆桥架

3. 梯级式电缆桥架

梯级式电缆桥架，适用于一般直径大电缆的敷设，特别适用于高、低动力电缆的敷设；还适用于地下层、竖井、活动地板下和设备间的缆线敷设，如图 2-39 所示。

2.9 布线常用工具

在进行综合布线时要用到许多专用工具，如果工具选用恰当，不但能使布线工作顺利进行，还可极大地提高工作效率，同时保证布线的高质量和规范性。常见的布线工具主要包括剥线器、切线钳、压线钳、打线工具、光纤熔接机等。

1. 双绞线剥线器

新买来的网线外层都有一层用于保护线芯的胶皮，只有将网线头部的胶皮剥去，才能制作水晶头和接入模块。双绞线剥线器是一种轻型的，用于剥去非屏蔽双绞线外护套的常用工具，将待剥网线放入剥线刀中，然后握住手柄轻轻旋转360°就可以将外层胶皮剥下，看到包裹在网线中的芯线了，而且不会对缆线的线芯有任何损伤，如图2-40所示。除了专用工具以外，日常使用的压线钳也具有剥线功能，只是使用上不方便而已，当有大量缆线需要剥去外层胶皮时，专用工具效率要高很多。

图2-40 双绞线剥线器

2. 切线钳

生活中也可以使用普通的电工老虎钳切断同轴电缆及UTP、STP等电缆；但是如果使用专用的电缆切线钳（见图2-41）则不但可以保持电缆的外形（使用老虎钳剪断电缆的同时必定会把电缆压平），而且能够使工作人员省力得多。

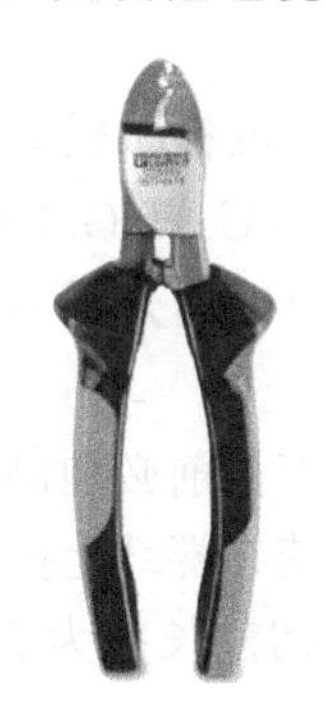

图2-41 切线钳

3. 压线钳

使用压线钳将模块化环箍和同轴电缆连接器与电缆相连。压线钳是特别专业的老虎钳，它能均匀地施力于各个插头或连接器，如图2-42所示。有的压线钳采用棘轮结构，以保证一个压接过程已经完成。没有这些特殊的设计，压接工作将不一致，甚至根本无法完成；此外，还可能损坏连接器和电缆的末端，结果造成时间和材料的浪费。

双绞线压线钳必须能够用于不同规格的插头。压线的过程包括：剥去双绞线的外护套，将每根线插于插头中（注意：顺序要正确），然后用压线钳压合插头。

模块化插头与缆线的连接是通过插头上的刀片切入导线的绝缘层与导线直接接触而实现的。压接不但可以使电缆和插头连接，还将插头上的接触刀片压到合适的位置，以便可以插入插座之中。最后，压接模具将模块的应力凹槽压下紧贴缆线，使插头固定在线缆上。多功能压线钳能够根据压接模块插头的不同使用不同的模具，多功能压线钳最少应有8针模具和6针模具，压接电话线所需的4针模具也是备选之一。

图2-42 压线钳

4. 打线工具

信息插座与模块是嵌套在一起的，埋在墙中的网线是通过信息模块与外部网线进行连接的，墙内部网线与信息模块的连接是通过把网线的8条线芯按规定卡入信息模块的对应线槽中的。网线的卡入需用一种专用的卡线工具，称为打线工具（见图2-43），又称为打线钳，多对打线工具通常用于配线架网线线芯的安装。

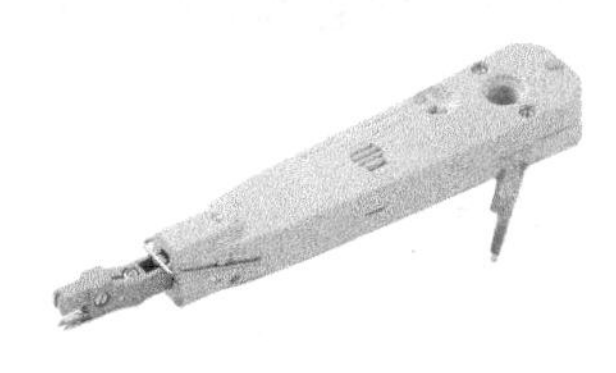

图2-43 打线工具

5. 光纤熔接机

光纤熔接机主要用于光通信中光缆的施工和维护，所以又叫光缆熔接机。光纤熔接机的一般工作原理是利用高压电弧将两光纤断面熔化的同时，用高精度运动机构平缓推进让两根光纤融合成一根，以实现光纤模场的耦合。

普通光纤熔接机一般是指单芯光纤熔接机（见图 2-44），除此之外，还有专门用来熔接带状光纤的带状光纤熔接机，熔接皮线光缆、跳线的皮线熔接机，以及熔接保偏光纤熔接机等。按照对准方式不同，光纤熔接机还可分为包层对准式和纤芯对准式两大类。包层对准式光纤熔接机用于要求不高的光纤入户等场合，所以价格相对较低，纤芯对准式光纤熔接机配备精密六马达对芯机构、特殊设计的光学镜头及软件算法，能够准确识别光纤类型并自动选用与之相匹配的熔接模式来保证熔接质量，技术含量较高，因此价格相对也会较高。

最常见的单芯光纤熔接机的使用方法如下：

(1) 开剥光缆，并将光缆固定到盘纤架上。常见的光缆有层绞式、骨架式和中心束管式光缆，不同的光缆要采取不同的开剥方法，剥好后要将光缆固定到盘纤架。

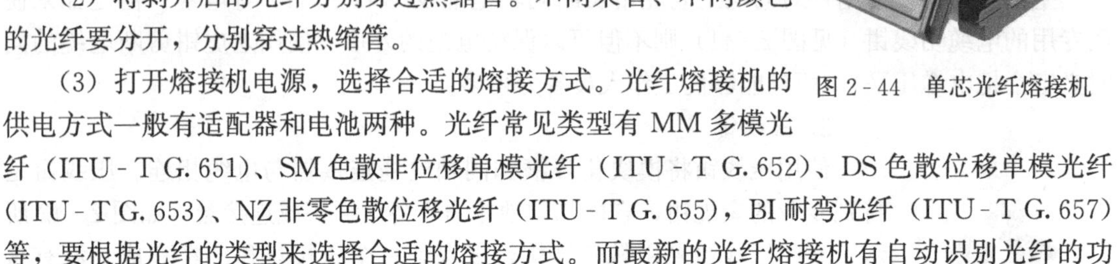

图 2-44 单芯光纤熔接机

(2) 将剥开后的光纤分别穿过热缩管。不同束管、不同颜色的光纤要分开，分别穿过热缩管。

(3) 打开熔接机电源，选择合适的熔接方式。光纤熔接机的供电方式一般有适配器和电池两种。光纤常见类型有 MM 多模光纤（ITU-T G.651）、SM 色散非位移单模光纤（ITU-T G.652）、DS 色散位移单模光纤（ITU-T G.653）、NZ 非零色散位移光纤（ITU-T G.655），BI 耐弯光纤（ITU-T G.657）等，要根据光纤的类型来选择合适的熔接方式。而最新的光纤熔接机有自动识别光纤的功能，可自动识别各种类型的光纤。

(4) 制备光纤端面。光纤端面制作的好坏将直接影响熔接质量，所以在熔接前必须制备合格的端面。用专用的剥线工具剥去涂覆层，再用沾用酒精的清洁麻布或棉花在裸纤上擦拭几次，使用精密光纤切割刀切割光纤，对 0.25mm（含外涂层）厚的光纤，切割长度为 8～16mm，对 0.9mm（含外涂层）厚的光纤，切割长度只能是 16mm。

(5) 放置光纤。将光纤放在熔接机的 V 形槽中，小心压上光纤压板和光纤夹具，要根据光纤切割长度设置光纤在压板中的位置，并正确地放入防风罩中。

(6) 接续光纤。按下接续键后，光纤相向移动，移动过程中，产生一个短的放电清洁光纤表面，当光纤端面之间的间隙合适后熔接机停止相向移动，设定初始间隙，熔接机测量，并显示切割角度。在初始间隙设定完成后，开始执行纤芯或包层对准，然后熔接机减小间隙（最后的间隙设定），高压放电产生的电弧将左边光纤熔到右边光纤中，最后微处理器计算损耗并将数值显示在显示器上。如果估算的损耗值比预期的要高，可以按放电键再次放电，放电后熔接机仍将计算损耗。

(7) 取出光纤并用加热器加固光纤熔接点。打开防风罩，将光纤从熔接机上取出，再将热缩管移动到熔接点的位置，放到加热器中加热，加热完毕后从加热器中取出光纤。操作时，由于温度很高，不要触摸热缩管和加热器的陶瓷部分。

(8) 盘纤并固定。将接续好的光纤盘到光纤收容盘上，固定好光纤、收容盘、接头盒、终端盒等，操作完成。

1. 网络布线系统常用的传输介质有哪些？这些传输介质主要应用于什么场合？

2. 双绞线可分为屏蔽和非屏蔽双绞线两大类，它们的主要区别是什么？

3. 双绞线电缆的代号表示方法和代号对应的含义是什么？

4. 对绞线电缆有哪几种线规？实际观察一根对绞线电缆，查看缆线上标注了哪些电气特征指标？

5. 写出双绞线线对优先采用的颜色色序是什么？

6. 什么是单模光纤？什么是多模光纤？单模光纤和多模光纤的主要区别是什么？

7. 光缆有哪些分类？光缆型号是由哪几部分构成的？

8. RJ-45 连接器的直通和交叉连接方法有何不同？

9. 什么是光纤连接器？其基本结构由哪几部分组成？

10. 常见的光纤连接器有哪几种类型？各有什么特点？

11. 光纤连接器的主要技术指标有哪些？

12. 光纤配线架的基本功能有哪些？

第3章 信道传输特征及其主要技术指标

无论是电信号还是光信号，都要通过信道才能从信源传送到信宿。从研究数据传输的观点来说，信道的范围除包括传输介质外，还可以包括有关的交换装置，如发送设备、接收设备、调制解调器等。不同的传输介质有不同的传输特征和性能规范；它们不仅是综合布线系统测试的依据，也是设计综合布线系统时要考虑的重要指标。

3.1 概　　述

传输信道是影响通信质量的重要因素之一，因此，在设计或评价综合布线系统性能时，经常要用到数据通信中的许多基本概念，如信道、带宽、数据传输速率等，要涉及信道的传输特征，否则就无法衡量其性能的优劣。

3.1.1 信道与链路的概念

1. 信道与链路的定义

信道是任何一种通信系统中必不可少的组成部分，是指从发送设备的输出端到接收设备（或用户终端设备）输入端之间传送信息的通道。这个通道主要是用于通信各种信号的传输通道，又可称为信号传输媒介（又称传输媒介），所以有时简称通道。由于不同的信源形式所对应的变换处理方式不同，与之对应的信道形式也不一样。从大的类别划分，传输信道的类型有两种：一种是使电磁波信号被约束在某种缆线传输介质中传输的信道，称为有线信道；另一种是使电磁波在毫无约束的自由空间中传输的信道，称为无线信道。在综合布线系统中的信道是有线信道。

信道的范围目前有两种定义方法：

(1) 狭义信道。是指信号的传输媒介，其范围仅指从发送设备到接收设备之间的传输媒介，如电缆、光缆及传输电磁波的自由空间等，它不包括两端设备。

(2) 广义信道。所指的范围比狭义信道要广，除狭义信道的信号传输媒介外，还包括各种信号的转换装置（如发送设备、接收设备、调制器、解调器等），显然，它包括两端设备。

所谓链路就是从一个节点到相邻节点的一段物理线路，而中间没有任何其他的交换节点。在YD/T 926.1—2009《大楼通信综合布线系统　第1部分：总规范》中增加了对永久链路的定义，明确在综合布线系统中是两个配对接口间传输途径，它是对链路进行验收试验的一种配置。因此，永久链路同样是信号传输通道，但其范围比信道要小，永久链路中不包括设备电缆、设备光缆、工作区电缆、工作区光缆和设备中的所有连接方式（包括互连和交接），也不包括两端的设备。

2. 信道和链路的区别

信道是通信系统中必不可少的组成部分，它是从发送输出端到接收输入端之间传送信息的通道，又称为信道链路。以狭义来定义，它是指信号的传输通道，即传输媒质，不包括两端设备。具体地说，信道是指由有线或无线电线路提供的信号通路；抽象地说，信道是指定的一段频带，它让信号通过，同时又给信号以限制和损害。

综合布线系统的信道是有线信道，如图 3-1 所示，不包括两端设备。

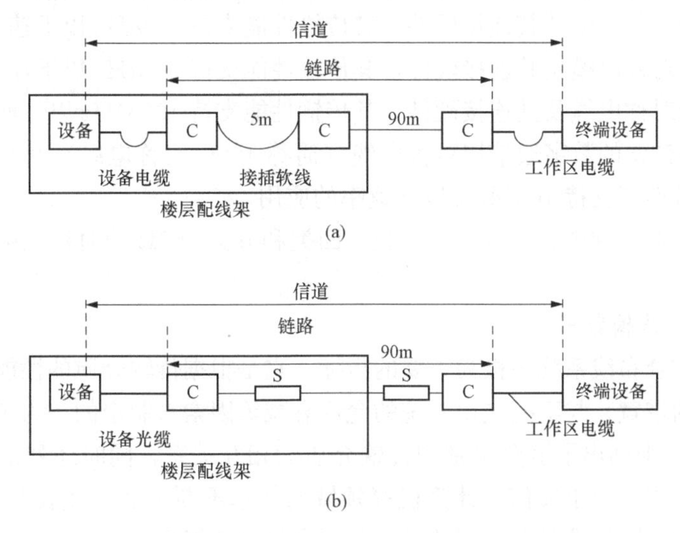

图 3-1　对称电缆与光缆的水平布线模型

(a) 对称电缆水平布线模型；(b) 光缆水平布线模型

C—连接插座；S—熔接点

永久链路与信道链路有所不同，它在综合布线系统中是指两个接口间具有规定性能的传输通道，其范围比信道小。在永久链路中既不包括两端的终端设备，也不包括设备电缆（光缆）和工作区电缆（光缆）。由图 3-1 可知永久链路和信道链路的不同范围。

3. 链路的应用和级别

在综合布线系统工程设计中，必须根据智能建筑的客观需要和具体要求来考虑链路的选用。它涉及链路的应用级别和相关的链路级别，且与所采用的缆线有着密切关系。目前，链路有 5 种应用级别，不同的应用级别有不同的服务范围及技术要求。

综合布线系统链路按照不同的传输媒质分为不同级别，并支持相应的应用级别。具体分类情况见表 3-1。

表 3-1　综合布线系统链路的应用级别和链路级别

序号	应用级别	布线链路传输媒质	应用场合	支持应用的链路级别	频率
1	A 级	A 级对称电缆布线链路	话音带宽和低频信号	最低速率的级别，支持 A 级	100kHz 以下
2	B 级	B 级对称电缆布线链路	中速（中比特率）数字信号	支持 B 级和 A 级的应用	1MHz 以下
3	C 级	C 级对称电缆布线链路	高速（高比特率）数字信号	支持 C 级、B 级和 A 级的应用	16MHz 以下
4	D 级	D 级对称电缆布线链路	超高速（甚高比特率）数字信号	支持 D 级、C 级、B 级和 A 级的应用	100MHz 以下
5	光缆级	光缆布线链路按光纤分为单/多模	高速和超高速率的数字信号	支持光缆级的应用，支持传输速率 10MHz 及以上的各种应用	10MHz 及其以上

特征阻抗为 100Ω 的对称电缆及其连接硬件的性能可分为三类、四类、五类，它们分别适用于以下相应的情况：

三类 100Ω 的对称电缆及其连接硬件，其传输性能支持 16MHz 以下速率的应用。

四类 100Ω 的对称电缆及其连接硬件，其传输性能支持 20MHz 以下速率的应用。

五类 100Ω 的对称电缆及其连接硬件，其传输性能支持 100MHz 以下速率的应用。

特征阻抗为 150Ω 的数字通信用对称电缆（简称 150Ω 对称电缆）及其连接硬件，只有五类一种，其传输性能支持 100MHz 以下速率的应用。

在我国通信行业标准中，推荐采用三类、四类和五类 100Ω 的对称电缆；允许采用五类 150Ω 的对称电缆。

4. 信道长度（传输距离）

信道长度是综合布线系统中极为重要的指标，它是根据传输介质的性能要求（如对称电缆的串扰或光缆的带宽）与不同应用系统的允许衰减等因素来制定的。为了便于在工程设计中使用，在表 3-2 中列出了链路级别和传输介质的相互关系，同时还列出了可以支持各种应用级别的信道长度。由于通信、计算机等领域的技术不断发展，在表 3-2 中规定的综合布线系统所支持的国际标准各种应用的目录并不完整，未能列入目录的某些应用也可被综合布线系统所支持，具体应根据通信行业标准中链路要求规定的内容办理。

表 3-2　传输介质可达到的信道长度

指标名称	链路级别	最高传输速率	传输介质						应用举例
			对称电缆				光缆		
			3 类 100Ω	4 类 100Ω	5 类 100Ω	5 类 150Ω	多模光纤	单模光纤	
信道长度（m）	A 级	100kHz	2000	3000	3000	3000			PBX（用户电话交换机），X.21/V.11
	B 级	1MHz	200	260	260	400			SO—总线（扩展），SO—点对点 S1/S2，CSMA/CD，1Base 5
	C 级	16MHz	100	150	160	250			CSMA/CD，10Base - T，令牌环，4Mbit/s，令牌环，16Mbit/s
	D 级	100MHz			100	150			令牌环，16Mbit/s，ATM（TP），TP0PMD
	光缆						2000	3000	CSMA/CD，FOIRL，CSMA/CD 10Base - F，令牌环，FDDI，LCF FDDI SM FDDI，HIPPI，ATM，FC

3.1.2 信道的传输特征

数据通信的传输特征和通信质量取决于传输介质和传输信号的特征。对于导向传输介质，传输特征主要受限于传输介质自身的特征；而对于非导向传输介质，传输特征取决于发送天线生成的信号带宽和传输介质的特征，且前者更为重要。为了测量传输介质的性能，通常采用的主要指标有带宽（Band Width，BW）或吞吐率（Throughput）、传输速率、频带利用率、时延和波长等。

1. 带宽或吞吐率

带宽本来是指某个信号具有的频带宽度。由于一个特定的信号往往是由许多不同的频率成分组成的，因此一个信号的带宽是指该信号的各种不同频率成分所占据的频率范围。对电缆而言，就是指电缆所支持的频率范围。带宽是一个表征频率的物理量，其单位是Hz。换言之，带宽是用于描述“信息高速公路”的宽度的。增加带宽意味着提高信道的通信能力，增加带宽需要高。准确地讲，应该是更大地可以利用的频率范围，而且要确保在这种频率下信号的串扰、衰减是可以容忍的。因而对于宽带网络来讲，5类对绞线电缆比同样长度的3类对绞线电缆具有更大的带宽；而5e类、6类和7类对绞线电缆则比同样长度的缆线具有更大的带宽。

对于光纤来说，带宽指标根据光纤类型的不同而不同。一般认为单模光纤的带宽是无极限的，而多模光纤有确定的带宽极限。多模光纤的带宽根据光纤纤芯的大小和传输波长有所不同。纤芯越小，光纤的带宽指标就越大；传输波长越长，所能提供的带宽就越宽。显然，带宽越宽，传输信号的能力越强。铜缆在超过推荐带宽情况下使用时会造成严重的信号损失（衰减）和串扰；光纤则会造成模态失真，使信号变得难以识别。

正是因为带宽代表数字信号的发送速率，所以带宽有时也称为吞吐率。吞吐率是对数据通过某一点的快慢的衡量。换言之，如果考虑将传输介质上的某一点作为比特通过的分界面，那么吞吐率就是在1s内通过这个分界面的比特数。

2. 传输速率

传输速率是指单位时间内传送的信息量，它是衡量数据通信系统传输能力的主要指标之一。在数据传输系统中，定义有以下3种速率：

（1）调制速率。表示信号在调制过程中，单位时间内调制信号波形的变换次数，即单位时间内所能调制的次数，简称波特率，其单位是波特，它是以电报电码发明者的名字来命名的。

（2）数据信号速率。

1）数据信号速率定义。数据信号速率又称为信息速率，通常称为传输速率。它表示通过信道每秒传输的信息量，单位用bit/s表示。

2）比特和比特/秒。比特（binary digit）既可作为信息量的度量单位，也可用来表征二进制代码中的位。由于在二进制代码中，每一个1或0就含有一个比特的信息量，所以表征数据信号速率的单位（bit/s）也就表示每秒钟传送的二进制位数。bit/s是用来表示传输速率的最常用单位；在速率较高的情况下，还可以使用千比特/秒（kbit/s）、兆比特/秒（Mbit/s）和千兆比特/秒（Gbit/s）作为单位。1kbit/s= 1024bit/s，1Mbit/s=1024kbit/s，1Gbit/s= 1024Mbit/s。

3）调制速率与数据信号速率的关系。调制速率（Baud）与数据信号速率（bit/s）之间存在一定的关系。由于二进制信号中每个码元包含一个比特（bit）信息，故码元速率和数据信号速率在数值上相等，即比特率=波特率×单个调制状态对应的二进制位数。但在实际中，除了二态调制信号之外，还有多状态（M状态）的调制信号，如多相调制中的4相和8

相调制，多电平调幅中的 4 电平和 8 电平调制等。

(3) 数据传输速率。是指信源入口/出口处单位时间内信道上所能传输的数据量，在数值上等于每秒传输构成数据代码的二进制比特数，单位为 bit/s。数据传输速率和数据信号速率之间的关系需要考虑用多少比特来表示一个字符。因此，也可以用 bit/min 作为单位。另外，如果采用起止同步方式传输，还需要考虑在数据以外附加传输的比特数。

需要指出的是，在信道上的数据传输速率（Mbit/s）和传输信道的频率（MHz）是截然不同的两个概念。在信噪比固定不变的情况下，数据传输速率表示单位时间内线路传输的二进制位数，是一个表征速率的物理量；而传输信道的频率衡量的是单位时间内线路电信号的振荡次数。

3. 频带利用率

频带利用率是描述传输速率与带宽之间关系的一个指标，这也是一个与数据传输效率有关的指标。传输数据信号是需要占用一定频带的，数据传输系统占用的频带越宽，传输数据信息的能力就越大。显然，在比较数据传输系统效率时，只考虑它们的数据信号速率是不够充分的。因为即使两个数据传输系统的数据信号速率相同，其通信效率也可能不同，还需看传输相同信息所占用的频带宽度。因此，真正衡量数据传输系统的信息传输效率需要引用频带利用率的概念，即单位传输带宽所能实现的传输速率。

传输速率与带宽之间存在着一种直接关系，即信号传输速率越高，允许信号带宽越大；反之，信号带宽越大，则允许信号传输速率越高。

4. 时延

时延或延迟（Delay 或 Latency）是指一个比特或报文或分组从一个链路（或一个网络）的一个节点传输到另一个节点所需要的时间。由于发送和接收设备存在响应时间，特别是计算机网络系统中的通信子网还存在中间转发等待时间，以及计算机系统的发送和接收处理时间，因此，时延由发送时延、传播时延和排队时延几个不同部分组成。

5. 波长

波长是信号通过传输介质进行传输的另一个特征。波长将简单正弦波的频率或周期与传输介质的传播速度连在一起。换言之，当信号的频率与传输介质无关时，波长依赖于频率与传输介质。虽然波长可与电信号相伴，但当提到光纤中光的传输时，一般习惯用波长。波长是在一个周期中一个简单信号可以传输的距离。

3.2 电磁干扰与电磁兼容性

3.2.1 电磁干扰

在综合布线的周围环境中，不可避免地存在着干扰源，如荧光灯、氩灯、电子启动器或者交感性设备、电梯、变压器、无线电发射设备、开关电源、电磁感应炉和 500V 以下的电力线路和电力设备等，危害最大的莫过于电磁干扰和电磁辐射。所谓的电磁干扰（Electro-Magnetic Interference，EMI）是指任何在传导或电磁场伴随着电压、电流的作用而产生会降低某个装置、设备或系统的性能，或可能对生物或物质产生不良影响之电磁现象。电磁干扰是电子系统辐射的寄生电能，这里的电子系统也包括电缆。这种寄生电能能在附近的其他电缆或系统上影响综合布线系统的正常工作，降低数据传输的可能性，增加误码率，使图像扭曲变形，控制信号误动作等；电磁辐射则可能造成信息在正常传输中被无关人员窃取的安全问题，或者造成电磁污染。

计算机网络抗电磁干扰的能力较低，根据研究，对计算机等弱电设备，电磁场干扰强度大于0.03G（Gauss，高斯）就会发生数据混乱和丢失，即发生软故障损坏，此时只需要停电一次，就能够复位恢复正常；但当电磁场干扰强度大于0.6G时，计算机等弱电设备则会永久损坏，当信息终端或者布线系统周边布置有大型电子设备时，则很可能会对计算机系统或者网络布线系统产生干扰。

例如，在一个大型光纤主干双绞线组成的局域网中，使用过程中经常在某一特定楼层的设备间发生交换机故障。该二级交换机为三层网络交换可管理式交换机，内部闪存有设备本身的网络配置及下连端口的网络配置信息。投入运行2个月后，突然发生网络通信故障，此交换机连接的计算机无法与核心交换机连接的服务器及其他楼层设备进行通信。经检测发现，此二级交换机内所有配置丢失，自动变为出厂值，但交换机设备本身完好。此交换机所在的设备间存在大量的电子设备，如为其他交换机提供电源的UPS电池组等。此外，经检查该交换机机柜本身带有静电，未做接地设置。因此，该交换机是因为受电磁干扰而不能正常运行。对此交换机进行屏蔽设置，为交换机单独增加接地，加装滤波电源及为机柜加装接地设备后，不再出现交换机配置丢失故障。

又如，在一新投入使用的办公楼，某一间办公室的网络不通，经过测试，发现此信息点丢包率非常高，几乎达到100%，但对双绞线进行测试后，发现其本身没有问题。在测试中发现，此办公室内4个信息点均无法使用，而且无法接收到移动电话信号。后发现在此楼周围有大功率电气设备，强电线路与弱电桥架距离非常近，在重新铺设屏蔽双绞线并且从另外一个方向走线后故障排除。

以上两个例子表明：经常发生电磁干扰的环节为没有任何防护措施的设备间、工作间及配线子系统。由于现代社会使用的电子设备非常多，有些设备无形中就对其他电子设备或系统形成电磁干扰，而很多电子设备本身不会受到电磁干扰的影响，因为它们在出厂时均接受了严格的电磁测试并且具有较好的电磁兼容性，因此，当发生电磁干扰事故时，周边的其他电子设备不一定出现电磁干扰故障，使得干扰发生源非常隐蔽，难以判断。

目前，国内外对设备发射电磁干扰及其防御电磁干扰都有相应的标准，规定了最高辐射容限。在选择综合布线系统缆线材料时，应根据用户要求，并结合建筑物的周围环境状况进行考虑，一般应主要考虑抗干扰能力和传输性能，经济因素次之。常用的各种对绞线电缆的抗电磁干扰能力参考指标值如下：

（1）UTP电缆（无屏蔽层）：40dB。

（2）FTP电缆（纵包铝箔）：85dB。

（3）SFTP电缆（纵包铝箔，加铜编织网）：90dB。

（4）SSTP电缆（每对线芯和电缆线包铝箔、加铜编织网）：98dB。

（5）配线设备插入后恶化不大于39dB。

在综合布线系统中，通常采用对绞线电缆，对绞线电缆具有吸收和发射电磁场的能力。但是在实际应用中电缆的弯曲会造成绞节的松散；此外，电缆附近的任何金属物体也会形成与对绞线电缆的电容耦合，使相邻绞节内的电磁场方向不再完全相反，而会发射电磁波。因此，当周围环境的电磁干扰强度或综合布线系统的噪声电平高于相关标准规定，干扰源信号或计算机网络信号频率大于或等于 30MHz 时，应根据其超过标准的量级大小，分别选用 FTP、SFTP、SSTP 等不同的屏蔽缆线和屏蔽配线设备。

光纤通信系统不易受噪声的影响。光纤以脉冲的形式传输信号，这些信号不会受到电磁干扰能量的影响，因此光纤是高电磁干扰环境下的理想选择。如果电磁干扰很严重以致找不到合理的解决方法，那么可以选用光缆来取代铜质通信电缆。

3.2.2 电磁兼容性

电磁兼容性（EMC）是指一种器件、设备或系统的性能，它可以使其在自身环境下正常工作，同时不会对此环境中任何其他设备产生强烈的电磁干扰。对于无线收发设备，采用非连续频谱可部分实现 EMC 性能，但是很多有关的例子也表明 EMC 并不总是能够做到。如果所有设备可以共存并且能够在不会引入有害电磁干扰的情况下正常运行，那么这个设备就被认为与另一个设备是电磁兼容的。电磁兼容包括放射、免疫两个方面。为了让通信系统和电气设备是电磁兼容的，应该选定这些设备并检验它们是否可以在相同的环境下运行，并不会对其他系统产生电磁干扰。同时，需选择不会产生电磁干扰的系统；选择对由其他设备产生的噪声和电磁干扰具有免疫力的系统。综合布线系统中电缆的电气特征应符合表 3-3 的规定。

表 3-3　　　　电缆的电气特征

<table>
<tr><th>序号</th><th colspan="2">项目名称</th><th>单位</th><th colspan="2">指标</th><th>长度换算关系</th></tr>
<tr><td>1</td><td colspan="2">单根导体直流电阻，最大值，+20℃</td><td>Ω/100m</td><td colspan="2">≤9.5</td><td>实测值/L[①]</td></tr>
<tr><td rowspan="2">2</td><td rowspan="2">直流电阻不平衡最大值，+20℃</td><td>线对内两导体间</td><td>%</td><td colspan="2">≤2</td><td rowspan="2">—</td></tr>
<tr><td>线对与线对间</td><td>%</td><td colspan="2">≤4</td></tr>
<tr><td rowspan="3">3</td><td colspan="2">介电强度[②]，DC，1min 或 2s</td><td></td><td>1min</td><td>2s</td><td rowspan="3">—</td></tr>
<tr><td colspan="2">导体间</td><td>kV</td><td>1.0</td><td>2.5</td></tr>
<tr><td colspan="2">导体与屏蔽间[③]</td><td>kV</td><td>2.5</td><td>6.3</td></tr>
<tr><td rowspan="2">4</td><td colspan="2">绝缘电阻，最小值，+20℃，DC 100～500V</td><td></td><td></td><td></td><td rowspan="2">实测值×L×0.1</td></tr>
<tr><td colspan="2">每根导线与其余线芯间或每根导线与其余线芯接屏蔽后的绝缘电阻</td><td>MΩ·km</td><td colspan="2">≥5000</td></tr>
<tr><td rowspan="4">5</td><td colspan="2">工作电容，最大值，0.8kHz 或 1kHz</td><td></td><td colspan="2"></td><td rowspan="4">实测值/L</td></tr>
<tr><td rowspan="3">电缆类别</td><td>3 类</td><td>nF/100m</td><td colspan="2">≤6.6</td></tr>
<tr><td>5、5e 类</td><td>nF/100m</td><td colspan="2">≤5.6</td></tr>
<tr><td>6、6A、7、7A 类</td><td>nF/100m</td><td colspan="2">不要求</td></tr>
<tr><td>6</td><td colspan="2">线对对地电容不平衡，最大值[④] 0.8kHz/1kHz</td><td>pF/100m</td><td colspan="2">≤160</td><td>实测值/L</td></tr>
<tr><td rowspan="5">7</td><td colspan="2">转移阻抗[③]，最大值</td><td></td><td colspan="2"></td><td rowspan="5">—</td></tr>
<tr><td colspan="2">频率 1MHz（3、5、5e、6、6A、7、7A 类）</td><td>mΩ/m</td><td colspan="2">≤50</td></tr>
<tr><td colspan="2">频率 10MHz（3、5、5e、6、6A、7、7A 类）</td><td>mΩ/m</td><td colspan="2">≤100</td></tr>
<tr><td colspan="2">频率 30MHz（5、5e、6、6A、7、7A 类）</td><td>mΩ/m</td><td colspan="2">≤300</td></tr>
<tr><td colspan="2">频率 100MHz（5、5e、6、6A、7、7A 类）</td><td>mΩ/m</td><td colspan="2">≤1000</td></tr>
</table>

续表

序号	项目名称		单位	指标	长度换算关系
8	耦合衰减③，最小值				—
	电缆类别	频率范围 f(MHz)			
	3、5 类	—	dB	不要求	
	5e 类	30～100	dB	≥55	
	6 类	30～100	dB	≥55	
		100～250	dB	≥55－20lg（f/100）	
	6A 类	30～100	dB	≥55	
		100～500	dB	≥55－20lg(f/100)	
	7 类	30～100	dB	≥55	
		100～600	dB	≥55－20lg(f/100)	
	7A 类	30～100	dB	≥55	
		100～1000	dB	≥55－20lg(f/100)	
9	绝缘线芯断线、混线		—	不断线、不混线	—
10	屏蔽连续性③		—	电气上连续	—

①表中 L 为电缆的实际长度，单位为 100m。

②可以使用交流电压进行试验，其值为直流电压值除以 1.5。

③转移阻抗、耦合衰减和屏蔽连续性的项目测试只针对屏蔽电缆。

④当电缆不具有屏蔽时，不进行该项测试。

3.3　电缆传输通道主要性能指标

描述平衡电缆信道（Balanced Cabling Links）性能的电气特征参数有直流环路电阻、特征阻抗、回波损耗、衰减、串扰、时延等，其中与信道长度相关的参数有衰减、直流环路电阻、时延等；与对绞线电缆扭矩相关的参数有特征阻抗、衰减、串扰和回波损耗等。

3.3.1　特征阻抗

特征阻抗（Characteristic Impedance）是描述由电缆及相关连接器件组成的传输信道的主要特征。导线的阻值与导线长度成正比，与导线截面面积成反比。阻抗中的"抗"是指导线所呈现的电感和电容特征。电感特征指导线中流过电流就会在导线周围产生磁场，当电流方向变化时，磁场就会产生阻止电流变化的作用力，这相当于在导线中串接了一个电感。人们将磁场对电流的阻碍作用称为感抗。电流频率变化越大，等效感抗越大，对电流的阻碍作用越大。电容特征指两条平行放置的导线，一条导线上的电荷会在另一条导线上产生感应电荷。这种作用使两条导线之间产生"漏电"，相当于在导线之间存在一个并联电容，电流频率越高，等效电容越大，漏电也越大。人们将漏电对电流的阻碍称为容抗。将感抗和容抗合起来称为电抗。用电阻和电抗一起来描述电缆的传输特征时，就称为特征阻抗，用欧姆（Ω）来度量。

特征阻抗是指链路在规定工作频率范围内对通过的信号的阻碍能力。YD/T 1019—2013《数字通信用聚烯烃绝缘水平对绞电缆》规定，当 f≥1MHz 时，特征阻抗满足（100±15)Ω。

特征阻抗由线对自身的结构、线对间的距离等因素决定。它根据信号传输的物理特征，形成对信号传输的阻碍作用。与直流环路电阻不同的是，特征阻抗包括电阻及工作频率为1～100MHz的电感阻抗及电容阻抗。所有铜质电缆都有一个确定的特征阻抗指标，该指标的大小取决于电缆的导线直径和覆盖在导线外面的绝缘材料的电介质常数。电缆的特征阻抗指标与电缆的长度无关，一条长100m的电缆与一条长10m的电缆具有相同的特征阻抗。一般而言，电缆的特征阻抗在整条电缆上应是一个常数。电缆通道正常的特征阻抗有10、120、150Ω几种。在一个链路中不应混用不同特征阻抗的电缆和连接硬件。

综合布线系统要求整条电缆的特征阻抗保持为一个常数（呈电阻状态），与电缆的反射系数相似，定义比值r为一常数。无论是哪一类对绞线电缆，它的每对线芯的特征阻抗在整个工作带宽范围内应保持恒定。链路上任何一点的阻抗不连续将导致该链路信号反射和信号畸变，链路特征阻抗与标称值之差要求小于20Ω。

除了要保证链路中每对线芯的特征阻抗的恒定和均匀外，还须保证电子设备的特征阻抗和电缆的特征阻抗相匹配，否则也会导致链路信号的反射，继而造成对传输信号的干扰和破坏。如果两者的特征阻抗不匹配，而又必须连接，可采用阻抗匹配部件来消除信号的反射。

电缆线对的特征阻抗Z_C定义为沿同一方向（正向或反向）电压波U与电流波I的比值。下标f代表正方向，下标r代表反方向，见式（3-1）。对于没有结构变化的均匀电缆，特征阻抗可以在电缆的一端直接测量电压与电流的商得出，即

$$Z_C = \frac{U_f}{I_f} = \frac{U_r}{I_r} \tag{3-1}$$

式中　Z_C——特征阻抗，Ω；

U_f、U_r——正向、反向电压，V；

I_f、I_r——正向、反向电流，A。

测量特征阻抗可以有几种不同的方法，规定以带有平衡变量器的单端开短路阻抗测量法作为基准方法。其他方法只要其结果与基准方法一致，也可以采用。

为了充分地描绘出阻抗随频率的变动，以十分密集的频率间隔进行扫频测量，扫频可以采用线性扫描或对数扫描，具体选择取决于想更为充分地反映频率的高端还是低端。一般需要数百个频率点（如取401个点），这与频率范围和电缆长度有关。

把对称电缆线对连接到试验设备的同轴端口需要使用平衡变量器。平衡变量器应具有足够的测量通频带，应能够正确地把仪表端口阻抗变化为线对的额定阻抗。在平衡变量器的次级（线对侧）进行3步阻抗测量校准。

当电缆的结构效应很大时，测量的阻抗数据随频率会有较大的波动。对阻抗数据进行函数拟合可从特征阻抗中分离出结构效应引起的波动。函数拟合的概念是通过邻近频率的测量值来辅助实际频率点数值的判读。但由于阻抗读数的正、负偏离是不对称的，通过阻抗的模值或实部进行的函数拟合会导致拟合值偏高（典型的为0.5Ω以下）。如果想要得到更精确的结果，可以对S-参数值进行函数拟合，因为S-参数具有线性关系。

带有平衡变量器在单端开短路测量是取得特征阻抗的基准方法。当线对是均匀的或分离出结构不均匀引起的波动时，特征阻抗是开路和短路测量值乘积的几何平均值，由式（3-2）确定

$$Z_C = \sqrt{Z_{OC} Z_{SC}} \tag{3-2}$$

式中　Z_C——复数特征阻抗，Ω，假如线对是均匀的或分离出结构影响（即阻抗以函数拟合结果表示）；

Z_{OC}——开路时测得的复数特征阻抗，Ω；

Z_{SC}——短路时测得的复数特征阻抗，Ω。

对于不均匀电缆，包括结构效应的阻抗由式（3-3）确定

$$Z_{cm} = \sqrt{Z_{OC}Z_{SC}} \tag{3-3}$$

式中　Z_{cm}——包括结构效应的复数特征阻抗（输入阻抗），Ω。

当忽略结构效应时，式（3-2）表示特征阻抗 Z_C。当结构效应很大时，可将开路阻抗和短路阻抗数据与特征阻抗一样作为频率的函数拟合，再用输入阻抗的表达式（3-3）计算得到特征阻抗 Z_C。式（3-2）和式（3-3）从低频（电缆长仅是波长的几分之一）到高频（电缆长是波长的几倍）都是正确的。

在进行特征阻抗测量时，试样制备应使端部效应最小。对于频率达到 100MHz 及以上的测量，从线对上剥去的护套长度不大于 49mm，剥去的屏蔽长度不大于 25mm，剥去的绝缘长度不大于 8mm。线对拆开扭绞的长度不大于 13mm。此外，对于非屏蔽电缆，应把电缆悬挂或放到一个非导体表面上，使电缆横向间隔大于 25mm。电缆试样应从产品包装箱货盘上取得，试样长度不小于 100m，并将电缆试样展开进行双端测试。双端测试合格后，方可判定为试样型式试验合格。对于出厂检验，可以从产品包装箱或盘的一端进行。

可以用网络分析仪（连同 S-参数单元）或其他阻抗仪表得到数据。图 3-2 所示为网络分析仪实物，图 3-3 给出阻抗测量电路的主要组成部分，其中振荡器和接收器是网络分析仪本身的部件。S-参数单元中的关键部件是反射桥，其作用是从入射信号中分离出反射信号。平衡变量器应具有适当的频率范围、阻抗与平衡度，使线对如同在平衡状态下进行测试一样。3 种终端状态，开路、短路和标称负载阻抗分别用于不同的测量（开路、短路或终端）。

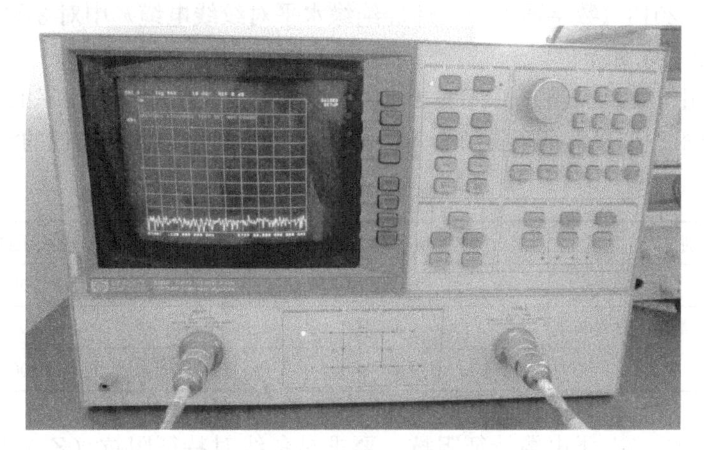

图 3-2　网络分析仪实物图

测量过程中先进行 3 步校准。与实际测量进行开路、短路和终端一样，在平衡变量器的次级不接电缆线对情况下先进行 3 步校准步骤。在平衡变量器的次级完成 3 步校准操作后，网络分析仪就可以直接测量电缆线对的复反射系数（S-参数）或复数阻抗。当使用 S-参数单元时，大多数网络分析仪提供的内部 3 步校准步骤包括了有关计算。当网络分析仪配置的

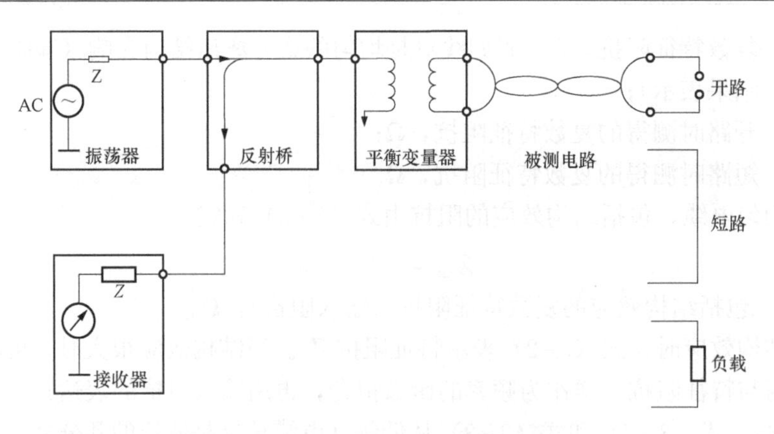

图3-3 阻抗测量电路的主要组成部分

不完备时，计算可由另外的计算机进行。

被测阻抗（开路或短路）由测试出的反射系数按公式（3-4），由网络分析仪或由计算机（按采集的数据）算出

$$Z_{MEAS}=Z_R\frac{1+S_{11}}{1-S_{11}} \tag{3-4}$$

式中 Z_{MEAS}——被测复数阻抗（开路或短路），Ω；

Z_R——在校准时所用的基准阻抗（电阻），Ω；

S_{11}——被测复数反射系数。

可采取几种不同的方式对测量值进行处理。一种是规定实际测量得出的包括有结构效应的复合特征阻抗，在规定的频率范围内符合单一但较宽的要求（如85～115Ω）。另一种方式是对实际测量的数据先进行函数拟合，对拟合特征阻抗规定一个较窄的范围（如95～105Ω）。在此情况下，需要另外用回波损耗的规范来控制结构效应。

YD/T 1019—2013《数字通信用聚烯烃绝缘水平对绞线电缆》中对3类、5类、5e类和6类电缆特征阻抗要求如下：

各线对特征阻抗（Z_C）值从4MHz到电缆类别规定的最高传输频率的整个频带内，应符合表3-4的要求。如果特征阻抗符合本条要求，则不必进行回波损耗的测量。

表3-4　　特征阻抗 Z_C

电缆类别	频率 f(MHz)	特征阻抗（Ω）
3类	4～16	100±15
5类、5e类	4～100	100±15
6类	4～250	100±15

对6A类、7类、7A类电缆特征阻抗，要求是各线对特征阻抗（Z_C）值从4MHz到电缆类别规定的最高传输频率的整个频带内，最高上限值不应超过表达式（3-5）及最低下限值不小于表达式（3-6）所确定的范围。如果特征阻抗符合本条要求，则不必进行回波损耗的测量，即

$$Z_u\leqslant 100\times\frac{(1+|\rho|)}{(1-|\rho|)} \tag{3-5}$$

$$Z_L \geqslant 100 \times \frac{(1-|\rho|)}{(1+|\rho|)} \tag{3-6}$$

$$\rho = 10^{-\frac{RL}{20}} \tag{3-7}$$

式中　Z_u——特征阻抗的最高上限值，Ω；

Z_L——特征阻抗的最低下限值，Ω；

ρ——由式（3-7）计算出的回波损耗的反射系数幅度值；

RL——回波损耗，dB。

3.3.2　直流环路电阻

直流环路电阻是指一对导线电阻之和，即一条链路环在一起的总电阻，它通常是导线直径的函数。ISO/IEC 11801—2002 规定不得大于 19.2Ω/100m，每对对绞线电缆的差异应小于 0.1Ω。当信号在信道中传输时，直流环路电阻会消耗一部分信号，并将其转变成热能。测量信道直流环路电阻时，应在线路的远端短路，在近端测量直流环路电阻。测量值应与电缆中导线的长度和直径相符合。每对线的直流环路电阻应低于表 3-5 所列数值。

表 3-5　直流环路电阻限值

信道级别	A 级	B 级	C 级	D 级	E 级	F 级
最大直流环路电阻（Ω）	530	140	34	21	21	21

3.3.3　回波损耗

回波损耗（Return Loss，RL），又称反射衰减，简称回损。回波损耗是由于链路或信道特征阻抗偏离标准值导致功率反射而引起（布线系统中阻抗不匹配产生的反射能量）的。由输出线对信号幅度和该线对所构成的链路上反射回来的信号幅度的差值导出。回波损耗的测量仅适用于 5e 类电缆或更高级别的 UTP 电缆，而不适用于 3 类、4 类和 5 类电缆。在测试链路中影响回波损耗数值的主要因素有电缆结构、连接器和安装等，这种测量对于在相同电缆线对上同时发送和接收信号的全双工通信非常重要。

在全双工网络中，如果链路所用的缆线和相关连接器件阻抗不匹配，即整条链路有阻抗异常点，就会造成信号反射。被反射到发送端的一部分能量将以噪声的形式在接收端出现，导致信号失真，从而降低综合布线系统的传输性能。一般情况下 UTP 链路的特征阻抗为 100Ω，标准规定可以有±15%的浮动，如果超出范围则就是阻抗不匹配。信号反射的强弱视阻抗与标准的差值有关，典型的例子如断开就是阻抗无穷大，导致信号 100%的反射。由于是全双工通信，整条链路既负责发送信号也负责接收信号，那么如遇到信号的反射再与正常的信号进行叠加后就会造成信号的不正常，如图 3-4 所示即是回波损耗示意图。

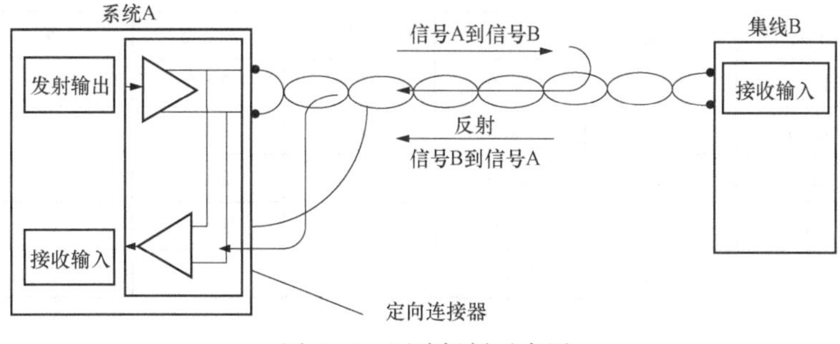

图 3-4　回波损耗示意图

回波损耗合并了两种反射的影响，包括对标称阻抗的偏差及结构的影响。测量回波损耗时，在电缆的远端用电缆的基准阻抗 Z_R（100Ω）终端，测量传输信号被反射到发射端的比例。定义公式如下

$$RL = -20\lg\left|\frac{Z_T - Z_R}{Z_T + Z_R}\right| \tag{3-8}$$

式中 RL——回波损耗，dB；

Z_T——测量得到的复数阻抗（电缆远端按标称阻抗 Z_R），Ω；

Z_R——基准阻抗，Ω（按电缆标称阻抗取 100Ω）。

YD/T 1019—2013《数字通信用聚烯烃绝缘水平对绞线电缆》中说明，只有在特征阻抗（Z_C）不符合相关规定的要求时，才进行回波损耗的测量。从 4MHz 到电缆类别规定的最高传输频率的整个频带内，各线对的回波损耗应不小于表 3-6 中相应公式确定的值。

表 3-6 回 波 损 耗

电缆类别	频率 f(MHz) 范围内的要求	回波损耗 RL (dB)
3 类	$1 \leqslant f \leqslant 10$	$RL \geqslant 12.0$
	$10 < f \leqslant 16$	$RL \geqslant 12 - 10\lg(f/10)$
5 类	$1 \leqslant f \leqslant 10$	$RL \geqslant 17 + 3\lg f$
	$10 < f \leqslant 20$	$RL \geqslant 20.0$
	$20 < f \leqslant 100$	$RL \geqslant 20 - 7\lg(f/20)$
5e、6、6A、7、7A 类	$1 \leqslant f \leqslant 10$	$RL \geqslant 20 + 5\lg f$
5e、6、6A、7、7A 类	$10 < f \leqslant 20$	$RL \geqslant 25$
5e 类	$20 < f \leqslant 100$	$RL \geqslant 25 - 7\lg(f/20)$
6 类	$20 < f \leqslant 250$	$RL \geqslant 25 - 7\lg(f/20)$
6A 类	$20 < f \leqslant 500$	$RL \geqslant 25 - 7\lg(f/20)$①
7 类	$20 < f \leqslant 600$	$RL \geqslant 25 - 7\lg(f/20)$①
7A 类	$20 < f \leqslant 600$	$RL \geqslant 25 - 7\lg(f/20)$①
	$600 < f \leqslant 1000$	$RL \geqslant 17.3 - 10\lg(f/600)$

①对于 6A 类、7 类及 7A 类电缆从 20～600MHz 的频率范围内，回波损耗计算值如小于 17.3dB，对应的最小要求应取作 17.3dB。

回波损耗典型频点最小值见表 3-7。

表 3-7 回波损耗典型频点最小值

频率（MHz）	回波损耗（最小值，dB）						
	3 类	5 类	5e 类	6 类	6A 类	7 类	7A 类
4.00	12.0	18.8	23.0	23.0	23.0	23.0	23.0
8.00	12.0	19.7	24.5	24.5	24.5	24.5	24.5
10.00	12.0	20.0	25.0	25.0	25.0	25.0	25.0
16.00	10.0	20.0	25.0	25.0	25.0	25.0	25.0
20.00	—	20.0	25.0	25.0	25.0	25.0	25.0

续表

频率（MHz）	回波损耗（最小值，dB）						
	3类	5类	5e类	6类	6A类	7类	7A类
25.00	—	19.4	24.3	24.3	24.3	24.3	24.3
31.25	—	18.6	23.6	23.6	23.6	23.6	23.6
62.50	—	16.5	21.5	21.5	21.5	21.5	21.5
100.00	—	15.1	20.1	20.1	20.1	20.1	20.1
200.00	—	—	—	18.0	18.0	18.0	18.0
250.00	—	—	—	17.3	17.3	17.3	17.3
300.00	—	—	—	—	17.3	17.3	17.3
400.00	—	—	—	—	17.3	17.3	17.3
500.00	—	—	—	—	17.3	17.3	17.3
600.00	—	—	—	—	—	17.3	17.3
1000.00	—	—	—	—	—	—	15.1

3.3.4 串扰

当电流在一条导线中流通时会产生一定的电磁场，该电磁场会干扰相邻导线上的信号，信号频率越高，这种影响就越大，常把这种干扰叫做串扰（Cross Talk）。串扰被视为一种噪声或干扰，单位为分贝（dB）。在综合布线时，人们把许多条绝缘的对绞线电缆集中成一个线捆接入配线架，对于一个线捆内的相邻线路，如果在相同频率范围内接收或者发送信号，彼此间就会产生电磁干扰（串扰），从而使要传输的波形发生变化，造成信息传输错误。综合布线系统中常见的串扰参数包括近端串扰衰减、远端串扰衰减、近端和远端串扰衰减功率和、外部近端串扰衰减、外部远端串扰衰减。

串扰可以通过在近端或在远端与原信号进行比较来衡量。因此，一般把串扰分为近端串扰（Near End Cross Talk，NEXT）和远端串扰（Far End Crosstalk Attenuation，FEXT）两种类型。近端串扰是出现在发送端的串扰，定义为信号从一对绞线电缆输入时，对在同一端的另一对绞线电缆上信号的干扰程度。远端串扰是出现在接收端的串扰，定义为信号从一对绞线电缆输入时，在另一端的另一对绞线电缆上信号的干扰程度。通常远端串扰的影响较小。图3-5是近端串扰和远端串扰示意图。近端串扰和远端串扰的大小分别用近端串扰衰减和远端串扰衰减来表示。

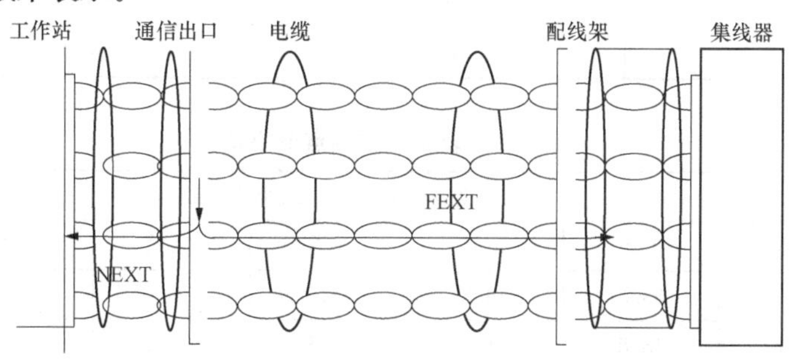

图3-5　近端串扰和远端串扰示意图

1. 近端串扰

(1) 近端串扰衰减。在一条链路中处于线缆一侧的某发送线对，对于同侧的其他相邻（接收）线对通过电磁感应所造成的信号耦合（由发射机在近端传送信号，在相邻线对近端测出的不良信号耦合）为近端串扰，如图 3-6 所示。近端串扰值（dB）和导致该串扰的发送信号（参考值定为 0）之差值为近端串扰损耗，即近端串扰衰减。

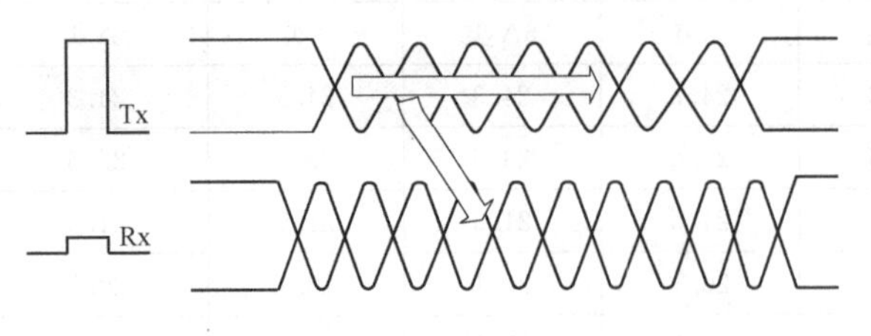

图 3-6 线对的信号耦合

Tx—发送端；Rx—接收端

近端串扰是用近端串扰衰减来度量的，因此近端串扰值越高越好，高的近端串扰值意味着有很少的能量从发送信号线对耦合到同一电缆的其他线对中，也就是耦合过来的信号损耗高。低的近端串扰值意味着较多的能量从发送信号线对耦合到同一电缆的其他线对中，也就是耦合过来的信号损耗低。被串线对在近端测量到的来自主串线对信号功率耦合的大小按下面表达式进行计算

$$\mathrm{NEXT} = 10\lg \frac{P_{1n}}{P_{2n}} \tag{3-9}$$

式中 NEXT——近端串扰衰减，dB；

P_{1n}——主串线对近端的输入功率，W；

P_{2n}——被串线对近端的输出功率，W。

从 4MHz 到电缆类别规定的最高传输频率的整个频带内，电缆所有线对组合的近端串扰衰减应不大于表 3-8 中相应公式确定的值。当计算值大于 78dB 时，对应的最小要求应取 78dB。近端串扰衰减典型频点最小值的相关规定见表 3-8、表 3-9。

表 3-8 近端串扰衰减 NEXT

电缆类别	频率 f(MHz)	近端串扰衰减 NEXT（最小值，dB）
3类	4～16	$\mathrm{NEXT} \geqslant 41.3 - 15\lg f$
5类	4～100	$\mathrm{NEXT} \geqslant 62.3 - 15\lg f$
5e类	4～100	$\mathrm{NEXT} \geqslant 65.3 - 15\lg f$
6类	4～250	$\mathrm{NEXT} \geqslant 75.3 - 15\lg f$
6A类	4～500	$\mathrm{NEXT} \geqslant 75.3 - 15\lg f$
7类	4～600	$\mathrm{NEXT} \geqslant 102.4 - 15\lg f$
7A类	4～1000	$\mathrm{NEXT} \geqslant 105.4 - 15\lg f$

表 3-9 近端串扰衰减典型频点最小值

频率（MHz）	近端串扰衰减（最小值，dB）						
	3类	5类	5e类	6类	6A类	7类	7A类
4.00	32.3	53.3	56.3	66.3	66.3	78.0	78.0
8.00	27.8	48.8	51.8	61.8	61.8	78.0	78.0
10.00	26.3	47.3	50.3	60.3	60.3	78.0	78.0

续表

频率（MHz）	近端串扰衰减（最小值，dB）						
	3 类	5 类	5e 类	6 类	6A 类	7 类	7A 类
16.00	23.2	44.2	47.2	57.2	57.2	78.0	78.0
20.00	—	42.8	45.8	55.8	55.8	78.0	78.0
25.00	—	41.3	44.3	54.3	54.3	78.0	78.0
31.25	—	39.9	42.9	52.9	52.9	78.0	78.0
62.50	—	35.4	38.4	48.4	48.4	75.5	78.0
100.00	—	32.3	35.3	45.3	45.3	72.4	75.4
200.00	—	—	—	40.8	40.8	67.9	70.9
250.00	—	—	—	39.3	39.3	66.4	69.4
300.00	—	—	—	—	38.1	65.2	68.2
400.00	—	—	—	—	36.3	63.4	66.4
500.00	—	—	—	—	34.8	61.9	64.9
600.00	—	—	—	—	—	60.7	63.7
1000.00	—	—	—	—	—	—	60.4

（2）近端串扰衰减功率和（Power Sum of Near - End Crosstalk Loss，PS NEXT）。近端串扰功率和是指电缆内所有主串线对与被串线对之间在近端或远端测量的隔离度的功率和。在 4 对对绞线电缆一侧测量 3 个相邻线对对某线对近端串扰总和，即所有近端干扰信号同时工作时，在接收线对上形成的组合串扰。近端串扰功率和的计算公式为

$$PS_j = -10\lg\sum_{\substack{i=1\\i\neq j}}^{n}(10^{\frac{x-Talk_{ij}}{10}}) \tag{3-10}$$

式中　n——线对数；

$x-\mathrm{Talk}_{ij}$——第 j 线对与第 i 线对之间的串扰衰减，dB；

PS_j——第 j 线对的功率和，dB。

在千兆位以太网中，所有线对都被用来传输信号，每个线对都会受到其他线对的干扰。因此近端串扰与远端串扰须考虑多线对之间的综合串扰，才能得到对于能量耦合的真实描述。

从 4MHz 到电缆类别规定的最高传输频率的整个频带内，对于 4 对以上的 5e 类电缆及 4 对 6 类、6A 类、7 类、7A 类电缆，任一线对的近端串扰衰减功率和应不小于表 3 - 10 中相应公式确定的值。对于由子单位构成的电缆，功率和可分别在子单位内进行计算。当计算值大于 75dB 时，对应的最小要求应取作 75dB。而近端串扰衰减功率和典型频点最小值见表 3 - 11。

表 3 - 10　近端串扰衰减功率和 PS NEXT

电缆类型	电缆对数	频率 f(MHz)	近端串扰衰减功率和 PS NEXT（最小值，dB）
3 类	4 对以上	4～16	不要求
5 类	4 对以上	4～100	不要求

续表

电缆类型	电缆对数	频率 f(MHz)	近端串扰衰减功率和 PS NEXT（最小值，dB）
5e类	4对以上	4～100	PS NEXT≥62.3－15lg$f$
6类	4对	4～250	PS NEXT≥72.3－15lg$f$
6A类	4对	4～500	PS NEXT≥72.3－15lg$f$
7类	4对	4～600	PS NEXT≥99.4－15lg$f$
7A类	4对	4～1000	PS NEXT≥102.4－15lg$f$

表 3-11　　近端串扰衰减功率和典型频点最小值

频率（MHz）	近端串扰衰减功率和（最小值，dB）						
	3类	5类	5e类	6类	6A类	7类	7A类
4.00	—	—	53.3	63.3	63.3	75.0	75.0
8.00	—	—	48.8	58.8	58.8	75.0	75.0
10.00	—	—	47.3	57.3	57.3	75.0	75.0
16.00	—	—	44.2	54.2	54.2	75.0	75.0
20.00	—	—	42.8	52.8	52.8	75.0	75.0
25.00	—	—	41.3	51.3	51.3	75.0	75.0
31.25	—	—	39.9	49.9	49.9	75.0	75.0
62.50	—	—	35.4	45.4	45.4	72.5	75.0
100.00	—	—	32.3	42.3	42.3	69.4	72.4
200.00	—	—	—	37.8	37.8	64.9	67.9
250.00	—	—	—	36.3	36.3	63.4	66.4
300.00	—	—	—	—	35.1	62.2	65.2
400.00	—	—	—	—	33.3	60.4	63.4
500.00	—	—	—	—	31.8	58.9	61.9
600.00	—	—	—	—	—	57.7	60.7
1000.00	—	—	—	—	—	—	57.4

（3）外部近端串扰衰减（Alien Near-End Crosstalk Loss，ANEXT）。外部近端串扰衰减表示为包含在不同电缆内的主串线对与被串线对间的近端串扰衰减，计算公式为

$$\text{ANEXT} = 10\lg\frac{P_{1n}}{P_{2n}} \tag{3-11}$$

式中　ANEXT——外部近端串扰衰减，dB；

P_{1n}——主串线对近端的输入功率，W；

P_{2n}——被串线对近端的输出功率，W。

外部近端串扰的测试只针对6A和7A类电缆进行，外部近端串扰的测试项目由外部近端串扰衰减功率和（PS ANEXT）表示，其具体的计算公式为

$$\text{PS AX} - \text{Talk}_j = -10\lg\left(\sum_{l=1}^{N}\sum_{i=1}^{n}10^{-\frac{\text{AX}-\text{Talk}_{i,j,l}}{10}}\right) \tag{3-12}$$

式中　PS AX－$Talk_j$——线对 j 的外部近端串扰衰减功率和，dB；

$AX-Talk_{i,j,l}$——指定电缆的线对 j 与相邻电缆的线对 i 之间的串扰衰减，dB；

j——被串线对的编号；

i——主串线对的编号；

l——主串电缆的编号；

n——主串线对的总数量；

N——主串电缆的总数量。

从 1MHz 到电缆类别规定的最高传输频率的整个频带内，对于 6A 类或 7A 类电缆，任一线对的外部近端串扰衰减功率和应不小于表 3 - 12 中相应公式确定的值。当计算值大于 67dB 时，对应的最小要求应取作 67dB。

表 3 - 12　　外部近端串扰衰减功率和 PS ANEXT

电缆类别	频率 f(MHz)	外部近端串扰衰减比功率和 PS ANEXT（最小值，dB）
6A 类	1～500	PS ANEXT$\geqslant$92.5－15lg$f$
7A 类	1～1000	PS ANEXT$\geqslant$107.5－15lg$f$

2. 远端串扰

(1) 远端串扰衰减（Far - End Crosstalk Loss，FEXT）和等电平远端串扰衰减（E-qual，Level FEXT，EL FEXT）。从链路或信道近端线缆的一个线对发送信号，经过线路衰减从链路远端干扰相邻接收线对（由发射机在远端传送信号，在相邻线对近端测出的不良信号耦合）为远端串扰（FEXT）。可见，远端串扰是指耦合信号在原来传输信号相对另一端进行测量的情况下，传输信号大小与耦合信号大小的比率。这种比率越大，表示发送的信号与串扰信号幅度差就越大，所以从数值上来讲，它们的值无论是用负数还是用正数表示，均为绝对值越大，串扰所带来的损耗越低。

远端串扰 FEXT 值并不是一种很有效的测试指标，电缆长度对测量到的 FEXT 值的影响很大，这是因为信号强度与它所产生的串扰及信号在发送端的衰减程度有关。因此两条一样的电缆，会因长度不同而有不同的 FEXT 值，所以须以等电平远端串扰 EL FEXT 值的测量来替代 FEXT 值的测量。

在电缆的远端从被串线对的近端测量到的来自主串线对信号耦合功率的大小，见式（3 - 13）。远端串扰衰减的测试项目由等电平远端串扰衰减表示，见表达式（3 - 14）。在 100m 长的电缆上测量到的或修正到 100m 长电缆的等电平远端串扰衰减与远端串扰衰减相差一个主串线对的电缆衰减，见式（3 - 15）。

$$\mathrm{FEXT} = 10\lg \frac{P_{1N}}{P_{2F}} \tag{3-13}$$

式中　FEXT——远端串扰衰减，dB；

P_{1N}——主串线对近端的输入功率，W；

P_{2F}——被测被串线对远端的串扰输出功率，W。

$$\mathrm{EL\ FEXT} = 10\lg \frac{P_{1F}}{P_{2F}} \tag{3-14}$$

式中　EL FEXT——等电平远端串扰衰减，dB；

P_{1F}——主串线对远端的输出功率，W。

$$\text{EL FEXT} = \text{FEXT} - \alpha\left(\frac{L}{100}\right) \tag{3-15}$$

式中 α——单位长度上主串线对的电缆衰减，dB/100m；

L——被测电缆实际长度，m；

EL FEXT——在 100m 长电缆上测得的或修正到 100m 长的等电平远端串扰衰减，dB/100m；

FEXT——远端串扰衰减测量值，dB/电缆长度。

从 4MHz 到电缆类别规定的最高传输频率的整个频带内，电缆所有线对组合的等电平远端串扰衰减应不小于表 3-13 中相应公式确定的值。当计算值大于 75dB 时，对应的最小要求应取作 75dB。等电平远端串扰衰减典型频点最小值见表 3-14。

表 3-13 等电平远端串扰衰减 EL FEXT

电缆类别	频率 f(MHz)	等电平远端串扰衰减 EL FEXT（最小值，dB/100m）
3 类	4～16	EL FEXT≥39－20lg$f$
5 类	4～100	EL FEXT≥60－20lg$f$
5e 类	4～100	EL FEXT≥64－20lg$f$
6 类	4～250	EL FEXT≥68－20lg$f$
6A 类	4～500	EL FEXT≥68－20lg$f$
7 类	4～600	EL FEXT≥95.3－20lg$f$
7A 类	4～1000	EL FEXT≥95.3－20lg$f$

表 3-14 等电平远端串扰衰减典型频点最小值

频率（MHz）	等电平远端串扰衰减（最小值，dB/100m）						
	3 类	5 类	5e 类	6 类	6A 类	7 类	7A 类
4.00	27.0	49.0	52.0	56.0	56.0	78.0	78.0
8.00	20.9	42.9	45.9	49.9	49.9	77.2	77.2
10.00	19.0	41.0	44.0	48.0	48.0	75.3	75.3
16.00	14.9	36.9	39.9	43.9	43.9	71.2	71.2
20.00	—	35.0	38.0	42.0	42.0	69.3	69.3
25.00	—	33.0	36.0	40.0	40.0	67.3	67.3
31.25	—	31.1	34.1	38.1	38.1	65.4	65.4
62.50	—	25.1	28.1	32.1	32.1	59.4	59.4
100.00	—	21.0	24.0	28.0	28.0	55.3	55.3
200.00	—	—	—	22.0	22.0	49.3	49.3
250.00	—	—	—	20.0	20.0	47.3	47.3
300.00	—	—	—	—	18.5	45.8	45.8
400.00	—	—	—	—	16.0	43.3	43.3
500.00	—	—	—	—	14.0	41.3	41.3

续表

频率（MHz）	等电平远端串扰衰减（最小值，dB/100m）						
	3 类	5 类	5e 类	6 类	6A 类	7 类	7A 类
600.00	—	—	—	—	—	39.7	39.7
1000.00	—	—	—	—	—	—	35.3

（2）等电平远端串扰衰减功率和（PS EL FEXT）。等电平远端串扰衰减功率和是指在 4 对对绞线电缆一侧测量 3 个相邻线对对某线对远端串扰的总和，即所有远端干扰信号同时工作，在接收线对上形成的组合串扰。它是用来描述某线对受其他线对的等电平远端串扰的综合影响程度，单位为分贝（dB）。等电平远端串扰衰减功率和也只适用于 D、E、F 类信道。

等电平远端串扰衰减功率和的计算公式与近端串扰衰减功率和的计算公式相同，即

$$PS_j = -10\lg\sum_{\substack{i=1\\i\neq j}}^{n}(10^{\frac{x-\text{Talk}_{ij}}{10}}) \tag{3-16}$$

式中　n——线对数；

$x-\text{Talk}_{ij}$——第 j 线对与第 i 线对之间的串扰衰减，dB；

PS_j——第 j 线对的功率和，dB。

从 4MHz 到电缆类别规定的最高传输频率的整个频带内，对于 4 对以上的 5e 类电缆及 4 对 6 类、6A 类、7 类、7A 类电缆，任一线对的等电平远端串扰衰减功率和应不小于表 3-15 中相应公式确定的值。对于由子单位构成的电缆，功率和可分别在子单位内进行计算。当计算值大于 75dB 时，对应的最小要求应取作 75dB。而等电平远端串扰衰减功率和的典型频点最小值见表 3-16。

表 3-15　等电平远端串扰衰减功率和 PS EL FEXT

电缆类别	电缆对数	频率 f（MHz）	等电平远端串扰衰减功率和 PS EL FEXT（最小值，dB/100m）
3 类	4 对以上	4～16	不要求
5 类	4 对以上	4～100	不要求
5e 类	4 对以上	4～100	PS EL FEXT≥61−20lg$f$
6 类	4 对	4～250	PS EL FEXT≥65−20lg$f$
6A 类	4 对	4～500	PS EL FEXT≥65−20lg$f$
7 类	4 对	4～600	PS EL FEXT≥92.3−20lg$f$
7A 类	4 对	4～1000	PS EL FEXT≥92.3−20lg$f$

表 3-16　等电平远端串扰衰减功率和典型频点最小值

频率（MHz）	等电平远端串扰衰减功率和（最小值，dB/100m）						
	3 类	5 类	5e 类	6 类	6A 类	7 类	7A 类
4.00	—	—	49.0	53.0	53.0	75.0	75.0
8.00	—	—	42.9	46.9	46.9	74.2	74.2
10.00	—	—	41.0	45.0	45.0	72.3	72.3

续表

频率（MHz）	等电平远端串扰衰减功率和（最小值，dB/100m）						
	3类	5类	5e类	6类	6A类	7类	7A类
16.00	—	—	36.9	40.9	40.9	68.2	68.2
20.00	—	—	35.0	39.0	39.0	66.3	66.3
25.00	—	—	33.0	37.0	37.0	64.3	64.3
31.25	—	—	31.1	35.1	35.1	62.4	62.4
62.50	—	—	25.1	29.1	29.1	56.4	56.4
100.00	—	—	21.0	25.0	25.0	52.3	52.3
200.00	—	—	—	19.0	19.0	46.3	46.3
250.00	—	—	—	17.0	17.0	44.3	44.3
300.00	—	—	—	—	15.5	42.8	42.8
400.00	—	—	—	—	13.0	40.3	40.3
500.00	—	—	—	—	11.0	38.3	38.3
600.00	—	—	—	—	—	36.7	36.7
1000.00	—	—	—	—	—	—	32.3

（3）外部远端串扰衰减（Alien Far - End Crosstalk Loss，AFEXT）。外部远端串扰衰减分别在不同电缆中主串线对与被串线对的远端串扰衰减。外部远端串扰衰减测试项目由外部远端串扰衰减功率和（PS AACR - F）表示。外部远端串扰衰减功率和应根据测量值并按式（3 - 12）来计算，衰减外部远端串扰比应根据测量值并按式（3 - 17）来计算，即

$$\text{PS AACR - F} = \text{AFEXT} - \alpha \tag{3 - 17}$$

式中 PS AACR - F——外部远端衰减串扰比，dB；

AFEXT——外部远端串扰衰减，dB/电缆长度；

α——被串线对的衰减，dB/100m。

外部远端串扰衰减功率和（PS AACR－F）的计算公式与外部近端串扰衰减功率和的公式相同，见表达式（3 - 12）。

从1MHz到电缆类别规定的最高传输频率的整个频带内，对于6A类或7A类电缆，任一线对的外部远端串扰衰减功率和应不小于表3 - 17中相应公式确定的值。当计算值大于67dB时，对应的最小要求应取作67dB。

表3 - 17 外部远端串扰衰减功率和 PS AACR - F

电缆类别	频率 f(MHz)	外部远端串扰衰减功率和 PS AACR - F（最小值，dB）
6A类	1～500	PS AACR - F≥78.2－20lg$f$
7A类	1～1000	PS AACR - F≥93.2－20lg$f$

外部近端串扰衰减功率和与外部远端串扰衰减功率和的典型频点最小值见表3 - 18。

表 3-18　外部近端串扰衰减功率和与外部远端串扰衰减功率和的典型频点最小值

频率（MHz）	外部近端串扰衰减功率和（最小值）			
	6A 类	7A 类	6A 类	7A 类
1.00	67.0	67.0	67.0	67.0
4.00	67.0	67.0	66.2	67.0
8.00	67.0	67.0	60.1	67.0
10.00	67.0	67.0	58.2	67.0
16.00	67.0	67.0	54.1	67.0
20.00	67.0	67.0	52.2	67.0
25.00	67.0	67.0	50.2	65.2
31.25	67.0	67.0	48.3	63.3
62.50	65.6	67.0	42.3	57.3
100.00	62.5	67.0	38.2	53.2
200.00	58.0	67.0	32.2	47.2
250.00	56.5	67.0	30.2	45.2
300.00	55.3	67.0	28.7	43.7
400.00	53.5	67.0	26.2	41.2
500.00	52.0	67.0	24.2	39.2
600.00	—	65.8	—	37.6
1000.00	—	62.5	—	33.2

3. 外部近端串扰测试方法

外部近端串扰与近端串扰的测量采用过同样的测试设备，但待测电缆的制备要求不同。在测试前应先准备 7 根（100±1)m 长的待测电缆试样，每根电缆需预先做好标记，这些电缆应采用同一生产批次。按图 3-7 所示组合顺序将 7 根电缆进行整个长度上的直线成束，形成 1+6 的结构。电缆在成束过程中应保持平直、不扭转，并用绝缘胶带或其他类似带材均匀地进行等间距捆扎。捆扎力度需松紧适度，不得破坏电缆的整体结构，同时又要保持缆与缆之间的适度贴合，捆扎间隔为 200mm。

图 3-7　1+6 成束电缆试样的截面构成

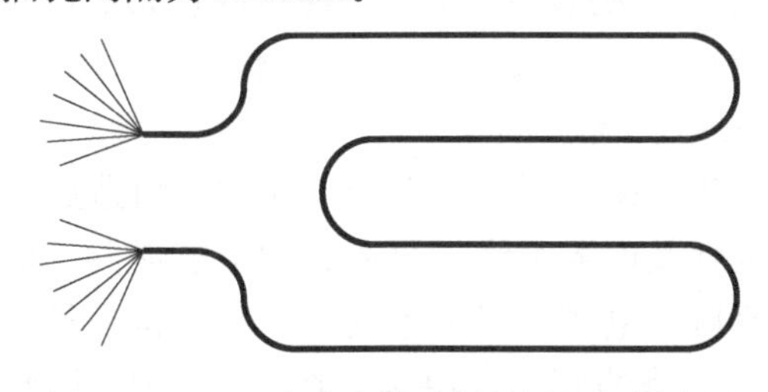
图 3-8　1+6 成束电缆试样的测试场景布置

电缆试样捆扎成束后，测试前，应按图 3-8 所示场景要求进行循环铺设，循环最小间距应不小于 100mm，铺设场地应选择非金属地面。

测试时，电缆试样的两端应扇出，扇出长度应不大于 1m，测量应在电缆规定的频率范围内进行。测试原则是外围 6 根电缆作为主串电缆围绕中心的 1 根被串电缆进行。主串电缆依次按顺序与位于中心的被串电缆进行测试，测试总次数为 96 次（即 4×4×6=96）。

外部近端串扰的测试原理如图 3-9 所示。

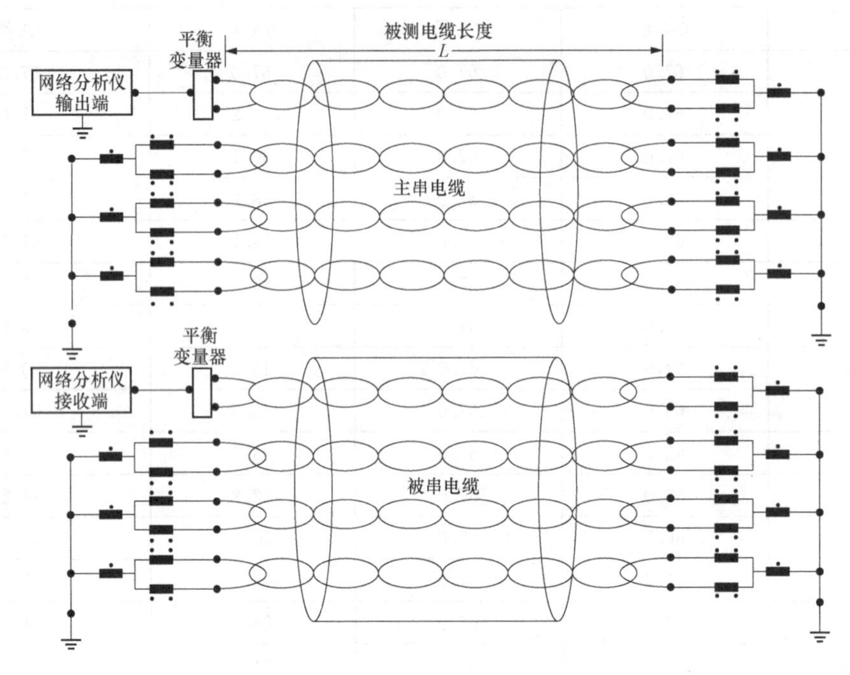

图 3-9 外部近端串扰的测试原理图

图 3-9 中▬符号表示为共模端接电阻，单位为 Ω。电阻值应根据不同结构的电缆进行配置，配置要求如下：0Ω 共模端接电阻，适用于线对屏蔽结构的电缆；25Ω 共模端接电阻，适用于总屏蔽结构的电缆；45～50Ω 共模端接电阻，适用于非屏蔽电缆。▬符号表示为用于线对匹配的共模端接电阻，单位为 Ω，其电阻值应为共模端接电阻的 2 倍。

3.3.5 衰减

由于绝缘损耗、阻抗不匹配、连接电阻等因素，信号沿链路传输时会损失能量，而且信号在信道中传输时，会随着传输距离的增加而逐渐变小，这种信号沿传输链路传输后幅度减小的程度称为衰减（Attenuation，ATT），单位为分贝（dB）。衰减遵循趋肤效应和邻近效应，随着频率的增加，衰减会增大。在高频范围，导体内部电子流产生的磁场迫使电子向导体外表面的薄层聚集；频率越高，这个薄层越薄。这一效应相当显著，并且随频率平方根的增加而增加。

衰减与传输信号的频率有关，也与导线的传输长度有关。随着长度的增加，信号衰减也随之增加。衰减值越低，表示链路的性能越好，如果链路的衰减过大，会使接收端无法正确地判断信号，导致数据传输的不可靠，图 3-10 是信号衰减示意图。

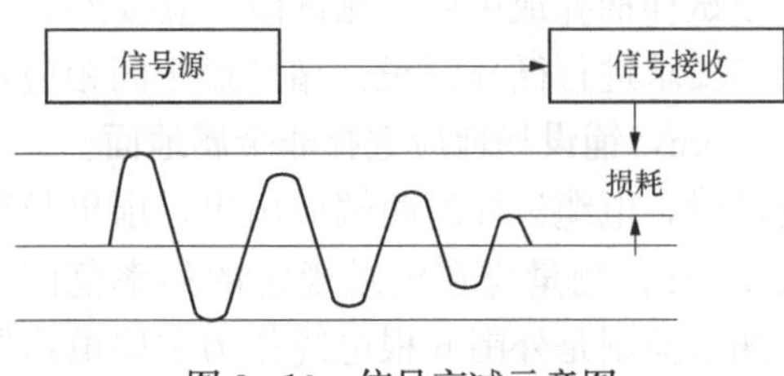

图 3-10 信号衰减示意图

产生衰减的原因是由于电缆的电阻造成的电能损耗及电缆绝缘材料造成的电能泄漏。链路的衰减由电缆材料的电气特征、结构、长度及传输信号的频率而决定。在 1～100MHz 频率范围内，衰减主要由趋肤效应决定，与频率的平方根成正比。链路越长，频率越高，衰减就越大。当电缆特征阻抗与试验仪器特征阻抗匹配时，可通过以下定义测试电缆的衰减

$$\alpha = \frac{100}{L} \times \left(10 \times \lg \frac{P_1}{P_2}\right) \tag{3-18}$$

式中　α——衰减常数，dB/100m；

L——试样长度，m；

P_1——负载阻抗等于信号源阻抗时的输入功率，W；

P_2——负载阻抗等于被测电缆特征阻抗时的输出功率，W。

电缆的信号衰减受温度的影响很大，当测试环境温度偏离标准值 20℃时，须进行换算。换算公式如下

$$\alpha_{20} = \frac{\alpha_t}{1 + K_{20} \times (t - 20)} \tag{3-19}$$

式中　α_t——测试环境温度为 t 时的衰减常数，dB/100m；

α_{20}——20℃时的衰减常数，dB/100m；

t——试验时的电缆温度，℃，一般取电缆所处的环境温度为电缆温度；

K_{20}——电缆的温度系数，1/℃，参考值为 0.002。

受环境温度影响，衰减温度系数也可以选取为表 3-19 给出的给定值。有争议时，衰减应在温度 20℃±1℃下测量。

表 3-19　衰减温度系数

项目名称	衰减温度系数（1/℃）		
环境温度（℃）	<20	20～40	40～60
非屏蔽电缆	0.002	0.004	0.006
屏蔽电缆	0.002	0.002	0.002

在温度为 20℃时测量或校正到 20℃，从 4MHz 到电缆类别规定的最高传输频率的整个频带内，任一线对的衰减常数 α 都不应大于表 3-20 中相应公式确定的数值。

表 3-20　线对的衰减常数

电缆类别	频率 f(MHz)	衰减（20℃，最大值，dB/100m）
3 类	4～16	$\alpha \leqslant 2.320\sqrt{f} + 0.238f$
5、5e 类	4～100	$\alpha \leqslant 1.967\sqrt{f} + 0.023f + \frac{0.050}{\sqrt{f}}$
6 类	4～250	$\alpha \leqslant 1.808\sqrt{f} + 0.017f + \frac{0.200}{\sqrt{f}}$
6A 类	4～500	$\alpha \leqslant 1.820\sqrt{f} + 0.0091f + \frac{0.250}{\sqrt{f}}$
7 类	4～600	$\alpha \leqslant 1.800\sqrt{f} + 0.010f + \frac{0.200}{\sqrt{f}}$
7A 类	4～1000	$\alpha \leqslant 1.800\sqrt{f} + 0.005f + \frac{0.250}{\sqrt{f}}$

在给定的频率范围内，任一线对的近端不平衡衰减指标和典型频点最小值应该符合表 3-21 的要求。

表 3-21 近端不平衡衰减 TCL

电缆类别	频率 f(MHz)	近端不平衡衰减 TCL（最小值，dB）
3、5类	1～16	不要求
5e类	1～100	TCL≥50.0－10×lg$f$
6、6A、7、7A类	1～250	TCL≥50.0－10×lg$f$

表 3-22 近端不平衡衰减典型频点最小值

频率（MHz）	近端不平衡衰减（最小值，dB）				
	5e类	6类	6A类	7类	7A类
1	50.0	50.0	50.0	50.0	50.0
4	44.0	44.0	44.0	44.0	44.0
8	41.0	41.0	41.0	41.0	41.0
10	40.0	40.0	40.0	40.0	40.0
16	38.0	38.0	38.0	38.0	38.0
20	37.0	37.0	37.0	37.0	37.0
25	36.0	36.0	36.0	36.0	36.0
31.25	35.1	35.1	35.1	35.1	35.1
62.5	32.0	32.0	32.0	32.0	32.0
100	30.0	30.0	30.0	30.0	30.0
200	—	27.0	27.0	27.0	27.0
250	—	26.0	26.0	26.0	26.0

表 3-23 等电平远端不平衡衰减 EL TCTL

电缆类别	频率 f(MHz)	等电平远端不平衡衰减 EL TCTL（最小值，dB）
3、5类	1～16	不要求
5e、6、6A、7、7A类	1～30	EL TCTL≥35.0－20×lg$f$

表 3-24 等电平远端不平衡衰减典型频点最小值

频率（MHz）	等电平远端不平衡衰减（最小值，dB）				
	5e类	6类	6A类	7类	7A类
1	35.0	35.0	35.0	35.0	35.0
4	23.0	23.0	23.0	23.0	23.0
8	16.9	16.9	16.9	16.9	16.9
10	15.0	15.0	15.0	15.0	15.0
16	10.9	10.9	10.9	10.9	10.9
20	9.0	9.0	9.0	9.0	9.0
25	7.0	7.0	7.0	7.0	7.0
30.0	5.5	5.5	5.5	5.5	5.5

3.3.6 传输时延与时延偏离

在双绞线中，导体是铜，考虑铜导体中杂质、处理工艺的因素，电信号传输肯定会有所延迟。传输时延（Propagation Delay）是指信号在发送端发出后到达接收端所需要的时间。传输时延随着电缆长度的增加而增加，测量标准是指信号在100m电缆上的传输时间，单位是纳秒（ns），它是衡量信号在电缆中传输快慢的物理量。

双绞线，顾名思义，缆线都是两根互相缠绕在一起，为了将每个线对之间的干扰降到最低，因此每个线对的绞距都不一样，即每个线对对绞的密度都不一样。12线对（橙色线对）绞距最小，即对绞的密度最大，56线对（蓝色线对）绞距最大，即对绞的密度最小。这意味着100m的缆线中，橙色线对可能会达到110m，或者是远远超过100m。在千兆网络中，每个线对都会使用，从发送端发送的电信号，经过不同的线对，到达接收端的时间可能会不一样，蓝色线对到达时间最早，橙色线对到达时间最晚，即每个线对的传输时延都是不一样的。当信号通过不同线对传输的到达时间相差太远时，就会造成数据丢失。各个线对的传输时延与最小传输时延之间的差值就是时延偏离（Delay Skew）。传输时延和时延偏离是某些高速LAN应用的重要特征，因此它们应该包括在性能测试组中，尤其是对于准备运行使用多线对的某一高速协议的网络。

在长度测试中，12线对的长度为100.3m，45线对的长度仅为94.7m，相差近6m。传输时延测试中，12线对延迟了485ns，45线对延迟了458ns，所以12线对的时延偏离是485－458＝27ns，而45线对自然是0ns了。

与其他参数一样，传输时延和延迟偏离都是有标准值的，传输时延最大为555ns，时延偏离最大为50ns，如果超过此极限值，在传输过程中会造成很大的误码率。

由于对绞线电缆中不同的电缆线对有不同的扭绞率，提高扭绞率可以降低近端串扰，但同时也增加了对绞线电缆的长度，进而导致了对绞线电缆有更大的传播时延。传播时延是局域网为何要有长度限制的主要原因之一，如果传播时延偏大，会造成延迟碰撞增多。

5类、5e类、6类、6A类、7类、7A类电缆，从4MHz到电缆类别规定的最高传输频率的整个频带内，任何线对的相时延应不大于下面表达式所确定的值

$$T \leqslant 534 + \frac{36}{\sqrt{f}} \tag{3-20}$$

式中 T——相时延，ns/100m；

f——频率，MHz。

相时延及传播速度典型频点见下表3-25。

表3-25 相时延及传播速度典型频点值

频率 (MHz)	近端不平衡衰减（最小值，dB）							传播速度（最小值，m/s）
	3类	5类	5e类	6类	6A类	7类	7A类	
4	—	552	552	552	552	552	552	0.604c
8	—	547	547	547	547	547	547	0.610c
10	—	545	545	545	545	545	545	0.612c
16	—	543	543	543	543	543	543	0.614c
20	—	542	542	542	542	542	542	0.615c

续表

频率（MHz）	近端不平衡衰减（最小值，dB）							传播速度（最小值，m/s）
	3类	5类	5e类	6类	6A类	7类	7A类	
25	—	541	541	541	541	541	541	0.616c
31.25	—	540	540	540	540	540	540	0.617c
62.5	—	539	539	539	539	539	539	0.619c
100	—	538	538	538	538	538	538	0.620c
200	—	—	—	537	537	537	537	0.622c
250	—	—	—	536	536	536	536	0.622c
300	—	—	—	—	536	536	536	0.622c
400	—	—	—	—	536	536	536	0.623c
500	—	—	—	—	536	536	536	0.623c
600	—	—	—	—	—	535	535	0.623c
1000	—	—	—	—	—	—	535	0.623c

注　c为电磁波在真空中的传播速度，c=299 792 458m/s。

5类、5e类、6类、6A类电缆，从4MHz到电缆类别规定的最高传输频率的整个频带内，电缆内任何两个线对间的最大时延差应不超过45ns/100m。

7类、7A类电缆，从4MHz到电缆类别规定的最高传输频率的整个频带内，电缆内任何两个线对间的最大时延差应不超过25ns/100m。

3.4 提高电缆传输质量的措施

影响通信系统信道传输质量的主要因素是电缆结构，尤其是电缆的对称性和均匀性是电缆生产控制的重点。下面从降低衰减、减低线对间串扰、提高结构回波损耗及降低传播时延和时延偏离四个方面对提高电缆系统传输质量进行介绍。

1. 降低衰减的措施

电缆传输介质的衰减常数为

$$\alpha = 8.686\left(\frac{R}{2}\sqrt{\frac{C}{L}} + \frac{G}{2}\sqrt{\frac{L}{C}}\right) \tag{3-21}$$

式中　R——导体直流回路电阻；

C——导体间互电容；

G——导体间介质电导；

L——导线电感。

一般情况下，由于G很小，式（3-21）中最后一项可以不考虑。所以，减小R和C是减小衰减常数α的有效措施。减小R可通过加大导体直径来实现（在规定的范围内），此时绝缘外径也应成比例增大，以保持电容C不变；减小电容C可通过加大绝缘层厚度，或采用绝缘层物理发泡，减小相对介电常数ε_r来实现。

2. 降低线对间串扰的措施

串扰来自于线对间的电磁场耦合，降低线对间串扰或者提高NEXT和EL FEXT，主要是降低线对间电容不平衡。绝缘单线的均匀性和对称性是提高 NEXT 和 EL FEXT 的基础。另外，优良的绞距设计也是提高串扰防卫度的有力措施。5 类、6 类缆线的绞距应在 9～25mm，且绞距差越大越好，但也要注意不能导致太大的时延差，因为有可能存在同一帧数据的各比特分线对传送的情况。

3. 提高结构回波损耗的措施

提高结构回波损耗（SRL），主要从以下几个方面着手：

（1）提高线对纵向结构的均匀性，保证电缆长度方向上特征阻抗的均匀一致性。

（2）在单线拉丝绝缘挤出工序中，要保证绝缘外径偏差在±2μm 以内，导体直径波动在±0.5μm 以内，且要求表面光滑圆整；否则，对绞后的线对会有较大的特征阻抗波动。单线挤出工序中另一重要的控制参数是偏心度，偏心度应控制在 5%以内。

（3）绞对工序也会对回波损耗造成影响。除了绞距的合理设计可提高串扰防卫度外，为了消除绝缘单线偏心对特征阻抗的影响，应采用有单线“预扭绞”或“部分退扭”的群绞机或对绞机绞对，以细分由于单线不均匀造成的特征阻抗变化，使线对在总长度上阻抗发生的变化。另外，绞对中还要注意放线张力的精确控制，防止一根导线轻微地缠在另一根导线上，导致电阻、电容不平衡，引起串扰。

4. 降低传播时延和时延偏差的措施

传播时延是决定 5e 类、6 类缆线使用距离的关键参数，由于相速度是介电常数的倒数，所以减小绝缘相对介电常数 ε_r 是降低传播时延的重要途径。5 类缆线可用实心 HDPE（高密度聚乙烯）绝缘，6 类缆线最好用物理发泡 PE 或 FEP 绝缘，以减小 ε_r，并降低传播时延；减小时延偏离的措施是适当减小绞距差。

思考题

1. 什么是信道？综合布线系统中的信道为何属于有线信道？
2. 什么是链路？
3. 信道和链路有何区别？
4. 电缆传输通道的主要性能指标包括哪些？
5. 什么是特征阻抗？它与哪些因素有关？综合布线系统中常见的特征阻抗值有哪些？
6. 什么是回波损耗？如何降低信道的回波损耗？
7. 何谓近端串扰和远端串扰？为什么说等电平远端串扰比远端串扰更有意义？
8. NEXT、FEXT、ANEXT、AFEXT、PS NEXT、EL FEXT、PS EL FEXT、PS AACR - F 都代表什么含义？
9. 什么是综合布线中的衰减？衰减主要与什么因素相关？
10. 简述改善信道传输质量的措施。

第4章 综合布线系统工程设计

智能建筑的综合布线系统设计是一项复杂的工作，主要包括系统的总体设计、技术设计和各子系统设计等内容。网络综合布线系统设计是整个网络工程建设的蓝图和总体框架结构，网络方案的质量将直接影响网络工程的质量和性价比。在综合布线系统工程设计中，应从系统的设计原则出发，在总体设计的基础上，进行综合布线系统工程各个子系统的详细设计，选择合理的布线结构、布线方法和设备，这对保证综合布线系统的整体性和系统性具有非常重要的作用。

4.1 综合布线系统设计原则和一般步骤

4.1.1 综合布线系统的设计原则

综合布线系统是开放式结构，应能支持语音、数据、图像（较高档次的应能支持实时多媒体图像信息的传送）及监控等系统的需要。由于综合布线系统和网络技术息息相关，在设计综合布线系统时应充分考虑使用的网络技术，尽量做到两者在技术性能上的统一，避免硬件资源冗余和浪费，以最大程度地发挥综合布线系统的优点。在进行综合布线系统的设计时，应遵循如下设计原则：

1. 可行性和适应性

综合布线系统（简称系统）要保证技术上的可行性和经济上的可能性。系统建设应充分满足建设单位（甲方）功能上的要求，始终贯彻面向应用、注重实效的方针，坚持实用、经济的原则。设计选用的系统和产品应能够满足用户的近期使用和远期发展的需求，并以现有的成熟技术和产品为用户进行设计，同时考虑周边信息、通信环境的现状和发展的趋势，并兼顾管理部门的要求，使系统设计方案合理、可行。

2. 先进性和可靠性

系统设计既要采用具有先进性的概念、技术和方法，又要注意结构、设备、工具的相对成熟。在考虑技术先进性的同时，还应从系统结构、技术设施、设备性能、系统管理、厂商技术支持及维护能力等方面着手，确保系统运行的可靠性和稳定性，达到最大的平均无故障时间。系统结构和性能上都应留足升级空间，不但能反映当今的先进水平，而且还要具有发展潜力。特别在重要的系统中，应具有高的冗余性，确保系统能够正常运行。

3. 开放性和标准性

为了满足系统所用技术和设备的协同运行能力、系统投资的长期效应及系统功能不断扩展的需求，必须满足系统开放性和标准性的要求。系统开放性已成为当今系统发展的一个方向。系统的开放性越强，系统集成商就越能够满足用户对系统的设计要求，更能体现出科学、方便、经济和实用的原则。因此在进行综合布线系统设计时要考虑兼容性，即采用星状布线，满足系统结构对各种网络的兼容性及网络形态的升级换代性，当网络形态由低级向高级发展时，只需更换设备，由跳线即可完成。遵循业界先进标准，实现标准化是科学技术发展的必然趋势，在可能的条件下，系统中所采用的产品都应尽可能标准化、通用化，并执行国际上通用的标准或协议，使其选用的产品具有较强的互换性。

4. 安全性和保密性

在系统设计中，要考虑信息资源的充分共享，更要注意信息的保护和隔离，因此系统应分别针对不同的应用和不同的网络通信环境，采取不同的措施，包括系统安全机制、数据存取权限控制等。

5. 灵活性和系统性

综合布线系统应采用树形结构，同一级节点之间应避免缆线直接连通。采用层次管理原则，所有的网络形态都可以借助于跳线完成，设备的选配可兼顾双绞线及光纤接口。在综合布线系统工程设计时，各布线子系统之间、布线系统与智能建筑其他子系统之间均应以智能建筑的整体功能为目标，规格统一，协调一致；在施工的全过程中，分项系统配合协作，做到服从主体和顾全大局。

6. 可扩展性和易维护性

在进行综合布线系统设计时，应适当考虑今后信息业务种类和数量增加的可能性，预留一定的发展余地。实施后的综合布线系统将能在现在和未来适应技术的发展，实现数据、语音和楼宇一体化。为了适应系统变化的要求，必须充分考虑以最简便的方法、最低的投资，实现系统的扩展和维护。

4.1.2 综合布线系统的设计步骤

综合布线系统设计应与建筑设计同步进行，即要求建筑设计时考虑设置建筑物中的综合布线系统的基础设施。综合布线系统的基础设施包括设备间、楼层管理间和介质布线系统。所以综合布线系统设计首先应确定设备间的位置和大小，确定干线和水平线的路由与布线方式，确定建筑物电缆入口位置，以便建筑设计时能综合考虑设备间、楼层管理间及弱电井的位置，确定布线需用的管线槽盒等。综合布线系统的设计可分为总体设计和技术设计两部分。

1. 总体设计

综合布线系统的总体设计主要包括系统需求分析、整体规划、信息点规划及配套部分设计等。

（1）需求分析。建筑内各部门、各单位由于业务不同，工作性质不同，对布线系统的要求也各不相同，在进行布线系统的总体设计时，必须首先对建筑的种类、结构和用户需求进行确定，结合信息需求的程度和今后信息业务发展状况，进行需求分析。

（2）系统规划。在研究建筑设计和现场勘察布线环境后，要进行系统规划，具体内容主要包括规划公用信息网的进网位置、电缆竖井位置、楼层配线架的位置、数据中心机房的位置、交换机机房的位置和确定与楼宇自动化系统的连接方式等。

（3）信息点规划。信息点规划具体包括计算机信息点（数据信息点）规划、电话信息点规划、与BAS的接口规划和信息点分布表规划等内容。

（4）配套部分设计。配套部分设计主要包括系统电源设计、保护设计和对土建的工艺要求等内容。

2. 综合布线系统的技术设计

技术设计是在总体设计基础上进行的进一步确定技术细节的详细设计。设计的内容和步骤如图4-1所示。

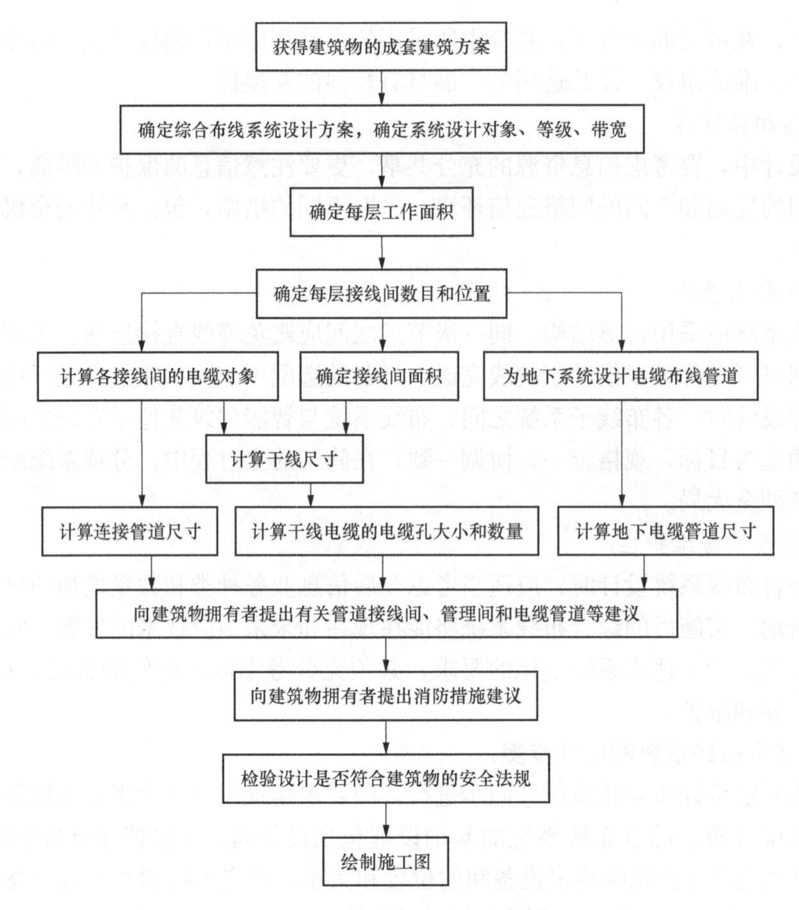

图 4-1 综合布线系统技术设计流程图

4.2 工作区子系统设计

根据 GB 50311—2016《综合布线系统工程设计规范》的相关定义，工作区是指一个独立的需要设置终端设备（TE）的区域宜划分为一个工作区。工作区应由配线子系统的信息插座模块（TO）延伸到终端设备处的连接缆线及适配器组成。工作区是一个独立的需要设置终端的区域，它包括信息插座、信息模块、网卡和连接所需的跳线，并在终端设备和输入/输出（I/O）之间搭接。

4.2.1 工作区子系统设计规范与要求

在综合布线系统中，一个独立的需要设置终端设备的区域称为工作区，工作区也常称为服务区，但通常服务区大于工作区。综合布线系统工作区由终端设备及其连接到水平子系统信息插座的连接跳线等组成。工作区的终端设备可以是电话、计算机或数据终端，也可以是检测仪表、测量传感器等。典型的工作区终端设备连接，如图 4-2 所示。

工作区可支持电话机、数据终端、微型计算机、电视机、监视及控制等设备的设置和安装。由于终端设备的类型和功能不同，所以有不同的服务区。通常电话机或计算机终端设备的工作区的面积按 5～10m^{2}计算，也可以根据用户实际需要设置。

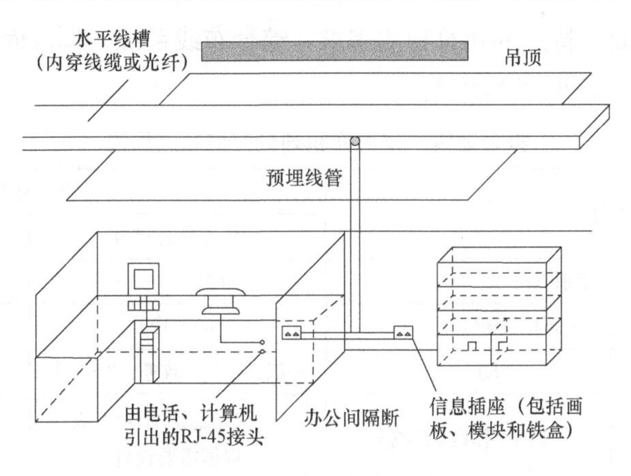

图 4-2　工作区布线示意图

工作区的电话机、计算机、监视器及控制器等终端设备可用接插软线直接与工作区的每个信息插座相连接。工作区中有些终端设备需要选择适当的适配器或平衡/非平衡转换器进行转换才能连接到信息插座上。工作区子系统设计的基本要求是：确定系统的规模性，即确定在该系统中需要多少信息插座，同时还要为将来扩充留出一定的富余量；信息插座必须具有开放性，即与应用无关；工作区子系统的信息插座必须符合相关标准；工作区子系统布线长度有一定的要求；要选用符合要求的适配器等。

4.2.2　工作区适配器

1. 工作区适配器的选用规定

（1）设备的连接插座应与连接电缆的插头匹配，不同的插座与插头之间应加装适配器。

（2）在连接使用信号的数模转换，光、电转换，数据传输速率转换等相应的装置时，采用适配器。

（3）对于网络规程的兼容，采用协议转换适配器。

（4）各种不同的终端设备或适配器均安装在信息插座模块之外工作区的适当位置，并应考虑现场的电源与接地。

2. 工作区面积划分与信息点配置

目前建筑物的功能类型较多，因此对工作区面积的划分应根据应用场合作具体的分析后确定，工作区面积需求一般可参照表 4-1 的内容。

表 4-1　工作区面积划分表

建筑物类型及功能	工作区面积（m^2）
网管中心、呼叫中心、信息中心等座席较为密集的场地	3～5
办公区	5～10
会议、会展	10～60
商场、生产机房、娱乐场所	20～60
体育场馆、候机室、公共设施区	20～100
工业生产区	60～200

注　1. 如果终端设备的安装位置和数量无法确定，或使用场地为大客户租用并考虑自行设置计算机网络，工作区的面积可按区域（租用场地）面积确定。

2. 对于 IDC 机房（数据通信托管业务机房或数据中心机房），可按生产机房每个机架的设置区域考虑工作区面积。此类项目涉及数据通信设备安装工程设计，应单独考虑实施方案。

为了满足不同功能与特点的建筑物的需求，综合布线系统工作区面积划分与信息点配置数量也可参照表 4-2～表 4-9 的内容。

表 4-2　办公建筑工作区面积划分与信息点配置

项目		办公建筑	
		行政办公建筑	通用办公建筑
每一个工作区面积（m^2）		办公：5～10	办公：5～10
每一个用户单元区域面积（m^2）		60～120	60～120
每一个工作区信息插座类型与数量	RJ-45	一般：2个，政务：2～8个	2个
	光纤到工作区 SC 或 LC	2个单工或1个双工或根据需要设置	2个单工或1个双工或根据需要设置

表 4-3　商店建筑和旅馆建筑工作区面积划分与信息点配置

项目		商店建筑	旅馆建筑
每一个工作区面积（m^2）		商铺：20～120	办公：5～10，客房：每套房，公共区域：20～50，会议：20～50
每一个用户单元区域面积（m^2）		60～120	每一个客房
每一个工作区信息插座类型与数量	RJ-45	2～4个	2～4个
	光纤到工作区 SC 或 LC	2个单工或1个双工或根据需要设置	2个单工或1个双工或根据需要设置

表 4-4　文化建筑和博物馆建筑工作区面积划分与信息点配置

项目		文化建筑			博物馆建筑
		图书馆	文化馆	档案馆	
每一个工作区面积（m^2）		办公阅览：5～10	办公：5～10，展示厅：20～50，公共区域：20～60	办公：5～10，资料室：20～60	办公：5～10，展示厅：20～50，公共区域：20～60
每一个用户单元区域面积（m^2）		60～120	60～120	60～120	60～120
每一个工作区信息插座类型与数量	RJ-45	2个	2～4个	2～4个	2～4个
	光纤到工作区 SC 或 LC	2个单工或1个双工或根据需要设置	2个单工或1个双工或根据需要设置	2个单工或1个双工或根据需要设置	2个单工或1个双工或根据需要设置

表 4-5　观演建筑工作区面积划分与信息点配置

项目	观演建筑		
	剧场	电影院	广播电视业务建筑
每一个工作区面积（m^2）	办公区：5～10，业务区：50～100	办公区：5～10，业务区：50～100	办公区：5～10，业务区：50～100
每一个用户单元区域面积（m^2）	60～120	60～120	60～120

续表

项目		观演建筑		
		剧场	电影院	广播电视业务建筑
每一个工作区信息插座类型与数量	RJ-45	2 个	2 个	2 个
	光纤到工作区 SC 或 LC	2 个单工或 1 个双工或根据需要设置	2 个单工或 1 个双工或根据需要设置	2 个单工或 1 个双工或根据需要设置

表 4-6　体育建筑和会展建筑工作区面积划分与信息点配置

项目		体育建筑	会展建筑
每一个工作区面积（m^2）		办公区：5～10，业务区：每比赛场地（记分、裁判、显示、升旗等）5～50	办公区：5～10，展览区：20～100，洽谈区：20～50，公共区域：60～120
每一个用户单元区域面积（m^2）		60～120	60～120
每一个工作区信息插座类型与数量	RJ-45	一般：2 个	一般：2 个
	光纤到工作区 SC 或 LC	2 个单工或 1 个双工或根据需要设置	2 个单工或 1 个双工或根据需要设置

表 4-7　教育建筑工作区域面积划分与信息点配置

项目		教育建筑		
		高等学校	高级中学	初级中学和小学
每一个工作区面积（m^2）		办公：5～10，公寓、宿舍：每一套房/每一床位，教室：30～50，多功能教室：20～50，实验室：20～50，公共区域：30～120	办公：5～10，公寓、宿舍：每一床位，教室：30～50，多功能教室：20～50，实验室：20～50，公共区域：30～120	办公：5～10，教室：30～50，多功能教室：20～50，实验室：20～50，公共区域：30～120，宿舍：每一套房
每一个用户单元区域面积（m^2）		公寓	公寓	—
每一个工作区信息插座类型与数量	RJ-45	2～4 个	2～4 个	2～4 个
	光纤到工作区 SC 或 LC	2 个单工或 1 个双工或根据需要设置	2 个单工或 1 个双工或根据需要设置	2 个单工或 1 个双工或根据需要设置

表 4-8　住宅建筑工作区面积划分与信息点配置

项目		住宅建筑
每一个房屋信息插座类型与数量	RJ-45	电话：客厅、餐厅、主卧、次卧、厨房、卫生间各 1 个，书房 2 个 数据：客厅、餐厅、主卧、次卧、厨房各 1 个，书房 2 个
	同轴	有线电视：客厅、主卧、次卧、书房、厨房各 1 个
	光纤到桌面 SC 或 LC	根据需要，客厅、书房 1 个双工
光纤到住宅用户		满足光纤到户要求，每一户配置一个家居配线箱

表 4-9 **通用工业建筑工作区面积划分与信息点配置**

项目		通用工业建筑
每一个工作区面积（m^2）		办公：5～10，公共区域：60～120，生产区：20～100
每一个用户单元区域面积（m^2）		60～120
每一个工作区信息插座类型与数量	RJ-45	一般：2～4个
	光纤到工作区 SC 或 LC	2个单工或1个双工或根据需要设置

4.2.3 工作区子系统设计步骤

工作区子系统设计一般按确定工作区大小、确定信息点数量、确定信息插座数量、确定信息插座类型及确定相应设备数量5个步骤进行。

1. 确定工作区大小

根据建筑平面图就可估算出每个楼层的工作区大小，再将每个楼层工作区相加就是整个大楼的工作区面积；但要根据具体情况灵活掌握。例如，用途不同，其进线密度也不同。同样是工作区，公共区域的布点密度就不如办公区的布点密度多，食堂的进线密度就比办公室的进线密度低，而机房的进线密度很高。此外，还要考虑业主的要求。

每个工作区的面积应按照不同的应用功能确定。建筑物的功能类型比较多，通常可分为商业、文化、媒体、体育、医院、学校、交通、住宅、通用工业等类型。因此，对工作区面积的划分应根据应用场合做具体的分析后再确定，见表4-2～表4-9。

2. 确定信息点数量

关于信息点的数量，主要涉及综合布线系统设计等级问题。若按基本型配置，每个工作区只有一个信息插座，即单点结构。若按增强型或者综合型配置，则每个工作区就有两个或两个以上信息插座。在实际工程中，每个工作区信息点数量可以按用户的性质、网络构成和需求来确定。在网络布线系统工程实际应用和设计中，一般按照面积或者区域配置来确定信息点数量。同样，GB 50311—2016《综合布线系统工程设计规范》中对不同类型建筑的信息点配置数量进行了相关的规定，见表4-2～表4-9。

3. 确定信息插座数量

在确定了工作区应安装的信息点数量后，信息插座的数量很容易确定。如果工作区配置单孔信息插座，则信息插座数量应与信息点的数量相当。如果工作区配置双孔信息插座，则信息插座数量应为信息点数量的一半。

（1）信息插座的要求。

1）每个工作区信息插座模块（电、光）数量不宜少于2个，并满足各种业务的需求。

2）底盒数量应以插座盒面板设置的开口数来确定，每个底盒支持安装的信息点数量不宜大于2个。

3）光纤信息插座模块安装的底盒大小应充分考虑水平光缆（2芯或4芯）终接处的光缆盘所留空间和满足光缆对弯曲半径的要求。

4）工作区的信息插座模块应支持不同的终端设备接入，每个8位模块通用插座应连接1根4对对绞线电缆；对每个双工或2个单工光纤连接器件及适配器连接1根2芯光缆。

5）从配线间至每个工作区水平光缆宜按2芯光缆配置。

6）安装在地面上的信息插座应采用防水和抗压的接线盒。

7）安装在墙面或柱子上信息插座的底部离地面的高度宜为 300mm。

8）信息模块的需求量一般为

$$M = N(1 + 3\%) \tag{4-1}$$

式中　M——信息模块的总需求量；

N——信息点的总量；

3%——信息模块留有的余量。

（2）跳接软线要求。

1）工作区连接信息插座和计算机间的跳接软线长度应小于 5m。

2）跳接软线可订购，也可现场压接。一条链路需要两条跳线，一条从配线架跳接到交换设备，另一条从信息插座连到计算机。

3）现场压接跳线 RJ-45 接口的需求量一般用下述公式计算

$$m = n \times 4 \times (1 + 15\%) \tag{4-2}$$

式中　m——RJ-45 接口的总需求量；

n——信息点的总量；

15%——RJ-45 水晶头留有的余量。

信息插座的需求量一般按实际需要计算其需求量，依照统计需求量，信息插座可容纳 1、2、4 个点。

工作区使用的线槽，规格通常采用 25mm × 12.5mm，较为美观，线槽的使用量估算：1 个信息点状态：1×10m；2 个信息点状态：2×8m；3～4 个信息点状态：(3～4)×6m。

4. 确定信息插座类型及相应设备数量

用户可根据实际需要选用不同的安装方式，以满足不同的需要。通常情况下，新建建筑物采用嵌入式信息插座，现有的建筑物则采用表面安装式的信息插座，还有固定式地板插座、活动式地板插座等；此外，还要考虑插座盒的机械特征等。

相应设备因布线系统不同而异，主要包括墙盒（或者地盒）、面板、半盖板。一般来说，对于基本型配置由于每个进点都是单点结构（即一个插座），所以每个信息插座都配置一个墙盒或地盒、一个面板、一个半盖板；对于增强型或综合型配置，每两个信息插座共用一个墙盒或地盒、一个面板。

5. 确定各信息点的安装位置并编号

应该在建筑平面图上明确标出每个信息点的具体位置并进行编号，便于日后施工。信息点的标号原则如下：

（1）一层数据点：1C××或 1D××(C=Computer，或 D= Data)。

（2）一层语音点：1P××或 1V××(P=Phone，或 V=Voice)。

（3）一层数据主干：1CB××(B=Backbone)。

（4）一层语音主干：1PB××(B= Backbone)。

4.2.4　工作区设计要点

工作区设计要考虑以下几点：

（1）工作区内线槽要布局合理、美观。

（2）信息插座要设计在距离地面 30cm 以上。

（3）信息插座与计算机设备的距离保持在 5m 内。

（4）购买的网卡类型接口要与缆线类型接口保持一致。

（5）所有工作区所需的信息模块、信息插座、面板的数量要准确。

（6）每个工作区至少应配置一个 AC 220V 电源插座，电源插座与信息插座的距离应保持在 20cm 以上。

另外，工作区子系统设计步骤还要综合考虑另外一个角度：首先与用户进行充分的技术交流和了解建筑物用途，然后要认真阅读建筑物设计图纸，其次进行初步规划和设计，最后进行概算和预算。一般工作流程为：需求分析—技术交流—阅读建筑物图纸—初步设计方案—概算—方案确认—正式设计—预算，在设计布线系统时，可以根据实际情况综合处理。

4.3 水平子系统设计

水平子系统也称为配线子系统，应由工作区的信息插座模块、信息插座模块至配线间配线设备（FD）的配线电缆和光缆、配线间的配线设备及设备线缆和跳线等组成。它的布线路由遍及整个智能建筑，与每个房间和管槽系统密切相关，是综合布线系统工程中工程量最大、最难施工的一个子系统。配线子系统的设计涉及水平布线系统的网络拓扑结构、布线路由、管槽的设计、线缆类型的选择、线缆长度的确定、线缆布放和设备的配置等内容，它们既相对独立，也要考虑相互间的配合。

4.3.1 水平子系统设计规范与要求

GB 50311—2016《综合布线系统工程设计规范》中指出：

（1）配线子系统应根据工程提出的近期和远期终端设备的设置要求、用户性质、网络构成及实际需要确定建筑物各层需要安装信息插座模块的数量及其位置，配线应留有发展余地。

（2）配线子系统水平缆线采用的非屏蔽或屏蔽 4 对对绞线电缆、室内光缆应与各工作区光、电信息插座类型相适应。

（3）在配线间 FD（设备间 BD、进线间 CD）处，通信缆线和计算机网络设备与配线设备之间的连接方式应符合下列规定：

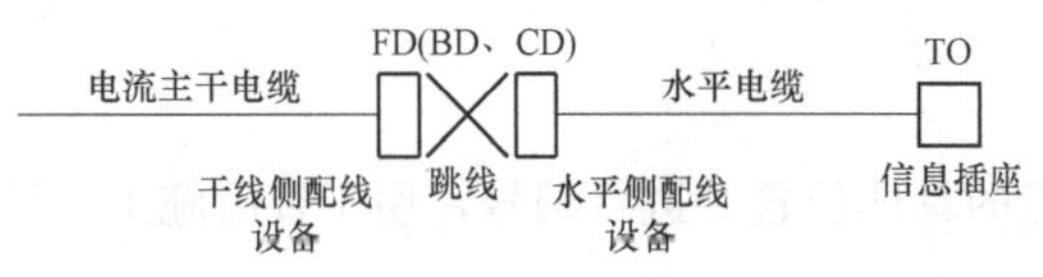

图 4-3 电话交换系统中缆线与配线设备间连接方式

1）在 FD、BD、CD 处，电话交换系统配线设备模块之间宜采用跳线互联，如图 4-3 所示。

2）计算机网络设备与配线设备的连接方式应符合下列规定：在 FD、BD、CD 处，计算机网络设备与配线设备模块之间宜经跳线交叉连接，如图 4-4 所示；在 FD、BD、CD 处，计算机网络设备与配线设备模块之间可经设备缆线互相连接，如图 4-5 所示。

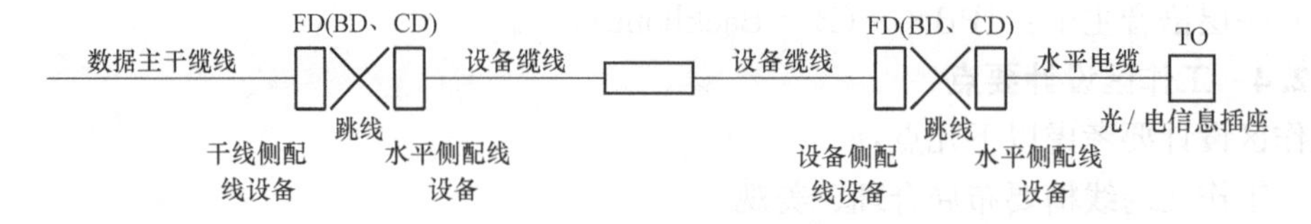

图 4-4 交叉连接方式

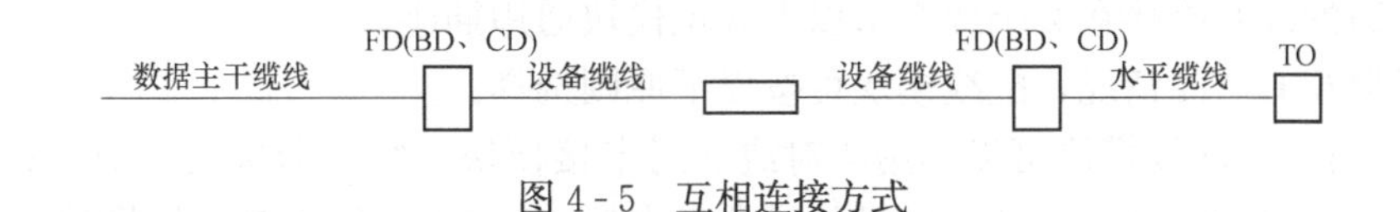

图 4-5　互相连接方式

(4) 每个工作区信息插座模块数量不宜少于 2 个，并应满足各种业务的需求。

(5) 底盒数量应由插座盒面板设置的开口数确定，并应符合下列规定：

1) 每个底盒支持安装的信息点（RJ-45 模块或光纤适配器）数量不宜大于 2 个。

2) 光纤信息插座模块安装的底盒大小与深度应充分考虑水平光缆（2 芯或 4 芯）终接处的光缆预留长度的盘留空间和满足光缆对弯曲半径的要求。

3) 信息插座底盒不应作为过线盒使用。

(6) 工作区的信息插座模块应支持不同的终端设备接入，每个 8 位模块通用插座应连接 1 根 4 对对绞线电缆，每个双工或 2 个单工光纤连接器件及适配器应连接 1 根 2 芯光缆。

(7) 从配线间至每个工作区的水平光缆宜按 2 芯光缆配置。配线间至用户群或大客户使用的工作区域时，备份光纤芯数不应小于 2 芯，水平光缆宜按 4 芯或 2 根 2 芯光缆配置。

(8) 连接至配线间的每根水平缆线均应终接于 FD 处相应的配线模块，配线模块与缆线容量相适应。

(9) 配线间 FD 主干侧各类配线模块应根据主干缆线所需容量要求、管理方式及模块类型和规格进行配置。

(10) 配线间 FD 采用的设备缆线和各类跳线宜根据计算机网络设备的使用端口容量和电话交换系统的实装容量、业务的实际需求或信息点总数的比例进行配置，比例范围宜为 25%～50%。

GB 50311—2016《综合布线系统工程设计规范》对配线子系统提出了下列要求：

(1) 由于建筑物用户性质不一样，其功能要求和业务需求也不一样，尤其是专用建筑（如电信、金融、体育场馆、博物馆等建筑）及计算机网络存在内、外网等多个网络时，更应加强需求分析，做出合理的配置。

每个工作区信息点数量可按用户的性质、网络构成和需求来确定。表 4-10 做了一些分类，仅提供设计者参考。各类功能建筑物的工作区信息点配置可参照表 4-2～表 4-9 中的内容。

表 4-10　信息点数量配置

建筑物功能区	信息点数量（每个工作区）			备注
	电话	数据	光纤（双工端口）	
办公区（基本配置）	1 个	1 个	—	—
办公区（高配置）	1 个	2 个	1 个	对数据信息有较大的需求
出租或大客户区域	2 个或 2 个以上	2 个或 2 个以上	1 个或 1 个以上	指整个区域的配置量
办公区（政务工程）	2～5 个	2～5 个	1 个或以上	涉及内、外网络时

注　对出租的用户单元区域可设置信息配线箱，工作区的用户业务终端通过电信业务经营者提供的光网络单元（ONU）设备直接与公用电信网互通。大客户区域也可以为公共设施的场地，如商场、会议中心、会展中心等。

(2) 1 根 4 对对绞线电缆应全部固定终接在 1 个 8 位模块通用插座上。不允许将 1 根 4

对对绞线电缆的线对终接在 2 个或 2 个以上 8 位模块通用插座。

(3) 根据现有产品情况，配线模块可按以下原则选择：

1) 多线对端子配线模块可以选用 4 对或 5 对卡接模块，每个卡接模块应卡接 1 根 4 对对绞线电缆。一般 100 对卡接端子容量的模块可卡接 24 根（采用 4 对卡接模块）或卡接 20 根（采用 5 对卡接模块）4 对对绞线电缆。

2) 25 对端子配线模块可卡接 1 根 25 对大对数电缆或 6 根 4 对对绞线电缆。

3) 回线式配线模块（8 回线或 10 回线）可卡接 2 根 4 对对绞线电缆或 8/10 回线。回线式配线模块的每一回线可以卡接 1 对入线和 1 对出线。回线式配线模块的卡接端子可以为连通型、断开型和可插入型三种不同的类型。一般在集合点（CP）处可选用连通型，在需要加装过电压、过电流保护器时采用断开型，可插入型主要使用于断开电路做检修的情况，布线工程中无此种应用。

4) RJ-45 配线架（由 24 个或 48 个 8 位模块通用插座组成）的每 1 个 RJ45 插座应可卡接 1 根 4 对对绞线电缆。

5) 光纤连接器件每个单工端口应支持 1 芯光纤的终接，双工端口则支持 2 芯光纤的终接。

(4) 各配线设备跳线可按以下原则选择与配置：

1) 电话跳线按每根 1 对或 2 对对绞线电缆容量配置，跳线两端连接插头采用 IDC (110) 型或 RJ-45 型。

2) 数据跳线按每根 4 对对绞线电缆配置，跳线两端连接插头采用 IDC（110）型或 RJ-45 型。

3) 光纤跳线按每根 1 芯或 2 芯光纤配置，光纤跳线连接器件采用 SC 型或 LC 型。

4.3.2 水平子系统的拓扑结构

水平子系统布线宜采用星形拓扑结构。图 4-6 所示为水平子系统布线的拓扑结构。这种拓扑结构是以楼层配线架为主节点，各个通信引出端为节点，楼层配线架和通信引出端之间采取独立的线路相互连接，形成以中心向外辐射的星形线路网状态。这种网络拓扑结构的线路长度较短，有利于保证传输质量和降低工程造价及便于维护使用，并很好地解决对各种应用的开放性。为了使每种设备都连接到星形结构的布线系统上，在信息点上可以使用外接适配器，这样有助于提高水平布线子系统的灵活性。

4.3.3 水平子系统缆线长度

水平子系统布线（电缆、光缆）长度是指从楼层配线设备终端到通信引出端的长度，最大缆线长度为 90m，如图 4-7 所示。另有 10m 分配给工作区电缆、光缆、设备电缆和楼层配线架上的接插软线或跳线，其中，接插软线和跳线的长度不应超过 5m，且在整个建筑物内部与各子系统中缆线长度相一致。

图 4-7 给出了电缆长度与连接插座的位置，双绞线水平布线链路包括 90m 水平电缆、5m 软电缆（电气长度相当于 7.5m）和 3 个与电缆类别相同或类别更高的接头。可以在楼层配线架与信息插座之间设置转接点（TP），但在图 4-7 中没有画出，最多转接一次，整个水平电缆最长 90m 的传输特征应保持不变。对于包含多个工作区的较大房间，如设置有永久性连接的转接点，则在转接点处允许用工作区电缆直接连接到终端设备。这种转接点到楼层配线架的电缆长度不应过短（至少为 15m），而整个水平电缆最长 90m 的传输特征仍应保持

不变。

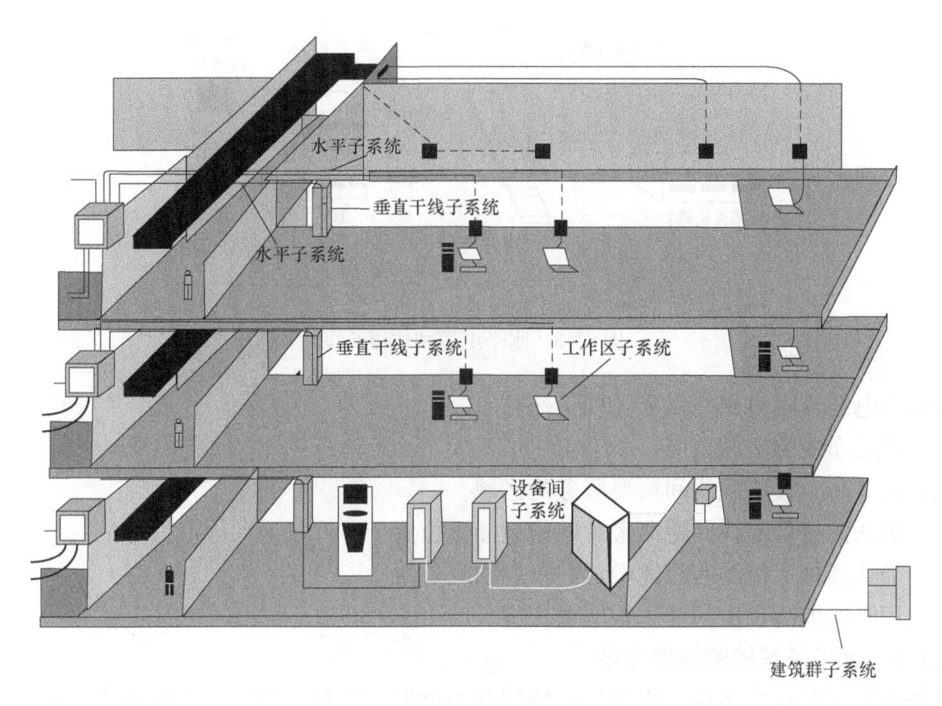

图 4-6　水平子系统布线的拓扑结构

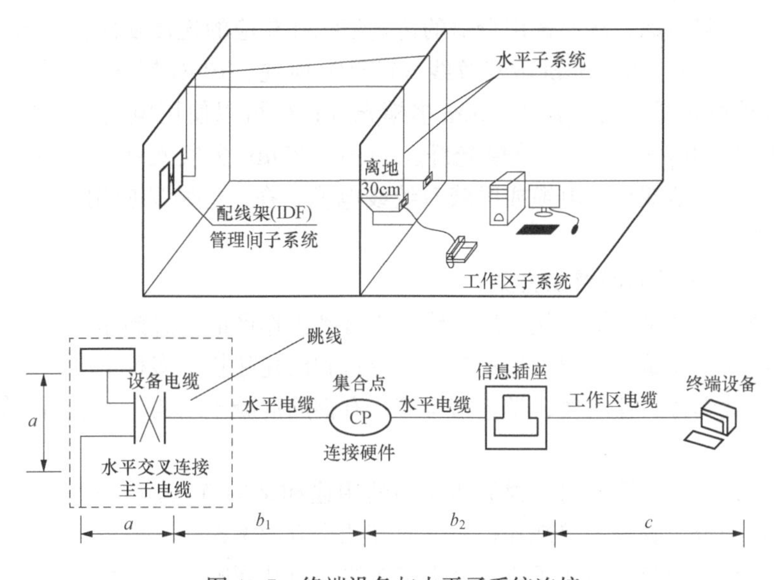

图 4-7　终端设备与水平子系统连接

如图 4-7 所示，链路的每端各有一个熔接点和一个接头。在能保证链路性能的情况下，水平光缆距离允许适当加长。

布线子系统要求在 90m 的距离范围内，这个距离范围是指从楼层接线间的配线架到工作区的信息点的实际长度。与水平布线子系统有关的其他缆线，包括配线架上的跳线和工作区的连线总共不应超过 100m。一般要求跳线长度小于 5m，信息连线长度小于 3m，如图

4-8所示。

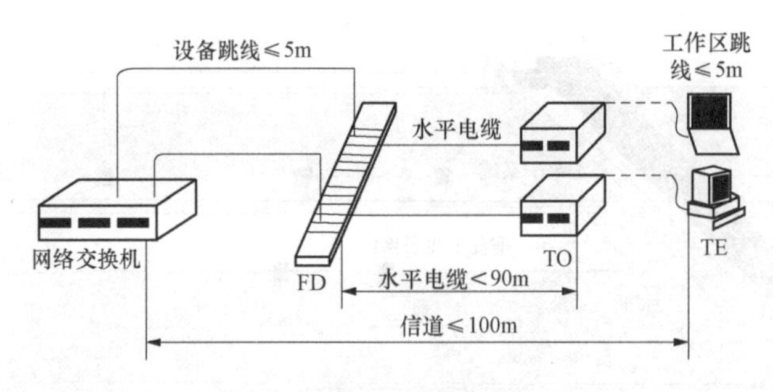

图 4-8 水平电缆和信道长度

在估算电缆长度时做好以下几项工作：

（1）确定布线方法和走向。

（2）确立每个楼层配线间所要服务的区域。

（3）确认离楼层配线间距离最远的信息插座位置。

（4）确认离楼层配线间距离最近的信息插座位置。

（5）用平均电缆长度估算每根电缆长度。

4.3.4 水平子系统的缆线类型

水平子系统缆线的选择应依据建筑物信息的类型、容量、带宽和传输速率来确定，以满足语音、数据和图像等信息传输的要求。为此，进行水平子系统的设计时，应将传输媒介和连接部件集成在一起考虑，从而选用合适的传输缆线和相应的连接硬件。在水平子系统中推荐使用的电缆、光纤有100Ω非屏蔽双绞线（UTP）电缆、100Ω屏蔽双绞线（STP）电缆、8.3μm/125μm单模光纤、62.5μm/125μm多模光纤；也可以使用电缆、光纤光缆，形式有150Ω双绞线电缆、10μm/125μm单模光纤、50μm/125μm多模光纤。采用双绞线电缆时，根据需要可选用非屏蔽双绞线电缆或屏蔽双绞线电缆。在一些特殊应用场合，可选用阻燃、低烟、无毒等缆线。

4.3.5 水平子系统布线路由方案

水平子系统布线就是将缆线从楼层配线间连接到工作区的信息插座上。综合布线系统工程施工的对象有新建建筑、扩建（包括改建）建筑和已建建筑等多种情况；有不同用途的办公楼、写字楼、教学楼、住宅楼、学生宿舍等；有钢筋混凝土结构、砖混结构等不同的建筑结构。

设计水平布线子系统路由时要根据建筑物的用途和结构特点，从布线规范、便于施工、路由最短、工程造价、隐蔽、美观和扩充方便等几个方面考虑。

在设计中，往往会存在一些矛盾，考虑了布线规范却影响了建筑物的美观，考虑了路由长短却增加了施工难度，所以，设计水平子系统时必须折中考虑，对于结构复杂的建筑物一般都设计多套路由方案，通过对比分析，选取一个较佳的水平子系统布线方案。

星形结构是水平子系统布线最常见的拓扑结构，每个信息点都必须通过一根独立的缆线与管理子系统的配线架连接，每个楼层都有一个通信配线间为此楼层的各个工作区服务。为了使每种设备都连接到星形结构的布线系统上去，在信息点上可以使用外接适配器，这样有助于提高水平布线子系统的灵活性。

4.3.6 水平子系统设计步骤

首先进行需求分析，与用户进行充分的技术交流和了解建筑物用途，然后要认真阅读建筑物设计图纸，确定工作区子系统信息点位置和数量，完成点数表；其次进行初步规划和设计，确定每个信息点的配线布线路径；最后确定布线材料规格和数量，列出材料规格和数量统计表。

1. 确定缆线走向及缆线布放方式

确定缆线走向一般要由用户、设计人员、施工人员到现场根据建筑物的物理位置和施工难易程度来确立。

2. 确定信息插座的数量和类型

信息插座的数量和类型、电缆的类型和长度一般考虑产品质量和施工人员的误操作等因素，在订购时要留有一定的余量。信息插座数的计算公式为

$$\text{订货总数} = \text{信息点的信息插座总数} + \text{信息点的信息插座总数} \times 3\% \quad (4-3)$$

3. 确定缆线的类型和长度

确定缆线走向后，需要考虑订购电缆的数量，订购电缆的数量要考虑施工人员的错误操作等因素，订购时要留有一定的余地。一般情况下，订购电缆可以参照以下计算公式进行计算

电缆长度=(信息插座至配线间的最远距离+信息插座至配线间的最近距离)/2

总电缆长度=平均电缆长度+备用部分(平均电缆长度的10%)+端接容余6m

每个楼层用线量（m）的计算公式为

$$C = [0.55(L+S)+6] \times n \quad (4-4)$$

式中 C——每个楼层的用线量；

L——服务区域内信息插座至配线间的最远距离；

S——服务区域内信息插座至配线间的最近距离；

n——每层楼信息插座（IO）的数量。

整座楼的用线量为

$$W = \sum MC \quad (4-5)$$

式中 M——楼层数。

用线箱数为

用线箱数=总电缆长度/305

按4对双绞线电缆包装标准，1箱线长=305m，电缆订购数=W/305箱（不够1箱时按1箱计）。

4.4 管理间子系统设计

在综合布线系统中，管理间子系统包括楼层配线间、二级配线间、建筑物设备间的缆线、配线架及相关接插跳线等。管理间子系统通常设置在楼层配线设备的房间内，用户可以在管理间子系统中更改、增加、交接、扩展缆线，从而改变缆线路由。

现在，许多大楼在综合布线时都考虑在每一楼层都设立一个管理间，用来管理该层的信息点，改变以往几层共享一个管理间子系统的做法，这也是综合布线的发展趋势。管理间房

间面积的大小一般根据信息点多少安排和确定，若信息点多，则应该考虑一个单独的房间来放置。若信息点很少，也可采取在墙面安装机柜的方式。

4.4.1 管理区子系统设计规范与要求

GB 50311—2016《综合布线系统工程设计规范》指出：

（1）对设备间、配线间、进线间和工作区的配线设备、缆线、信息点等设施，应按一定的模式进行标识和记录，并应符合下列规定：

1）综合布线系统工程宜采用计算机进行文档记录与保存，简单且规模较小的综合布线系统工程可按图纸资料等纸质文档进行管理。文档应做到记录准确、及时更新、便于查阅，文档资料应实现汉化。

2）综合布线的每一电缆、光缆、配线设备，终接点、接地装置、管线等组成部分均应给定唯一的标识符，并应设置标签。标识符应采用统一数量的字母和数字等标明。

3）电缆和光缆的两端均应标明相同的标识符。

4）设备间、配线间、进线间的配线设备宜采用统一的色标区别各类业务与用途的配线区。

5）综合布线系统工程应制订系统测试的记录文档内容。

6）所有标签应保持清晰，并应满足使用环境要求。

（2）综合布线系统工程规模较大及用户有提高布线系统维护水平和网络安全的需要时，宜采用智能配线系统对配线设备的端口进行实时管理，显示和记录配线设备的连接、使用及变更状况，并应具备下列基本功能：

1）实时智能管理与监测布线跳线连接通断及端口变更状态

2）以图形化显示为界面，浏览所有被管理的布线部位。

3）管理软件提供数据库检索功能。

4）用户远程登录对系统进行远程管理。

5）管理软件对非授权操作或链路意外中断提供实时报警。

（3）综合布线系统相关设施的工作状态信息应包括设备和缆线的用途、使用部门、组成局域网的拓扑结构、传输信息速率、终端设备配置状况、占用器件编号、色标、链路与信道的功能和各项主要指标参数及完好状况、故障记录等信息，还应包括设备位置和缆线走向等内容。

GB 50311—2016《综合布线系统工程设计规范》对管理间子系统提出了下列要求：

（1）综合布线系统管理是针对设备间、配线间和工作区的配线设备、缆线等设施，按一定的模式进行标识和记录，包括管理方式、标识、色标、连接等，这些内容的实施将给今后维护和管理带来很大的方便，有利于提高管理水平和工作效率。特别是信息点数量较大和系统架构较为复杂的综合布线系统工程，如采用计算机进行管理，其效果将十分明显。

应采用色标区分干线缆线、配线缆线或设备端口等综合布线的各种配线设备种类。同时，还应采用标签表明终接区域、物理位置、编号、容量、规格等，以便维护人员在现场和通过维护终端设备一目了然地加以识别。

测试的记录文档内容可包括测试指标参数、测试方法、测试设备类型和制造商、测试设备编号和校准状态、采用的软件版本、测试缆线适配器的详细信息（类型和制造商、相关性能指标）、测试日期、测试相关的环境条件及环境温度等。

（2）综合布线系统使用的标签可采用粘贴型和插入型。缆线的两端应采用不易脱落和磨损的不干胶条标明相同的编号。

（3）智能配线设备目前应用的技术有多种，在工程设计中应考虑系统设备的功能、容量与配置、管理范围与模式、组网方式、管理软件、安装方式、工程投资等诸方面的因素，合理地加以选用。

4.4.2　线路管理设计方案

配线架的连接是通过跳线连接安排或者重新安排线路的路由，管理用户终端，从而实现综合布线系统的灵活性。管理间子系统配线架的连接方式分为两种：一种是互相连接；另一种是交叉连接。不同的配线架连接方式，所采用的设备往往也会有所区别。

1. 互相连接

所谓互相连接，是指水平缆线一端连接到工作区的信息插座，另一端连接至管理间的配线，配线架和网络设备通过接插跳线方式进行连接，如图 4 - 9 所示。互相连接属于集中型管理。互相连接方式使用的配线架前面板通常为 RJ - 45 端口，因此，网络设备与配线架之间使用 RJ - 45 到 RJ - 45 接插软线。

2. 交叉连接

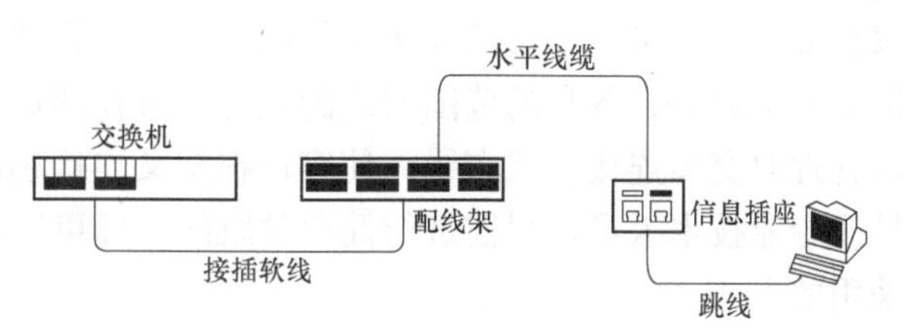

图 4 - 9　互相连接方式

所谓交叉连接，是指在水平链路中安装两个配线架，其中，水平缆线一端连接到工作区的信息插座，一端连接至管理间的配线架，网络设备通过接插软线连接至另一个配线架，然后，通过多条接插软线将两个配线架连接起来，从而便于对网络用户的管理。交叉连接属于集中分型管理。交叉连接又可分为单点管理单交叉连接、单点管理双交叉连接和双点管理双交叉连接三种方式。

（1）单点管理单交叉连接。单点管理单交叉连接方式如图 4 - 10 所示，只有一个管理点，负责各信息点的管理，如交叉连接设备位于设备间内的交换机附近，电缆直接从设备敷设到各个楼层的信息点。所谓单点管理是指在整个综合布线系统中，只有一个点可以进行线路交叉连接操作。交叉连接是指在两场间做偏移型跨接，改变原来的对应线对。一般交叉连接设置在设备间内，采用星形拓扑结构，由它来直接调度控制线路，实现对模拟/非模拟的变动控制。单点管理单交叉连接方式属于集中管理型，使用场合较少。

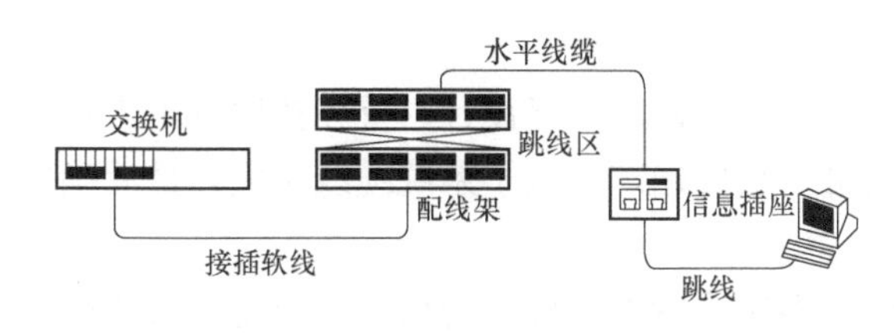

图 4 - 10　单点管理单交叉连接

（2）单点管理双交叉连接。单点管理双交叉连接方式在整个综合布线系统中也只有一个管理点。单点管理位于设备内的交叉连接设备或互相连接设备附件，通常对线路不进行跳线管理，直接连接到用户工作区或配线间里面的第二个硬件接线交叉连接区。所谓双交叉连接就是指水平电缆和干线电缆，或干线电缆与网络设备的电缆都打在端子板不同位置的连接块的里侧，再通过跳线把两组端子连接起来，跳线打在连接块的外侧，这是标准的连接方式。单点管理双连接的第二交叉连接在配线间用硬接线实现。如果没有配线间，第二个交连区可放在用户指定的墙壁上，如图

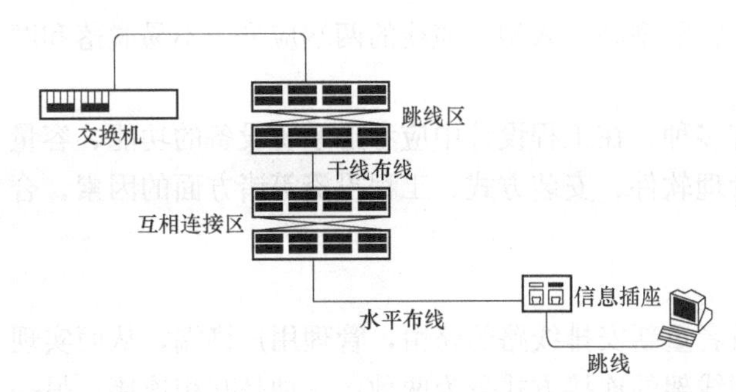

图4-11 单点管理双交叉连接

4-11所示。这种管理只能适用于I/O至计算机或设备的距离在25 m范围内且I/O数量规模较小的工程，目前应用也比较少。单点管理双交连方式采用星形拓扑结构，属于集中式管理，其优点是易于布线施工，适合于楼层高、信息点较多的场所。

(3) 双点管理双交叉连接。当建筑物规模比较大（机场、大型商场、酒店、办公楼、住宅小区等），信息点比较多时，多采用二级配线间，配成双点管理双交叉连接方式。双点管理系统在整幢建筑设有一个设备间，在各楼层还分别设有管理间子系统，负责该楼层信息节点的管理，各楼层的管理间子系统均采用主干缆线与设备间进行连接，如图4-12所示。双交叉连接要经过二级交叉连接设备。第二个交叉连接可以是一个连接块，它对一个连接块或多个终端块（其配线场与站场各自独立）的配线和站场进行组合。双点管理双交叉连接的第二个交叉连接用作配线。双点管理属于集中、分散管理，适应于多管理、维护有主次之分、各自的范围明确的场合，可在两点实施管理，以减轻设备间的管理负担。双点管理双交叉连接方式布线，使客户在交叉连接场改变线路非常简单，而不必使用专门的工具或专业技术人员，只需进行简单的跳线，即可完成复杂的变更任务，是目前管理系统普遍采用的方式。

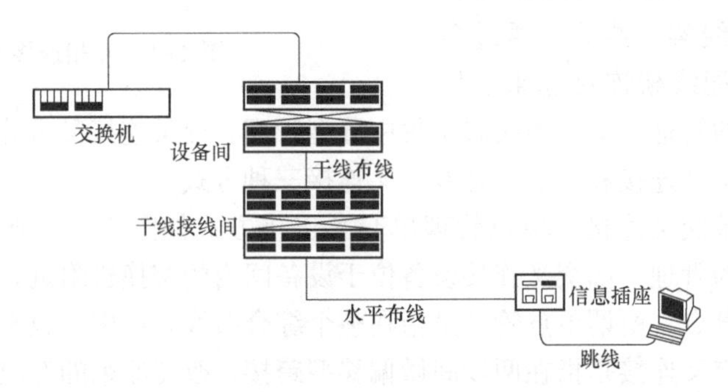

图4-12 双点管理双交叉连接

4.4.3 管理间了系统设计步骤及设计内容

1. 管理间子系统的设计步骤

管理间子系统一般根据楼层信息点的总数量和分布密度情况设计，首先按照各个工作区子系统需求，确定每个楼层工作区信息点总数量，然后确定配线子系统缆线长度，最后确定管理间的位置，完成管理间子系统设计。

(1) 需求分析。管理间的需求分析围绕单个楼层或者附近楼层的信息点数量和布线距离进行，各个楼层的管理间最好安装在同一个位置，也可以考虑功能不同的楼层安装在不同的位置。根据点数统计表分析每个楼层的信息点总数，然后估算每个信息点缆线长度，特别注意极值信息点的缆线长度，列出最远和最近信息点缆线的长度，宜把管理间布置在信息点的中间位置，同时保证各个点双绞线的长度不要超过90m。

(2) 技术交流。在进行需求分析后，要与用户进行技术交流，不仅要与技术负责人交流，而且要与项目或行政负责人进行交流，进一步充分和广泛地了解用户的需求，特别是未来的扩展需求。在交流中重点了解规划的管理间子系统附近的电源插座、电力电缆、电气设备管理等情况。在交流过程中必须进行详细的书面记录，每次交流结束后要及时整理书面记录，这些书面记录是初步设计的依据。

(3) 阅读建筑物图纸和管理间编号。确定管理间位置之前，索取和认真阅读建筑物设计图纸是必要的，通过阅读建筑物图纸，掌握建筑物的土建结构、强电路径、弱电路径，特别是主要电气设备管理和电源插座的安装位置，重点掌握管理间附近的电气设备管理、电源插座、暗埋管线等。在阅读图纸时，进行记录标记，这有助于将网络和电话等插座设计在合适的位置，避免强电或者电气设备管理对网络综合布线系统的影响。

2. 管理间子系统的设计内容

(1) 管理间位置确定。配线间的数目应从所服务的楼层范围来考虑，如果配线电缆长度都在90m范围以内，宜设置一个配线间；当超出这一范围时，可设两个或多个配线间。通常每层楼设一个楼层配线间。当楼层的办公面积超过1000m^2（或200个信息点）时，可增加楼层配线间。当某一层楼的用户很少时，可由其他楼层配线架提供服务。

(2) 配线间的环境要求。配线间的设备安装和电源要求与设备间相同。配线间应有良好的通风。安装有源设备时，室温宜保持在10～30℃，相对湿度宜保持在20%～80%。一般应该考虑网络交换机等设备发热对管理间温度的影响，在夏季必须保持管理间温度不超过35℃。

(3) 确定配线间交叉连接场的规模。配线架配线对数可由管理的信息点数决定，管理间的面积不应小于5m^2，当覆盖的信息插座超过200个时，应适当增加面积。一般新建楼房都有专门的垂直竖井，楼层的管理间基本都设计在建筑物竖井内，面积约为3m^2。在一般小型网络综合布线系统工程中，管理间也可能只是一个网络机柜。一般旧楼增加网络综合布线系统时，可以将管理间选择在楼道中间位置的办公室，也可以采取壁挂式机柜直接明装在楼道，作为楼层管理间。

3. 管理间子系统的布线设计要点

(1) 配线架的配线对数由管理的信息点数决定。

(2) 配线间的进出线路及跳线应采用色表或者标签等进行明确标识。

(3) 交换区应有良好的标记系统，如建筑物名称、位置、功能、起始点等。

(4) 配线架一般由光配线盒和铜配线架组成。

(5) 供电、接地、通风良好，机械承重合适，保持合理的温度、湿度和亮度。

(6) 有集线器、交换器的地方要配有专用稳压电源。

(7) 采取防尘、防静电、防火和防雷击措施。

4.4.4 管理间子系统标签编制

1. 线路管理色标标识

在综合布线系统每个交叉连接区，实现线路管理的方法是采用色标标识，如建筑物的名称、位置、区号，布线起始点和应用功能等标识。在各个色标场之间接上跨接线或接插软线，其色标用来表明该场是干线缆线、配线缆线或设备端接点。这些色标场通常分别分配给指定的接线块，而接线块则按垂直或水平结构排列。若色标场的端接数量很少，则可以在一个接线块上完成所有端接。在这两种情况下，技术人员可以按照各条线路的识别色插入色条，以标识相应的场。

(1) 配线间的色标含义。

1) 白色：表示来自设备间的干线电缆端接点。

2) 蓝色：表示到干线配线间输入/输出服务的工作区线路。

3) 灰色：表示至二级配线间的连接缆线。

4) 橙色：表示来自配线间多路复用器的线路。

5) 紫色：表示来自系统公用设备（如分组交换型集线器）的线路。

典型的干线配线间连接电缆及其色标如图 4-13 所示。

(2) 二级配线间的色标含义。

1) 白色：表示来自设备间的干线电缆的点对点端接。

2) 灰色：表示来自干线配线间的连接电缆端接。

3) 蓝色：表示到干线配线间输入/输出服务的工作区线路。

4) 橙色：表示来自配线间多路复用器的线路。

5) 紫色：表示来自系统公用设备（如分组交换型集线器）的线路。

典型的二级配线间电缆线连接及其色标如图 4-14 所示。

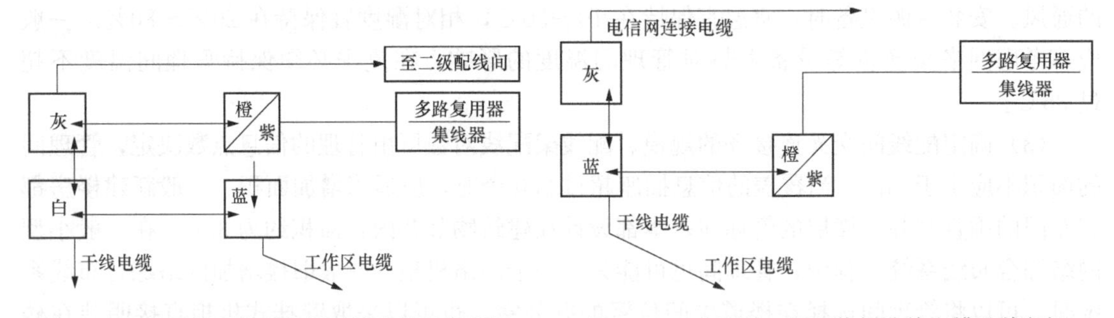

图 4-13 典型的干线配线间连接电缆及其色标　　图 4-14 典型的二级配线间连接电缆及其色标

(3) 设备间的色标含义。

1) 绿色：用于建筑物分界点，连接入口设施与建筑群的配线设备，即电信局线路。

2) 紫色：用于信息通信设施（PBX、计算机网络、端口线路、中继线等）连接的配线设备。

3) 白色：表示建筑物内干线电缆的配线设备（一级主干电缆）。

4) 灰色：表示建筑物内干线电缆的配线设备（二级主干电缆）。

5) 棕色：用于建筑群干线电缆的配线设备。

6) 蓝色：表示设备间至工作区或用户终端的线路。

7) 橙色：用于分界点，连接入口设施与外部网络的配线设备。

8) 黄色：用于报警、安全等其他线路。

9) 红色：关键电话系统，或预留备用。

典型的设备间配线方案如图 4-15 所示。由图 4-15 可知，相关色区应相邻放置；连接块与相关色区相对应；相关色区与插接线相对应。

综上所述，综合布线系统缆线的连接及其色标示例如图 4-16 所示。色标统计见表 4-11。

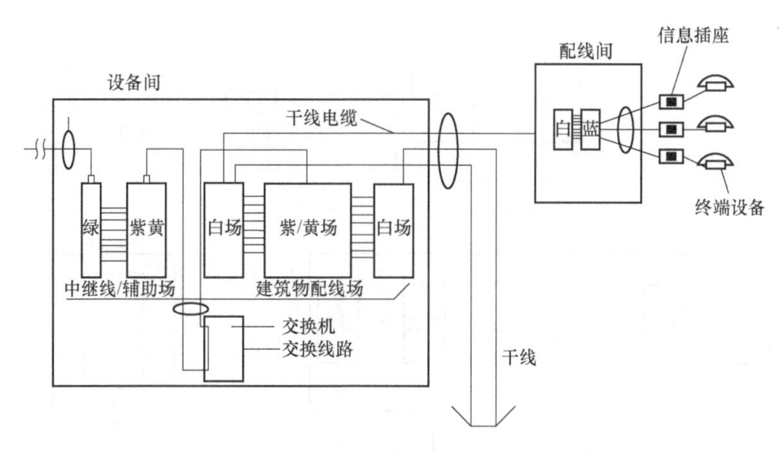

图 4-15　典型的设备间配线方案

表 4-11　　设备间、配线间、二级配线间之间插入标记的色标

色别	设备间	配线间	二级配线间
蓝	设备间至工作区或用户终端的线路	连接配线间与工作区的线路	自二级配线间连接工作区线路
橙	网络接口、多路复用器引来的线路	来自配线间多路复用器的传输线路	来自配线间多路复用器的传输线路
绿	来自电信局的输入中继线或网络接口的设备线路	—	—
黄	交换机的用户引出线或辅助装置的连接线路	—	—
灰	—	至二级配线间的连接电缆	来自配线间的连接电缆端接
紫	来自系统公用设备（如程控交换机或网络设备）连接线路	来自系统公用设备（如程控交换机或网络设备）连接线路	来自系统公用设备（如程控交换机或网络设备）连接线路
白	干线电缆和建筑群间连接电缆	来自设备间干线电缆的端接点	来自设备间干线电缆的点到点端接

2. 管理间子系统标签编制内容

管理间子系统是综合布线系统的线路管理区域，该区域往往安装了大量的缆线、管理器件及跳线，为了方便以后线路的管理工作，管理间子系统的缆线、管理器件及跳线都必须做好标记，以标明位置、用途等信息。完整的标记应包含建筑物名称、位置、区号、起始点和功能等信息。

综合布线系统常用 3 种标记，即电缆标记、场标记和插入标记，其中插入标记用途最广。

（1）电缆标记。电缆标记主要用来标明电缆来源和去处，在电缆连接设备前电缆的起始端和终端都应做好电缆标记。电缆标记由背面为不干胶的白色材料制成，可以直接贴到各种电缆表面上。其规格尺寸和形状根据需要而定。例如，一根电缆从三楼的 311 房的第 1 个计算机网络信息点拉至楼层管理间，则该电缆的两端应标记上“311-D1”的标记，其中“D”表示数据信息点。

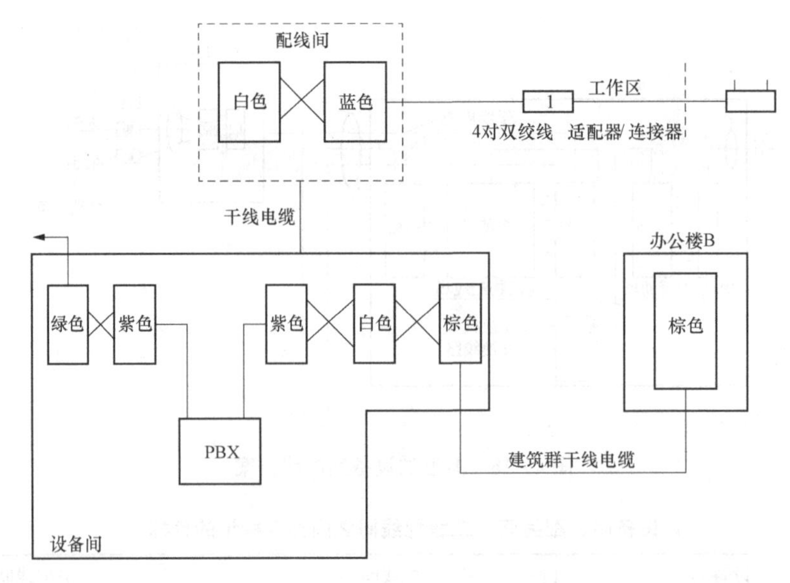

图 4-16 综合布线系统缆线的连接及其色标示例

（2）场标记。场标记又称为区域标记，一般用于设备间、配线间和二级配线间的管理器件上，以区别管理器件连接缆线的区域范围。它也是由背面为不干胶的材料制成，可贴在设备醒目的平整表面上。

（3）插入标记。插入标记一般在管理器件上，如 110 配线架、BIX 安装架等。插入标记是硬纸片，可以插在 1.27cm×20.32cm 的透明塑料夹里，这些塑料夹可安装在两个 110 接线块或两根 BIX 条之间。每个插入标记都用色标来指明所连接电缆的起始地，这些电缆端接于设备间和配线间的管理场。对于插入标记的色标，综合布线系统有较为统一的规定，具体见表 4-11。

4.5 垂直干线子系统设计

垂直干线子系统是综合布线系统中非常关键的组成部分，它是连接管理间与设备间的子系统，通常采用大对数电缆或光缆作为通信介质。两端分别连接在设备间和楼层配线间的配线架上。它是建筑物内综合布线的主馈缆线，是楼层配线间与设备间之间垂直布放（或空间较大的单层建筑物的配线布线）缆线的统称。垂直干线子系统的任务是通过建筑物内部的传输电缆，把各个服务接线间的信号传送到设备间，直到传送到最终接口，再通往外部网络。干线子系统的结构通常是一个星形结构。

4.5.1 垂直干线子系统设计规范与要求

GB 50311—2016《综合布线系统工程设计规范》中指出：

（1）干线子系统所需要的对绞线电缆根数、大对数电缆总对数及光缆光纤总芯数，应满足工程的实际需求与缆线的规格，并应留有备份容量。

（2）干线子系统主干缆线宜设置电缆或光缆备份及电缆与光缆互为备份的路由。

（3）当电话交换机和计算机设备设置在建筑物内不同的设备间时，宜采用不同的主干缆线来分别满足语音和数据的需要。

(4) 在建筑物若干设备间之间，设备间与进线间及同一层或各层配线间之间宜设置干线路由。

(5) 主干电缆和光缆所需的容量要求及配置应符合下列规定：

1) 对语音业务，大对数主干电缆的对数应按每个电话8位模块通用插座配置1对线，并应在总需求线对的基础上预留不小于10%的备用线对。

2) 对数据业务，应按每台以太网交换机设置1个主干端口和1个备份端口。当主干端口为电接口时，应按4对线对容量配置，当主干端口为光端口时，应按1芯或2芯光纤容量配置。

3) 当工作区至配线间的水平光缆需延伸至设备间的光配线设备（BD/CD）时，主干光缆的容量应包括所延伸的水平光缆光纤的容量。

4) 建筑物配线设备处各类设备缆线和跳线的配置宜根据计算机网络设备的使用端口容量和电话交换系统的实装容量、业务的实际需求或信息点总数的比例进行配置，比例范围宜为25%～50%。

(6) 设备间配线设备（BD）所需的容量要求及配置应符合下列规定：

1) 主干缆线侧的配线设备容量应与主干缆线的容量相一致。

2) 设备侧的配线设备容量应与设备应用的光、电主干端口容量相一致或与干线侧配线设备容量相同。

3) 外线侧的配线设备容量应满足引入缆线的容量需求。

GB 50311—2016《综合布线系统工程设计规范》的条文说明中对管理系统提出了下列要求：

(1) 主干电缆和光缆所需的容量要求及配置说明：如语音信息点8位模块通用插座连接ISDN用户终端设备，并采用S接口（4线接口），相应的主干电缆则应按2对线配置。

(2) 引入缆线包括进线间安装的综合布线系统入口设施的引入缆线，或不少于3家电信业务经营者的引入光缆，或园区弱电系统引入缆线。

4.5.2　垂直干线子系统布线的拓扑结构

垂直干线子系统的结构是一个星形结构，如图4-17所示。垂直干线子系统负责把各个管理间的干线连接到设备间。

垂直干线子系统有下列几种常见的拓扑结构：

(1) 星形结构。主配线架为中心节点，各楼层配线架为星节点，每条链路从中心节点到星节点都与其他链路相对独立，可以集中控制访问策略，目前最常见。其优点是维护管理容易，重新配置灵活，故障隔离和检查容易；缺点是施工量大，完全依赖中心节点。

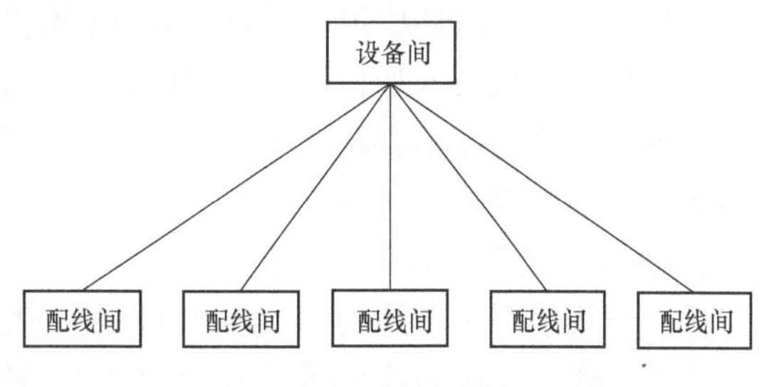

图4-17　垂直干线子系统星形结构

(2) 总线型结构。所有楼层配线架都通过硬件接口连接到一个公共干线上（总线），如消防报警系统。它仅仅是一个无源的传输介质，楼层配线间内的设备负责处理地址识别和进行信息处理。此结构布线量少，扩充方便，但故障诊断与隔离困难。

(3) 环形结构。各楼层配线间的有源设备相接成环，各节点无主次之分，分单环和双环两种。信息以分组信息发送，适宜于分布式访问控制。电缆总长度短，常见于光纤，但访问控制协议复杂，节点故障可能引发系统故障。

(4) 树形结构。多层的星形结构。

4.5.3 垂直干线子系统布线距离和缆线类型

1. 垂直干线子系统布线距离

垂直干线子系统布线距离的设计根据所用媒介的不同而异，垂直干线子系统布线的最大距离如图 4-18 所示。由于数据信号的衰减，干线子系统布线的最大距离有一定的要求，即建筑群配线架（CD）到楼层配线架间（FD）的距离不能超过 2000m，建筑物配线架（BD）到楼层配线架（FD）的距离不能超过 500m。

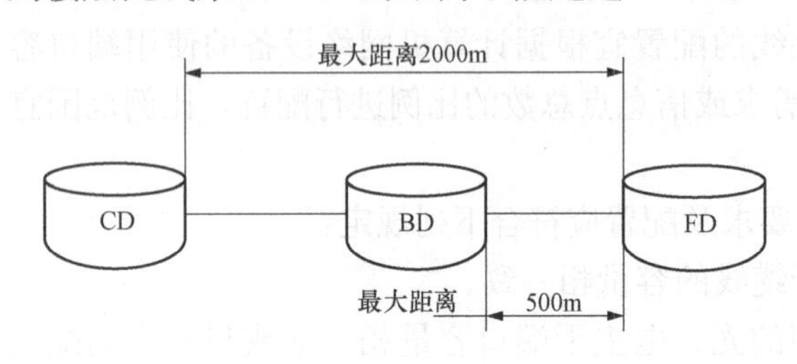

图 4-18 干线子系统布线最大距离

通常，将设备间的主配线架放在建筑物的中部，使缆线距离最短。当超出上述距离时可分成几个区域布线，使每个区域满足规定的距离。当每个区域间的相互连接都超出了标准范围时，一般要租用设备或借鉴新技术加以解决。

垂直干线子系统中常见的布线距离要求如下：

(1) 采用单模光纤时，建筑群配线架到楼层配线架的最大距离可以延伸到 3000m。

(2) 采用超 5 类双绞线电缆时，配线架上接插线和跳线长度不宜超过 90m。

(3) 采用 6 类双绞线电缆时传输速率超过 100Mbit/s 的系统，布线长度不宜超过 90m，否则宜选用光纤。

(4) 在建筑群配线架和建筑物配线架上，接插软线和跳线长度不宜超过 20m，超过 20m 的长度应从允许的干线缆线最大长度中扣除。

(5) 延伸业务（如通过天线接收）可能从远离配线架的地方进入建筑群或建筑物，这些延伸业务引入点到连接这些业务的配线架间的距离，应包括在干线布线的距离之内。如果有延伸业务接口，与延伸业务接口位置有关的特殊要求也会影响这个距离。应记录所用缆线的类型和长度，必要时还应提交给延伸业务提供者。

(6) 把电信设备（如程控用户交换机）直接连接到建筑群配线架或建筑物配线架的设备电缆、设备光缆长度不宜超过 30m。如果使用的设备电缆、设备光缆超过 30m，干线电缆、干线光缆的长度宜相应减少。

2. 垂直干线子系统的缆线类型

垂直干线子系统布线的缆线类型可根据建筑物的楼层面积、建筑物的高度和用途来选择。垂直干线子系统布线的缆线有 100Ω 大对数双绞线电缆（屏蔽或非屏蔽）、150Ω 双绞线电缆、8.3μm/125μm 单模光纤、62.5μm/125μm 多模光纤。而常用的缆线是大对数屏蔽或非屏蔽电缆和 62.5μm/125μm 多模光纤。目前，语音传输一般采用 3 类大对数双绞线电缆，数据和图像采用多模光纤或 5 类及以上屏蔽或非屏蔽双绞线电缆。

3. 语音干线子系统的接合方法

在确定主干线路连接方法时，最重要的是根据建筑物结构和用户要求，确定采用哪些接合方法，通常有点对点端接法和分支接合法两种方法可供选择。

（1）点对点端接法。点对点端接法是最简单、最直接的接合方法。首先要选择一根双绞线电缆或光缆，其数量（指电缆对数或光纤根数）可以满足一个楼层的全部信息插座的需要，而且这个楼层只需设一个配线间。然后从设备间引出这根电缆，经过干线通道，端接于该楼层的一个指定配线间内的连接件。这根电缆到此为止，不再往别处延伸。所以，这根电缆的长度取决于它要连往哪个楼层及端接的配线间与干线通道之间的距离，如图 4-19 所示。

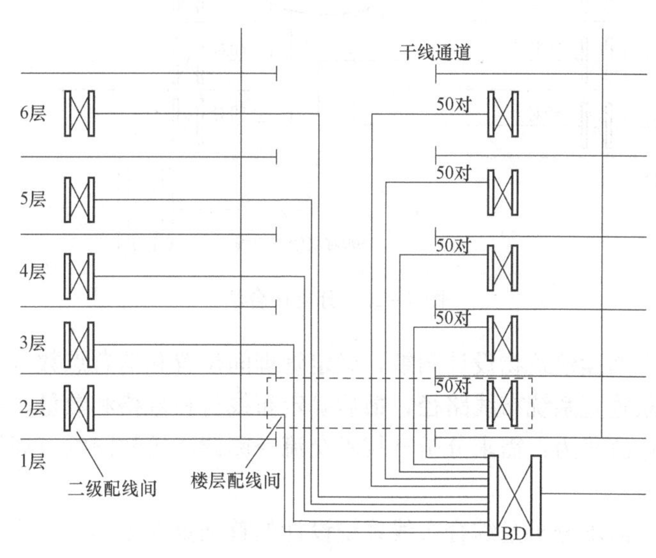

图 4-19　点对点端接法

选用点对点端接法，可能引起干线中每根电缆的长度各不相同（每根电缆的长度要足以延伸到指定的楼层和配线间），而且粗细也可能不同。在设计阶段，电缆的材料清单应反映出这一情况。此外，还要在施工图纸上详细说明哪根电缆接到哪一楼层的哪个配线间。点对点端接法的主要优点是可以在干线中采用较小、较轻、较灵活的电缆，不必使用昂贵的绞接盒；缺点是电缆数目较多。

（2）分支接合法。顾名思义，分支接合就是干线中的一根多对电缆通过干线通道到达某个指定楼层，其容量足以支持该楼层所有配线间信息插座的需要。接着安装人员用一个适当大小的绞接盒把这根主电缆与粗细合适的若干根小电缆连接起来，后者分别连往各个二级配线间。典型的分支接合法如图 4-20 所示。

分支接合法的优点是干线中的主干电缆总数较少，可以节省一些空间。在某些情况下，分支接合法的成本低于点对点端接法。对一座建筑物来说，这两种接合方法中究竟哪一种更适宜，通常要根据电缆成本和所需的工程费通盘考虑。如果设备间与计算机机房处于不同的地点，而且需要把语音电缆连至设备间，把数据电缆连至计算机机房，则可以采取点对点端接的连接方法。

4.5.4　垂直干线子系统设计步骤及设计内容

1. 干线子系统的设计步骤

干线子系统设计的步骤为：首先进行需求分析，与用户进行充分的技术交流和了解建筑

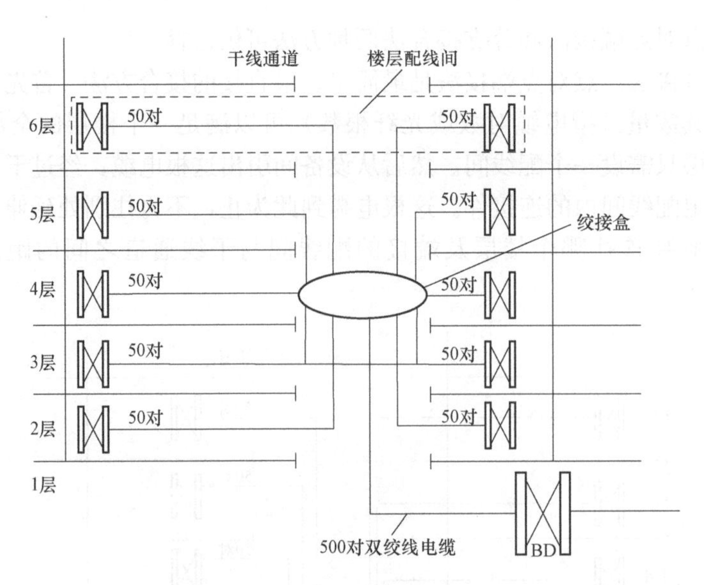

图 4 - 20 分支接合法

物用途，然后要认真阅读建筑物设计图纸，确定管理间位置和信息点数量；其次进行初步规划和设计，确定每条垂直系统布线路径，最后确定布线材料规格和数量，完成材料规格和数量统计表。一般工作流程为：需求分析→技术交流→阅读建筑物图纸→规划和设计→完成材料规格和数量统计表。

(1) 需求分析。需求分析是综合布线系统设计的首项重要工作，干线子系统是综合布线系统工程中最重要的一个子系统，直接决定每个信息点的稳定性和传输速度，主要涉及布线路径、布线方式和材料的选择，对后续配线子系统的施工非常重要。

需求分析首先按照楼层高度进行分析，分析设备间到每个楼层管理间的布线距离、布线路径，逐步明确和确认干线子系统布线材料的选择。

(2) 技术交流。在进行需求分析后，要与用户进行技术交流，这是非常必要的。不仅要与技术负责人交流，也要与项目或者行政负责人进行交流，进一步充分和广泛地了解用户的需求，特别是未来的发展需求。在交流中重点了解每个房间或者工作区的用途、要求、运行环境等因素。在交流过程中必须进行详细的书面记录，每次交流结束后要及时整理书面记录，这些书面记录是初步设计的依据。

(3) 阅读建筑物图纸。索取和认真阅读建筑物设计图纸是不能省略的程序，通过阅读建筑物图纸，掌握建筑物的土建结构、强电路径、弱电路径，重点掌握在综合布线路径上的电气设备、电源插座、暗埋管线等。在阅读图纸时，进行记录或者标记，这有助于将网络竖井设计在合适的位置，避免强电或者电气设备对网络综合布线系统的影响。

2. 干线子系统的规划和设计内容

干线子系统的缆线直接连接着几十个或几百个信息点，一旦干线电缆发生故障，则影响巨大。因此，必须十分重视干线子系统的设计工作。

根据综合布线的标准及规范，应按下列设计要点进行干线子系统的设计工作。

(1) 确定干线缆线类型及线对。干线子系统缆线主要有铜缆和光缆两种类型，具体选择要根据布线环境的限制和用户对综合布线系统设计等级进行考虑。计算机网络系统的主干缆线可以选用4对双绞线电缆或25对大对数电缆或光缆，电话语音系统的主干电缆可以选用5类大对数电缆。主干电缆的线对要根据配线布线缆线对数及应用系统类型来确定。

干线子系统所需要的电缆总对数和光纤总芯数，应满足工程的实际需求，并留有适当的备份容量。主干缆线宜设置电缆与光缆，并互相作为备份路由。

09X700-1《智能建筑弱电工程设计施工图集》中，针对干线子系统缆线的选择有如下说明：

1）确定缆线中语音和数据业务的分设：语音信号采用大对数电缆，数据信号采用光缆。

2）根据综合布线系统的配置确定缆线的类型及规格。

a. 支持语音建筑物主干电缆的总对数按水平电缆总对数的25%计，即为每个语音信息点配1对对绞线，还应考虑10%的线对作为冗余。支持语音建筑物主干电缆可采用规格为25对、50对或100对的大对数电缆。

b. 支持数据的建筑物主干宜采用光缆，2芯光纤可支持1台交换机（或集线器）或1个交换机群（或集线器群），在光纤总芯数上备用2芯光纤作为冗余。

c. 支持数据的建筑物主干采用4对对绞线电缆时，1根4对对绞线电缆可支持1台交换机（或集线器）或1个交换机群（或集线器群）。

当采用交换机群（或集线器群）时，每个交换机群（或集线器群）备用1～2根4对对绞线电缆作为冗余。

当未采用交换机群（或集线器群）时，每2～4台交换机（或集线器）备用1根4对对绞线电缆作为冗余。

（2）干线子系统路径的选择。干线子系统主干缆线应选择最短、最安全和最经济的路由。路由的选择要根据建筑物的结构及建筑物内预留的电缆孔、电缆井等通道位置而决定。建筑物内有两大类型的通道，即封闭型和开放型。宜选择带门的封闭型通道敷设干线缆线。开放型通道是指从建筑物的地下室到楼顶的一个开放空间，中间没有任何楼板隔开。封闭型通道是指一连串上下对齐的空间，每层楼都有一间，电缆竖井、电缆孔、管道电缆、电缆桥架等穿过这些房间的地板层。

（3）确定干线电缆的容量。在确定干线缆线类型后，便可以进一步确定每个层楼的干线容量。一般来说，在确定每层楼的干线缆线类型和数量时，都要根据楼层水平子系统所有的各个语音、数据、图像等信息插座的数量来进行计算。具体计算的原则如下：

1）干线子系统所需要的电缆总对数和光纤总芯数，应满足工程的实际需求，并留有适当的备份容量。主干缆线宜设置电缆与光缆，并互相作为备份路由。

2）干线子系统主干缆线应选择较短的安全的路由。主干电缆宜采用点对点端接，也可采用分支接合法端接。

3）若电话交换机和计算机主机设置在建筑物内不同的设备间，宜采用不同的主干缆线来分别满足语音和数据的需要。

4）在同一层若干配线间之间宜设置干线路由。

5）主干电缆和光缆所需的容量要求及配置应符合5.1.1中关于这部分内容的规定。

（4）干线子系统干线缆线的交叉连接。为了便于综合布线系统的路由管理，干线电缆、干线光缆布线的交叉连接不应多于两次。从楼层配线架到建筑群配线架之间只应通过一个配线架，即建筑物配线架（在设备间内）。当综合布线系统只用一级干线布线进行配线时，放置干线配线架的二级配线间可以并入楼层配线间。

(5) 干线子系统干线缆线的端接。干线电缆可采用点对点端接，也可采用分支接合法端接及电缆直接连接。点对点端接是最简单、最直接的接合方法。干线子系统每根干线电缆直接延伸到指定的配线间。分支递减端接是用一根足以支持若干个楼层配线管理间或若干个二级配线间的通信容量的大容量干线电缆，经过电缆接头交接箱分出若干根小电缆，再分别延伸到每个二级配线间或每个楼层配线管理间，最后端接到目的地的连接硬件上。

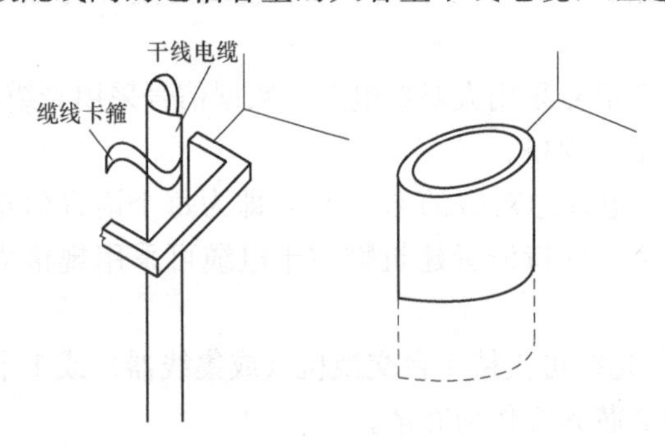

图 4-21 穿过弱电间地板的缆线井和缆线孔

(6) 确定干线子系统通道规模。干线子系统是建筑物内的主干电缆。在大型建筑物内，通常使用的干线子系统通道是由一连串穿过配线间地板且垂直对准的通道组成，穿过弱电间地板的缆线井和缆线孔，如图 4-21 所示。

确定干线子系统的通道规模，主要就是确定干线通道和配线间的数目，确定的依据就是综合布线系统所要覆盖的可用楼层面积。若给定楼层的所有信息插座都在配线间的 75m 范围之内，则采用单干线接线系统。单干线接线系统就是采用一条垂直干线通道，每个楼层只设一个配线间。如果有部分信息插座超出配线间的 75m 范围之外，那就要采用双通道干线子系统，或者采用经分支电缆与设备间相连的二级配线间。

若同一幢大楼的配线间上下不对齐，则可采用大小合适的缆线管道系统将其连通，如图 4-22 所示。

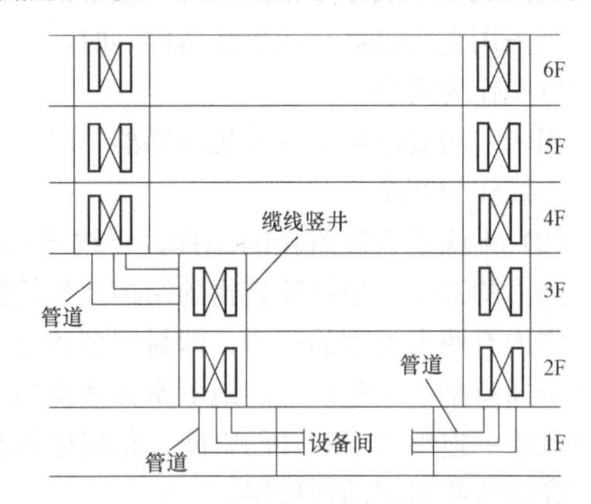

图 4-22 配线间上下不对齐时双干线电缆通道

4.6 设备间子系统设计

设备间子系统把设备间的电缆、连接器和相关支撑硬件等各种公用系统设备互相连接起来，是线路管理的集中点，是建筑物综合布线系统的线路汇聚中心，各房间内信息插座经水平线缆连接，再经干线缆线最终汇聚连接至设备间。设备间还安装了各应用系统相关的管理设备，为建筑物信息点用户提供各类服务，并管理各类服务的运行状况。

设备间子系统通常至少应具有 3 个功能，即提供网络管理的场所、提供设备进线的场所、提供管理人员值班的场所。设备间是综合布线系统的关键部分，它是外界引入和楼内布线的交汇点，确定设备间的位置极为重要。图 4-23 所示为设备间子系统示意图。

4.6.1 设备间子系统设计规范与要求

09X700-1《智能建筑弱电工程设计施工图集》中，针对设备间的设计有如下说明：

(1) 设备间是在每幢建筑物的适当地点进行网络管理和信息交换的场地，对于综合布线

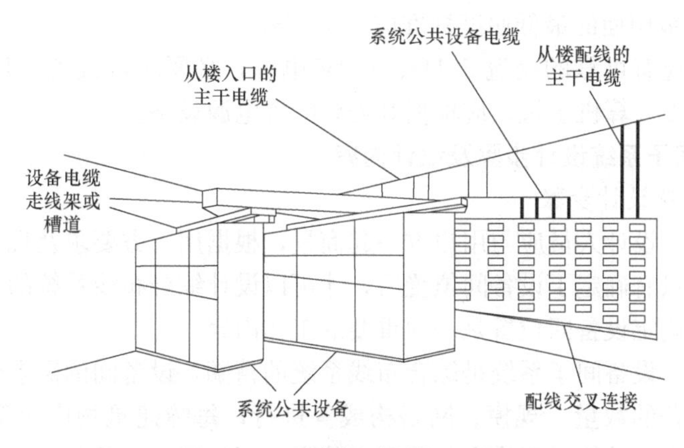

图 4-23　设备间子系统示意图

系统工程设计，设备间主要安装建筑物配线设备。电话交换机、计算机网络设备及入口设施也可与配线设备安装在一起。

(2) 当信息通信设施与配线设备分别设置时，考虑设备电缆有长度限制的要求，安装总配线架的设备间与安装电话交换机及计算机主机的设备间宜尽量靠近。

(3) 在设备间内安装的 BD 配线设备干线侧容量应与主干缆线的容量相一致。设备侧的容量应与设备端口容量相一致或与干线侧配线设备容量相同。

(4) BD 配线设备与电话交换机及计算机网络设备的连接方式也应符合相关要求。

(5) 设备间位置应根据设备的数量、规模、网络构成等因素综合考虑确定。

(6) 每幢建筑物内应至少设置 1 个设备间，如果电话交换机与计算机网络设备分别安装在不同的场地或根据安全需要，也可设置 2 个或 2 个以上设备间，以满足不同业务的设备安装需要。

设备间是装设各种设备的专用房间，所装设备对于环境要求较高，因此，内部装修和安装工艺必须注意以下几点：

(1) 设备间应有良好的气温条件，以保证安装和维护人员能够正常工作。要求室温保持在 10～27℃，相对湿度保持在 60%～80%。

(2) 设备间应按防火标准安装相应的防火报警装置，使用防火、防盗门。墙壁不允许采用易燃材料。应有至少能耐火 1h 的防火墙。地面、楼板和天花板均应涂刷防火涂料，所穿放缆线的管材、洞孔及线槽都应采用防火材料堵严密封。

(3) 设备间安装用户电话交换机和计算机主机时，其安装工艺应分别按设备的工艺要求标准设计。两者要求如有不同，则以较高的工艺要求为准。设备间的装修标准应满足通信机房的工艺要求，如采用活动地板，要具有抗静电性能。

(4) 设备间内应防止有害气体侵入，并有良好的防尘措施。允许有害气体和尘埃含量的限值应符合相关要求。

(5) 设备间必须保证其净高（吊顶到地板之间）不应小于 2.55m（无障碍空间），以方便安装的设备进入。门的大小应能保证设备搬运和人员通行，要求门的高度应大于 2.1m，门宽应大于 0.9 m。地板的等效均布荷载应大于 5 kN/m^2。

(6) 设备间设一般照明。按照规定，水平工作面距地面高度 0.8m 处、垂直工作面距地面高度 1.4 m 处，被照面的最低照度标准应为 150lx。

(7) 设备间内应有可靠的交流 50Hz、220V 电源，必要时可设置备用电源和不间断电源。如设备间内装设计算机主机，应根据其需要配置电源设备。

4.6.2 设备间子系统设计步骤及设计内容

1. 设备间子系统设计步骤

(1) 设计步骤。设计人员应与用户方一起商量，根据用户方要求及现场情况具体确定设备间的最终位置。只有确定了设备间位置后，才可以设计综合布线系统的其他子系统，因此用户需求分析时，确定设备间位置是一项重要的工作内容。

(2) 需求分析。设备间子系统是综合布线系统的精髓，设备间的需求分析围绕整个楼宇的信息点数量、设备的数量、规模、网络构成等进行，每幢建筑物内应至少设置 1 个设备间，如果电话交换机与计算机网络设备分别安装在不同的场地或根据安全需要，也可设置 2 个或 2 个以上设备间，以满足不同业务的设备安装需要。

(3) 技术交流。在进行需求分析后，要与用户进行技术交流，不仅要与技术负责人交流，而且要与项目或者行政负责人进行交流，进一步充分和广泛地了解用户的需求，特别是未来的扩展需求。在交流中重点了解规划的设备间子系统附近的电源插座、电力电缆、电气设备管理等情况。在交流程中必须进行详细的书面记录，每次交流结束后要及时整理书面记录，这些书面记录是初步计的依据。

(4) 阅读建筑物图纸。在设备间位置确定前，索取和认真阅读建筑物设计图纸是必要的，通过阅读建筑物图纸掌握建筑物的土建结构、强电路径、弱电路径，特别是主要与外部配线连接接口的位置，重点掌握设备间附近的电气设备管理、电源插座、暗埋管线等。

2. 设备间子系统设计内容

设备间子系统的设计主要考虑设备间的位置及设备间的环境要求。具体设计内容如下：

(1) 设备间的位置。设备间的位置及大小应根据建筑物的结构、综合布线规模、管理方式及应用系统设备的数量等方面进行综合考虑，择优选取。一般而言，设备间应尽量建在建筑平面及其综合布线干线综合体的中间位置。在高层建筑内，设备间也可以设置在 1、2 层。

确定设备间的位置可以参考以下设计规范：

1) 应尽量建在综合布线干线子系统的中间位置，并尽可能靠近建筑物电缆引入区和网络接口，以方便干线缆线的进出。

2) 应尽量避免设在建筑物的高层或地下室以及用水设备的下层。

3) 应尽量远离强振动源和强噪声源。

4) 应尽量避开强电磁场的干扰。

5) 应尽量远离有害气体源及易腐蚀、易燃、易爆物。

6) 应便于接地装置的安装。

(2) 设备间的面积。设备间的使用面积要考虑所有设备的安装面积，还要考虑预留工作人员管理操作设备的地方。设备间的使用面积可按照下述两种方法之一确定：

方法一：已知 S_b 为综合布线有关的并安装在设备间内的设备所占面积，m^2；S 为设备间的使用总面积：m^2，那么

$$S = (5 \sim 7)\sum S_b \tag{4-6}$$

方法二：当设备尚未选型时，则设备间使用总面积 S 为

$$S = KA \tag{4-7}$$

式中　A——设备间的所有设备台（架）的总数，台（架）；

K——系数，取值（4.5～5.5）m^2/台（架）。

设备间最小使用面积不得小于 $20m^2$。

（3）建筑结构。设备间的建筑结构主要依据设备大小、设备搬运及设备重量等因素而设计。设备间的高度一般为 2.5～3.2m。设备间门高至少为 2.1m，门宽至少为 1.5m。

设备间的楼板承重设计一般分为两级：A 级，≥500kg/m^2；B 级，≥300kg/m^2。

（4）设备间的环境要求。设备间的环境要求比较高，需要考虑的方面也比较多，设计者需要考虑：设备间的温湿度、洁净度、工作噪声、电磁干扰、安全技术、结构防火等多个方面。

1）温湿度。综合布线系统有关设备的温湿度要求可分为 A、B、C 三级，设备间的温湿度也可参照三个级别进行设计。设备间的温湿度控制可以通过安装降温或加温、加湿或除湿功能的空调设备来实现控制。选择空调设备时，南方地区主要考虑降温和除湿功能；北方地区要全面具有降温、升温、除湿、加湿功能。空调的功率主要根据设备间的大小及设备多少而定。

2）洁净度。设备间内的电子设备对尘埃要求较高，尘埃过高会影响设备的正常工作，降低设备的工作寿命。要降低设备间的尘埃度关键在于定期的清扫灰尘，工作人员进入设备间应更换干净的鞋具。

3）噪声。为了保证工作人员的身体健康，设备间内的噪声应小于 70dB。

4）电磁场干扰。根据综合布线系统的要求，设备间无线电干扰的频率应在 0.15～1000MHz，噪声不大于 120dB，磁场干扰场强不大于 800A/m。

4.7　建筑群子系统设计

建筑群子系统将一个建筑物中的缆线延伸到建筑物群的另一些建筑物中的通信设备和装置上，它由电缆、光缆和入楼处缆线上过电流、过电压的电气保护设备等相关硬件组成，从而形成了建筑群综合布线系统，其连接各建筑物之间的缆线组成建筑群子系统。

建筑群子系统是指两幢及两幢以上建筑物之间的通信电（光）缆和相连接的所有设备组成的通信线路。如果是多幢建筑组成的群体，各幢建筑之间的通信线路一般采用多模或单模光缆（其敷设长度应不大于 1500m），或采用多线对的双绞线电缆。电（光）缆敷设方式采取架空电缆、直埋电缆或地下管道（沟渠）电缆等。连接多处大楼中的网络，干线一般包含一个备用二级环，副环在主环出现故障时代替主环工作。为了防止电缆的浪涌电压，常采用电保护设备。

建筑群子系统主要应用于多幢建筑物组成的建筑群综合布线场合，单幢建筑物的综合布线系统可以不考虑建筑群子系统。建筑群子系统的设计主要考虑布线路由选择、缆线选择、缆线布线方式等内容。

4.7.1　建筑群子系统设计规范与要求

GB 50311—2016《综合布线系统工程设计规范》中对建筑群子系统的设计提出了下列要求：

(1) 建筑群配线设备(CD)内线侧的容量应与各建筑物引入的建筑群主干缆线容量一致。

(2) 建筑群配线设备(CD)外线侧的容量应与建筑群外部引入的缆线的容量一致。

(3) 建筑群配线设备各类缆线和跳线的配置宜根据计算机网络设备的使用端口容量和电话交换系统的实装容量、业务的实际需求或信息点总数的比例进行配置,比例范围宜为25%~50%。

09X700-1《智能建筑弱电工程设计施工图集》中,针对建筑群子系统的设计有如下说明:

(1) 建筑群子系统应由连接多个建筑物之间的主干电缆和光缆、建筑群配线设备(CD)及设备缆线和跳线组成。

(2) CD宜安装在进线间或设备间,并可与入口设施或BD合用场地。

(3) CD配线设备内、外侧的容量应与建筑物内连接BD配线设备的建筑群主干缆线容量及建筑物外部引入的建筑群主干缆线容量相一致。

(4) 确定建筑群子系统缆线的路由、根数及敷设方式。

(5) 确定建筑群干线子系统缆线、公用网和专用网缆线的引入及保护。

4.7.2 建筑群子系统电缆布线方法

ANSWIA/EIA-569(OCSAT 530)《商业大楼通信路线和结构空间布线标准》中明确列举了建筑物间线缆4种主要的路径类型的标准。

1. 建筑物间地下主干路径

地下线是大楼引进设备的一部分。地下线应考虑以下问题:

(1) 拓扑的限制规定。

(2) 地下线分层要注意下水管道。

(3) 要有通气孔。

(4) 要考虑地下线地表的交通量和是否铺设水泥路面。

(5) 地下线由电缆管道、通气管道和电缆输送架组成,还要考虑人为检修管道。

(6) 所有的电缆管道和通气管道的直径达100mm(4in)。

(7) 不要有弯曲管道,如果必须要有,弯度不要超过90°。

配合以上标准,建议在施工中使用管道内布线法。管道内布线是由管道和入孔组成的地下系统,它们用来对网络内的各个建筑物进行互相连接。图4-24所示为一根或多根管道通过基础墙进入建筑物内部,由于管道是由耐腐蚀材料做成的,所以这种方法对电缆提供了最好的机械保护,使电缆受损和维修停用的机会降到最小程度,它能保护建筑物的原貌。

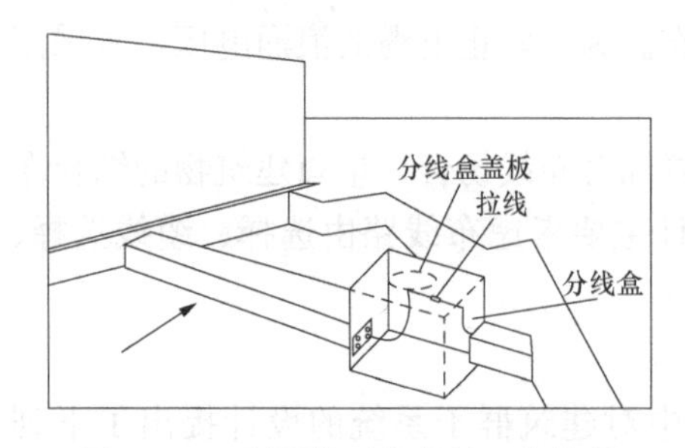

图4-24 预埋管时注意放一条拉线

一般来说,埋没的管道起码要低于地面45.72cm(18in),或者应符合本地有关法规规定的深度,在电源入孔和通信入孔合用的情况下(入孔里有电力电缆),通信电缆切不要在入孔里进行端接,通信管道与电力管道必须至少用7.62cm(3in)厚的混凝土或30.48cm(12in)厚的压实土层隔开,安装时至少应埋设一个备用管道并放进一根拉线,供以后扩充之用。

2. 建筑物间直埋主干路径

直埋线也是大楼引进设备的一部分。

（1）直埋线是完全埋藏在土里面的通信电缆。

（2）埋没通信电缆要挖沟、钻土或打眼（铺管）。

（3）不需要犁地。

当选择路径时，一定要考虑地面风景、围墙、树木、铺路区域及其他可能的服务设备。对此建议在施工中采用直埋布线法。

如图4-25所示的直埋布线电缆，除了穿过基础墙的那部分电缆以外，电缆的其余部分没有给予保护，基础墙的电缆孔应往外尽量延伸，达到没有动土的地方，以免以后有人在墙边挖土时损坏电缆。直埋布线法可保持建筑物的外貌，但是，在以后还要挖土的地方，最好不使用这种方法。直埋布线电缆通常应埋在距地面60.96cm（24in）以下的地方，或者应按照当地的有关法规去做。如果在同一土沟里埋入了通信电缆和电力电缆，应设立明显的共用标志。

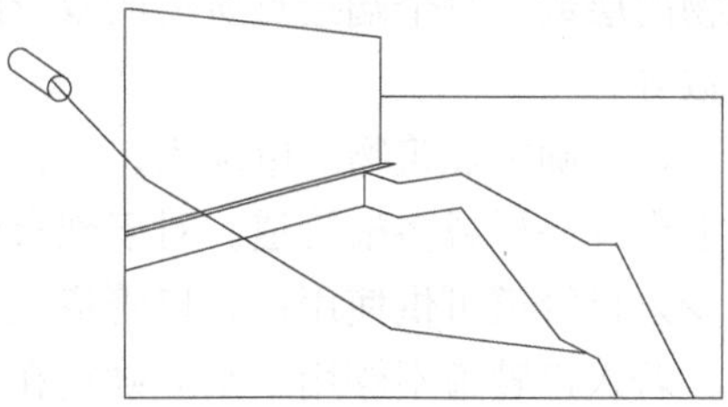

图4-25　直埋布线电缆

3. 建筑物间空架线主干路径

空架线也是大楼引进设备的一部分。空架线路由电线杆、裸线架和支撑设备组成。空架线要考虑以下问题：

（1）建筑物四周环境。

（2）合适的缆线。

（3）线距和线杆距。

（4）线的跨度，建筑物附着物，承受暴风雪的能力和缆线的物理保护。

（5）电缆数量和未来发展潜力。

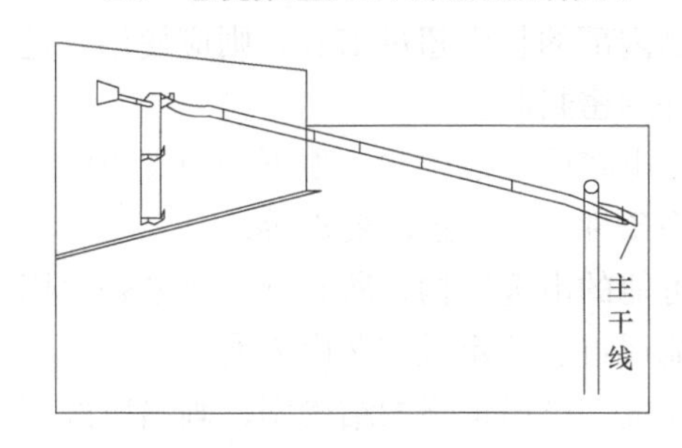

图4-26　架空线主干路径

根据以上类型标准，在施工中相应采用架空布线法。采用此法时，由电缆杆支撑的电缆在建筑物之间悬空，这时可使用自支撑电缆或把电缆系在钢丝绳上。如果原先就有电线杆，这种方法的成本不高。但是这影响了美观、保密性、安全性和灵活性，因而是最不理想的建筑群布线方法。架空电缆通常穿入建筑物外墙上的U形钢保护套，如图4-26所示，然后向下延伸，从电缆孔进入建筑物内部。建筑物到最近处的电线杆通常相距不足30m（100ft），通信电缆与电力电缆之间的间距应服从当地的有关法规。

4. 建筑物间通道主干路径

通道为导线、支垫架、金属线导管或裸线架提供路径。通道路径要靠近其他通信设备，在此建议采用巷道布线法。

在建筑群环境中，建筑物之间通常有地下巷道，其中的热水管用来把集中供暖站的热气送到各个建筑物，利用这些巷道来敷设电缆，不仅造价低，而且可利用原有的安全设施。为了防止热气或热水泄漏而损坏电缆，电缆的安装位置应与水管保持足够距离。此外，电缆还应安置在巷道内尽可能高的地方，以免因被水淹没而损坏。当地的法规对此有很明确的要求。通道主干路径如图4-27所示。

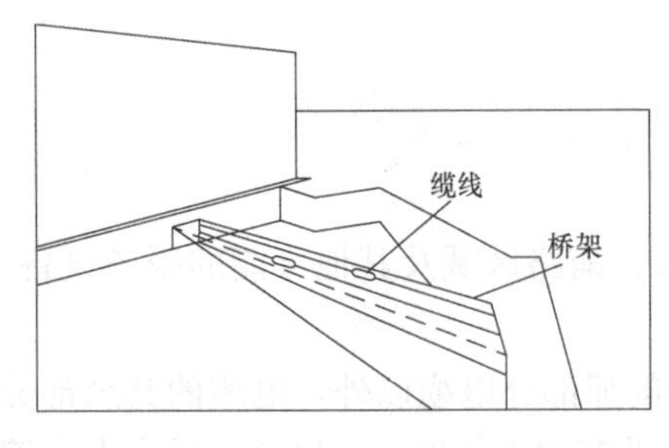

图4-27 通道主干路径

4.7.3 建筑群子系统设计步骤及设计内容

建筑群子系统也称为楼宇子系统，主要实现楼与楼之间的通信连接，一般采用光缆并配置相应设备，它支持楼宇之间通信所需的硬件，包括缆线、端接设备和电气保护装置。设计时应考虑布线系统周围的环境，确定楼间传输介质和路由，并使线路长度符合相关网络标准规定。

1. 建筑群子系统的设计步骤

(1) 确定敷设现场的特点。包括确定整个工地的大小、工地的地界、建筑物的数量等。

(2) 确定电缆系统的一般参数。包括确认起点、端接点位置、所涉及的建筑物及每座建筑物的层数、每个端接点所需的双绞线的对数、有多个端接点的每座建筑物所需的双绞线总对数等。

(3) 确定建筑物的电缆入口。建筑物入口管道的位置应便于连接公用设备，根据需要在墙上穿过一根或多根管道。对于现有的建筑物，要确定各个入口管道的位置；每座建筑物有多少入口管道可供使用；入口管道数目是否满足系统的需要。

若入口管道不够用，则应确定在移走或重新布置某些电缆时是否能腾出某些入口管道；再不够用的情况下应另装多少入口管道。

若建筑物尚未建起，则应根据选定的电缆路由完善电缆系统设计，并标出入口管道。建筑物入口管道的位置应便于连接公用设备，根据需要在墙上穿过一根或多根管道；查阅当地的建筑法规，了解对承重墙穿孔有无特殊要求。所有易燃材料（如聚丙烯管道、聚乙烯管道）应端接在建筑物的外面。若外线电缆延伸到建筑物内部的长度超过15m，则应使用合适的电缆入口器材，在入口管道中填入防水和气密性很好的密封胶。

(4) 确定明显障碍物的位置。包括确定土壤类型、电缆的布线方法、地下公用设施的位置、查清拟定的电缆路由中沿线各个障碍物位置或地理条件、对管道的要求等。

(5) 确定主电缆路由和备用电缆路由。包括确定可能的电缆结构、所有建筑物是否共用一根电缆，查清在电缆路由中哪些地方需要获准后才能通过、选定最佳路由方案等。

(6) 选择所需电缆的类型和规格。包括确定电缆长度、画出最终的结构图、画出所选定路由的位置和挖沟详图，确定入口管道的规格、选择每种设计方案所需的专用电缆、保证电缆可进入口管道（应选择其规格和材料、规格、长度和类型等）。

(7) 确定每种选择方案所需的劳务成本。包括确定布线时间、计算总时间、计算每种设计方案的成本、总时间乘以当地的工时费以确定成本。

(8) 确定每种选择方案的材料成本。包括确定电缆成本、所有支持结构的成本、所有支撑硬件的成本等。

(9) 选择最经济、最实用的设计方案。把每种选择方案的劳务费成本加在一起，得到每种方案的总成本；比较各种方案的总成本，选择成本较低者。确定比较经济方案是否存在重大缺点，以致抵消了经济上的优点。若发生这种情况，应取消此方案，而考虑其他设计方案。

2. 建筑群子系统的设计内容

(1) 布线缆线的选择。建筑群子系统敷设的缆线类型及数量由综合布线连接应用系统种类及规模来决定。一般来说，建筑群数据网基本是采用光缆作为布线缆线，电话系统常采用3类大对数电缆作为布线缆线，有线电视系统常采用同轴电缆或光缆作为干线电缆。

(2) 路由的选择。路由的选择，主要是对网络中心位置的选择，网络中心应尽量位于各建筑物的中心位置或是建筑物最集中的位置。在设计路由时，应尽量避免与原有的管道交叉，与原有管道平行时，应保持不小于1m的距离，避免开挖与维护时相互影响。

(3) 敷设方式的选择。若建筑群之间原设有电信沟，可直接将缆线敷设其中，也可埋设7孔梅花管，将缆线敷设其中。建筑群子系统的缆线布设方式，应根据建筑物的实际情况进行合理选择。

3. 建筑群子系统设计注意要点

(1) 建筑物间的干线宜使用多模光缆或大对数对绞线电缆，但均应为室外型的缆线。

(2) 建筑群子系统宜采用地下管道敷设方式。管道内敷设的铜缆和光缆应遵循通信管道的各项设计规定。此外，至少应预留1～2个备用管孔，以供扩充之用。

(3) 建筑群和建筑物间的干线电缆、光缆布线的交叉连接不应多于两次。从楼层配线架(FD)到建筑群配线架(CD)之间只应通过一个建筑物配线架(BD)。

建筑与建筑群综合布线系统结构图如图4-28所示。

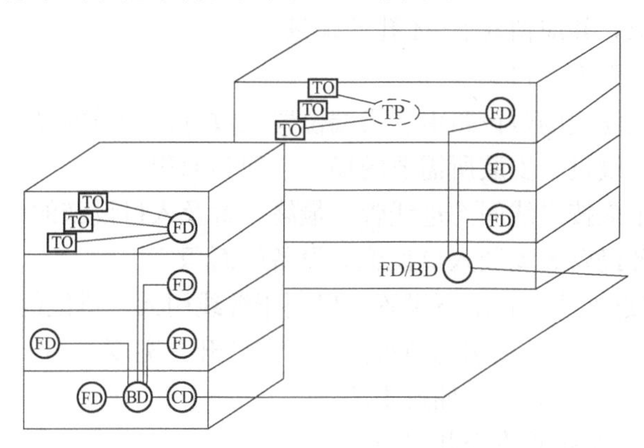

图4-28 建筑与建筑群综合布线系统结构

4.8 进线间子系统设计

进线间是建筑物外部通信和信息管线的入口部位，并可作为入口设施和建筑群配线设备的安装场地。按GB 50311—2016《综合布线系统工程设计规范》的要求，在建筑物前期系统设计中要有进线间，满足多家运营商业务需要，避免一家运营商自建进线间后独占该建筑物的宽带接入业务。进线间一般通过地埋管线进入建筑物内部，宜在土建阶段实施。

09X700-1《智能建筑弱电工程设计施工图集》中，针对进线间的设计有如下说明：

(1) 进线间是建筑物外部通信和信息管线的入口部位，并可作为入口设施和建筑群配线设备的安装场地。

(2) 一个建筑物宜设置1个进线间，一般位于地下层，外线宜从两个不同的路由引入进线间，有利于与外部管道连通。进线间与建筑物红线范围内的入孔或手孔采用管道或通道的方式互相连接。进线间因涉及因素较多，难以统一提出具体所需面积，可根据建筑物实际情况，并参照通信行业和国家现行标准进行设计。

(3) 进线间一般提供给多家电信业务经营者使用，通常设于地下一层。进线间主要作为室外电缆、光缆引入楼内的成端与分支及光缆的盘长空间位置，对于光缆至大楼（FTTB)、至用户（FTTH)、至桌面（FTTO）的应用及光缆数量日益增多的现状，进线间就显得尤为重要。

由于许多商用建筑物地下一层环境条件已大大改善，也可以安装电缆、光缆的配线架设备及通信设施。在不具备设置单独进线间或入楼缆线数量及入口设施容量较小时，建筑物也可在入口处采用地沟或设置较小的空间完成缆线的成端与盘长，入口设施则可安装在设备间，但宜设置单独的场地，以便功能分区。

(4) 建筑群主干电缆和光缆、公用网和专用网电缆、光缆及天线馈线等室外缆线进入建筑物时，应在进线间成端转换成室内电缆、光缆，并在缆线的终端处可由多家电信业务经营者设置入口设施，入口设施中的配线设备应按引入的电缆、光缆容量配置。

(5) 电信业务经营者在进线间设置的入口配线设备应与BD或CD之间敷设相应的连接缆线，实现路由互通。缆线类型与容量应与配线设备相一致。

(6) 在进线间缆线入口处的管孔数量应满足建筑物之间、外部接入业务及多家电信业务经营者缆线接入的需求，并应留有2～4孔的余量。

(7) 进线间应设置管道入口。

(8) 进线间应满足缆线的敷设路由、成端位置及数量、光缆的盘长空间和缆线的弯曲半径、充气维护设备、配线设备安装所需要的场地空间和面积。

(9) 进线间的大小应按进线间的进线管道最终容量及入口设施的最终容量设计。同时应考虑满足多家电信业务经营者安装入口设施等设备的面积。

(10) 进线间宜靠近外墙和在地下设置，以便于缆线引入。进线间设计应符合下列规定：

1) 进线间应采用相应防火级别的防火门，门向外开，宽度不小于1000mm。

2) 进线间应防止渗水，宜设有抽排水装置。

3) 进线间应与布线系统垂直竖井连通。

4) 进线间应设置防有害气体设施和通风装置，排风量按换气次数不少于5次/h确定。

(11) 与进线间无关的管道不宜通过。

(12) 进线间入口管道口所有布放缆线和空闲的管孔应采取防火材料封堵，做好防水处理。

4.9 综合布线系统保护

综合布线系统采用防护措施的主要目的是防止外来电磁干扰和向外产生的电磁辐射，前者直接影响综合布线系统的正常运行，后者则是综合布线系统传递信息时产生泄漏的原因。因此，在综合布线系统工程设计中，必须根据智能建筑和智能小区所在环境的具体情况和建设单位的要求，认真调查研究，选用合适的防护措施。综合布线的保护主要分为四个方面，即电气保护、系统接地、抗电磁干扰和防火措施。

4.9.1　电气保护

综合布线系统的电气保护主要分为过电压保护和过电流保护两种，这些保护装置通常安装在建筑物入口的专用房间或墙面上。室外电缆进入建筑物时，通常在入口处经过一次转接进入室内，在转接处应加装电气保护设备，这样可以避免因电缆受到雷击产生感应电动势或与电力线路接触而给用户设备带来损坏。

综合布线系统的过电压保护可选用气体放电管保护器或固态保护器，气体放电管保护器使用断开或放电间隙来限制导体和地之间的电压。放电间隙由粘在陶瓷外壳内密封的两个金属电柱形成，并充有惰性气体。当两个电极之间的电位差超过交流 250V 或雷电浪涌电压超过 700V 时，气体放电管出现电弧，为导体和地电极之间提供一条导电通路。

固态保护器适合于较低的击穿电压（60～90V），而且其电路中不能有振铃电压。它利用电子电路将过量的有害电压释放至地，而不影响电缆的传输质量。固态保护器是一种电子开关，在未达到击穿电压前，可进行稳定的电压箝位；一旦超过击穿电压，它便将过电压引入地，固态保护器为综合布线提供了最佳的保护。

综合布线系统除了采用过电压保护外，还同时采用过电流保护。过电流保护器串联在线路中，当线路发生过电流时，就切断线路。为了维护方便，过电流保护一般都采用有自动恢复功能的保护器。

弱电机房电源管理间电源进线注意采取防雷击措施，不宜使用铠装电缆，若要使用这种电缆，应将电缆的金属外皮与接地装置连接。从大厦外引入的铠装信号电缆和屏蔽信号线进入弱电机房前，应注意采取防雷击措施，避免沿建筑外墙或靠近防雷引下线敷设，以免遭受雷击或在雷击建筑物时，避免受到防雷装置引来的高频电磁干扰。上述缆线进入弱电机房后，应设金属接线箱（盒），在其内将线缆金属（屏蔽）外皮连接避雷器或浪涌电压抑止器，然后用截面面积不小于 $6mm^2$ 的铜芯绝缘线连通与弱电机房的辅助等电位接地母线，穿钢管保护敷设。这样做还可以抑制上述缆线在传输路途上接收到的其他邻近干扰源产生的高频电磁干扰信号，从而有效可靠地保证信号传输的质量。从弱电机房引出的信号线路应用金属线槽沿墙并在吊顶内敷设，避免与其他电气管路平行紧贴敷设。尽量避开空调、消防、暖气和给排水等管道，与它们的间距大于 0.3m。

综合布线系统的电气保护对于系统安全可靠运行起着重要作用。只有精心设计、精心施工，才能使电气保护系统满足规范要求和设备要求，保证综合布线系统的正常工作。

4.9.2　系统接地

综合布线系统电缆和相关连接硬件接地是提高应用系统可靠性、抑制噪声、保障安全的重要手段，因此设计人员、施工人员在进行布线设计施工前，都必须对所有设备，特别是应用系统设备的接地要求进行认真研究，弄清接地要求及各类地线之间的关系。如果接地系统处理不当，将会影响系统设备的稳定性，引起故障，甚至会烧毁系统设备，危及操作人员生命安全。

系统接地的好坏将直接影响到综合布线系统的运行质量，接地设计要求如下：

（1）在建筑物配线间，设备间、进线间及各楼层信息通信竖井内均应设置局部等电位联结端子板。

（2）综合布线系统应采用建筑物共用接地的接地系统。当必须单独设置系统接地体时，其接地电阻不应大于 4Ω。当接地系统中存在两个不同的接地体时，其接地电位差不应大于 1V。

(3) 配线柜接地端子板应采用两根不等长度，且截面面积不小于 6mm² 的绝缘铜导线接至就近的等电位联结端子板。

(4) 屏蔽布线系统的屏蔽层应保持可靠连接、全程屏蔽，在屏蔽配线设备安装的位置应就近与等电位联结端子板可靠连接。

(5) 综合布线系统电缆采用金属管槽敷设时，管槽应保持连续的电气连接，并应有不少于两点的良好接地。

(6) 当缆线从建筑物外引入建筑物时，电缆、光缆的金属护套或金属构件应在入口处就近与等电位联结端子板连接。

(7) 电缆、光缆的金属护套或金属构件的接地导线接至等电位联结端子板，但等电位接地端子板的连接部位不需要设置浪涌保护器。

(8) 屏蔽布线系统的接地做法，一般在配线设备（FD、BD、CD）的安装机柜（架）内设有接地端子板，接地端子与屏蔽模块的屏蔽罩相连通，机柜（架）接地端子板则经过接地导体连至楼层局部等电位联结端子板或大楼总等电位联结端子板。为了保证全程屏蔽效果，工作区屏蔽信息插座的金属罩可通过相应的方式与 TN-S 系统的 PE 线接地，但不属于综合布线系统接地的设计范围。

(9) 为防止雷击瞬间产生的电流与电压通过电缆引入建筑物布线系统，对配线设备和通信设施产生损害，甚至造成火灾或人员伤亡的事件发生，应采取相应的安全保护措施。

(10) 当电缆从建筑物外面进入建筑物时，应选用适配的信号线路浪涌保护器。

(11) 综合布线系统接地导线截面面积可参考表 4-12 确定。

表 4-12　　接 地 导 线 选 择

名称	楼层配线设备至建筑等电位接地装置的距离（m）	
	≤30	≤100
信息点的数量（个）	≤75	>75，≤450
选用绝缘铜导线的截面（mm²）	6～16	16～50

表 4-13 为综合布线系统对电源、接地的要求。

表 4-13　　综合布线系统对电源、接地的要求

等级 / 项目	甲级标准	乙级标准	丙级标准
供电电源	(1) 应设两路独立电源 (2) 设自备发电机组	(1) 应设两路独立电源 (2) 宜设自备发电机组	可以单回路供电，但须留备用电源进线路径
供电质量	电压波动≤±10%	电压波动≤±10%	满足产品要求
接地	(1) 单独接地时 $R\leqslant 4\Omega$ (2) 联合接地网时 $R\leqslant 1\Omega$ (3) 各层管理间设接地端子排	(1) 单独接地时 $R\leqslant 4\Omega$ (2) 联合接地网时 $R\leqslant 1\Omega$ (3) 各层管理间设接地端子排	(1) 单独接地时 $R\leqslant 4\Omega$ (2) 联合接地网时 $R\leqslant 1\Omega$ (3) 各层管理间设接地端子排

续表

项目＼等级	甲级标准	乙级标准	丙级标准
电源插座	（1）容量：一般办公室≥60VA/m² （2）数量：一般办公室≥20 个/100m² （3）插座必须带接地极	（1）容量：一般办公室≥40VA/m² （2）数量：一般办公室≥15 个/100m² （3）插座必须带接地极	（1）容量：一般办公室≥30VA/m² （2）数量：一般办公室≥10 个/100m² （3）插座必须带接地极
设备间、层管理间	设置可靠的交流 220V、50Hz 电源可设置一个插座箱	设置可靠的交流 220V、50Hz 电源可设置一个插座箱	设置可靠的交流 220V、50Hz 电源可设置一个插座箱

接地系统结构示意图如图 4-29 所示。

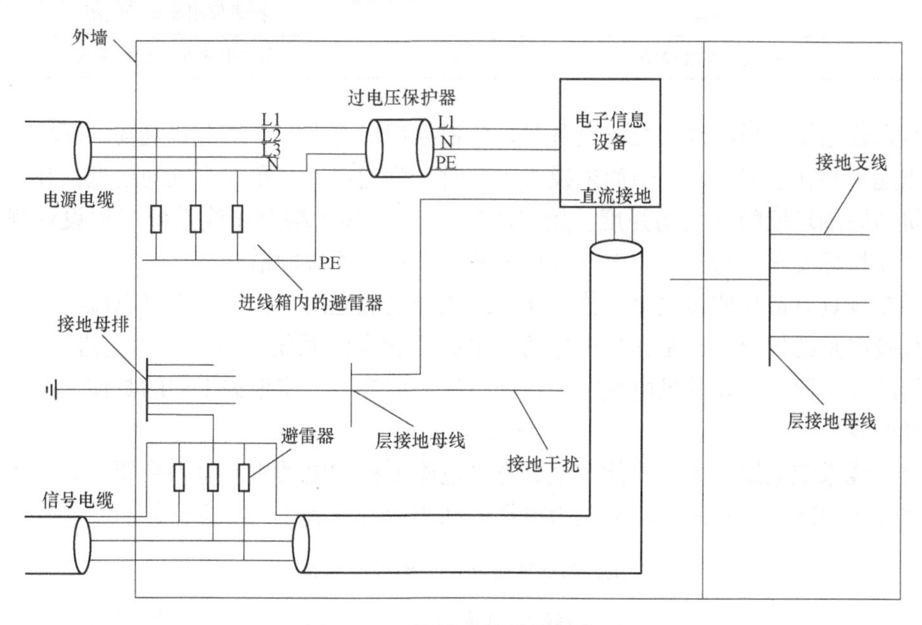

图 4-29　接地系统结构示意图

4.9.3　抗电磁干扰

随着各种类型的电子信息系统在建筑物内的大量设置，各种干扰源将会影响综合布线系统电缆的传输质量与安全。表 4-14 列出的射频应用设备又称为 ISM 设备，我国目前常用的 ISM 设备大约有 15 种。

表 4-14　　CISPR 推荐设备及我国常见 ISM 设备

序号	CISPR 推荐设备	序号	我国常见 ISM 设备
1	塑料缝焊机	1	介质加热设备，如热合机等
2	微波加热器	2	微波炉
3	超声波焊接与洗涤设备	3	超声波焊接与洗涤设备
4	非金属干燥器	4	计算机及数控设备

续表

序号	CISPR 推荐设备	序号	我国常见 ISM 设备
5	木材胶合干燥器	5	电子仪器，如信号发生器
6	塑料预热器	6	超声波探测仪器
7	微波烹饪设备	7	高频感应加热设备，如高频熔炼炉等
8	医用射频设备	8	射频溅射设备、医用射频设备
9	超声波医疗器械	9	超声波医疗器械，如超声波诊断仪等
10	电灼器械、透热疗设备	10	透热疗设备，如超短波理疗机等
11	电火花设备	11	电火花设备
12	射频引弧焊机	12	射频引弧焊机
13	火花透热疗法设备	13	高频手术刀
14	摄谱仪	14	摄谱仪用等离子电源
15	塑料表面腐蚀设备	15	高频电火花真空检漏仪

综合布线系统选择缆线和配线设备时，应根据用户要求，并结合建筑物的环境状况进行考虑。当建筑物在建或已建成但尚未投入运行时，为确定综合布线系统的选型，在需要时可测定建筑物周围环境的干扰场强度。用 GB 50311—2016《综合布线系统工程设计规范》中规定的各项指标要求进行衡量，选择合适的器件和采取相应的措施。

光缆布线具有最佳的防电磁干扰性能，既能防电磁泄漏，也不受外界电磁干扰影响，在电磁干扰较严重的情况下，是比较理想的防电磁干扰布线系统。本着技术先进，经济合理、安全适用的设计原则，在满足电气防护各项指标的前提下，应根据工程的具体情况，进行合理选型及配置。

综合布线系统电缆与附近可能产生高电平电磁干扰的电动机、电力变压器、射频应用设备等电气设备之间应保持间距，与电力电缆的间距应符合表 4-15 的规定。

表 4-15　　综合布线电缆与电力电缆的间距

类别	与综合布线接近状况	最小间距（mm）
380V 电力电缆小于 2kVA	与缆线平行敷设	130
	有一方在接地的金属线槽或钢管中	70
	双方都在接地的金属线槽或钢管中①	10①
380V 电力电缆为 2～5kVA	与缆线平行敷设	300
	有一方在接地的金属线槽或钢管中	150
	双方都在接地的金属线槽或钢管中②	80
380V 电力电缆大于 5kVA	与缆线平行敷设	600
	有一方在接地的金属线槽或钢管中	300
	双方都在接地的金属线槽或钢管中②	150

①当 380V 电力电缆小于 2kVA，双方都在接地的线槽中，且平等长度小于或等于 10m 时，最小间距可以是 10mm。
②双方都在接地的线槽中，可用两个不同线槽，也可以在同一线槽中用金属板隔开。

室外墙上敷设的综合布线管线与其他管线的间距应符含表 4-16 的规定。

表 4-16　　墙上敷设的综合布线电缆、光缆及管线与其他管线的间距

其他管线	平行净距（mm）	垂直交叉净距（mm）
避雷引下线	1000	300
保护地线	50	20
给水管	150	20
压缩空气管	150	20
热力管（不包封）	500	500
热力管（包封）	300	300
煤气管	300	20

注　如墙壁电缆敷设高度超过 6000mm 时，与避雷引下线的交叉净距应按 $s \geqslant 0.05l$ 计算确定，其中 s 为交叉净距（mm）；l 为交叉处避雷引下线距地面的高度（mm）。

综合布线系统应远离高温和电磁干扰的场地，根据环境条件选用相应的缆线和配线设备或采取防护措施，并应符合下列规定；

（1）当综合布线区域内存在的电磁干扰场强低于 3V/m 时，宜采用非屏蔽电缆和非屏蔽配线设备。

（2）当综合布线区域内存在的电磁干扰场强高于 3V/m，或用户对电磁兼容性有较高要求时，可采用屏蔽布线系统和光缆布线系统。

（3）当综合布线路由上存在干扰源，且不能满足最小净距要求时，宜采用金属导管和金属槽盒敷设，或采用屏蔽布线系统及光缆布线系统。

（4）当局部地段与电力线或其他管线接近，或接近电动机、电力变压器等干扰源，且不能满足最小净距要求时，可采用金属导管或金属槽盒等局部措施加以屏蔽处理。

4.9.4　防火措施

智能建筑中的防火问题是极为重要的，在综合布线系统工程设计中，应注意的是通道的防火措施，其中主要有缆线的选用和有关环境的保护，在设计施工中应注意以下问题。

（1）根据建筑物的防火等级对缆线燃烧性能的要求，综合布线系统在缆线选用、布放方式及安装场地等方面应采取相应的措施。

（2）综合布线系统工程设计选用的电缆、光缆应从建筑物的高度、面积、功能、重要性等方面加以综合考虑，选用相应等级的防火缆线。

（3）对于防火缆线的应用分级，北美、欧洲及国际的相应标准中主要以缆线受火的燃烧程度及着火以后火焰在缆线上蔓延的距离、燃烧的时间、热量与烟雾的释放、释放气体的毒性等指标，并通过实验室模拟缆线燃烧的现场状况实测取得。表 4-17～表 4-19 分别列出缆线的测试标准与燃烧性能的分级，仅供参考。

表 4-17　　通信缆线国际测试标准

IEC 标准（自高向低排列）	
测试标准	缆线分级
IEC 60332-3C	—
IEC 60332-1	—

注　参考现行 IEC 标准。

表 4-18　通信电缆欧洲测试标准及分级表

欧盟标准（草案）（自高向低排列）	
测试标准	缆线分级
prEN50399-2-2 和 EN 50265-2-1	B1
prEN50399-2-1 和 EN 50265-2-1	B2
	C
	D
EN50265-2-1	E

注　欧盟 EU CPD 草案。

表 4-19　通信缆线北美测试标准及分级表

测试标准	NEC标准（自高向低排列）	
	电缆分级	光缆分级
UL910（NFPA262）	CMP（阻燃级）	OFNP 或 OFCP
UL1666	CMR（主干级）	OFNR 或 OFCR
UL1581	CM、CMG（通用级）	OFN（G）或 OFC（G）
VW-1	CMX（住宅级）	—

注　参考现行 NEC2002 版。

对欧洲、美洲、国际的缆线测试标准进行同等比较以后，建筑物的缆线在不同的场合安装与敷设时，建议选用相应防火等级的缆线，并按以下几种情况分别列出：

1）采用敞开方式敷设缆线时，可选用 CMP 级（光缆为 OFNP 或 OFCP）或 B1 级。

2）在缆线竖井内的主干缆线采用敞开的方式敷设时，可选用 CMR 级（光缆为 OFNR 或 OFCR）或 C、B2 级。

3）在使用密封的金属管槽作防火保护的敷设条件下，缆线可选用 CM 级（光缆为 OFN 或 OFC）或 D 级。

(4) 对缆线测试标准与燃烧性能的分级内容进行同等比较后，根据建筑物的不同类型与功能、缆线所在的场合（如办公空间、人员密集场所、机房）、采用的安装敷设方式（吊顶内或高架地板下等通风空间、竖井内，密封的金属管槽）等因素，工程中应选用符合相应阻燃等级的缆线。

GB 31247—2014《电缆及光缆燃烧性能分级》中建议使用以“标准名＋级别名”，而不以材料名称的方法来判断缆线的安全特征。标准将电缆及光缆燃烧性能等级划分为 A 级：不燃电缆（光缆）；B1 级：阻燃 1 级电缆（光缆）；B2 级：阻燃 2 级电缆（光缆）；B3 级：普通电缆（光缆）。电缆及光缆燃烧性能等级判据应符合相应的标准规定的试验方法。工程中应根据具有资质的检测机构出具的缆线燃烧性能级别测试报告选用阻燃缆线。

(5) 对超高层及 250m 以上高度的建筑应特别考虑其高度的影响因素。

表 4-20 对综合布线系统工程安装设计的相关情况进行了总结。

表 4 - 20　综合布线系统工程安装设计

建筑物内部配线	总配线架（进线与出线分开，语音与数据分开） 楼层配线架（进线与出线分开，语音与数据分开）
线路	水平配线：2×4 对绞线电缆，无屏蔽、屏蔽及无毒 垂直配线：25、100 对绞线电缆、无屏蔽、屏蔽、无毒或光纤电缆 电话主干线 计算机主干线 建筑物之间线路——光缆
电缆弯曲半径	铜缆：铜缆直径的 8 倍 光缆：光缆直径的 15 倍
主干线大小计算	电话：所有配线对线数的 50%（建议） 计算机：最大配线架上的所有配线对线数的 25%（建议）
接地线	接地网络阻抗尽可能低 联合接地时：电阻≤1Ω 单独接地时：电阻≤4Ω
采用屏蔽系统的主要性能	所有金属接地编织网形式的等电位 强电和弱电电缆分开 减少金属回环面积 使用屏蔽和编织网电缆 电源供应进口的保护（电源过滤） 在进入建筑物的所有不同导体上安装过压防护器
电缆通道	弱电电缆通道：语音—数据—图像 强电电缆通道
弱电电缆通道在走廊里的通过	如果是与强电并行的，至少相距 30cn 与荧光灯管相距至少 30cm 直角相交 将电缆通道用金属编织网连接到接地网络上去
配线架工作室	远离电动机至少 2m 面积 4～6m²，电源供应至少 1kVA，照明至少 200lx 通风系统，“独立”电话 与垂直系统相接 50～60 个接入点 与工作站相距最远 60～80m（特殊情况除外）
办公室里电缆的设计	如果强电和弱电之间是并行的：少于 2.5m 并行时，至少相距 2cm；大于 2.5 少于 10m 并行时，至少相距 4cm
办公室设计	如果强电和弱电之间是并行的：用金属骨架做一个 2m×2m 的编织网
信息点数量	2 个八针插座 2 个 220V/16A 电源供应插座 2 个备用插座（如果投资允许）
信息点密度	每 9～10m² 一个信息 主墙每 1.35m 一个信息点

4.10 综合布线系统工程实例

下面以某住宅为例，介绍综合布线系统工程设计的思路、方法和内容。

4.10.1 工程概况

该住宅为6层住宅，属于三类建筑，共48户，建筑面积为2897.74m^2。该工程综合布线系统设计包括电话及数据通信网络、有线电视系统、住宅可视对讲系统。

4.10.2 设计方案

1. 总体方案

该住宅楼6层，共4个单元。每单元每层2户家庭，共7个数据点、4个语音点。该住宅具备电话及计算机网络通信系统、有线电视系统（CATV）、可视对讲系统和监控系统。

（1）电话及计算机网络通信系统。

1）电话电缆及计算机数据网络通信电缆或光纤接自小区弱电机房，由室外采用镀锌钢管敷设。

2）各层设数据分线箱。

3）电话及网络系统电缆均穿镀锌钢管在楼板及墙内暗敷；竖向干线采用镀锌钢管沿墙暗敷设，由接线箱引至信息点的线路穿镀锌钢管在楼板及墙内暗敷设，电梯轿厢内设置“五对讲”电话预留管。

4）数据网络系统水平线为屏蔽6类线，计算机局域网传输速率可达100Mbit/s以上。

5）住宅每户一根4对屏蔽6类屏蔽对绞线电缆和1根2对电话线路；住户的主卧室、客厅等房间设置电话终端（RJ-11型插座面板）；书房设置数据终端（RJ-45型插座面板）。

（2）有线电视系统。

1）有线电视系统信号源为市内有线电视信号，放大器箱设于配线间内，以分配—分支方式设计，到用户终端的信号电平应满足68dB±4dB，分支、分配器的备用端接终端电阻为75Ω。

2）有线电视同轴电缆均穿镀锌钢管在楼板及墙内暗敷。

（3）可视对讲系统。一层住宅入口处分别设置可视访客对讲主机，住户室内设置可视对讲访客对讲分机。对讲主机电源箱内的UPS电源保证外接电源停电后供电大于12h。系统的工状态及报警信号送至小区管理中心。

（4）监控系统。监控线路引自园区的消防控制中心，在电梯轿厢内设置监控摄像机。

2. 子系统方案

该智能化住宅综合布线系统包括6个部分：用户工作区子系统、水平布线子系统、垂直主干子系统、建筑群子系统、管理间子系统、小区设备间子系统组成。该布线系统为星形拓扑结构，材料高品质的6类屏蔽双绞线电缆（STP）、多模光纤、光纤配线架、6类信息配线架和信息插座等，如图4-30所示。

（1）工作区子系统。住宅的工作区子系统由家庭配线箱、户内布线和信息插座组成，家庭配线盒集中管理家庭中所有的信息点，包括电话、数据、有线电视、可视对讲等，如图4-31所示。

户内传输介质分为双绞线部分和75Ω同轴电缆部分。该工程使用6类屏蔽双绞线电缆

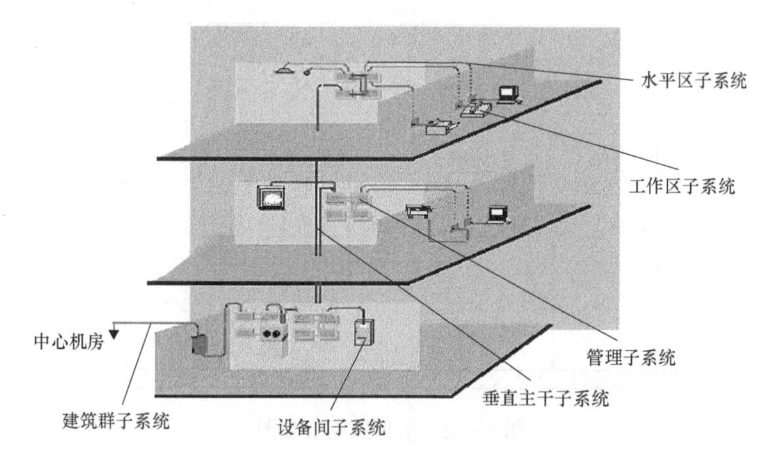

图 4-30　干线子系统示意图

(STP)，支持数据、语音；75Ω 同轴电缆支持有线电视系统及可视对讲系统。

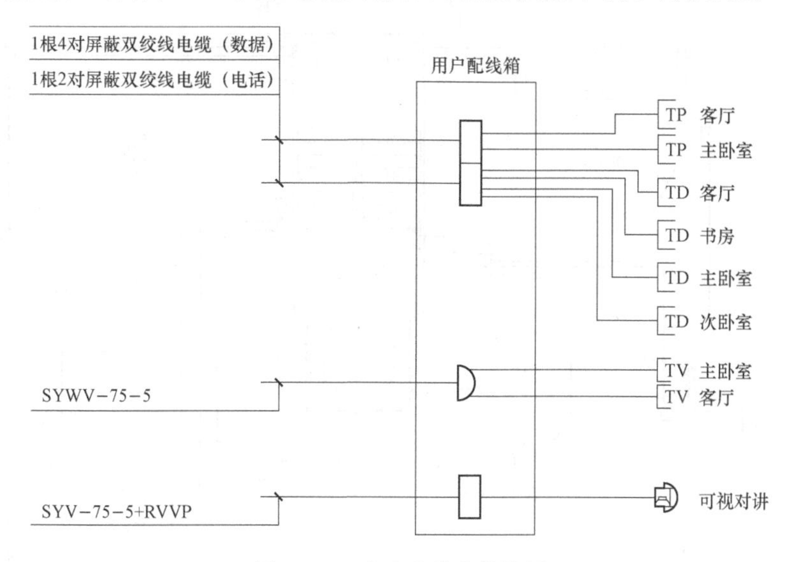

图 4-31　家庭配线盒接线图

信息插座采用模块化产品，并为用户提供标准的 RJ-45 的墙面双孔信息插座和单孔信息插座。信息插座接口形式符合 TIA/EIA 568-B 标准。墙面插座以嵌入式明敷的方式安装在各功能房指定位置的墙上，底边距地 300mm，为使用方便，要求每组信息插座附近应配备 220V 电源插座，以便为数据设备供电，安装位置距信息插座 200mm。家庭配线盒的端接设备封装在一个暗盒里，由一个双绞线配线架和一个同轴电缆配线面板组成，安装方式如图 4-32 所示。

(2) 配线子系统。水平配线子系统的作用是将垂直干线的线路延伸到用户工作区子系统，每户一根 4 对 6 类屏蔽双绞线电缆和 1 根 2 对 6 类屏蔽双绞线电缆，一根 SYWV-75-5 同轴电缆，均由垂直主干线每层出线端引出。连接到每户家庭配线箱中，再通过室内布线向各个房间分配。图 4-33 为选取一个单元为例。

(3) 管理间子系统。管理间子系统包括各楼层配线箱、各单元配线箱、各楼配线架和网

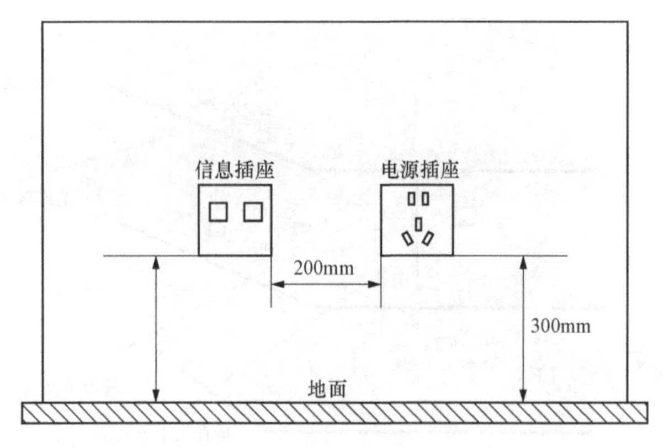

图 4 - 32　信息插座安装图

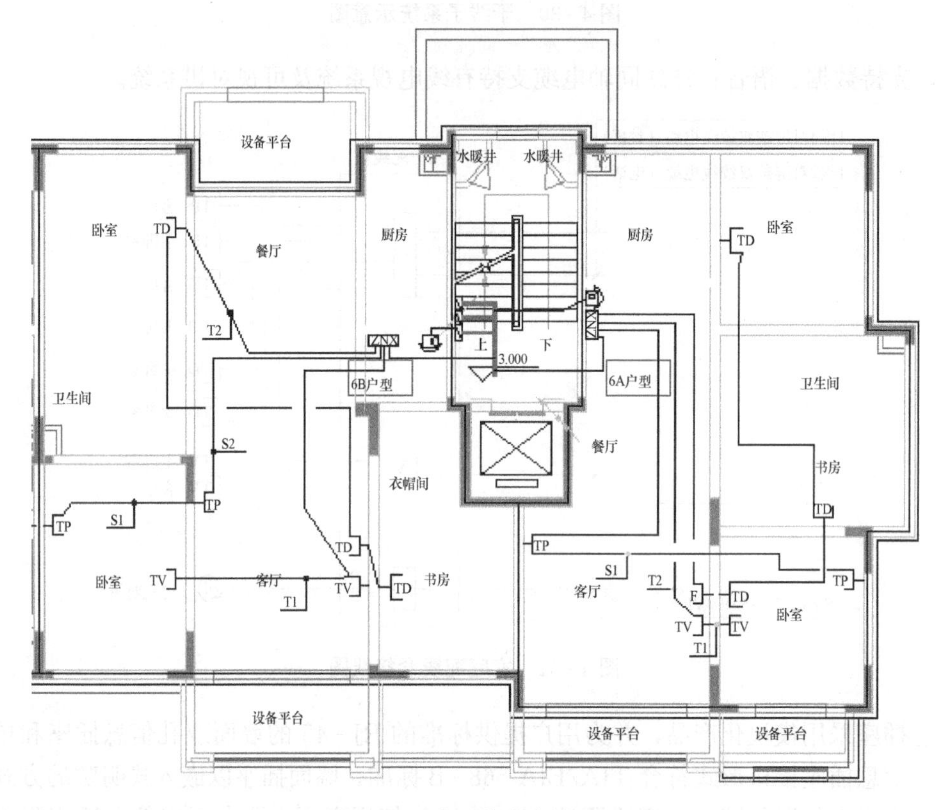

图 4 - 33　家居综合布线配置

络中心配线架的数据和语音的配线管理。

充分考虑用户今后的发展及数据和语音的互换，因此数据和语音全部选用 25 对 110 型配线架、50 对 110 型配线架、19in 标准机柜用 2U（U 是服器外部尺寸的单位，1U＝4.445cm，是指机柜的宽度）宽度 100 对 110 型配线架组件和 19in 标准机柜用 2U 宽度 200 对 110 型配线架组件。

配线架的配线管理采用表格对应方式，根据大楼各信息点的层次、单元/区域，记录下布线的通路、电缆终结的位置、所用部件或材料的说明，并对布线通路、信息插座、接地电缆加上永久性标志，以方便维护人员识别和管理。

（4）垂直干线子系统。垂直干线子系统是提供设备间的主配线架（MDF）与各单元配线箱的分配线架（IDF）连接的路由，如图4-34所示。

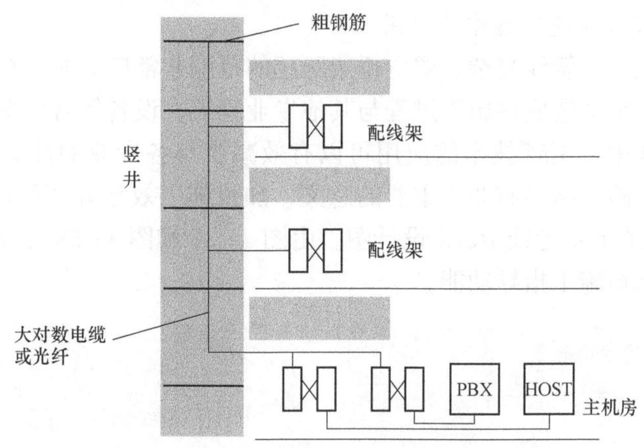

图4-34　垂直干线子系统

在垂直子系统中，数据和语音均采用6类25对屏蔽室内双绞线电缆，有线电视采用SYWV-75-9同轴电缆，门禁系统采用SYWV-75-7同轴电缆＋RVVP屏蔽电缆，在配线间400mm×100mm桥架中铺设；电梯内监控系统在梯井内走线SYV-75-5同轴电缆＋RV-VP屏蔽电缆。

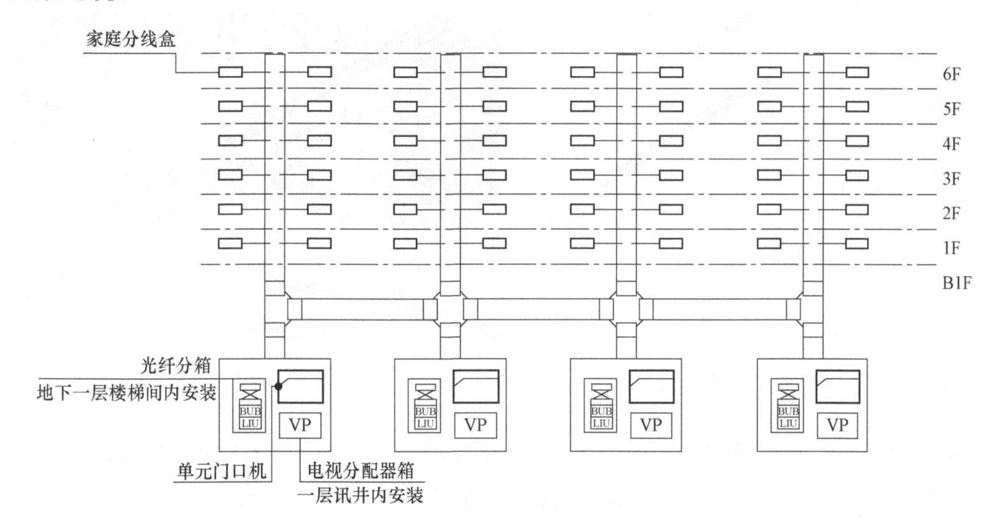

图4-35　垂直干线布局图

（5）设备间子系统。设备间子系统由主配线架（MDF）及跳线组成，它将中心计算机和网络设备或弱电主控制设备的输出线与干线子系统相连接，构成系统计算机网络的重要环节。同时，通过配线架的跳线控制网络的路由。这些总配线架采用200对110型配线架组件。

（6）建筑群子系统。建筑群主干缆线的数据部分采用多模光缆，语音部分采用市话电缆。建筑群主干的数据部分缆线是由网络中心的建筑群配线架至各住宅楼设备间的建筑物各配线架铺设 2 条 6 芯多模光缆，其中一条用于数据传输，另一条用于电话信号的传输。由管理中心向各楼引出对讲视频控制线和信号线 SYV-75-7 同轴电缆+RVVP 屏蔽电缆，建筑群主干缆线均通过地下室弱电桥架走线。

3. BIM 在综合布线系统工程中的应用

综合布线系统工程，管线复杂，弱电桥架跨越的范围非常广，尤其在复杂的地下室走线时，传统二维设计方案会造成在施工过程与其他专业管道、设备等有较多冲突。所以，在综合布线系统工程设计中，BIM 技术的应用可以有效减少与各专业的冲突，三维模型提供各专业完整信息，对于施工指导有非常重要的意义，加快施工效率并节约成本，图 4-36～图 4-38 为该住宅小区地下室走线 Revit 设计图。由图 4-37 和图 4-38 可知，设计通过了碰撞检测，设计模型能承担施工指导功能。

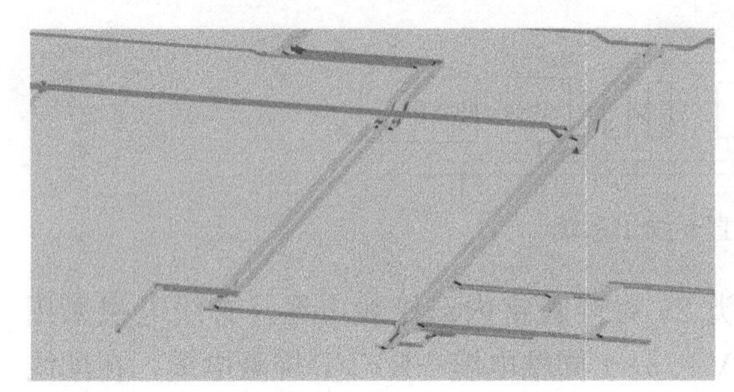

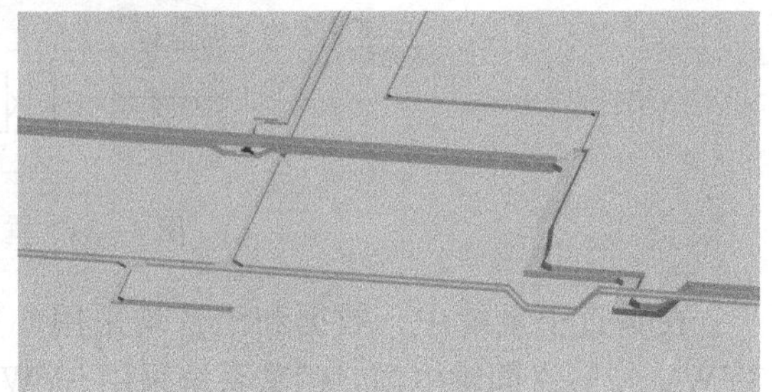

图 4-36　电缆桥架总览

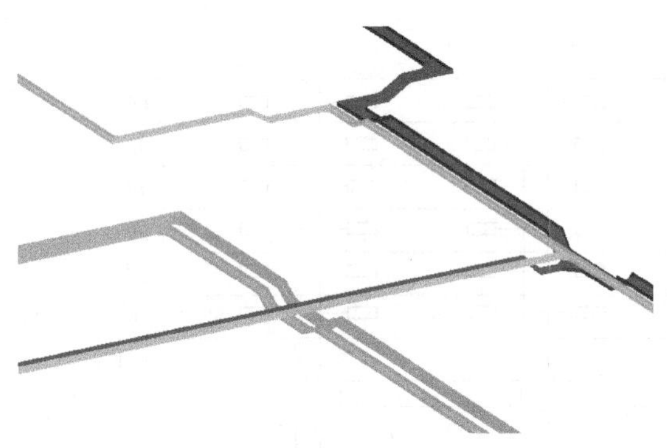

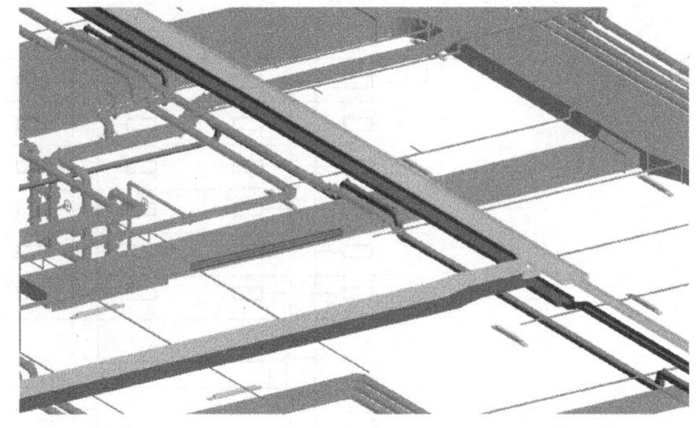

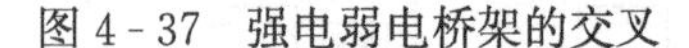

图 4-37　强电弱电桥架的交叉

图 4-38　各系统的交叉处理

碰撞检测是在协同工作的基础上实现的，碰撞检测是 BIM 技术应用初期最易实现、最直观、最易产生价值的功能之一。利用软件将二维图纸转换成三维模型的过程，不但是个校正的过程，解决漏和缺的问题，实际上更是个模拟施工的过程，在图纸中隐藏的空间问题可以轻易地暴露出来，解决错和碰的问题，图 4-39、图 4-40 为 BIM 模型与现场施工图对比。这样一个精细化的设计过程，能够提高设计质量，减少设计人员现场服务的时间，并且，一个贴近实际施工的模型，对预算算量的精确度及工作量，能有巨大的提升和降低，对于施工、物业管理、后期维修等，均有裨益。一个质量良好的模型，对于整个建筑行业，都有着积极的意义。

图4-39　BIM设计模型与相应施工现场图1

图4-40　BIM设计模型与相应施工现场图2

1. 综合布线系统的设计原则有哪些?
2. 工作区的划分原则是什么?
3. 工作区子系统设计步骤是什么?
4. 工作区子系统的设计要点是什么?
5. 画图说明配线子系统中计算机网络设备与配线设备的连接方式是什么?
6. 画图说明水平子系统缆线长度的相关要求是什么?
7. 水平子系统设计步骤是什么?
8. 说明管理区子系统设计中三种管理交连方式的含义。
9. 管理间子系统的设计内容是什么?
10. 配线间、设备间色标的含义是什么?
11. 垂直干线子系统中常见的布线距离有何具体要求?
12. 垂直干线子系统的设计内容是什么?
13. 如何确定设备间的位置?
14. 建筑群子系统的设计步骤是什么?
15. 建筑群子系统设计注意的要点有哪些?

第5章 综合布线系统施工技术

综合布线系统工程施工是实施布线设计方案，完成网络布线的关键环节，是每一位从事综合布线的技术人员必须具备的技能。综合布线系统施工是将分散的设备、材料按照系统的设计要求和工艺要求安装起来组成一个完整的介质传输系统，并经过测试和调试确保它们能满足使用要求。一个成功的网络系统除了要用优质的硬件、良好的设计外，安装施工是非常重要的因素。特别是安装的工艺，必须格外重视。网络系统的安装人员应具备良好的工艺素质和质量意识。综合布线系统施工涉及桥架的安装、线管线槽的布放、缆线的布放与端接等项目。

5.1 施 工 准 备

良好的综合布线系统设计有利于良好的综合布线系统施工，反过来，只有做好施工环节，才能更好地体现出设计的优良。为了保证综合布线系统施工的顺利进行，在工程开工前必须明确施工的要求，并切实做好各项施工准备工作。

5.1.1 施工的基本要求

无论是新建、改建，还是扩建的智能建筑采用综合布线系统时，必须按照我国颁布的相关规范进行施工和验收，即严格遵守 GB 50312—2016《综合布线系统工程验收规范》的要求。在施工时，应结合现有建筑物的客观条件和实际需要，参照我国现行规范的规定执行。如果在施工中遇到规范没有规定的内容，应根据工程设计要求办理。

在整个施工安装过程中必须重视工程质量，按照施工规范的有关规定，加强自检、互检和随工检查。建设单位常驻工地代表或工程监理人员必须认真负责，加强技术监督和工程质量检查，力求消灭因施工质量低劣而造成的隐患。所有随工验收和竣工验收的项目和内容均应按工程验收规定办理。

由于智能建筑和智能小区的综合布线系统，既有屋内的建筑物主干布线子系统，又有屋外的建筑群主干布线子系统，因此，屋内部分除按照综合布线系统工程施工及验收规范执行外，屋外部分还应符合 YD 5021—2010《通信线路工程验收规范》、YD 5072—2005《通信管道和光（电）缆通道工程施工监理规范》、YD 2001—1992《市内通信全塑电缆线路工程施工及验收技术规范》和 YDJ 44—1989《电信网光纤数字传输系统工程施工及验收暂行技术规定》等的要求。

综合布线系统的施工设计和工程施工将依据但不限于如下的规范和标准：

（1）JGJ 16—2016《民用建筑电气设计规范》。

（2）GB 50348—2014《安全防范工程技术规范》。

（3）GB 50394—2007《入侵报警系统工程设计规范》。

（4）GB 50395—2015《视频安防监控系统工程设计规范》。

（5）GB 50396—2007《出入口控制系统工程设计规范》。

（6）GB 50311—2016《综合布线系统工程设计规范》。
（7）GY/T 106—1999《有线电视广播系统技术规范》。
（8）GB 50464—2008《视频显示系统工程技术规范》。
（9）GB 50343—2015《建筑物电子信息系统防雷技术规范》。
（10）GB 50174—2016《电子信息系统机房设计规范》。
（11）GB/T 2887—2011《计算机场地通用规范》。
（12）SJ/T 10796—2015《防静电活动地板通用规范》。
（13）GB 50462—2015《数据中心基础设施施工及验收规范》。
（14）GB 50057—2016《建筑物防雷设计规范》。
（15）GB 50222—2015《建筑内部装修设计防火规范》。
（16）招标文件及设计图纸。

5.1.2　施工技术准备

1. 施工图熟悉、审查

（1）审查拟建工程地点、建筑总平面图与城市规划是否一致，以及建筑物或构筑物的设计功能和使用要求是否符合卫生、防火及美化城市方面的要求。

（2）审查图纸是否完整、齐全，以及设计图纸和资料是否符合国家有关工程建设的设计、施工方面的方针和政策。

（3）审查设计图纸与说明书在内容上是否一致，以及设计图纸与其各组成部分之间有无矛盾和错误。

（4）审查建筑总平面图与其他结构图在几何尺寸、坐标、标高、说明等方面是否一致，技术要求是否正确。

（5）审查地基处理与基础设计与拟建工程地点的工程水文、地质等条件是否一致，以及建筑物或构筑物与地下建筑物或构筑物、管线之间的关系是否一致。

（6）明确拟建工程的结构形式和特点，了解设计图纸中工程复杂、施工难度大和技术要求高的分部分项工程和使用的新结构、新材料、新工艺，检查现有施工技术水平和管理水平能否满足工期和质量要求，并采取可行的技术措施加以保证。

（7）明确建设期限、分期分批投产或交付使用的顺序和时间，以及工程所用的主要材料、设备的数量、规格、来源和供货日期；明确建设、设计和施工等单位之间的协调、配合关系，以及建设单位可提供的施工条件。

2. 施工图自审、会审和现场签证

（1）设计图纸的自审阶段。在收到拟建工程的设计图纸和有关技术文件后，应尽快组织有关的工程技术人员熟悉和自审，做好自审记录，自审记录应包括对设计图纸的疑问和对设计图纸的有关建议。

（2）设计图纸的会审阶段。一般由建设单位主持，由设计、监理和施工单位参加，进行设计图纸会审。图纸会审时，首先由设计单位的工程项目负责人说明拟建工程的设计依据、意图和功能要求，并对特殊结构、新工艺、新材料和新技术提出设计要求；然后，施工单位根据自审记录及对设计意图的了解，提出对设计图纸的疑问和有关建议；最后，在统一认识的基础上，对所探讨的问题一一做好记录，形成“图纸会审”，由建设单位正式行文，参加单位负责签字、盖章，作为与设计文件同时使用的技术文件和指导施工依据，并作为建设单位与施工单位进行工程结算的依据。

（3）设计图纸的现场签证阶段。如果发现拟建工程的施工条件与设计图纸条件不符，或者发现图纸中仍然有错误，或者因为材料的规格、质量不能满足设计，或者因为施工单位提出了合理化建议，需要对设计图纸进行及时修订，应遵循技术核定和设计变更的签证制度，进行图纸的施工现场签证。如果设计变更的内容对拟建工程的规模、投资影响较大，要报请项目的原批准单位批准。施工现场的图纸修改、技术核定和设计变更资料，都要有正式的文字记录，归入拟建工程施工档案，作为指导施工、竣工验收和工程结算的依据。

3. 编制项目质量计划

由项目经理组织编制工程的项目质量计划，明确各项工作职责和程序，以此作为实施质量保证文件，提交业主监督。

4. 编制施工组织设计

施工组织设计作为指导现场施工的法规，经业主代表审批后，由项目经理发布实施。

5. 编制检验计划

与监理单位共同商定有见证取样资质的试验单位，并编制有关材料、检验计划。

5.1.3 施工前检查

综合布线系统工程项目开工前需要做一些准备工作，这些准备工作是工程项目顺利、安全、按期完成的前提与保障。综合布线系统施工前的检查主要包括对设备安装环境的检查、施工单位对工程所用的各种器材的检查及施工的安全检查。

1. 施工前环境检查

（1）配线间、设备间的建筑和环境条件检查。在安装工程开始以前应对配线间、设备间的建筑和环境条件进行检查，具备下列条件方可开工：

1）配线间、设备间、工作区土建工程已全部竣工。房屋的墙壁和地面均要平整，室内通风、干燥、光洁，门窗齐全，门的高度和宽度均应符合工艺要求，不会妨碍设备和器材的搬运。门锁性能良好，钥匙齐全，可以保证房间安全可靠，真正具备安装施工的基本条件。

2）房间内按设计要求预先设置的地槽、暗敷管路和孔洞的位置、数量、尺寸均应正确无误，符合设计要求。

3）设备间敷设的活动地板应符合相关技术要求，地板铺设表面平整，板缝严密，安装严格，地板支柱安装要坚固牢靠，每平方米的水平允许偏差不应大于2mm。活动地板的防静电措施和接地装置应符合设计和产品说明书要求。

4）设备间和配线间内均应设置使用可靠的交流单相50Hz、220V的施工电源，其接地电阻值及接地装置均应符合设计要求，以便安装施工和维护检修时用。不满足接地电阻要求条件的，为了保证施工的安全，必须采取措施。

5）设备间和配线间的面积大小、环境温湿度条件、防尘和防火措施、内部装修等都应符合工艺设计提出的要求或者有关标准规定。

6）配线间安装有源设备及设备间安装计算机、交换机、维护管理系统设备和配线设备时，应按系统设备安装工艺设计要求检查建筑物及环境条件。

7）配线间、设备间所需要的交直流供电系统，由综合布线系统设计单位提出要求，在供电单项工程中实施。

（2）电缆进线室检查。电缆进线室位于地下室或半地下室时，应采取通风措施，地面、墙面、顶面应有较好的防水和防潮性能。

(3) 环境检查。

1) 温度和湿度要求。温度应为10～30℃，湿度应为10%～80%。温度和湿度过高或过低，易造成缆线及器件绝缘不良和材料老化。

2) 地下室的进线室应保持通风，排风量应按每小时不小于5次换气次数计算。

3) 给水管、排水管、雨水管等其他管线不宜穿越配线机房；应考虑设置手提式灭火器和火灾自动报警器。

(4) 照明、供电和接地检查。

1) 照明宜采用水平面一般照明，照度可为75～100lx；进线室应采用具有防潮性能的安全灯，灯的开关装于门外。

2) 工作区、配电间和设备间的电源插座应为220V单相带保护的电源插座，插座接地线从380V/220V三相五线制的PE线引出。根据所连接的设备情况，部分电源插座应考虑采用UPS的供电方式。

3) 综合布线系统要求在配线间设有接地体，接地体的电阻值如果为单独接地则不应大于4Ω，如果是采用联合接地则不应大于1Ω。接地体主要供下列场合使用：

a. 机柜或机架屏蔽层接地。

b. 电线缆的金属外皮或屏蔽电缆的屏蔽层接地。

c. 配线设备的走线架、过电压与过电流保护器及报警信号的接地。

2. 设备、器材和工具的检验

施工前，施工单位应对工程所用的各种器材进行检查，无出厂检验证明或与设计不符的材料不得在工程中使用。经检验的器材应做好记录，对不合格的器材应单独存放，以备核查与处理。

(1) 型材、管材、铁件的检验。

1) 各种钢材和铁件的材质、规格、型号均应符合设计文件的规定，要求表面涂覆或镀层均匀、光滑、平整，不得变形，无断裂、破损现象。

2) 综合布线系统工程中采用钢材和硬聚氯乙烯塑料管较多，检验其管身应光滑、均匀，无裂痕、伤痕和变形，接续配件齐全有效，管孔内壁应光滑，无节疤、无裂痕，孔径和壁厚均应符合设计文件的规定和质量标准。

3) 在建筑群主干布线子系统中采用水泥管块时，其管材质量应符合规范要求。如采用双壁波纹管，其管材质量也要符合相关要求。

4) 各种铁件的材质和规格均应符合相关标准规定的质量要求，以满足工程安装施工需要，不得有扭曲、歪斜、断裂、飞刺和破损等缺陷。铁件的表面处理和镀锌层应均匀完整、光洁，牢固地附着在铁件表面，不应有气泡、脱落、砂眼、裂纹、针孔和锈蚀斑痕，其安装部位与其他接合处也不应有锌渣或锌瘤残存，以免影响安装施工质量。

(2) 电缆、光缆的检验。为了使工程布放的电缆、光缆的质量得到可靠地保证，在工程招标阶段可以对厂家所提供的产品样品进行分类封存备案，待工程的实施中厂家大批量供货时，用所封存的样品进行对照，以检验产品的外观、标志和质量是否完好，对工程中所使用的缆线应按照下述要求进行：

1) 线缆的检验内容。

a. 工程中所用的电缆和光缆的型号、规格和形式应符合设计的规定和合同要求。

b. 根据材料运单对照检查对绞线电缆和光缆的包装标志或标签，要求内容应齐全，字迹应清晰。外包装应注明电缆和光缆的型号、规格、线径或芯数、端别、盘号和盘长等情况，并要与出厂产品质量合格证一致，以便施工时调配使用。

c. 电缆和光缆的外包装应无外部破损，对缆身应检查外护套是否完整无损，有无压扁或裂纹等现象，如发现有上述现象，应做记录，以便抽样测试。电缆和光缆均应附有出厂质量检验合格证，还应附有本批量电缆电气性能检验报告和测试记录。

d. 电缆或光缆有端别要求时，应剥开缆头，分清 A、B 端别，并在电缆或光缆的两端外部标记出端别和序号，以便敷设时予以识别。

e. 根据光缆出厂产品质量检验合格证和测试记录，审核光纤的几何、光学和传输特征及机械物理性能是否符合设计要求。光缆开盘后，同时检查光缆外表有无损伤，光缆端头封装是否良好。

2）缆线的性能指标抽测。对于双绞线电缆，应从达到施工现场的批量电缆中任意抽出 3 盘，并从每盘中截出 90m，同时在电缆的两端连接上相应的接插件，以形成永久链路（5 类布线系统可以使用基本链路模式）的连接方式（使用现场电缆测试仪），进行链路的电气特征测试。由测试的结果进行分析和判断这批电缆及接插件的整体性能指标，也可以让厂家提供相应的产品出厂检测报告和质量技术报告，并与抽测的结果进行比较。光缆首先对外包装进行检查，如发现有损伤或变形现象，也可按光纤链路的连接方式进行抽测。

3）接插件及配线设备的检验。

a. 配线模块和信息插座及其他接插件的部件应完整，检查塑料材质是否满足设计要求。

b. 光纤插座的连接器使用形式和数量、位置应与设计相符。

c. 电缆插座面板和光纤插座面板应有明显标志（如颜色、图形和文字符号）。

d. 连接件的性能参数应与布线系统相匹配。

4）施工工具的检验。在安装施工前应对各种工具进行清点和检验，以免在施工过程中发生不可预见的施工事故，因此施工前对施工工具的检验是非常重要的一个环节，具体如下：

a. 检查登高设备是否坚固牢靠，有无晃动和损坏现象，如有这些情况，必须修复完好后才允许在工地现场使用，以免发生人员受伤事故。

b. 检查牵引工具是否切实有效，有无磨损或断裂现象，以及是否存在失灵和严重缺陷等，必要时应更换新的工具，不宜使用带有严重缺陷的工具施工，防止产生其他危害工程质量和人员安全的事故。

c. 检查电动施工工具的连接软线有无外绝缘护套破损，有无产生漏电的隐患，其使用功能是否切实有效，只有证实确无问题时，才可在工程中使用。

3. 安全检查

网络布线施工使用的工具多数为一些锐器，如螺丝刀、美工刀、剪刀等，施工环境还有一些登高作业，如天花板穿线、桥架的安装、外墙布线、架空走线等，施工现场会有强电走线及强电工具的使用，如电钻、开槽机、金属切割机等。因此，安全问题必须格外重视。施工前一定要制定施工安全措施、做好安全措施检查并填写安全措施检查记录，在施工中千万注意安全防护。

（1）穿着合适的工装。可以保证工作中的安全，一般情况下，工装裤、衬衫和夹克就够用了。除了这些服装之外，在某些操作中，还需要一些装备。

1）安全帽。在有危险的地方要始终戴着安全帽。

2）手套。安装操作时，手套可以保护你的手。例如，在楼内拉缆时，或擦拭带螺纹的线杆时都可能会碰到金属刺，同时手套可以防止手掌上的汗渍对金属表面的腐蚀。

3）防钉鞋。网络布线的施工现场情况通常是比较复杂的，布线环境也是比较艰苦的，地面上可能会有施工遗留的各种各样的锋利锐器，因此，进入施工现场的施工人员需要穿上专用的防钉鞋。

（2）施工现场不得吸烟，在施工现场，存在许多易燃、易爆物品和器材，在工作场所吸烟是导致火灾的主要原因。

（3）严防触电事故发生。

（4）确保在工作区域每个人的安全。一旦工程范围确定，在布线区域要设置安全带和安全标记，妥善安排工具以使其不妨碍他人，缺乏工具管理是造成伤害的隐患。

（5）在较高的地方作业，系好安全带、安全绳。

（6）强电作业时，必须有两人在场，才能施工，并在电闸处挂上警示标志。

5.1.4　施工过程中要注意的事项

（1）在实施设计时首先应注意符合规范化标准。结构化布线的实施设计不仅要做到设计严谨，满足用户使用要求，还要使其造价合理，符合规范化标准。国际和国内对结构化布线有着严格的规定和一系列规范化标准，这些标准对结构化布线系统的各个环节都做了明确的定义，规定了其设计要求和技术指标。

（2）根据实际情况设计。首先要对工程实施的建筑物进行充分地调查研究，收集该建筑物的建筑工程、装修工程和其他有关工程的图纸资料，并充分考虑用户的建设投资预算要求、应用需求及施工进度要求等各方面因素。如果建筑物尚在筹建之中就确定了结构化布线方案，则可以根据建筑的整体布局、走线的需求，向建筑的设计机构提出有关结构化布线的特定要求，以便在建筑施工的同时将一些布线的前期工程完成。如果是在原有建筑物的基础上与室内装修工程同步实施的布线工程，则必须根据原有建筑物的情况、装修工程设计和实际勘查结果进行布线实施设计。

（3）要注意选材和布局。布线实施设计中的选材用料和布局安排对建设成本有直接的影响。在设计中，应根据网络建设机构的需求，选择合适类型的布线缆线和接插件，所选布线材料等级的不同对总体方案技术指标的影响很大。布局安排的设计除了对建设成本有直接的影响外，还关系到网络布线是否合理，对于一座多层建筑物来说，安装整个建筑物网络主干交换机的信息中心网络机房，最好设置在建筑物的中部楼层，如果各个楼层设置配线间，最好设置在楼层的中段，这样设计不但可以尽量缩短垂直和水平主干子系统的布线长度，节约材料，降低成本，还可以减少不必要的信道传输距离，有利通信质量的提高。

（4）需要注意的还有施工现场督导人员要认真负责，及时处理施工进程中出现的各种情况，协调处理各方意见；如果现场施工碰到不可预见的问题，应及时向工程单位汇报，并提出解决办法供工程单位当场研究解决，以免影响工程进度；对工程单位计划不周的问题，要及时妥善解决；对工程单位新增加的点要及时在施工图中反映出来；对部分场地或工段要及时进行阶段检查验收，确保工程质量；最好制订出工程进度表，但在制订工程进度表时，要留有余地，还要考虑其他工程施工时可能对该工程带来的影响，避免出现不能按时完工、交工的问题，因此，建议使用督导指派任务表、工作间施工表。

而在工程施工结束时，还应该注意清理现场，保持现场清洁、美观；对墙洞、竖井等交接处要进行修补；各种剩余材料汇总，并把剩余材料集中放置一处，并登记其还可使用的数量；做好总结材料：开工报告、布线工程图、施工过程报告、测试报告、使用报告和工程验收所需的验收报告。

5.2 信息插座端接

信息插座在工作区子系统内是水平子系统电缆的终节点，也是终端设备与水平子系统连接的接口。综合布线系统提供不同类型的信息插座和插头。这些信息插座和带有插头的接插软线相互兼容。在工作区一端，用带有 8P 插头的软线接入插头；在水平子系统一端，将 4 对双绞线插到插座上。信息插座为水平布线与工作区布线之间提供了管理的边界和接头，它在建筑综合布线系统中作为端点，也就是终端设备连接或断开的端点。不管是实施光纤综合布线系统工程，还是双绞线综合布线系统工程，都要进行信息插座的端接，并要保证端接的质量。

5.2.1 信息插座安装要求

(1) 安装在活动地板或地面上，应固定在接线盒内，插座面板采用直立和水平等形式。接线盒盖可开启，并应具有防水、防尘、抗压功能。接线盒面应与地面齐平。信息插座安装分为墙上安装、地面安装等。墙上安装，要求距地面 300mm，同一场所误差在 1mm 以下，地面安装误差在 0.5mm 以下。

(2) 8 位模块式通用插座、多用户信息插座或集合点配线模块，安装位置应符合设计要求。

(3) 8 位模块式通用插座底盒的固定方法按施工现场条件而定，宜采用预置扩张螺钉固定等方式。

(4) 固定螺钉需拧紧，不应产生松动现象。

(5) 信息点的编号和对应的配线架端口编号一致，配线架上的编号有规律，标签要求采用激光打印，字迹清楚。

(6) 各种插座面板应有标识，以颜色、图形、文字表示所接终端设备类型。信息插座面板具有有机玻璃标签框，可以安装标签纸；遵循 TIA/EIA 606A 标准，面板标签采用淡蓝色底的标签，激光打印机打印黑色字体，标签上的编号同时支持简体汉字、英文字母、数字、标点，标签上每个字母的高度为 5mm。每个双口面板定义为一个语音点、一个数据点（两者可以互换），语音点和数据点采用不同的英文字母和符号进行标示，语音点用字母“V”和符号“☎”表示，数据点用字母“D”和符号“💻”表示。标签样式如图 5-1 所示。

💻 A301D001	☎ A301V001

图 5-1 信息插座面板标签

注：A301 表示与信息点所连接的管理区（IDF），D 表示数据，V 表示语音，001 是流水号。

(7) 信息模块的压接分为 T568A 和 T568B 两种方式，其物理线路分布如图 5-2 所示。

无论是采用 T568A，还是 T568B，均在一个模块中实现，但它们的线对分布不一样，减少了产生的串扰对。在

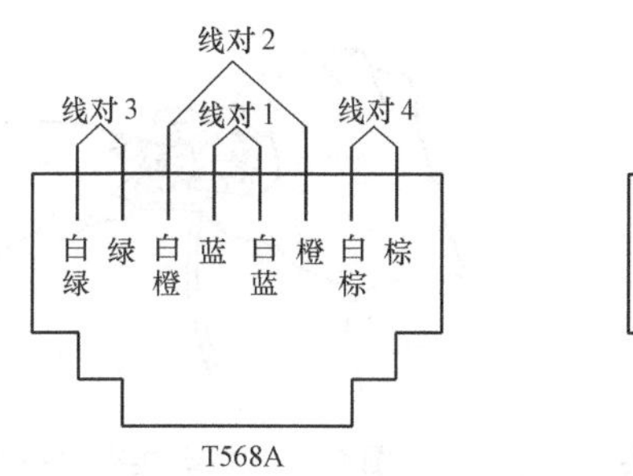

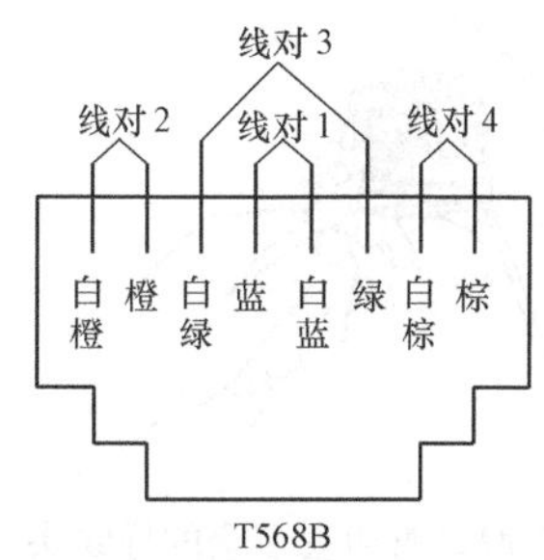

图 5 - 2　信息插座物理线路接线方式

一个系统中只能选择一种，即 T568A 和 T568B 不可混用。

5.2.2　通用信息插座端接

综合布线系统所用的信息插座多种多样，信息插座应在内部做固定线连接。信息插座的核心是模块化插孔。双绞线在与信息插座的模块孔连接时，必须按色标和线对顺序进行卡接。信息插座类型、色标和编号应符合规定。镀金的插座孔可保持与模块化插头弹片间稳定而可靠的电连接。由于弹簧片与插孔间的摩擦作用，电接触随插头的插入而得到进一步加强。插孔主体设计采用了整体锁定机制。这样当模块化插头插入时，插头和插孔的接触面处可产生最大的拉拔强度。最新国际标准提出信息插座应具有 45°斜面，并具有防尘、防潮护板功能。同时，信息出口应有明确的标记，面板应符合国际 86 系列标准。

双绞线电缆与信息插座的卡接端子连接时，应按先近后远、先下后上的顺序进行卡接。

双绞线电缆与接线模块（IDC、RJ - 45）卡接时，应按设计和厂家规定进行操作。

屏蔽双绞线电缆的屏蔽层与连接硬件端接处屏蔽罩须可靠接触。缆线屏蔽层应与连接硬件屏蔽罩 360°圆周接触，接触长度不宜小于 10mm。

信息插座没有自身的阻抗。如果连接不好，可能要增加链路衰减及近端串扰。所以，安装和维护综合布线系统的人员，必须先进行严格培训，掌握安装技能。

下面给出的步骤用于连接 4 对双绞线电缆到墙上安装的信息插座。用此法也可将 4 对双绞线电缆连接到掩埋型的信息插座上。注意：电气盒在安装前应已装好。

（1）将信息插座上的螺钉拧开，然后将端接夹拉出来拿开。

（2）从墙上的信息插座安装孔中将双绞线拉出 20cm 长一段。

（3）用斜口钳从双绞线上剥除 10cm 的外护套。

（4）将导线穿过信息插座底部的孔。

（5）将导线压到合适的槽中去，如图 5 - 3 所示。

（6）使用斜口钳将导线的末端割断，如图 5 - 4 所示。

（7）将端接夹放回，并用拇指稳稳地压下，如图 5 - 5 所示。

（8）重新组装信息插座，将分开的盖和底座扣在一起，再将连接螺钉拧上。

（9）将组装好的信息插座放到墙上。

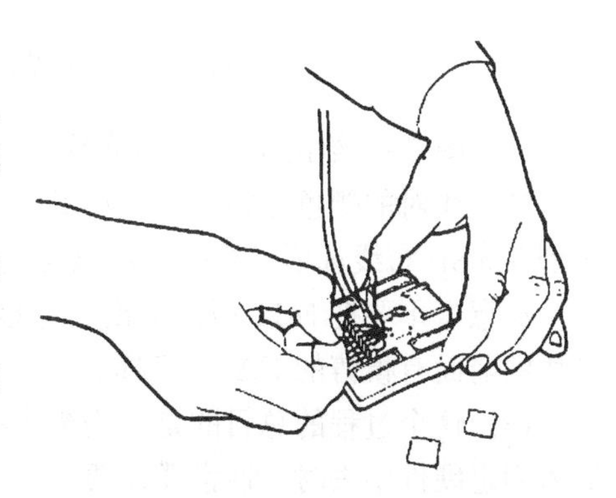

图 5 - 3　将导线压到合适的槽中去

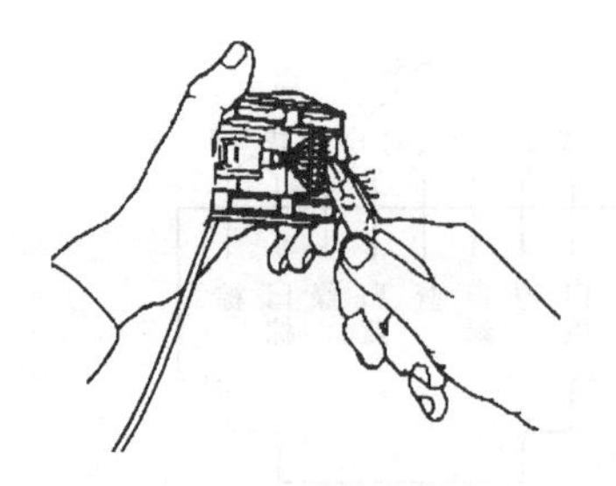

图 5-4 用偏口钳切去多余的导线头

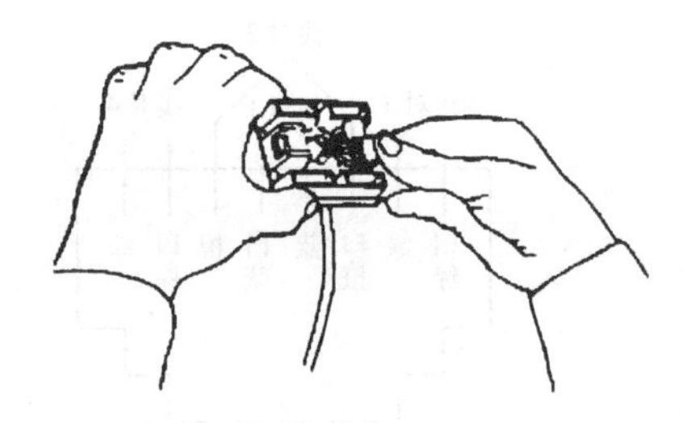

图 5-5 将端接夹放在线上

(10) 将螺钉拧到接线盒上，以便固定。

注意：信息插座的位置应使其中心位于离地板面的 30cm 处。

5.2.3 模块化信息插座端接

模块化信息插座分为单孔和双孔，每孔都有一个 8 位/8 路插脚（针）。这种插座的高性能、小尺寸及模块化特征，为设计综合布线系统提供了灵活性。它还采用了标明多种不同颜色电缆所连接的终端，保证了快速、准确的安装。

图 5-6 给出了在 M100 型信息模块上端接电缆的快速可重复的方法。

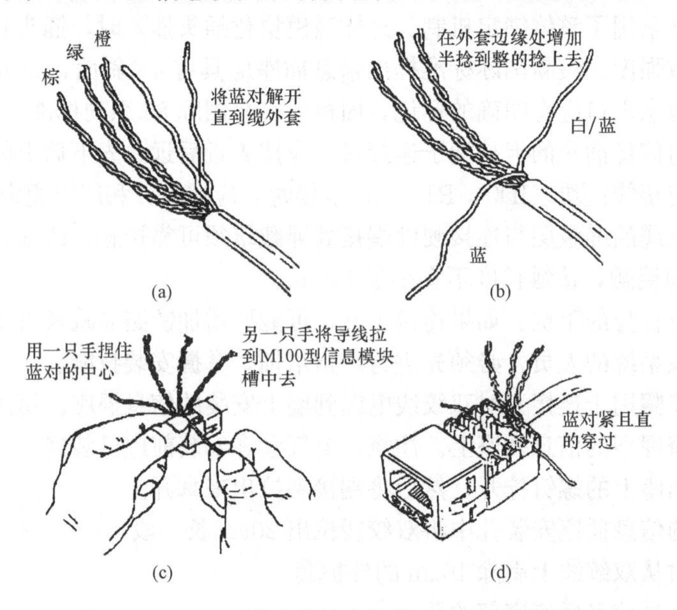

图 5-6 M100 型信息模块连接器 T568B 蓝对的端接

(1) 图 5-6 给出了 T568B 布线选项。

(2) 线对的颜色必须与 M100 型信息模块侧面的颜色标注相匹配。这些颜色标注还用来区别 T568B 布线选项。检查标注以便使用正确类型的 M100 型信息模块。

注意：不要把 M11 型信息模块连接器与 M100 型信息模块相混淆，只有 M100 型信息模块的前面有模铸的 CAT5 字样。

(3) 这个过程的总目的是，当缆线移动时，性能可能下降。当 M100 型信息模块最终被插入固定硬件中去时，通常缆线要转弯。

(4) 为了使最后的两对线（橙和棕）能在正确的一边，开始此过程时要对电缆定位，并在端接头两对线（蓝和绿）时完成此定位工作。

M100 型信息模块按下面的顺序端接电缆，符合 T568A 的接线标准。

（1）检查 M100 型信息模块上的颜色标准，以便确认 M100 型信息模块是按 T568A 的要求接线。

（2）线对颜色与 T568A 插针匹配：首先是蓝色，然后是橙色，再是绿色，最后是棕色。

5.2.4　信息插座模块在配线架上端接

配线板是提供铜缆或光缆端接的装置。它可安装多达 24 个任意组合的模块化连接器并在线缆卡入配线板时提供弯曲保护。该配线板可固定在一个标准的 48.3cm（19in）配线柜内。图 5-7 中给出了在一个 M1000 型配线板的 M100 型信息模块连接器上端接电缆的基本步骤。

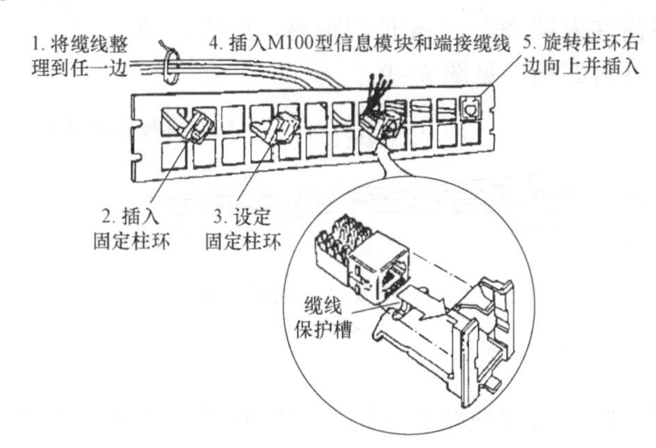

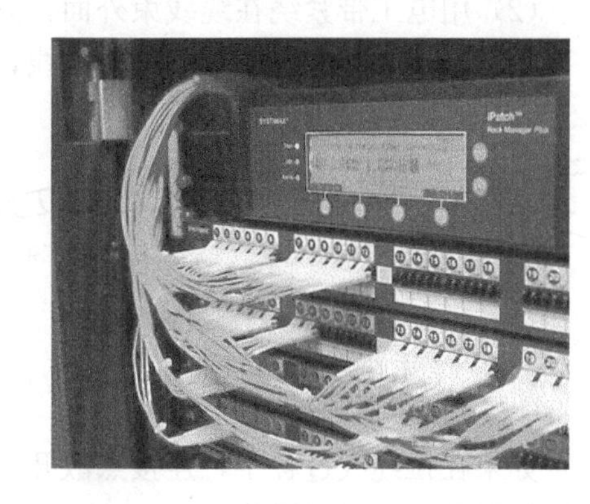

图 5-7　配线板端接的步骤与实物接线图

（1）在端接线缆之前，首先整理缆线。松松地将缆线捆扎在配线板的任一边上，最好是捆到垂直通道的托架上。

（2）以对角线的形式将固定柱环插到一个配线板孔中去。

（3）设置固定柱环，以便柱环挂住并向下形成一个角度，有助于缆线的端接。

（4）插入 M100 型信息模块，将缆线末端放到固定柱环的线槽中去，并按照 M100 型信息模块连接器的安装过程对其进行端接，在第（2）步以前插入 M100 型信息模块比较容易一点。

（5）最后向右边旋转固定柱环，完成此工作时必须注意合适的方向，以避免将缆线缠绕到固定柱环上。顺时针方向从左边旋转整理好缆线，逆时针方向从右边开始旋转整理好缆线。另一种情况是在 M100 型信息模块固定到 M1000 型配线板上以前，缆线可以被端接在 M100 上。通过将缆线穿过配线板 200 孔，在配线板的前方或后方完成此工作。

5.3　缆线的敷设

5.3.1　缆线牵引技术

所谓的缆线牵引就是用一条拉线（通常是一条绳）或一条蛇绳将缆线牵引穿入墙壁管道、吊顶和地板管道，所用的方法取决于要完成作业的类型、缆线的重量、布线路由的质量（例如，在具有急转弯的管道中布线要比在直管道中布线难），还与管道中要穿过的缆线的数目有关。在已有缆线拥挤的管道中穿线要比空管道难。不管在哪种场合都应遵循一条规则：使拉线与缆线的连接点应尽量平滑，所以要采用电工胶带紧紧地缠绕在连接点外面，以保证平滑和牢固。在索引过程中，牵引力的大小通常是：一根4对双绞线电缆的拉力最大为100N，两根4对双绞线电缆的拉力为150N，三根4对双绞线电缆的拉力为200N，不管多少根线对电缆，最大拉力不能超过400N。

1. 牵引4对双绞线电缆

标准的4对双绞线电缆很轻，通常不要求更多的准备，只要将它们用电工带与拉绳捆扎在一起就行了。

为牵引多条（如4条或5条）4对双绞线电缆穿过一条路由，可用下列方法：

（1）将多条缆线聚集成一束，并使它们的末端对齐。

（2）用电工带紧绕在缆线束外面，只需在末端绕5～7m长的距离，见图5-8。

（3）将拉绳穿过电工带缠好的缆线，并打好结，见图5-9。

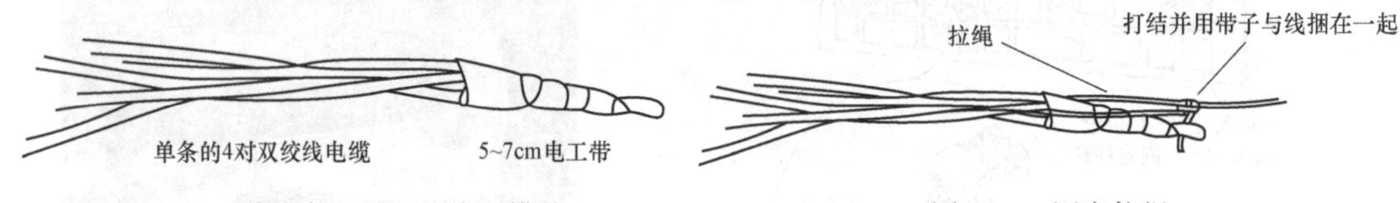

图5-8 将多条4对双绞线电缆的末端缠绕在电工带上

图5-9 固定拉绳

如果在拉缆线过程中，连接点散开了，则要收回缆线和拉绳重新制作更牢固的连接点。可以按下面方法进行操作：

（1）除去一些绝缘层以暴露出5cm的裸线，见图5-10。

（2）将裸线分成两条。

（3）将两束导线互相缠绕起来形成环，见图5-11。

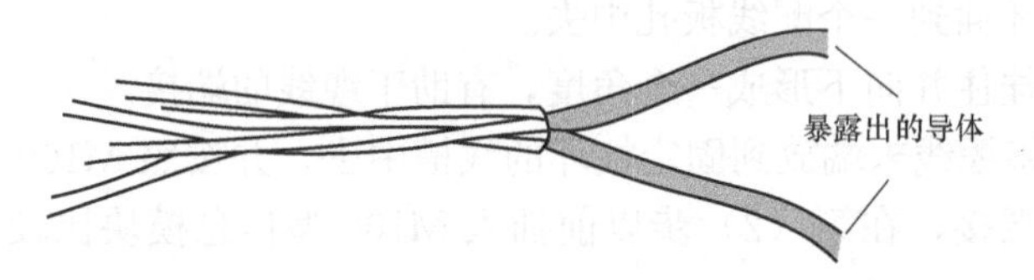

图5-10 剥去缆线外皮

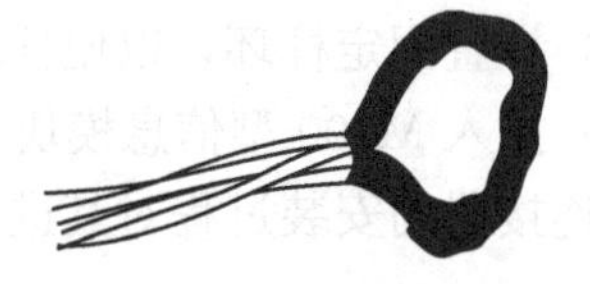

图5-11 将缆线缠绕成环

（4）将拉绳穿过此环，并打结，然后将电工带缠到连接点周围，要缠得结实和平滑。

2. 牵引单条25对双绞线电缆

牵引单条的25对双绞线电缆，可用下列方法：

（1）将缆线向后弯曲以便建立一个环，直径为15～30cm并使缆线末端与缆线本身绞紧，如图5-12所示。

（2）用电工带紧紧地缠在绞好的缆线上，以加固此环，如图5-13所示。

（3）把拉绳连接到缆线环上，如图5-14所示。

（4）用电工带紧紧地将连接点包扎起来。

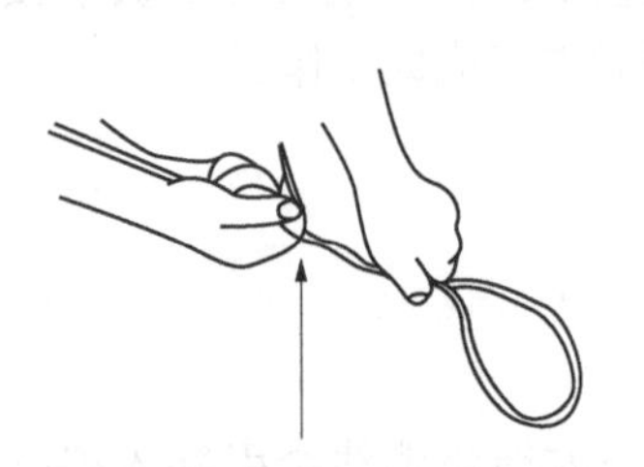

图5-12 将缆线末端与缆线本身绞接成环

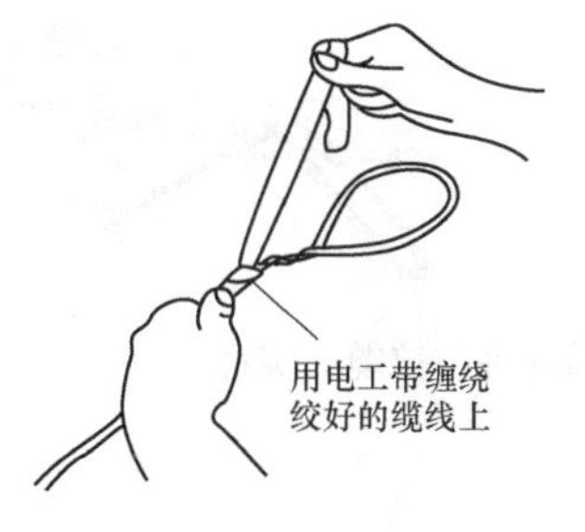

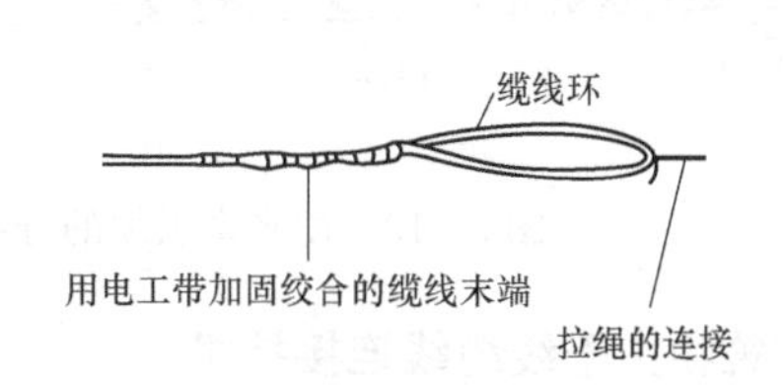

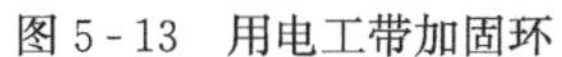
图 5-13 用电工带加固环　　图 5-14 将拉绳连接到缆线环上

3. 牵引 25 对或更多对的双绞线电缆

牵引 25 对或更多对的双绞线电缆可用芯套/钩连接，这种连接方式非常牢固，它能用在几百对的缆线上，为此要执行下列过程：

(1) 剥除约 30cm 的缆线护套，包括导线上的绝缘层。

(2) 使用斜口钳将线切去，留下约 12 根（一打）。

(3) 将导线分成两个绞线组，如图 5-15 所示。

(4) 将两组绞线交叉地穿过拉线的环，在缆线端建立一个闭环，如图 5-16 所示。

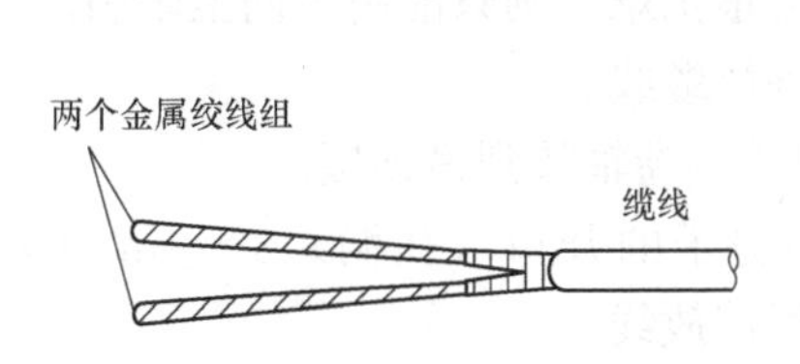

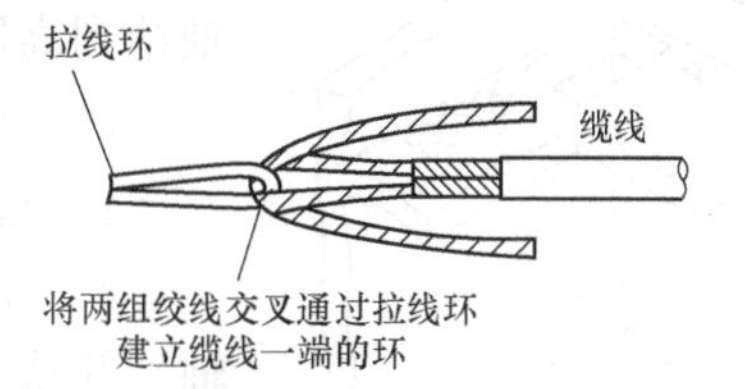

图 5-15 将缆线分成两个均匀的绞线组　　图 5-16 将绞线组馈送通过拉线环

(5) 将缆线一端的线缠绕在一起以使环封闭，如图 5-17 所示。

(6) 用电工带紧紧地缠绕在缆线周围覆盖长度约 5cm，然后继续再绕上一段，见图 5-18。

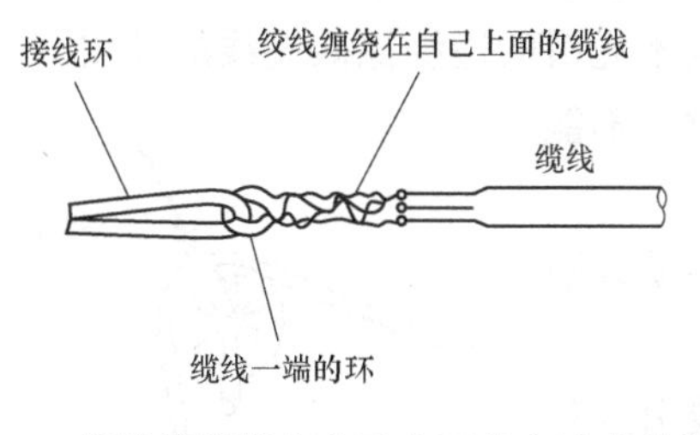

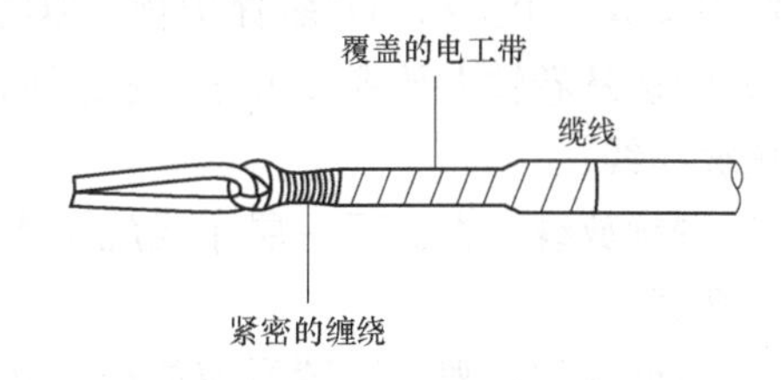

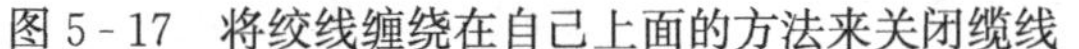
图 5-17 将绞线缠绕在自己上面的方法来关闭缆线　　图 5-18 用电工带紧密缠绕建立的芯套

在某些重缆线上装有一个牵引眼：在缆线上制作一个环，以使拉绳能固定在它上面。对于没有牵引眼的重缆，可以使用一个芯套/钩或一个分离的缆夹，如图 5-19 所示，将夹子分开并将它缠到缆线上，在分离部分的每一半上有一个牵引眼。当吊缆夹已经缠在缆线上时，可同时牵引两个拉眼，使夹子紧紧地保持在缆线上。

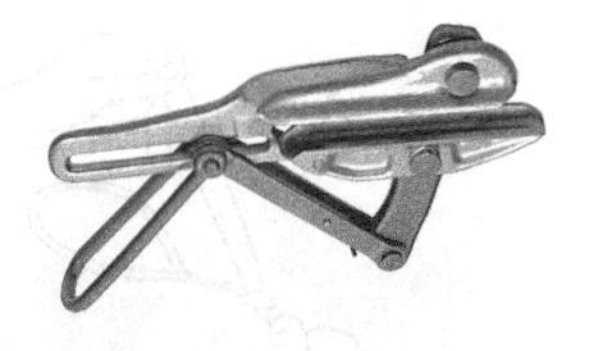

图 5-19 用来牵引缆的分离吊缆夹与拉缆夹实物

5.3.2 建筑物主干线缆线连接技术

1. 电缆连接

干线缆线是建筑物的主要馈缆线。它为从设备间到每层的配线间之间传输信号提供通路。

在新的建筑物中，通常在垂直方向有一层层对准的封闭型的小房间，称为弱电间。在这些房间中有 15cm 长、10cm 宽的细长开口槽，或一系列直径为 10～15cm 的套筒圆孔，如图 5-20 所示。这些孔和槽从顶到地下室在每层的同一位置上都有。这样就解决了垂直方向通过各楼层敷设干线缆线的问题。

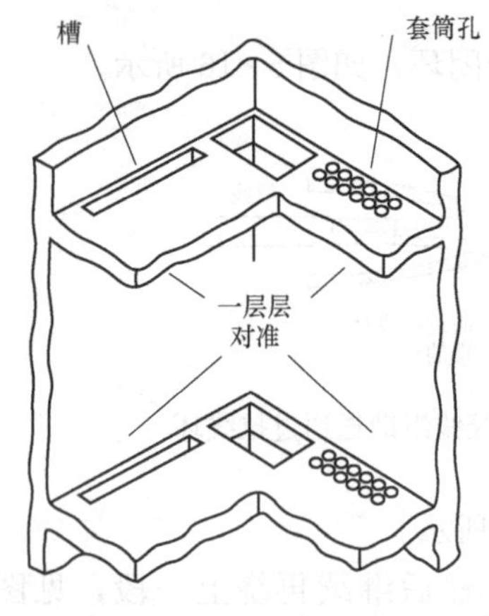

图 5-20 封闭型的配线间

在弱电间中敷设干线缆线有向下垂放和向上牵引两种选择。相对而言，向下垂放比向上牵引容易。但如果将缆线卷轴抬到高层上去很困难，则只能由下向上牵引。

(1) 向下垂放缆线。

1) 首先把缆线卷轴放到最顶层。

2) 在离小房子的开口（孔洞）3～4m 处安装缆线卷轴，并从卷轴顶部放线。

3) 在缆线卷轴处安排所需的布线施工人员（人数视卷轴尺寸及缆线重量而定），每层上要有一个施工人员以便引导下垂的缆线。

4) 开始旋转卷轴，将缆线从卷轴上拉出。

5) 将拉出的缆线引导进弱电间中的孔洞。在此之前先在孔洞中安放一个塑料的套装保护物，以防止孔洞不光滑的边缘擦破缆线的外皮。

6) 慢速从卷轴上放缆线并进入孔洞向下垂放，不能快速施放缆线。

7) 继续放线，直到下一层布线施工人员能将缆线引到下一孔洞。

8) 按前面的步骤，继续慢速放线，并将缆线引入各层的孔洞。

如果要经由一个大孔敷设垂直干线缆线，这里就无法使用一个塑料保护靴了。这时最好使用一个滑车轮，通过它向下垂放缆线，为此需要进行如下操作：

1) 在孔的中心处装上一个滑车轮，如图 5-21 所示。

2) 将缆线拉出绕在滑车轮上。

3) 按前面所介绍的方法牵引缆线穿过每层的孔，当

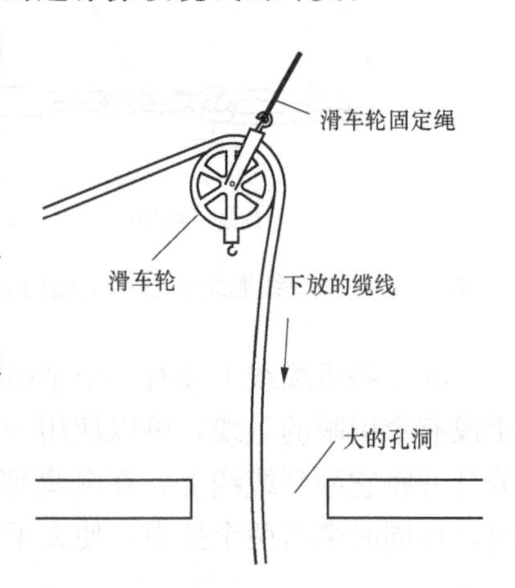

图 5-21 用滑车轮向下布放缆线

缆线到达目的地时，把每层上的缆线绕成圈放在架子上固定起来，等待以后端接。

在布线时，若缆线要越过弯曲半径小于允许值的位置（双绞线弯曲半径为 8～10 倍缆线的直径，光缆弯曲半径为 20～30 倍缆线的直径），可以将缆线放在滑车轮上，以解决缆线的弯曲问题，如图 5-22 所示。

（2）向上牵引缆线。布放的缆线较少，可采用人工向上牵引的方案。若布入的缆线较多，可采用电动牵引绞车向上牵引方案，如图 5-23 所示。

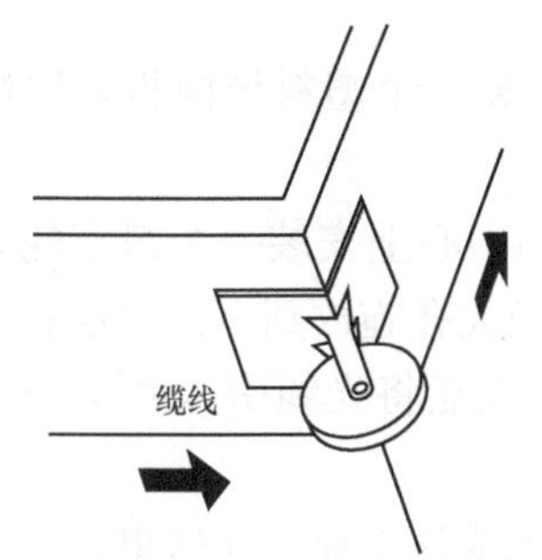

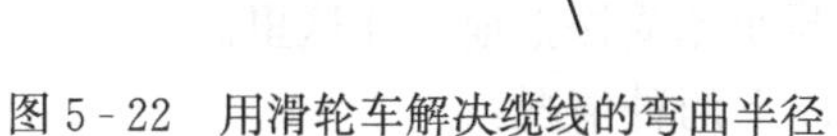
图 5-22　用滑轮车解决缆线的弯曲半径

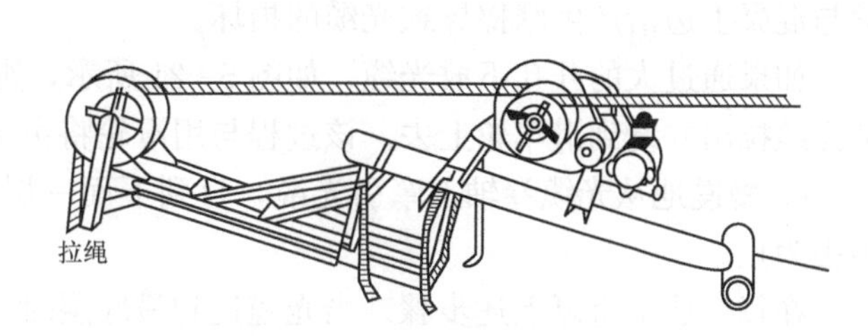

图 5-23　典型的电动牵引绞车

1）按照缆线的重量，选定绞车型号，并按绞车制造厂家的说明书进行操作。先往绞车中穿一条绳子。

2）启动绞车，并往下垂放一条拉绳（确认此拉绳的强度能保护牵引缆线）。拉绳向下垂放直到安放缆线的底层。

3）如果缆线上有一个拉眼，则将绳子连接到此拉眼上。

4）启动绞车，慢速将缆线通过各层的孔向上牵引。

5）当缆线的末端到达顶层时，停止绞动。

6）在地板孔边沿上用夹具将缆线固定。

7）当所有连接点制作好之后，从绞车上释放缆线的末端。

2. 光缆连接

（1）通过建筑物各层的槽孔垂直地敷设光缆。在新建的建筑物中，通常在垂直方向上有一层层对准的封闭型的小房间，常称为弱电间。在这些封闭型的小房间中留有 15cm 长、10cm 宽的槽或一系列直径为 10～15cm 的孔。这些孔和槽从顶到地下室在每一层都有。这样就解决了垂直方向通过各楼层敷设光缆的问题，但要提供防火措施。在许多老式建筑物中，可能有大槽孔的弱电间，通常在这些弱电间内装有管道，以供敷设气管、水管、空调管等；有时，还有电力电缆。若利用这样的竖井来敷设光缆，光缆有可能会受到层到层间电火花的损坏，所以光缆必须加以保护。

在弱电间中敷设光缆可有向下垂放、向上牵引两种选择。通常向下垂放比向上牵引容易些。但如果将光缆卷轴机搬到高层上去很困难，则只能由下向上牵引。

1）密封的建筑层槽孔敷放光缆。如果打算从建筑物的顶层往下垂直地敷设光缆，则在做任何事情之前，必须确保有足够的工作空间，并且为了安全起见，还要把工作区中可能伤害人的物品搬走，保证未经授权进行光缆敷设的人远离工作区域。如果要敷设光缆的地方已存有缆线，则需要把它们捆在一起给光缆留出尽可能多的空间（不管在何时，当敷设光缆时，切勿把光缆路径塞住）。当准备好向下垂放光缆时，应按以下步骤进行：

a. 在离建筑层槽孔 1～1.5m 处安放光缆卷轴（光缆通常是绕在光缆卷轴上，而不是放在纸板箱中），以使在卷筒转动时能控制光缆；要将光缆卷轴置于平台上，以便保持在所有时间内都是垂直的；放置卷轴时要使光缆的末端在其顶部，然后从卷轴顶部牵引光缆。注意：在从卷轴上牵引光缆之前，必须将卷轴固定住，以防止它自身滚动。

b. 使光缆卷轴开始转动。当它转动时，将光缆从其顶部牵出。牵引光缆时要保证不超过最小弯曲半径和最大张力的规定。

c. 引导光缆进入槽孔中。如果是一个小孔，则首先要安装一个塑料导向板，以防止光缆与混凝土边沿产生摩擦导致光缆的损坏。

如果通过大的开孔下放光缆，如图 5 - 21 所示，则在孔的中心上安装一个滑车轮，然后把光缆拉出并绕到滑车轮上去。该过程与用滑轮将主干电缆经大孔施放到下面楼层相似。

d. 慢慢地从光缆卷轴上牵引光缆，直到下面一层楼上的人能将光缆引入到下一个槽孔中去为止。

在每一层上重复上述步骤。当光缆达到最底层时，要使光缆松弛地盘在这里。

从设备间敷设一条或多条光缆到配线间时，可能有以下两种情况：

第一种情况，为光缆接续做准备。①将光缆牵引进每层的配线间，在此进行接续。接续应从最上层的配线间开始，待接续的光缆在配线箱（柜）内应盘成环形。②确认每一配线间中的光缆环都被扣牢了。③使用分离的缆夹或缆带将光缆固定在主干弱电间中，并完成所需的光纤接续工作。

第二种情况，使用分离的缆夹或缆带固定光缆。在弱电间中敷设光缆时，为了减少光缆上的负荷，应在一定的间隔上用缆夹或缆带将光缆扣牢在墙壁上。扣牢的工具有如下两种：①用分离的缆夹固定光缆。对在建筑物所有楼层中每 3 层（或弱电间中每 12m 长）的光缆上用分离的缆夹对光缆提供支持，其步骤为：为被支持的光缆选择尺寸合适的分离缆夹；安装具有分离缆夹的硬件；将光缆向上牵引到实际端接的上面并保持在这个位置上，然后从光缆的底部开始每 3 层（或每 12m）处要安装上硬件并放置缆夹。用与缆夹一起提供的栓扣部件（缆扣）作为光缆的中间支持，并将分离的缆夹锁住。然后将光缆放低一些，致使夹子夹紧并保持住光缆。在每 3 层（或 12m 处）重复上述工作，直到光缆在其全长上都得到支持为止。将其余的孔区插进要通过的光缆，并依此法进行固定。光缆固定后，用红色水泥将小孔空隙填起来，对于大孔应将穿过它的光缆松弛地捆起来。②缆带。缆带用来按 5.5m 的间隔直接地将干线光缆扣牢在墙上。用这种方法，光缆不需要中间支持，但要小心地捆扎光缆，不要弄断光纤。为了避免弄断光纤及产生附加的传输损耗，确认在捆扎光缆时不要碰破光缆外护套。由建筑物现有的情况及墙的结构，确定使用哪种类型的缆带。但不能使用细线，以避免损坏光缆的外护套。

用缆带固定光缆的步骤为：使用所选的缆带，由光缆的顶部开始，将干线光缆扣牢在建筑物的墙上；由上往下，在指定的间隔（5.5m）安装缆带，直到干线光缆被牢固地扣好；然后，在光缆通路中将光缆插入预留孔的套筒中去。光缆全部用缆带固定好后，用水泥将小孔的空隙填起来，对于大孔将其中的光缆松弛地捆起来。

2）管道内敷设光缆。若利用管道来敷设光缆，就要为光缆专门留一条管道。如果光缆必须与铜缆走一条管道，则可在较大的管道中为光缆安装一个内管来敷设光缆，以便将光缆与铜缆分开。不管是在光缆管道中单独敷设光缆或将光缆与其他缆线敷设在一条通道中，在敷设光缆时必须保证最小弯曲半径和最大张力的规定。在同一时刻安装两条或更多条光缆时，总拉力会减少20%。例如，若同时安装两条LGBC-006A型光缆（每条最大张力为56kg），则最大拉力为90kg（56kg加56kg再减去它们之和的20%等于490kg）。

a. 敷设要求。在牵引光缆前，必须检查管道，并保证没有堵塞物及倒塌的段落，保证管道畅通无阻：①当在管道中敷设多条光缆时，尽量不要同时牵引光缆，对于每一条新的光缆要用一条新的拉绳，以避免拉绳断开而出问题；②如果要往部分占用的管道中敷设新光缆，则牵引光缆时要采用一种方法来测量最大张力；③将光缆馈送到管道的入口处以减小张力（因为硬要把光缆在馈线端牵引进来，则张力会增加2～100倍）；④当使用滑车轮拉线时要采用一个拉力计，以保证张力小于45kg；⑤使用滑车轮时应采用一条纱线牵引带（因为其他类型的带子强度不够，在牵引时有时会断开）；⑥将推荐用的润滑剂涂在光缆内管及管道内，以减少牵引光缆时的张力；⑦用稳定的速度来牵引光缆（大约每分钟牵引23m），在牵引光缆时应避免中途停止（因为重新开始牵引时，张力会很大）；⑧检查管道的内径是否大于或等于20mm；⑨按表5-1的规定在一个管道中穿设光缆的根数。

表5-1　管道穿设光缆的最大数量

管径（mm）	LGBG-4，外径4.4mm		LGBG-12，外径7.0mm	
20	光缆根数为5+1 填充率为31%	光缆根数为10 填充率为53%	光缆根数为1+1 填充率为27%	光缆根数为3 填充率为40%
25	光缆根数为9+1 填充率为30%	光缆根数为13 填充率为35%	光缆根数为2+1 填充率为22%	光缆根数为5 填充率为38%

b. 牵引光缆。①检查整个管道中是否已有拉光缆用的绳子。如果没有，即导管是空的，则首先要用蛇绳盒将一条鱼线装入整个导管中。如果导管中已有缆线，现在要再敷设光缆，则需往导管中装进一条新的鱼线，以防止新装的缆线与已有的缆线互相绞在一起。可采用下列方法来装新线缆：细线可系在软木或海棉上（或类似的材料上），并用压缩空气吹进管道中去。将细线扎在软木或海棉上（或类似的材料上），在出口端用对管道抽真空的方法来将细线穿进管道。②如果管道的进口或出口处的边沿不平滑，则需加套筒以保外护套。③通过光缆中的纱线直接与牵引光缆的细线相连接：在离光缆末端0.3m之处，用光缆环切器对光缆外护套进行环切，并将环切开的外护套从光纤上滑去。在光缆上将环切段的外套去掉后，会露出纱线与光纤，先将纱线与光纤分离开来，然后将纱线绞起来并用电工胶带将其末端缠起来，如图5-24所示。将与纱线分开的光纤切断并除去，切割时应使留下的部分掩没在外护套中。注意：切割光纤时切勿割断任何纱线。将光缆端的纱线与牵引光缆的拉线用缆结连起来。切去多余的纱线，利用套筒或电工胶带将缆结和缆末端缠绕起来，检查一下确保没有

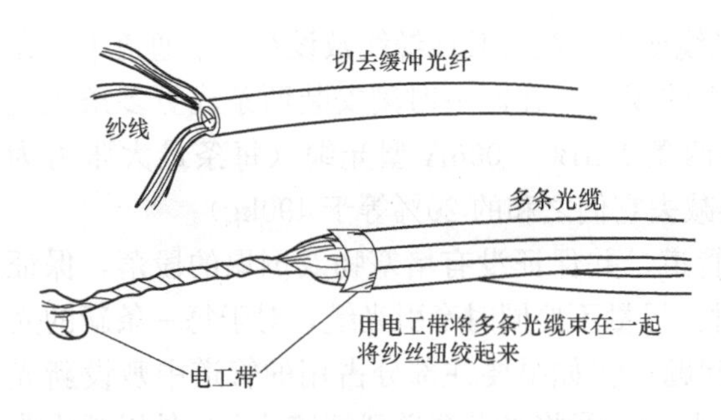

图 5-24 光缆和纱线用电工带系捆

粗糙之处，以保证在牵引光缆时不增加摩擦力。④如果施工现场牵引光缆不需要动力而由人工牵引，则需要将开口槽和孔中除光缆外余下的开口区堵塞起来。

c. 利用绞车牵引光缆的步骤。牵引光缆设备的关键部分是一个可移动的电动绞车，如图 5-23 所示，该设备能牵引重达 2000kg 的光缆。在使用该设备之前，必须先熟悉其使用过程。①将拉绳穿过绞车。②启动绞车上的发动机。通过楼层的开孔向下放绳子直到楼底（切记要检查绳子的质量，以保证能承受光缆的重量）。③关掉绞车。④如果绳上有一个拉眼，则将光缆连到此绳的拉眼上去。如果绳上没有拉眼，则使用一个双心环，慢慢地将光缆经内导管、管道或开口槽孔向上拉。注意：牵引光缆时，切勿使牵引力峰值超过光缆的最大拉力。⑤用一个拉力计来监视光缆的拉力，必要时给光缆加润滑剂以减小摩擦力。⑥当光缆末端牵引到顶层时，关掉牵引的机器。⑦根据需要，利用分离缆夹或缆带将光缆固定到顶部楼层和底部楼层。⑧当所有的连接完成以后，通过绞车释放光缆的末端。⑨将光缆通过的孔、槽空隙部分堵塞起来，小孔用水泥堵塞起来，大孔则将孔槽中的光缆松弛地捆起来。

（2）通过吊顶（天花板）来敷设光缆。在某些建筑物中，如低矮而又宽阔的单层建筑物中，可以在吊顶内水平地敷设干线（无填充物的）。首先要查看并确定吊顶和光缆的类型。通常，当设备间和配线间同在一个大的单层建筑物中时，可以在悬挂式的吊顶内敷设光缆。如果敷设的是有填充物的光缆，且不牵引过管道，具有良好的可见的宽敞工作空间，则光缆的敷设任务就比较容易。如果要在一个管道中敷设无填充物的光缆，就比较困难，其难度还与敷设的光缆数及管道的弯曲度有关。

1）长距离敷设光缆。在许多场合，将牵引光缆通过吊顶，下放到门厅或走廊，然后转向右边或左边的配线间处，引进配线间，并在此进行连接。具体按下列步骤进行：

a. 沿着所建议的光纤敷设路径打开吊顶。在绝大多数情况下，打开敷设路径旁的每块顶板 60cm×60cm。有时要将顶板卸下，可用两手将顶板推离轨道并卸下。由于顶板块通常是用软纤维材料制成的，故要小心地移动。

b. 若要在拥挤区内敷设一条拉光缆的线，则需按下列步骤进行（注意：不要使用已有的拉光缆的线，除非这条线所经过的路径就是光缆的敷设路径）：①将拉光缆的线系到可作为重物的一卷带子上去，确认光缆的拉线长度足够，能从入口到出口；②从离配线间（设备间、二级配线间）的最远端开始，向前往走廊的一端投掷捆有卷圈负载的拉线；③移动梯子并将系有带卷绳子的一端从吊顶开孔中垂下，然后将具有带卷的线投掷到吊顶的下一个开孔处。

c. 设置光缆卷轴应安放在离吊顶开孔处较近的地方，以便以后将光缆直接敷设入布缆区。如果需要敷设多条光缆，则应将光缆卷轴放置在一起。在放置光缆时，切勿弯曲和扭结光缆。

d. 利用 R4366 工具撤去一段 LGBC 光缆的外护套，并由一端开始的 25.4cm 处环切光缆的外护套，然后除去这段外护套。对每根要敷设的光缆，重复此过程。

e. 将光纤及加固芯切去并掩没在外护套中，只留下纱线。对需敷设的每根光缆重复此过程。

f. 将纱线与电工带纽绞在一起。

g. 用电工带紧紧地将光缆护套 20cm 长的范围缠住。

h. 将纱线馈送到合适的夹子中，直到被电工带缠绕的护套全塞入夹子中为止。当护套全塞进夹子以后，将纱线系到夹子上，靠近拉眼处，并把夹子夹紧。如果要牵引多根光缆，则要确保夹子足够大，以容纳被牵引的所有光缆。

i. 将电工带绕在夹子和光缆上。

j. 将光缆牵引到走廊的末端，其方法是：一个人用拉绳来牵引光缆，另一个人将在入口点处将光缆馈送到吊顶的开孔中去，确认将光缆牵引到配线间附近，并留下足够长的光缆，供后续处理用。

k. 按下列步骤准备制作 90°的转弯，以便将光缆牵引进配线间（设备间/二级配线间）。①检查吊顶。②移去足够多的顶板块，以便于能牵引光缆。③将带卷向前拖到配线间，并将带卷从顶板上拿下。④将光缆穿过预先在配线间墙上留下的开孔。如果需要，可利用蛇线盒牵引光缆通过墙上的开孔。⑤如果离配线间的距离较短（通常比光缆短得多），这时可将带卷系到所有的光缆上，并一次牵引所有的光缆通过墙上的洞孔。⑥如果离配线间的距离很长，则需分别地牵引每条光缆。有时在牵引光缆的路途中会被某些东西拌住，若遇到这种情况，则需先找出存在的问题，纠正后再继续往前牵引光缆。

2）短距离敷设光缆。在非常短的距离上牵引光缆时，如从房间的一端到另一端，则：

a. 沿着所建议的光缆敷设路径打开顶板块（与前面的做法一样）。

b. 从卷轴上放光缆，站在梯子上通过吊顶上的路径敷设光缆。进行此工作时应注意不要使光缆打结，不要弯曲光缆小于最小弯曲半径，不要挤压光缆。

c. 需要时，移动梯子，继续往前敷设光缆直到出口点。

（3）在水平管道中敷设光缆。当需要在拥挤区内敷设非填充的光缆，并要求对非填充光缆进行保护时，可将光缆敷设在一条管道中。

1）敷设要求。

a. 使光缆入口离管道曲线段最近。

b. 牵引光缆之前，检查管道是否堵塞，即管道是清洁的，并且是连续的没有折叠部分。

c. 若要敷设多条光缆，则应在同一时间内将光缆牵引入管道。

d. 应将光缆馈送到管道的入口处以减小牵引力。这是由于当馈线端的光缆打一个结或在入口处牵引光缆经过管道边沿时，张力会增加 10～100 倍。

e. 当张力超过 45kg 时，要用一个拉力计来监视（通常在使用绞车的情况下）。

f. 通过对管道进行清洁处理和加润滑剂来减小摩擦力。

g. 确认管道的内径为 20mm 或更大些。

h. 平稳而缓慢地牵引，在牵引过程中不要使光缆打结和停顿。

i. 在牵引光缆的同时，切勿将一条拉线（作为将来的鱼线）同时拉入管道中去。

j. 切勿用石油润滑剂。

k. 最大张力勿超过规定值。

l. 如果要与铜缆敷设在同一管道内，必须用内管将光缆与铜缆隔离开来。

m. 限制牵引光缆通过90°转弯处的数量（管道最小的弯曲半径是114.3mm）。通常不能将光缆牵引通过4个90°转弯处。如果转弯处超过4个，则需在每第4个90°转弯处提供中间点（拉线盒），以帮助施工人员将光缆牵引过管道。

n. 牵引光缆经过的管道边沿必须圆滑，最好用保护材料将光缆保护起来。

2）牵引光缆。在牵引光缆之前，检查施工现场及作业情况，是否满足敷设要求。如果符合，就可以按下述步骤往水平管道中敷设光缆：

a. 确定在一个管道中能容纳的最大光缆数。

b. 检查在整个管道中是否已安装了一条拉带（或拉线）。如果没有，即管道是空的，则首先在管道中穿一条钢的鱼线作为拉线。这可通过下列三种方式之一来完成：①鱼线可推入管道或用蛇线盒将其拉进去。②将鱼线系在一块软木或泡沫物（或等效的其他材料）上，然后用压缩空气吹进管道。③将鱼线（拉线）系在软木或泡沫物上，从管道的出口点通过抽真空将拉线吸入管道中去。

c. 在管道的出入口处用套筒将管道的尖边盖起来，以保护光缆的外护套不被划破。

d. 将光缆连接到用来牵引光缆的媒体上。

e. 在离光缆末端20～25cm处，用R4366工具环切光缆外护套并除去此段外护套。

f. 纱线与光纤分开后，割去光纤及中心支持物，只留下纱线。

g. 牢固地将纱线系到线网眼夹上去。

h. 用电工带将光缆和拉线的连接点牢固地绕扎起来，并检查不要有粗糙的边角，以防牵引光缆时摩擦力过大。

i. 如果在管道路线中的任何点上都安装了拉线盒，那么将光缆牵引到第1个拉线盒，并使其出来进入到楼层的一个蛇形管中去，然后将光缆馈回到管道的剩余部分中去，在每一个拉线盒处重复此过程。

5.3.3 建筑群间缆线布线技术

1. 电缆布线

在建筑物之间敷设缆线，一般有三种方式：管道敷设，可以防潮湿、防野兽及其他故障源对缆线的破坏；架空敷设，即在空中从电线杆到电线杆敷设；在掩埋式的地沟中敷设缆线的方法一般不提倡使用。

（1）管道敷设缆线。在管道中敷设缆线有小孔到小孔、在入孔间直线敷设及沿着拐弯处敷设三种情况。可用人或机器来敷设线缆，到底采用哪种方法依赖于三种因素：①管道中是否有其他缆线。若有其他缆线，则牵引起来比较困难，可用机器帮助。②管道中有多少拐弯。缆线通路越直就越容易牵引，因为摩擦力和阻碍较小。可以观察一个入孔与另一个入孔之间的关系或入口点到出口点的地形来确定管道中约有多少拐弯。③线缆有多粗和多重。越粗越重的线缆就越难牵引。

由于这些因素，很难确切地说是用人力还是用机器来牵引缆线。但是，当有疑问时，首先试着用人力牵引缆线。如果人力牵引不动或很费力，则选用机器牵引缆线。

1）人工牵引缆线。当缆线路径的阻力和摩擦力很小时，可采用人工来牵引线。

a. 小孔到小孔牵引。小孔到小孔指的是直接将缆线牵引通过管道（这里没有入孔）。通过小孔在一个地方进入地下管道，而经由小孔在另一个地方出来，见图5-25。①在牵引的出口点和入口点揭开管道。②往管道的一端馈入一条蛇绳，直到它从另一端正露出来。③将蛇绳与手拉的绳连接起来，并在其外缠绕上足够长度的电工带。④通过管道向回牵引绳子。⑤将缆线卷轴放在千斤顶上并使其与管道尽量成一直线。缆线要从缆线卷轴的顶部放出。在管道口要放置一个靴形的保护面，以防止在牵引缆线时划破其外皮。⑥如果在缆线上有一个拉眼，则直接将牵引绳连接到缆线上并用电工带缠绕起来，要确保连接点的牢固及平滑。⑦一个人在管道的入口处将缆线馈入管道，而另一个人在管道的另一端牵引拉绳，牵引缆线要平稳。⑧继续牵引缆线，直到缆线在管道的另一端露出为止。有时管道中的蛇绳可能缠结在缆线上，以至无法将其拉出来。这时要采用一种叫"环"的工具。它是一簇尼龙线建立的"环"。使用"环"时要按下列步骤进行：将它连接到另一条蛇绳上，并用电工带缠牢。将此蛇绳馈送到管道出线一端，从而将第一条蛇绳拉出来。

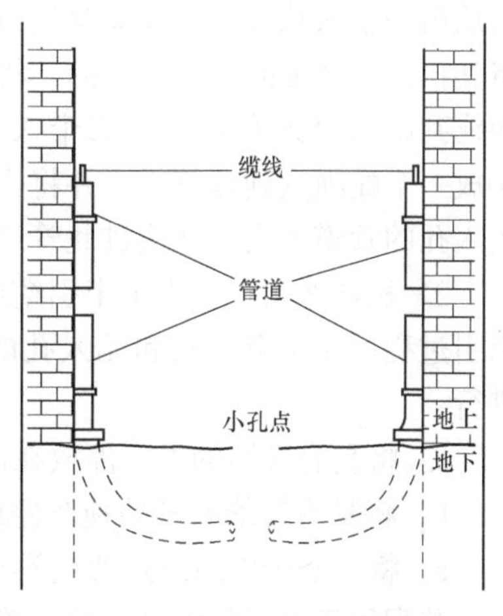

图 5-25　小孔到小孔的线缆设置

b. 入孔到入孔的牵引。入孔可能较深或较窄，但其牵引缆线的过程基本上与小孔到小孔的牵引方法相似。人工牵引缆线的过程为：①将蛇绳馈入到要牵引缆线的入孔中去。②将手绳与蛇绳连接起来并用电工带子缠牢。③通过管道将蛇绳拉回直到手绳从管道中露出。④将缆线卷轴安装在千斤顶（或起重器）上，与小孔到小孔的过程相同，应从卷轴的顶部馈送缆线。⑤在两个入孔中使用绞车或其他硬件。⑥将手绳通过一个芯钩或牵引孔眼固定在缆线上。⑦为了保证管道边缘是平滑的，要安装一个引导装置（软塑料块），以防止在牵引缆线时管道孔边缘划破缆线保护层。⑧一个人在馈线入孔处放缆，一个人或多个人在另一端的入孔处拉手绳以使缆线被牵引到管道中去，如图 5-26 所示。

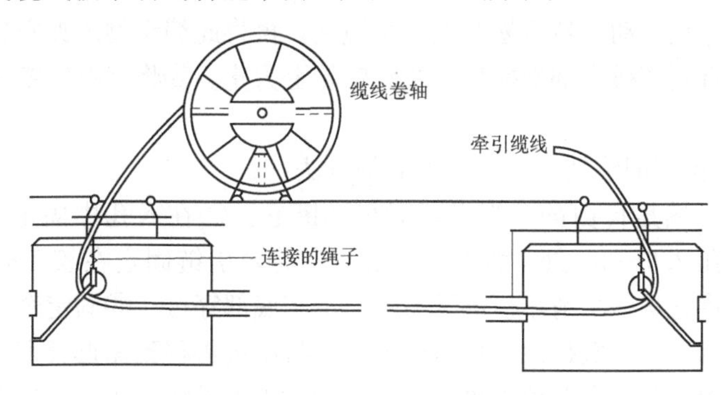

图 5-26　入孔到入孔基本的牵引设备

c. 通过多个入孔牵引。牵引缆线通过多个入孔的过程与牵引缆线从入孔到入孔的牵引方法相似。只有一点除外，即在每一个入孔中要提供足够的松弛缆线并用夹具或其他硬件将其挂在墙上。不上架的缆线应割下，留出一定的空间，以便施工人员将来完成连接作业。

对于转弯管道的牵引，如果管道很窄，而且拐角是尖的，则不可能用此管道来敷设缆线。如果管道转弯 90°，或稍大的角，缆线可能不易弯曲成这样的角度，为防止可能损坏缆线，可使用下列过程来牵引：

假设缆线从一个入孔到另一个入孔直线布线，然后转 90°的弯进入一个建筑物，则：

①从第一个入孔放一个蛇绳盒到第二个入孔。②将手绳固牢到蛇绳盒上，并通过第一个入孔将其拉回。③如同前面所说的，将要敷设的缆线放在第一个入孔处，并通过第一个入孔牵引缆线到第二个入孔，在第二个入孔处牵引出足够的缆线（长度要求能转弯到达建筑物）。④放一个蛇绳盒到建筑物，并将手绳拉回。⑤将手绳的末端与缆线连接起来。⑥把缆线牵引入入孔的管道中去，并通过此管道进入建筑物。

2）机器牵引。在人工牵引缆线困难的场合，则要用机器来辅助牵引缆线。下面给出的牵引过程适用于有入孔和无入孔的场合。为了将缆线拉过两个或多个入孔，可按下列步骤进行：

a. 将具有绞绳的卡车停放在欲作为缆线出口的入孔旁边。

b. 将具有缆线卷轴的拖车停放在另一个入孔旁边。卡车、拖车与管道都要对齐。

c. 将一条牵引缆线从缆线卷轴入孔通过管道布放到绞车入孔。

装配用于牵引的索具，将依赖于缆线的尺寸。如果缆线是200对或300对的，则需人工牵引的索具。对于非常重的缆线，在牵引缆线时，要不断地在索具上添加润滑剂。

d. 用拉绳连接到绞车，启动绞车。保持平稳的速度进行牵引，直到缆线从入孔中露出来。有时，在小孔到小孔的牵引时，也要用机械来帮助，这时，可按上面的方法将拉绳安装到一个绞车上，然后安装绞车绳。

3）撤除管道中的旧缆线。有时会出现要往管道中布入新缆线时，管道中却没有空间了。如果有些旧缆线要废掉，则可先将废掉的旧缆线撤出，再布新缆线。

a. 如果还想保留撤出的旧缆线，则采用下面的方法：①在离入孔2.5～3m内备用一辆卡车（具有一条绞绳滑车线）。②将大直径的轴轮安放在千斤顶上并放在卡车旁，尽量与入孔中要撤除的旧缆线保持在一条直线上。③固定牵引框架与滑车。④往缆线的末端固定一个编织物缆夹。⑤将绞绳滑车线的末端固定在编织物缆夹上。⑥启动滑车。⑦牵引缆线到绞车允许的长度为止。停止绞动，然后松开编织物缆夹，再将此编织物缆夹安装到初始的位置上去。重复此过程，直到缆线全部被撤出并绕到轴轮上为止。⑧将绕有旧缆线的轴轮运到合适的地方保存起来。

b. 如果不需要保留旧缆线，可采用下面的方法：

①确认缆线的两端是自由的，当需要时可切断它。②在入孔中固定具有滑车的框架。③将卡车停在离入孔2.5～3m处，背对着入孔。④将牵引链固定在绞车绳上。⑤向着入孔牵引滑车绳，然后将它从一个滑车顶部及另一个滑车底部穿过。⑥固定牵引吊链到缆线的末端。⑦对缆线进行牵引，一次拉出尽量多的缆线，将吊链再移到靠近管道的缆线处，重复上述过程。如所看到的，若使卡车停得更远一点，则施工人员能一次拉出更多的缆线。

（2）架空敷设缆线。建筑群的距离较短，又有现存的电线杆，且电线杆距离小于30m，可利用电线杆架空敷设缆线。

架空布放的缆线有两种类型，即自支持或非自支持。对于后者要固定到一根钢的辫子绳上去（此钢绳横跨在两个建筑物或两个电线杆之间）。首先将钢绳固定在电线杆和建筑物上，再用链吊升器和钢绳牵引器将它拉紧，然后用绳子将缆线固定在钢绳之上。

1）安装钢绳。

a. 将钢绳卷轴放在电线杆附近。

b. 将钢绳拉出到远端的建筑物。

c. 在电线杆或建筑物上连接物下 20cm 处固定一条吊索。

d. 安装钢绳牵引器和链吊升器（其一端钩在电线杆的吊索上，另一端到牵引器上）。

e. 在链吊升器上牵引钢绳，将钢绳系紧并拉直。

f. 当钢绳拉紧后，往其上安装钢绳缆夹。

g. 断开并撤去吊索、链吊升器及牵引器。

2）安装缆线。将缆线固定到钢绳上有多种方法。下面介绍的过程适用于在建筑物与一个电线杆间、两个电线杆间或两个建筑物间，以及长距离中的多个电线杆间安装缆线。

a. 将缆线从纸箱中拉出放在地上，确认其长度超过两个安装点间的距离。

b. 将手绳系在缆线的一端（或孔眼上），并保证连接是牢固的。

c. 将手绳穿过缆线导杆。

d. 带着导杆从梯子上爬上去。打开导杆并把它安置在钢绳上，距离电线杆 1～1.2m 的地方，将绳头在牵引方向上拉出。

e. 通过斜槽拉手绳，让缆线进入空中并通过斜槽拉手绳，让缆线进入空中并通过斜槽。

f. 一个施工人员将缆线引到位，将捆绑器放在斜槽、钢绳和缆线的几米后，拉出 1.2m 以便于捆绑，用缆线绑夹将缆线捆在钢绳上。

g. 同时牵引缆线导杆及捆绑器。

2. 光缆布线

建筑群之间的光缆基本上有三种敷设方法：①管道敷设：在地下管道中敷设光缆是最好的方法。因为管道可以保护光缆，防止潮湿、野兽及其他故障源对光缆的损坏。②掩埋敷设：通常不提倡用这种方法，因为任何未来的挖掘都可能损坏光缆。③架空敷设：在空中从电线杆到电线杆敷设，这种方法是最不提倡采用的，因为光缆暴露在空气中会受到恶劣气候的破坏。通常，只有在资金不足时才迫不得已采用这种方法。

（1）管道敷设光缆。在地下管道中敷设光缆会遇到三种情况：

第一种是小孔到小孔，这种管道具有小孔，光缆从地上通过一个建筑物的小孔进入地下管道，而从另一个建筑物处的小孔中出来，无需通过一个入孔。光缆从管道穿出，再进入每座建筑物。

第二种是入孔到入孔，即光缆经入孔进入管道，由此牵引到另一入孔，光缆在其中走直线。

第三种是在有一个或多个转弯的管道中牵引光缆。

在上述这些情况中，首先要决定的是使用人力还是使用机器来牵引光缆，这个选择将依赖于下列条件：

1）管道中有无其他缆线。若有其他缆线，则牵引起来就比较困难，也许还需要机器的帮助。

2）管道中有多少个拐弯。光缆通路越直就越容易牵引，因为摩擦力和阻碍较小。可以通过观察一个入孔与另一个入孔之间的关系或入口点到出口点的地形来确定管道中约有多少个拐弯。

3）光缆有多粗和多重。越重的光缆就越难牵引。

由于有以上这些变化因素，故很难准确地说是用人力还是用机器来牵引光缆。可先试着用人力去牵引光缆，如果人力牵引不动或很费力，则选用机器来牵引光缆。不管是用人力还是用机器牵引，首先必须安装一个内管，然后牵引光缆通过内管。

使用旋转连接器将绞车绳连接到光缆上，用来防止当绞车绳打结时光缆也跟着打结的问题。

为了便于安装光缆，可使用光缆弯曲引导工具。此工具是开口为 4cm 的（裂开的）PVC 管道，在需要之处作为光缆的导轨。此工具可用于直线段或 90°弯曲段。

（2）架空敷设光缆。架空敷设光缆的方法基本上与架空敷设铜缆相同。其差别是光缆不能自支持。因此，在架空敷设光缆时，必须将它固定到两个建筑物或两根电线杆之间的钢绳上。

5.3.4 建筑物内水平布线技术

水平布线子系统是楼层内部由配线间到用户信息插座的最终信息通道，即在同一个楼层中的布线系统。因为考虑与垂直干线子系统相连接（即要与其他楼层的终端相连接），所以需要保持开放性。

当研究和设计水平布线子系统时，必须考虑设施的所有相关问题，如家具安装的类型（独立办公桌和配置线路的家具）、办公室的物理结构（拆装墙板、混凝土、预制板或挡板式办公室）和整体建筑结构（钢筋混凝土、预制板或加固钢筋混凝土、钢筋混凝土金属盖板等）。建筑结构的类型可以决定安装水平介质时采用的组合方法。办公区域的类型可以决定信息插座的种类。主干或缆线路由可以由办公室的结构来决定。

1. 水平布线子系统设计应注意的问题

通常情况下，水平布线子系统的计划与设计应注意水平缆线介质、水平布线路径、信息插座路径、信息插座连接和楼层配线间连接 5 个主要方面。

（1）水平缆线介质主要指用户认为适合当前和将来需要的介质。尽管这种需求状况很难预测，但掌握以下标准中定义的水平介质的最低要求和附加建议，将有助于为用户布线系统提供未来应用保证。该标准最低建议为：4 对 100Ω 超 5 类双绞线，或使用新型的 6 类双绞线或双芯多模光纤。

在用户初始要求的基础上，对工作区添加更多的缆线，使每个信息插座的介质多样化。

配置两路双绞线或一路双绞线加一路双工光纤是目前通常做法。应向用户说明，尽管在初装阶段安装多路介质会使成本增加，但其效益要比日后为增加信息点而加装缆线所花费的成本低得多。

（2）设计水平布线路径时必须全面掌握设施的组成结构，以确定楼层配线间与工作区之间水平缆线分布的最佳路径——这不一定是最短的路径。同时，施工人员还应对专用设施的规定、国家及地方条例和相关规定有一个综合的了解，从而确定符合规定的适用缆线外包层材料、防火墙穿入和消防要求等各项事宜。在某些安装条件下，缆线必须装入金属管线槽以备防火和抗干扰。

如果在所选路径中存在供电线路，还要了解低压与高压缆线之间应保持的最小间距。通信缆线路径与供电线路和设备之间的最小间距明细可参见欧洲电工标准化委员会 CENELEC 和国际标准化组织/国际电工委员会 ISO/IEC 的设计与安装指南部分。不过作为一项实用原则，非屏蔽缆线的间距为 300mm，屏蔽缆线的间距为 70mm。最佳的路径选择必须经过测量，保证水平布线线路的长度在 90m 之内。

在布线过程中必须掌握结构和规定之后，便可以调查场地，确定经济的布线路径。布线和固定缆线束的方法根据所选路径的环境和结构组成来确定。如果不能满足与高压缆线的间距要求或环境恶劣需对缆线加强保护，双绞线就可使用金属管道和线槽。

应以水平缆线沿主要走廊和办公通道捆扎布线为原则设计主干和支线布局，使缆线由楼层配线间延伸至整个工作区。尽管这样缆线的长度增加了，但可以使安装者采用更有效的拉线方法，减少对用户日常工作的影响。

(3) 当考虑自己场地的水平布线时，大部分用户往往首先关心的是美观问题，所以就需要决定缆线接至信息插座的水平部分如何走线才美观。缆线无论是由天花板向下延伸，还是由地下系统向上分布，都需要确定信息插座处走线的路径，以易于介质安装且达到令人满意的美观效果。供缆线使用的信息插座盒、平面线槽和管道类型多种多样，同样需要了解工作区的结构组成（空心石膏板墙壁、石膏板、隔断墙、布线家具、开放式机柜等）。

必须选择标准要求的信息插座位置和尺寸，提供备用缆线长度，使缆线在不超过最小弯曲半径的情况下与接点连接。设计信息插座位置时，必须考虑缆线足够的应力释放和保护。

(4) 信息插座连接位于工作区，包括端接插孔或连接器和面板安装。工作区现场介质、用户的连接要求、工作区的结构组成等因素有助于确定采用正确类型的面板和连接插孔（插座）连接水平介质。

通常，布线系统确定铜导线的连接方案（引脚输出）。尽管欧洲标准 EN 50173 和国际标准 ISO/IEC 11801 未给出引脚输出的优化方案，但 TIA/EIA568 - A 规程中以 T568A 为推荐标准。T568B 接线模式与 T568A 几乎完全相同，只是线对 2 和 3 位置对调，这两种接线方案的极性和线对的完整性相同。

如果安装的和计划安装的 PBX（专用小交换机）使用美国电话电报公司 AT&T 连接标准来区分配线架线对，则应选择 T568B 接线模式。如果安装的和计划安装的 PBX 交换使用国际线序标准 USOC 连接标准（两线对以上电路）来区分配线架线对，则应选择 T568A 接线模式，只是在交叉连接时需做些修改，以保持极性和线对的完整性。

尽管欧洲标准 EN 50173 和国际标准 ISO/IEC 未给出优选引脚输出模式，但在安装之初设定一种标准并在缆线系统使用寿命周期内维护这一标准是至关重要的。例如，插座使用 T568B 插孔，配线架使用 T568A 会造成线对交叉。

值得注意的是，美国联邦信息处理系统公报美国联邦政府出版物 FIPS PUB174 仅以 T568A 为美国联邦政府或军事通信系统使用的连接模式。

选择的铜缆连接器应与水平布线缆线的性能相匹配，以适应每条铜缆水平线路中的全部线对的连接。如果无法实现性能匹配，如连接器尚未标准化，则必须制定连接器日后升级的规定。如果系统使用 FTP6、S - FTP 或 PiMF 缆线，则铜缆插孔还应便于屏蔽连接。无论用户是否计划立即端接插孔现有的全部介质，都要规定一种信息插座配置，使初装适应日后计划的各种连接，并提供备用缆线、正确的弯曲半径、应力释放保护和充分的标识。根据计划的信息插座配置，需提供一份以上信息插座布线框图。应考虑安装缆线的数量和类型，需要多大空间才足以安装缆线。

(5) 考查楼层配线间（FD）。楼层配线间具有布线系统的多种功能，水平布线连接可采用墙上固定、机柜固定或两种结合使用的方法。当采用屏蔽缆线时，必须规定屏蔽面板/跳接或机柜接地（地线）。

在考查楼层配线间时，最容易忽略的一个问题是路径与封装。水平缆线与楼层配线间接点至连接区域应保证有一条通畅的通道，或设计建造这样一条通道。确保安装缆线的现有通道或建造的通道足够大，留有今后扩展的空间。缆线穿过墙壁接入楼层配线间时，需提供某些封闭型的（管道或线缆槽）过线孔。如果穿入的墙壁是防火墙，则过线孔可起到防火罩的作用，帮助安装者对过线进行防火保护。过线孔本身可永久性防火，穿入过线孔缆线的防火方式采用可拆装和替换的防火材料，便于今后水平布线的移动、添加和变更。根据采用的防火类型，缆线也可能需要防火保护。

一定要规划足够的缆线支持硬件和管理附件，以整齐有序的方式管理和封装与接点连接的缆线。如果规定墙壁固定配线架，应包括所有走线、背板和路由环路等。如果规定机柜固定面板，则应计算出每个机柜中某些备件的安装高度，规定机柜的前后、水平和垂直管理附件。要为今后的工作考虑，如初装项目竣工后 6 个月内，安装人员很可能还需要使用楼层配线间。此外，拼接缆线槽是否易于接入，缆线接点封装方式是否易于拆除或添加另一条缆线等都需要认真考虑。

大部分跳接缆线设定的最大长度为 6m，水平和主干配线架的布局应符合这一距离。这一长度的一部分要封装成整齐的线捆穿入导线管理附件，这里还包括一段预留连接部分。缆线连接的封装和固定相对于接点的张力应尽可能的小，缆线封装才不致绷得太紧。在设计水平接点和跳接路由位置时，应考虑上述这些因素。

最后，对楼层配线间内缆线系统各部分四周的物理工作区要有所了解。在设计楼层配线间布局应留有充足的通信专用间，不仅要从连接角度考虑，还要从实际出发为该工作区技术人员考虑。

2. 水平布线系统的基本原则

（1）布线时的最大拉力。最大拉力是指缆线导体变形之前，缆线可承受的牵拉极限的上限。超出这一极限不致造成外观损伤，但在系统终检和认证时会发现痕迹。大部分 5 类缆线设定的参数至少可承受 115N 的拉力。当缆线穿过主干、管道和实底缆线槽牵拉时，主干、管道、缆线槽与缆线接触的表面会使拉力急剧增加。在安装光缆时也要注意同样的情况，尽管光缆的最大拉力比铜缆大得多。表 5 - 2 所示为水平缆线最大拉力的典型值。

表 5 - 2　　水平缆线最大拉力的典型值

认可的线缆类型	最大拉力典型值（N）
100Ω	115
150ΩSTP - A	360
双光纤	460

各生产厂家的最大拉力的典型值可能有所不同，而且因信息插座材料和缆线结构的不同，这些值也会有所变化。如果可能，通常应向缆线生产厂家咨询，以确定其特定缆线类型的最大拉力。

光缆通常按短期和长期最大伸张率来分类。短期伸张率规定了安装期间可施加的最大拉力，长期伸张率规定了安装之后缆线可承受的残留应力的大小。通常，长期伸张率用于确定缆线在无支撑的情况下可承受的最大垂直距离。由于管道中其他缆线重量的缘故，所以在管道安装过程中，缆线无法恢复其原始状态的地方存在残留应力，或在开放式布线应用中，缆线中间支撑固定的地方也存在残留应力。

（2）布线时的最小弯曲半径。最小弯曲半径与最大拉力同样重要。这个看似微不足道的机械设计参数可以会给安装的缆线工程造成灾难性的破坏。几乎每个安装人员在安装第一条光缆的同时，就要对最小弯曲半径做到心中有数。保持缆线所有弯曲处大于或等于缆线最小弯曲半径，才能保证不降低缆线传输性能的等级。

（3）缆线剥皮（护套）。准备连接缆线时，需记住以下准则：剥去一段缆线外皮，露出适当的工作长度，用于插座连接时露出长度为 25～50m，用于压接配线架连接时可以再长一点，小心地反向捻散导线，便于在导体槽中与 IDC 连接（绝缘错位连接）。注意：改变导线的几何形状和导线结构是造成整个系统故障的主要原因。

为了便于连接操作，成品缆线不必再剥皮，这样保证缆线尽可能最大限度的完整性。如果在连接过程中必须剥去几厘米外皮才便于正确地连接（必须保证大部分缆线的连接整齐有序），同样也符合操作规程。

每个插座处必须留有备用线，这不仅是为今后维护工作考虑，也是为了在安装时正确地端接（可能重复端接）缆线。大多数通信技术人员都遇到过这样的难题，将铜缆端接到导线绝缘错位连接型插座上，而缆线却只有几厘米长。当插座位于布线家具的工作台下面或狭窄办公室的一件大型家具的后面时，这一问题会变得更加麻烦。适量备用一段缆线可以减轻安装的难度。

如果备用缆线在插座或连接器端接之前被测量并截成线段，则对无论是配线架还是面板型插座安装都极为有利。所有插座位于同一插孔组合或耦合的情况下，并且缆线入口方向也一致时，就可以测出一段缆线，将它作为其他插座备用缆线的模板使用。

备用缆线的长度取决于配线架的尺寸和插座的配置。备用缆线不应被强行塞入配线架。一般来说，应预留一段作为备用部分，使缆线可以从配线架中拉出，其长度足以灵活地重新端接缆线。

（4）光纤连接与封装。与安装铜缆一样，将光缆正确地封装到墙面信息插座和光纤配线箱中，可以提高缆线系统的性能。适量的备用缆线可方便维护工作并使安装更加美观，连接之前，按照用途测量备用光缆的长度是保证整齐良好地封装连接的最有效方法。

在接续装置中可根据装置的类型和尺寸采用不同的光缆布线方法，其中备用缆线最好按生产厂商的建议将光缆截成相应长度的段附在里面，整理缆线的长度可以按组进行，因为全部备用光缆的长度相同会导致缆线面板背后过于臃肿。

如果光纤配线箱配有滑动或可拆装的适配板，就必须留有足够的余量，使其可以移动到工作位置。

应将光纤缆线头封入信息插座配线架，并按封装长度割断，注意避免余量过大。如果信息插座配线架配有备用缆线卷轴，那么卷轴上缠绕两圈多缆线就足够了。备用缆线存储多少取决于面板后面安装的缆线数量。对于使用墙内配线架的信息插座，备用缆线应尽可能沿配线架的四边缠绕，这时需记住最小弯曲半径。

（5）缆线的捆扎与固定。建筑的结构类型在某种程度上决定着缆线捆扎的固定方法。在这里所描述的是天花板布线系统的缆线支撑方法，但实际上相同的原则也适用于高架地板结构布线系统的安装。在安装过程中用于水平布线子系统的光缆和铜缆都具有以下特点：

1）构成每项安装工程的主体。

2）水平缆线直径一般比用于垂直主干的缆线细。

3）安装过程中整体安全保护程度低于较粗缆线。

4）在损坏情况下很少使用备件。

5）可能是安装过程中较容易产生问题的地方。

为将水平布线中发生的问题减至最少，通常应采取以下几个措施：

1）缆线的初始路径应沿建筑的走廊和门厅布置。

2）在存在已有设施的情况下，缆线路径应与设施管理相协调。

3）在新建筑施工的情况下，与主承包商或其他行业承包商协调。例如，与供暖、通风和供冷管道安装者及消防喷水系统安装者协调缆线路径是很重要的，因为这些行业设施通常占据天花板的大部分空间，而且先于天花板布线系统安装。

在各种情况下，缆线必须以整齐固定的方式捆扎起来，但不能挤伤或损坏缆线的外皮，也不能受到局部损伤。注意改变光缆或铜缆的几何形状会显著降低安装特征的等级。对于双绞线捆，通常采用标准尼龙缆线捆扎带固定，缆线捆扎带所施压力已造成缆线捆的瓶颈制约，因为缆线捆绑过紧导致缆线的几何形状和局部结构发生变化。如果线对或4芯缆线受外力作用挤压过紧，易造成缆线噪声增加的隐患（串扰或外部声源感应噪声）。就光缆安装而言，过大的应力会因微弯曲而造成衰减加剧，更严重的，甚至可能会造成单股光纤纤芯折断。

水平布线时，可以通过吊顶、管道、墙及其组合来布线，布线时应注意：

1）选择的路径阻力要最小，即使是一条较长的路径，只要布线难度较小，就采用它。

2）当一种布线方法不能很好地施工时，试着选用另外一种方法。在决定采用某种方法之前，可以设计几种方案，到施工现场，进行比较，从中选择一种最佳的施工方案。

3）在布多条缆线时，试着一次尽量布更多的缆线。一次布的缆线越多，则施工时间就越短。

3. 水平系统的布线方式

（1）管道布线。管道布线是在浇筑混凝土时已把管道预埋在地板中，管道内有牵引缆线的钢丝或铁丝，安装人员只需索取管道图纸来了解地板的布线管道，确定“路径在何处”，就可以作出施工方案了。

对于老的建筑物或没有预埋管道的新建建筑物，要向甲方索取建筑物图纸，并到要布线的建筑物现场，查清建筑物内强电、水、气管路的布局和走向，然后，详细绘制布线图纸，确定布线施工方案。

对于没有预埋管道的新建建筑物，施工可以与建筑物装潢同步进行。这样既便于布线，又不影响建筑物的美观。

管道一般从配线间埋到信息插座安装孔。安装人员只要将4对线电缆线固定在信息插座的接线端，从管道的另一端牵引拉线就可将缆线拉到配线间。

（2）吊顶内布线。水平布线最常用的方法是在吊顶内布线，施工步骤如下：

1）索取施工图纸，确定布线路由。

2）沿着所设计的路由，打开吊顶，用双手推开每块镶板，如图5-27所示。多条4对电缆线很重，为了减轻压在吊顶上的重量，可使用J型钩、吊索及其他支撑物来支撑缆线。

3）假设要布放24箱4对的缆线。每个信息插座安装孔有两条缆线。可将缆线箱放在一起并使缆线箱接管嘴向上，24个缆线箱按图5-28所示分组安装，每组有6个缆线箱，共有4组。

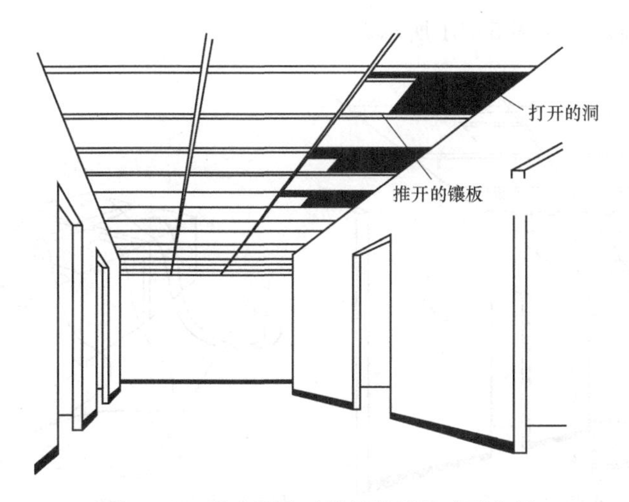

图 5 - 27　具有可移动镶板的悬挂式天花板

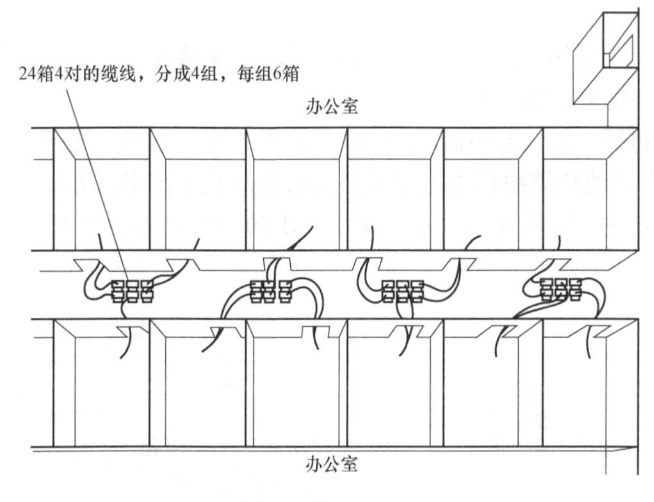

图 5 - 28　共布 24 箱 4 对缆线，每一站布两条 2 对的缆线

4）加标注。纸箱上可直接写标注；缆线的标注写在缆线末端，贴上标签。

5）将合适长度的牵引缆线连接到一个带卷上，将它作为一种重锤（当投掷拉线时）。

6）在离配线间最远的一端开始，将拉线的末端（具有带卷的重量）向上投掷经过吊顶走廊的末端，如图 5 - 29 所示。

7）移动梯子将拉线投向吊顶上的下一孔，如图 5 - 30 所示。直到拉线到达走廊的末端，然后拉出拉线。

8）将每两个箱子中的缆线拉出形成

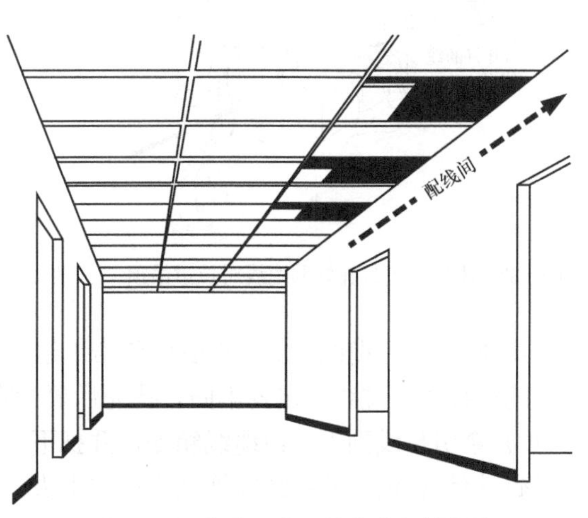

图 5 - 29　向着配线间的方向投掷拉线

“对”，再用电工带缠好，如图 5 - 31 所示。

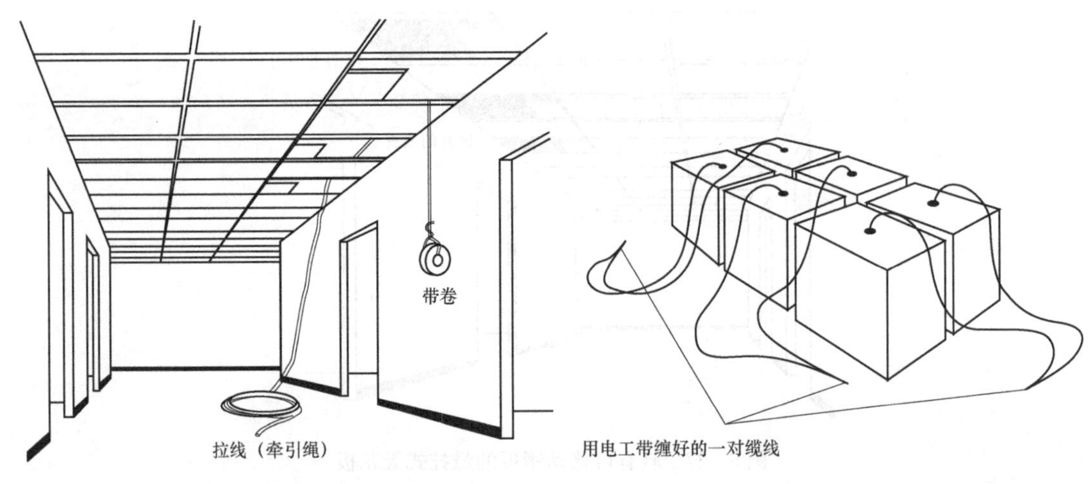

图 5 - 30 将拉线投掷经过吊顶到达目的地

图 5 - 31 将每对缆线用电工带缠好

9）将拉线穿过 3 个用电工带缠绕好的缆线对，拉线结成一个环，再用电工带将 3 对缆线与拉线缠紧，缠绕得要牢固和平滑。

10）回到拉线的另一端（有吊圈的一端），并人工牵引拉线，当牵引拉线时，所有的 6 条缆线（3 对）将自动地从缆线箱中拉出并经过吊顶从孔中出来，如图 5 - 32 所示。

11）对下一组缆线（另外 3 对）重复第 8）步的操作，即每两根缆线用电工带扎在一起，如图 5 - 33 所示。

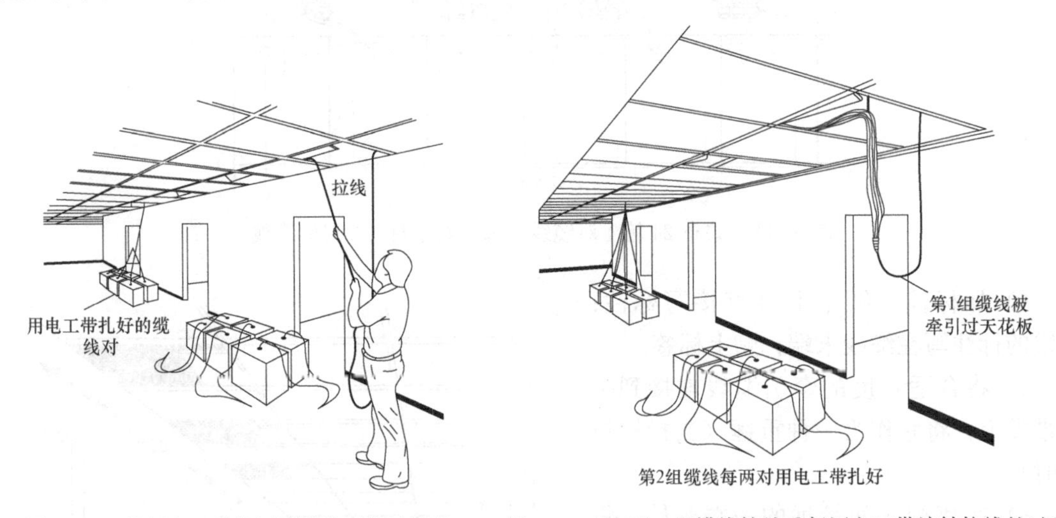

图 5 - 32 将用电工带扎好的缆线对拉过吊顶

图 5 - 33 在下一组缆线箱处重复用电工带缠结拉线的过程

12）将第 2 组缆线（3 对 6 根）和第 1 组缆线与拉线用电工带扎结在一起（共 12 根缆线），扎结缆线和拉线一定要牢固，扎完后要检查一下，如图 5 - 34 所示。

13）牵引拉线到下一组缆线箱处，并把下一组缆线用电工带与拉线缠扎在一起。

14）继续将剩下的缆线组增加到拉线上去。每次牵引它们向前，直到走廊末端，再继续牵引这些缆线一直到达配线间连接处，见图 5 - 35。

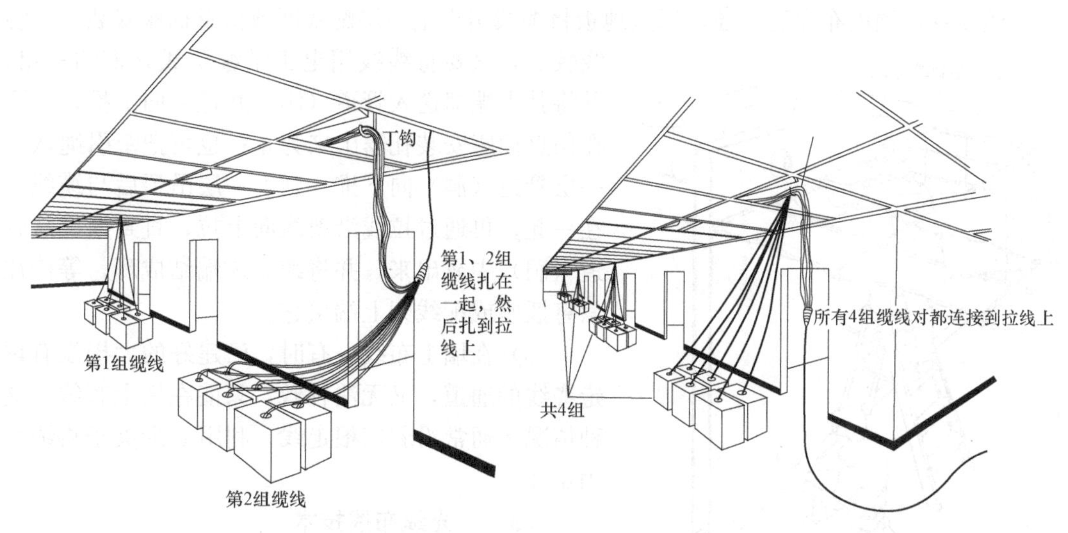

图5-34　将第2组缆线用电工带扎结到拉线上去

图5-35　将连接好的4组缆线牵引通过吊顶到配线间

15）先不要将吊顶内的缆线加以固定，因为以后还可能移动它们。在这点上可以拐弯90°，并将缆线牵引到另一个配线间。牵引缆线步骤如下：

a. 检查吊顶，撤去一些镶板以便能牵引缆线。

b. 将带卷连到拉线的另一端，并用电工带缠好。

c. 将带卷通过打开镶板的孔向配线间方向投掷，与在走廊顶上投掷一样。

d. 将缆线拉线通过预先在配线间墙上做好的孔。如果到配线间的距离比较短，那么可以将拉线连到24根缆线上，一次牵引它们。如果距离比较长，那么可以分开拉，每次牵引6根或12根缆线。

e. 当缆线已经牵引经过吊顶，可将在配线间中的松弛部分卷成圈，等待进行端接。

f. 有时，缆线可能被绊住，这时可将缆线拉回，除去障碍后再重新牵引。

当缆线在吊顶内布完后，还要通过墙壁或墙柱的管道将缆线向下引至信息插座安装孔。缆线较少不需要拉线，只要将缆线用电工带缠绕成紧密的一组，将其末端馈送进入管道并把它往下压，直到在信息插座开孔处露出来为止。

如果上述方法行不通，则可用一根拉线从管道下方向上推，到上方后与缆线捆在一起，再通过拉线将缆线向下拉经过管道，直到在信息插座开孔处露出缆线来为止。假设缆线较多（粗），可先将缆线布到墙的附近，再用拉线将缆线经墙拉下来。具体步骤如下：

a. 系一个小卷的电工带或其他任何作为重量的东西到拉线的末端；

b. 到拉线的另一端连接一条带线；

c. 将有重量的缆线垂放在墙中管路内，对应信息插座开孔处；

d. 向下送缆线直到信息插座安装孔；

e. 用一个钩子从信息插座孔伸入搜索垂下的拉线，找到时将其从孔中拉出；

f. 通过信息插座孔牵引拉线，见图5-36；

g. 继续牵引直到缆线从信息插座孔中露出来；

h. 将拉线解开并将缆线末端结成环，等待往信息插座上端接它。

当缆线在吊顶内布完后，还可通过地板将缆线引至上一层配线间或信息插座安装孔。缆线较少，只要将缆线用电工带缠绕成紧密的一组，并将其末端馈送入管道（洞）并把它向上推，直到在信息插座安装孔露出来为止；也可把牵引绳从上一层管道（洞）向下推，到下一层吊顶后与缆线捆在一起，再通过拉线沿斜线向上拉，直到缆线从管道（洞）中露出来，并将缆线末端结成环，等待往信息插座或配线架上端接它。

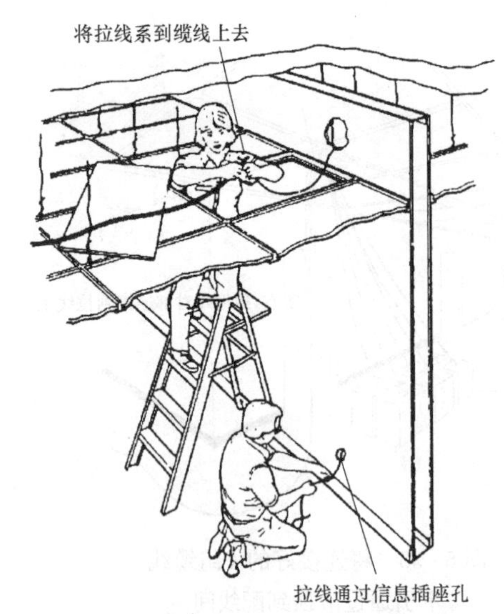

图 5-36　布线通过墙内管道—将拉线牵引出来

（3）在墙上布线。有时，已建好的大楼没有留走缆线的通道，又无法补救，只能在墙上布线。这种情况下通常沿着墙根走线，利用 B 形夹子将缆线固定住。

5.3.5　光缆布线技术

1. 干线光缆的水平敷设

建筑物内从弱电井到电信间的这段路径，干线光缆一般采用走吊顶（桥架）敷设的方式。桥架可分为梯架、托架和线槽 3 种方式。梯架为敞开式走线架，两侧设有挡板；托架为线槽的一种形式，但在其底部和两边的侧板留有相应的小孔，主要起排水作用；线槽为封闭型，但槽盖可开启。干线光缆的一般敷设步骤为：

（1）沿着所设计的光缆敷设路径打开吊顶（桥架）。

（2）利用工具切去一段光缆的外护套，一般由一端开始的 0.3m 处环切，然后除去外护套。

（3）将光纤及加固芯切去并掩没在外护套中，只留下纱线。对需敷设的每条光缆重复此过程。

（4）将纱线与电工带扭绞在一起。

（5）用胶布紧紧地将长 20cm 范围的光缆护套缠住。

（6）将纱线馈送到合适的夹子中去，直到被电工带缠绕的护套全塞入夹子中为止。

（7）将电工带绕在夹子和光缆上，将光缆牵引到所需的地方，并留下足够长的光缆，供后续处理用。

2. 入户光缆的布放

入户光缆进入用户桌面或家庭有两种主要方式，即采用 86 型信息面板或家居配线箱，应在土建施工时预埋在墙体内，或在缆线的入户位置明装。

（1）入户光缆敷设要求。

1）入户光缆室内走线应尽量安装在暗箱、桥架或线槽内。

2）对于没有预埋穿线管的楼宇，入户光缆可以采用钉固定方式沿墙明敷。但应选择不易受外力碰撞、安全的地方。采用钉固定方式时，应每隔 30cm 用塑料卡钉固定，必须注意不得损伤光缆，穿越墙体时应套保护管。皮线光缆也可以布放在地毯下。

3）在暗管中敷设入户光缆时，可以采用石蜡油、滑石粉等无机润滑材料。竖向管中允许穿放多根入户光缆。水平管宜穿放一根皮线光缆，从光分纤箱到用户家庭光终端盒宜单独敷设，避免与其他缆线共穿一根预埋管。

4）明敷上升光缆时，应选择在较隐蔽的位置，在人可以接触的部位，应加装1.5m长的引上保护管。

5）线槽内敷设光缆应顺直不交叉，无明显扭绞和交叉，不应受到外力的挤压和操作损伤。

6）光缆在线槽的进出部位、转弯处应绑扎固定；垂直线槽内光缆应每隔1.5m固定一次。

7）桥架内光缆垂直敷设时，自光缆的上端向下，每隔1.5m绑扎固定；水平敷设时，在光缆的首、尾、转弯处及每隔5～10m处都应绑扎固定。转弯处应均匀圆滑，弯曲半径应大于30mm。

8）光缆两端应用统一的标识，标识上宜注明两端连接的位置。标签书写应清晰、端正和正确。标签应选用不宜损坏的材料。

9）入户光缆敷设应达到“防火、防鼠、防挤压”的要求。

（2）皮线光缆敷设要求。

1）牵引力不应超过光缆最大允许张力的80%。瞬间最大牵引力不得超过光缆最大允许张力100N。光缆敷设完毕后应释放张力，保持自然弯曲状态。

2）敷设过程中皮线光缆弯曲半径不应小于40mm。

3）固定后皮线光缆弯曲半径不应小于15mm。

4）楼层光分路箱一端预留1m；用户光缆终端盒一端预留1m。

5）皮线光缆在户外采用墙挂或架空敷设时，可采用自承式皮线光缆，应将皮线光缆的钢丝适当收紧，并固定牢固。

6）室内型皮线光缆不能长期浸泡在水中，一般不宜直接在地下管道中敷设。

5.4　综合布线系统工程桥架和槽道的安装

5.4.1　预留预埋

综合布线系统工程一定要重视预留预埋工作。

做好预留预埋工作的关键是：甲方重视并做好土建设计和土建施工与弱电专业的协调；弱电专业以最快的速度绘制与预留预埋有关的图纸。

预留预埋工作的环节是：出图→会审→实施→自检→质量检验。

预留预埋要做好记录，经过有关方面的质量检验确认后方可进行土建或装修覆盖。埋管的要求：①线管内壁应光滑、无毛刺，切管处一定要倒角，以免损伤缆线；②线管应无变形；③沿最短路径敷设；④在同一平面内的弯头不能超过2个，否则应该在适当地方加装过线盒；⑤线管弯角不得小于90°；⑥使用PVC管时埋设路径和位置应远离强电线路；⑦埋管深度（距构筑物表面）不小于15mm。

1. 墙壁内暗管管路与接线盒的安装

为了保证预埋管线或管槽的施工工艺质量，需要结合施工图出线口的位置、管线或管槽的走向，在室内普通装修之前与普通装修队协调进行线管预埋工作。管子外装修保护层厚度要有15mm；线管或线槽的长度超过6m时，线管在交叉、转弯或分支处应设置分线盒；同时，线管用水平管夹与垂直管夹平稳固定好，连接器、分线盒、线管或线槽接口处应用密封条粘贴好，防止砂浆渗入而腐蚀线槽内壁。在连接线槽过程中，出线口、分线盒应加防水保护盖。施工中，工人应用钢锉将金属线槽的毛刺锉平，否则会划伤双绞线的外皮，使系统的抗干扰性、数据保密性、数据传输速度降低，甚至导致系统不能顺利开通。

2. 墙壁内管路的敷设

在墙壁内暗敷设管路时，要求管路路由在水平和垂直方向有规则地敷设，不允许斜穿墙面安装，墙内线管敷设应与建筑的墙壁同步施工，不得脱节，线管敷设在墙壁内要保证经久牢固，相隔 1m 之内用木螺钉等把管路固定在墙上，在管路的外面应采用厚度不小于 15mm 的水泥砂浆抹面层保护，见图 5 - 37。

图 5 - 37 综合布线系统墙壁内暗管管路与接线盒的安装施工过程

3. 地板下预埋管路

地板下预埋管路布线是由金属导管和金属线槽组成。它是强弱电统一布置的敷设方法，根据通信和电源布线要求、地板的厚度和占用的地板空间等条件，分别采用单层平面上布线导管和馈线导管组成，见图 5 - 38。

图 5 - 38 综合布线系统管槽敷设实物图

5.4.2　管槽安装

管槽安装的时间一般应安排在空调通风、消防和给水排水等专业的管道安装之后，但必须在装修之前。可见施工时间很紧，施工者必须有自觉、主动的协作精神。

1. 管材的要求

在网络综合布线系统中，管材通常使用 PVC 管材。使用 PVC 管材，不仅可以降低成本，施工也比较方便。但在下列情况下应使用金属管材：

（1）管道附挂在桥梁上或跨越沟渠，有悬空跨度。

（2）需采用顶管施工方法施工。

（3）埋管过浅或路面荷载过重。

（4）地基特别松软或有可能遭受强烈振动。

（5）有强电危险或干扰影响需要防护。

（6）建筑物的综合布线引入管道或引上管。

2. 管槽安装流程

出图→会审→订货或加工→吊架安装→管槽安装→防护接地处理→自检→监理检验。

3. 管槽安装的基本要求

（1）金属管的敷设。

1）金属管的暗敷要求。

a. 预埋在墙体中间的金属管内径不宜超过 50mm，楼板中的管径宜为 15～25mm，直线布管 30mm 处设置暗线盒。

b. 敷设在混凝土、水泥里的金属管，其地基应坚实、平整、不应有沉陷，以保证敷设后的缆线安全运行。

c. 金属管连接时，管孔应对准，接缝应严密，不得有水泥、砂浆渗入。管孔对准、无错位，以免影响管、线、槽的有效管理，保证敷设缆线时穿设顺利。

d. 金属管道应有不小于 0.1％的排水坡度。

e. 建筑群之间金属管的埋设深度不应小于 0.7m；在人行道下面敷设时，不应小于 0.5m。

f. 金属管内应安置牵引缆线或拉线。

g. 光缆与电缆同管敷设时，应在金属管内预置塑料子管。将光缆敷设在子管内，使光缆和电缆分开布放，子管的内径应为光缆外径的 2.5 倍。

2）金属管的明敷要求。金属管应用卡子固定，这种固定方式较为美观，且在需要拆卸时方便拆卸。金属管的支持点间距，有要求时应按照规定设计，无设计要求时不应超过 3m。在距接线盒 0.3m 处，用管卡将管子固定。在弯头的地方，弯头两边也应用管卡固定。

（2）电缆桥架安装应符合下列规定：

1）直线段钢制电缆桥架长度超过 30m、铝合金或玻璃钢制电缆桥架长度超过 15m 设置伸缩节；电缆桥架跨越建筑物变形缝处设置补偿装置。

2）电缆桥架转弯处的弯曲半径，不小于桥架内电缆最小允许弯曲半径，电缆最小允许弯曲半径见表 5-3。

表 5-3 电缆最小允许弯曲半径

序号	电缆种类	最小允许弯曲半径
1	无铅包钢铠护套的橡皮绝缘电力电缆	10*D*
2	有钢铠护套的橡皮绝缘电力电缆	20*D*
3	聚氯乙烯绝缘电力电缆	10*D*
4	交联聚氯乙烯绝缘电力电缆	15*D*
5	多芯控制电缆	10*D*

注 *D* 为电缆外径，mm。

3）当设计无要求时，电缆桥架水平安装的支架间距为 1.5～3m，垂直安装的支架间距不大于 2m。

4）桥架与支架间螺栓、桥架连接板螺栓固定紧固、无遗漏，螺母位于桥架外侧，当铝合金桥架与钢支架固定时，有相互间绝缘的防电化学腐蚀措施。

5）电缆桥架敷设在易燃、易爆气体管道和热力管道的下方，当设计无要求时，与管道的最小净距应符合表 5-4 的规定。

表 5-4 与电缆管道的最小净距

管道类别		平行净距（m）	交叉净距（m）
一般工艺管道		0.4	0.3
易燃易爆气体管道		0.5	0.5
热力管道	有保温层	0.5	0.3
	无保温层	1.0	0.5

6）敷设在竖井内和穿越不同防火区的桥架，按设计要求位置设置防火隔堵设施。

7）支架与预埋件焊接固定时，焊缝饱满；膨胀螺栓固定时，选用螺栓适配，连接紧固，防松零件齐全。

（3）桥架内电缆敷设应符合下列规定：

1）大于 45°倾斜敷设的电缆每隔 2m 处设固定点。

2）电缆出入电缆沟、竖井、建筑物、柜（盘）、台处及管子管口处等做密封处理。

3）电缆敷设排列整齐，水平敷设的电缆首尾两端、转弯两侧及每隔 5～10m 处设固定点；敷设于垂直桥架内的电缆固定点间距不大于表 5-5 的规定。

表 5-5 电缆固定点的间距

电缆种类		固定点的间距（mm）
电力电缆	全塑型	1000
	除全塑型外的电缆	1500
控制电缆		1000

4）电缆的首端、末端和分支处应设标志牌。

（4）电缆桥架在弱电井中垂直安装。电缆桥架在电缆竖井中的墙壁上垂直安装。电缆槽道或桥架在弱电间垂直安装时，可以采用门形支架和三角形钢支架固定。

（5）槽道和管路相结合的敷设。槽道和管路相结合的敷设一般是在走廊等公共部位的吊顶内敷设，到各个房间的缆线采用分支线槽或分支暗管的敷设方式，在走廊吊顶的适当位置设置检修洞孔，分支线槽和分支暗管的一端集中于检修洞孔附近，以便维护检修和增放缆线。

（6）桥架和槽道穿越楼板或墙壁的孔洞防火处理。当电缆桥架水平安装坡度变化太大时，墙洞或楼板洞等地方采用钢板做防火堵料。桥架和槽道穿越楼板或墙壁的孔洞做防火处理。

5.4.3　管槽系统施工中的技术要点

1. 管槽系统管材的切割

通常，在管槽系统设计方案确定并现场测量以后，即可开始施工。如果是新建筑的管槽安装，则一般是与建筑施工同步进行；如果是现有建筑改造安装，则施工难度较大。在现场施工时，施工人员十分关心的就是不同材质的管槽如何切割、成形的问题。一般情况下，将管煨弯可采用冷煨法和热煨法，管径为 20mm 及其以下可采用手扳煨管器，管径为 25mm 及其以上使用液压煨管器。

线管的切割可以使用锯弓，也可以使用专用的切管器。使用锯弓切割线管是将线管锯断，这种方式通常用于管径比较大的情况，锯过的线管会有一些毛刺，在施工中需要将这些毛刺除去。使用切管器切割时是将 PVC 线管放入刀口中，一直按压手柄，可以将线管切断。如果线管的质量较差，当刀口可以切割到线管时，一边按压手柄，一边转动线管，采用这种方式切割的线管的切面可能会不平整，需要进行修复。

线槽的切割一般使用锯弓锯，也可以使用电动切割工具切割。线槽的切割首先要根据实际需要量取一定长度的管材，并在管材上做好标识。然后使用电动切割工具管材进行切割，或使用锯弓对管材进行锯切。

直径在 25mm 以下的 PVC 管工业品弯头、三通，一般不能满足铜缆布线曲率半径要求。因此，一般使用专用弹簧弯管器对 PVC 管弯曲成形。

在安装线槽布线施工中遇到拐弯情况时，一般有两种方法：一种是使用现成的弯头、三通、阴角、阳角等材料。另一种就是根据现场情况自制接头。

2. 敷设管槽系统时应注意的事项

（1）接线箱或配线箱的安装应牢固平整，开孔整齐并与管径相吻合，要求一管一孔，不得开长孔，铁制盒（箱）严禁用电气焊开孔。

（2）盒箱安装时要求灰浆饱满、平整固定和坐标正确。

（3）管路敷设前应检查管路是否畅通，并特别注意检查其内侧有无毛刺，这对于信息缆线十分重要，因为在穿入缆线时这些毛刺有可能会刺坏或是划坏缆线，也可能干扰穿线。

（4）管路连接应采用丝扣连接或扣压式管连接。

（5）管路敷设应牢固通畅，禁止做拦腰管或拌脚管。

（6）管子进入箱盒处应顺直，在箱盒内露出的长度一般应小于 5mm。

（7）管路应做整体接地连接，采用跨接方法连接。

（8）支、吊架应安装牢固，绝对不能有一点松动，因为任何一点松动都无法保证长期使用的牢固稳定。

3. 管槽系统的敷设

施工中必须考虑弹线定位，以做到管槽系统的“横平竖直”。根据设计图确定出安装位置，从始端到终端（先干线后支线）找好水平或垂直线，用墨线袋在线路中心沿墙壁进行弹线。对于支、吊架安装操作通常要求所用管材平直，无显著扭曲，下料后长短偏差应控制在5mm内。金属管材切口处应无卷边、毛刺，固定支点间距一般不应大于1.5～2.0mm，在进出接线箱、盒、柜、转弯、转角及丁字接头的三端500mm以内，应设固定支点，吊架的规格尺寸一般不应小于扁铁30mm×3mm，扁钢25mm×25mm×3mm。

(1) 管槽系统敷设的具体过程。

1) 读施工图纸，确定线管路由的安装位置，特别是应确定电力缆线的位置。例如，在安装信息插座之前，应该知道附近电力缆线的位置。这样就不会在钻孔时碰到它。即使是在天棚里布线，也要清楚哪些电力缆线与电信线路相交，并采取适当措施以保证它们不会互相接触。当在一个新的建筑物中施工时，应和电工一起核查可能不安全的区域。而在旧的建筑物中，维护人员可以帮助了解哪些区域是不安全的。当无法确定某一电力缆线是否有电时，在核准之前应把它作为有电的电力缆线来对待。

2) 为了管道安装后的美观，从始端到终端（先干线后支线）找出水平和垂直段，用粉线袋沿墙壁或顶棚、地面等处在管道的线路中心线上弹线定位，按设计要求均匀标出支撑位置。

3) 如果是明管，则要沿线在支撑位置上用木桩或塑料膨胀螺钉固定管卡；如果是暗管，则需要在墙上凿槽。

4) 根据布线的走向布放管道。

(2) 线槽安装过程中一般应注意如下要求：

1) 线槽应平整，无扭曲变形，内壁无毛刺，各种附件齐全。

2) 线槽接口应平整，接缝处紧密平直，槽盖装上后应平整、无翘脚，出线口的位置应准确。

3) 线槽的所有非导电部分的铁件均应相互连接和跨接，使之成为一连续导体，并做好整体接地。

4) 其他关于线槽的安装要求可参考GB 50045—2005《高层民用建筑设计防火规范》或有关规定。

4. 管槽系统内配线要求

有时是在安装缆线管槽的同时配线，有时是在安装完毕以后再统一配线，这主要取决于缆线线槽本身。在往线槽中配线时应当考虑以下细节：

(1) 在为线槽配缆线前应首先消除线槽内的污物和积水。

(2) 布放缆线前应核对其型号规格、程式、路由及位置与设计规定相符，核对后才可施工。

(3) 在同一线槽内布放缆线时，包括绝缘在内的导线截面面积总和应不超过内部截面面积的40%，有时还应参考相关的技术标准。

(4) 缆线的布放应平直，不得产生扭绞、打圈、缠绕等现象，不应受到外力挤压和损伤。

(5) 缆线在布放前两端应贴有标签（所谓的临时标注签），以表明起始和终端位置，标签书写应清晰、端正和正确，并注意用透明胶带在其外部再缠绕几周，以免因污染或磨损而不易识别。

(6) 电源线、信号电缆、双绞线电缆、光缆及建筑物内其他弱电系统的缆线应分离布放，各缆线间的最小净距应符合设计要求（通常为 30mm 以上）。

(7) 缆线布放时应有冗余，在配线间、设备间对绞线电缆预留长度一般为 3～6m；工作区为 0.3～0.6m；光缆在设备端预留长度一般为 5～10m；有特殊要求的应按设计要求预留长度。

(8) 在缆线布放的牵引过程中，吊挂缆线的支点相隔间距不应大于 1.5m。

(9) 布放缆线的牵引力应小于缆线允许张力的 80%，光缆瞬间最大牵引力不应超过光缆允许的张力。在以牵引方式敷设光缆时，主要牵引力应加在光缆的加强芯上。

(10) 在电缆桥架内垂直敷设缆线时，缆线的上端和每间隔 1.5m 处应固定在桥架的支架上。水平敷设时，无转弯部分则应在每间距 3～5m 处设固定支点。在缆线距离首端、尾端、转弯中心点 300～500mm 处设置固定支点。

(11) 线槽内缆线应顺直，尽量不交叉，缆线不应溢出线槽，在缆线进出线槽部位转弯处应绑扎固定。垂直线槽布放缆线应每间隔 1.5m 处固定在缆线支架上，以防缆线下坠。

(12) 在水平、垂直桥架和垂直线槽中敷设缆线时，应对缆线进行绑扎。4 对对绞线电缆以 24 根为束，25 对或以上主干对绞线电缆、光缆及其他通信电缆应根据缆线类型、缆径和缆线芯数为束进行绑扎。绑扎间距不宜大于 1.5m，缆扣间距应均匀、松紧适应。

5.5 配线设备的安装

5.5.1 配线架的安装

配线架安装要求：

(1) 采用下走线方式时，架底位置应与电缆上线孔相对应。

(2) 各直列垂直倾斜误差应不大于 3mm，底座水平误差每平方米应不大于 2mm。

(3) 接线端子各种标记应齐全。

(4) 交接箱或暗线箱宜暗设在墙体内。预留墙洞安装，箱底高出地面宜为 500～1000mm。安装机架、配线设备接地体应符合设计要求，并保持良好的电气连接。

(5) 系统终接前应确认电缆和光缆敷设已经完成，电信间土建及装修工程竣工完成，具有洁净的环境和良好的照明条件，配线架已安装好，核对电缆编号无误。

(6) 剥除电缆护套时应采用专用电缆开线器，不得刮伤绝缘层，电缆中间不得发生断接现象。

(7) 终接前需准备好配线架终接表，电缆终接依照终接表进行。

5.5.2 机柜的安装

传统网络布线的网络设备通常都是直接放置的，但标准机柜目前已广泛应用于计算机网络机房、有无线通信器材、电子设备的叠放等场合。使用机柜，不仅可以增强电磁屏蔽、削弱设备工作噪声、减少设备占地面积、便于使用和维护等优点，更重要的是对于一些较高档的机柜，通常还具备提高散热效率、空气过滤等功能，用于改善精密设备工作环境质量。

目前很多工程级设备的面板宽度都为 19in，所以 19in 机柜是常见的一种标准机柜。

19in标准机柜的种类和样式非常多，用户选购标准机柜要根据安装堆放器材的具体情况综合选择合适的产品。

图5-39 机柜

与机柜相比，机架具有价格相对便宜、搬动方便的优点。不过机架一般为敞开式结构，不像机柜通常采用全封闭或半封闭结构，所以自然不具备增强电磁屏蔽、削弱设备工作噪声等特征。同时在空气洁净程度较差的环境中，设备表面容易积灰。机架主要适合一些要求不高的设备叠放，以减少占地面积。当缆线接入机柜中时，通常按多组跳线方式连接配线架和各种设备。

标准机柜的结构比较简单，主要包括基本框架、内部支撑系统、布线系统、通风系统。对于一般的标准机柜而言，其外形有宽度、高度、深度3个常规指标。一般工控设备、交换机、路由器等设计宽度都为19in（其安装宽度约为465、483mm）、23in（其安装宽度约为584mm），其中19in机柜的物理宽度通常有600mm和800mm两种，机柜高度一般为0.7～2.4m，根据机柜内设备的多少和统一格调而定，通常厂商可以定制特殊的高度和深度，常见的成品19in标准机柜高度为1.2～2.2m。机柜的深度一般为400～800mm，通常由机柜内设备的不同也可定制特殊尺寸，较常见的成品19in标准机柜深度约为500、600mm或800mm。

在机柜中，通常一台19in标准面板设备安装所需高度可用一个特殊单位“U”来表示，大约为44.45mm，一般称为设备的安装高度，因而使用标准机柜的设备面板一般都是按U的整数倍的规格制造。对于一些非标准设备，大多可以通过附加适配挡板装入19in机箱并固定。

机柜的材料与机柜的性能有密切的关系，制造19in标准机柜的材料主要有铝型材料和冷轧钢板两种。由铝型材料制造的机柜比较轻便，适合堆放轻型器材，且价格相对便宜。由于质地不同，所以制造出来的机柜物理性能也有一定差别，尤其是一些较大规格的机柜更容易出现差别。冷轧钢板制造的机柜具有机械强度高、承重量大的特点，同类产品中钢板用料的厚薄和质量及工艺都直接关系到产品的质量和性能。有些廉价的机柜使用普通薄铁板制造，虽然价格便宜，外观也不错，但性能欠佳。通常优质机柜重量比较重。

标准机柜从组装方式来看，大致有一体化焊接型和组装型两大类。一体化焊接型价格相对便宜，焊接工艺和产品材料是这类机柜的关键，一些劣质产品遇到较重的负荷容易产生变形。组装型是目前比较流行的形式，包装中都是散件，需要时可以迅速组装起来，而且调整方便，灵活性强。一些劣质产品往往接口部位很粗糙，拼装起来比较困难，所用板材切边甚至会有卷边、毛刺等现象，且移位明显。

另外，机柜的制作水准和表面油漆工艺，以及内部隔板、导轨、滑轨、走线槽、插座的精细程度和附件质量也是衡量标准机柜品质的参考指标。好的标准机柜不但稳重，符合主流的安全规范，而且设备装入平稳、稳固，机柜前后门和两边侧板密闭性好，柜内设备受力均匀，带有良好的散热通风设备或空气净化设施，配件丰富，能适合各种应用的需要。

综合布线机柜、机架及设备在安装时应当细心，在安装以前，通常需要进行开箱后的例行设备检验并注意相关的附件，施工前应对所安装的设备外观、型号规格、数量、标志、标签、产品合格证、产地证明、说明书、技术文件资料进行检验并将有关文档妥善保存，再检验设备是否选用厂家原装产品，设备性能是否达到设计要求和国家标准的规定。

即使是熟练的安装人员，在安装机柜前也必须参考相应的技术说明，并注意认真清点附件以确保安装过程的顺利进行。安装过程中应当注意的细节如下：

(1) 机柜台安装位置应符合设计要求，机柜应离墙1m，便于安装和施工。

(2) 底座安装应牢固，应按设计图的防震要求进行施工。

(3) 机柜应竖直放置，柜面水平，垂直偏差不能大于1%，水平偏差不能大于3mm，机柜之间缝隙不能大于1mm。

(4) 机台表面应完整、无损伤、螺钉紧固，每平方米表面凹凸度应小于1mm。

(5) 柜内接插件和设备接触可靠。

(6) 柜内接线应符合设计要求，接线端子的各种标志应齐全，且保持良好。

(7) 柜内配线设备、接地体、保护接地、导线截面、颜色应符合设计要求。

(8) 所有机柜应设接地端子，并良好地接入大楼接地端。

(9) 设备安装时通常应当有3个人以上在现场，同时应注意螺钉紧固，但又不要用力过猛以损坏设备螺口。

(10) 缆线通常从下端进入（有些设备间也从上部进入），并注意穿入后的捆扎，宜将标注签进行保护性包扎。

(11) 缆线宜从机柜两边上升接入设备，缆线较多时应借助于理线架、理线槽等理清缆线并将标注签整理朝外，根据缆线分类可进行轻度捆扎。

(12) 由于配线架为模块化结构，可以正面维护，因此在托架到配线架RJ-45模块之间预留20cm长的缆线，以便于配线架正面维护。要保持机柜内的缆线整齐、美观。

图5-40　机柜安装示意图

1. 综合布线系统工程施工前应做哪些准备工作？

2. 综合布线系统工程施工要点有哪些？
3. 试画出信息插座的两种物理线路接线方式。
4. 如何将4对双绞线电缆连接到墙上安装的信息插座？
5. 如何牵引4对双绞线电缆？
6. 建筑群间线缆的布设方式有哪三种？
7. 干线光缆的一般敷设步骤是什么？
8. 入户光缆敷设要求有哪些？
9. 如何正确进行综合布线系统的预留预埋工作？
10. 机柜中“1U”代表什么含义？安装机柜时应注意哪些细节？

第 6 章　综合布线系统工程测试与验收

综合布线系统工程的验收是一项系统性工作，它不仅仅包含利用各类电缆测试仪进行现场认证测试，同时还包括对施工环境，设备质量及安装工艺，电缆、光缆在楼内及楼宇之间的布放工艺，缆线终接，竣工技术文件等众多项目的检查。

6.1　电缆传输通道测试

局域网的安装是从电缆开始的，电缆是网络最基础的部分。据统计，大约 50%的网络故障与电缆有关。所以电缆本身的质量及电缆安装的质量都直接影响网络能否健康地运行。此外，很多综合布线系统是在建筑施工中进行的，电缆通过管道、地板或地毯铺设到各个房间。当网络运行时发现故障是电缆引起时，就很难或根本不可能再对电缆进行修复，即使修复其代价也相当昂贵。所以最好的办法就是把电缆故障消灭在安装之中。如何检测安装的电缆是否合格，它能否支持将来的高速网络，用户的投资是否能得到保护就成为关键问题，这也就是电缆测试的重要性。电缆的测试一般可分为电缆的验证测试和电缆的认证测试两个部分。电缆的测试内容根据电缆型号的不同有不同的侧重点，常见的 5 类、5e 类和 6 类电缆系统的测试标准及测试内容如下：

(1) 5 类电缆系统的测试标准与测试内容。EIA/TIA 568A 和 TSB - 67 标准规定的 5 类电缆布线现场测试参数主要有接线图、长度、近端串扰和衰减。ISO/IEC 11801 标准规定的5 类电缆布线现场测试参数主要有接线图、长度、近端串扰、衰减、衰减串扰比和回波损耗。GB 50312—2016《综合布线工程验收规范》规定 5 类电缆布线的测试内容分为基本测试项目和任选测试项目，基本测试项目有长度、接线图、衰减和近端串扰；任选测试项目有衰减串扰比、环境噪声干扰强度、传输延迟、回波损耗、特征阻抗和直流环路电阻等内容。

(2) 5e 类电缆系统的测试标准与测试内容。EIA/TIA 568 - 5—2000 和 ISO/IEC 11801 标准规定的 5e 电缆布线现场测试基本测试项目有长度、接线图、衰减和近端串扰；也包括衰减串扰、综合近端串扰、等效远端串扰、综合远端串扰、传输时延、直流环路电阻等内容。

(3) 6 类电缆系统的测试标准与测试内容。EIA/TIA 568B1.1 和 ISO/IEC 11801 标准规定的 6 类电缆测试内容有长度、接线图、衰减和近端串扰、传输时延、时延偏离、直流环路电阻、综合近端串扰、等效远端串扰、综合远端串扰、回波损耗等参数。

6.1.1　链路的验证测试

验证测试又称为随工测试，一般是在施工过程中由施工人员边施工边测试，主要检测缆线的质量和安装工艺，及时发现并纠正问题，避免返工，以保证所完成的每一个连接的正确性。通常这种测试只注重综合布线系统的连接性能，而对综合布线电气特征并不关心。验证测试不需要使用复杂的测试仪，只需要能够测试接线通断和缆线长度的测试仪。

电缆的验证测试是测试电缆的基本安装情况，例如，电缆有无开路或短路，STP、UTP电缆的两端是否按照有关规定正确连接，同轴电缆的终端匹配电阻是否连接良好，电缆的走向如何等。电缆安装是一个以安装工艺为主的工作，为确保缆线安装满足性能和质量的要求，必须进行链路测试。

施工中最常见的连接故障是电缆标签错、连接开路、双绞线电缆接线图错（包括错对、极性接反、串绕）及短路。

(1) 开路和短路。在施工中，由于工具、接线技巧或墙内穿线技术欠缺等问题，会产生开路或短路故障。

(2) 反接。也称反向线对，将同一对线在两端针位接反，例如一端为1-2，另一端为2-1。

(3) 错对。也称交叉线对，将一对线接到另一端的另一对线上，例如一端是1-2，另一端接在4-5上。

(4) 串绕。所谓串绕是指将原来的两对线分别拆开后又重新组成新的线对。由于出现这种故障时端对端的连通性并未受影响，所以用普通的万用表不能检查出故障原因，只有通过使用专用的电缆测试仪才能检查出来。串绕故障不易发现是因为当网络低速度运行或流量很低时其表现不明显，而当网络繁忙或高速运行时其影响极大。这是因为串绕会引起很大的近端串扰。电缆的验证测试要求测试仪器使用方便、快速。例如Fluke620，在不需要远端单元时就可完成多种测试，极为方便。

6.1.2 电缆传输通道的认证测试

认证测试又叫验收测试，是所有测试工作中最重要的环节。认证测试是指对综合布线系统依照某一个标准进行逐项的比较，以确定综合布线系统是否全部能达到设计要求，这种测试包括连接性能测试和电气性能测试。认证测试是检验工程设计水平和工程质量的总体水平行之有效的手段。

美国国家标准协会TIA/EIA TSB-67《非屏蔽双绞电缆布线系统传输性能现场测试规范》是非屏蔽双绞线电缆（UTP）布线性能现场测试规范，该规范定义了两种标准的认证测试模型，即基本链路（Basic link）和信道（Channel）。

1. 基本链路测试

基本链路用来测试综合布线系统中的固定链路部分。由于综合布线系统承包商通常只负责这部分的链路安装，所以基本链路又被称作承包商链路。基本链路测试又分为基本链路方式和永久链路方式，后者适用于测试固定链路（水平电缆及相关链接器件）性能。根据GB 50312—2016《综合布线系统工程验收规范》的规定，5类布线系统按照基本链路进行测试，5e和6类布线系统按照永久链路进行测试，测试模型如图6-1和图6-2所示。

2. 信道测试

信道用来测试端到端的链路整体性能，又被称作用户链路。信道连接模型是在永久链路连接模型的基础上，包括工作区和配线间的设备电缆及跳线在内的整体信道性能，其连接如图6-3所示。

信道包括：最长90m的水平缆线、信息插座模块、集合点、配线间的配线设备、跳线、设备缆线在内，总长不得大于100m。

这两者最大的区别就是基本链路不包括用户端使用的电缆（这些电缆是用户连接工作区

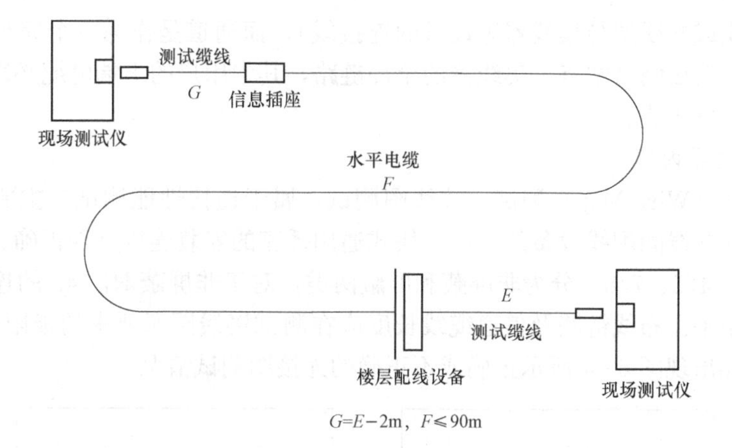

图 6-1　基本链路连接模型

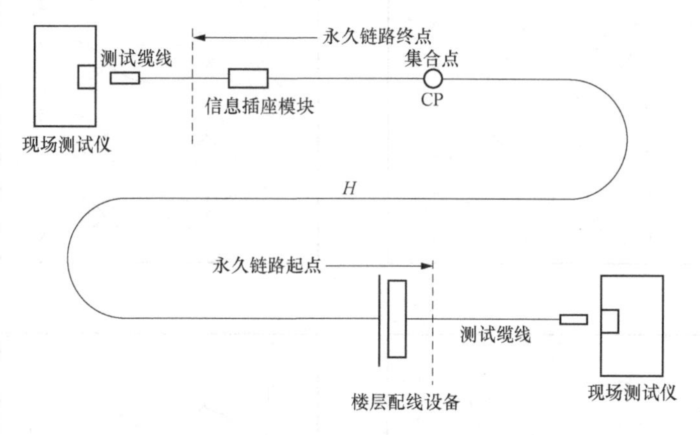

图 6-2　永久链路连接模型

H—从信息插座至楼层配线设备（包括集合点）的水平电缆长度，$H\leqslant 90$m

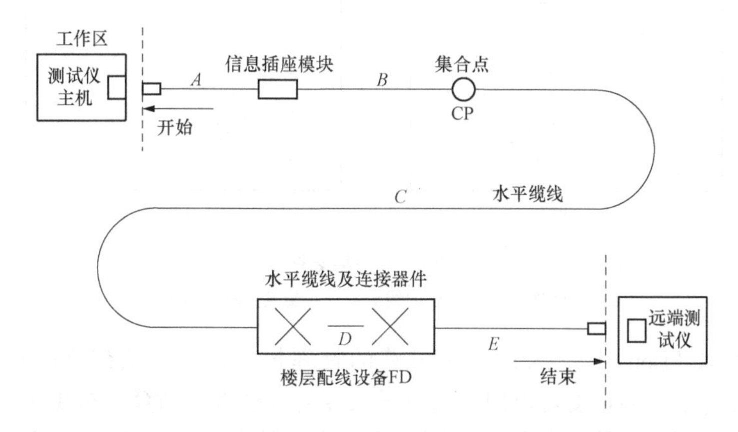

图 6-3　信道连接模型

A—工作区终端设备电缆长度；B—CP 缆线长度；C—水平缆线长度；D—配线设备连接跳线长度；E—配线设备到设备连接电缆，且各缆线的长度关系表达式为

$B+C\leqslant 90$m，$A+D+E\leqslant 10$m

终端与信息插座或配线架与集线器等设备的连接线)，而通道是作为一个完整的端到端链路定义的，它包括连接网络站点、集线器的全部链路，其中用户的末端电缆必须是链路的一部分，必须与测试仪相连。

3. 测试的主要内容

(1) 接线图 (Wire Map) 测试。接线图测试，属于连接性能测试，主要测试水平电缆终接在工作区或配线间配线设备的8位模块式通用插座的安装连接是否正确。正确的线对组合为1/2、3/6、4/5、7/8，分为非屏蔽和屏蔽两类，对于非屏蔽RJ-45的连接方式按相关规定要求列出结果。布线链路及信道缆线长度应在测试接线图所要求的极限长度范围之内。布线过程中可能出现图6-4所示正确或不正确的连接图测试情况。

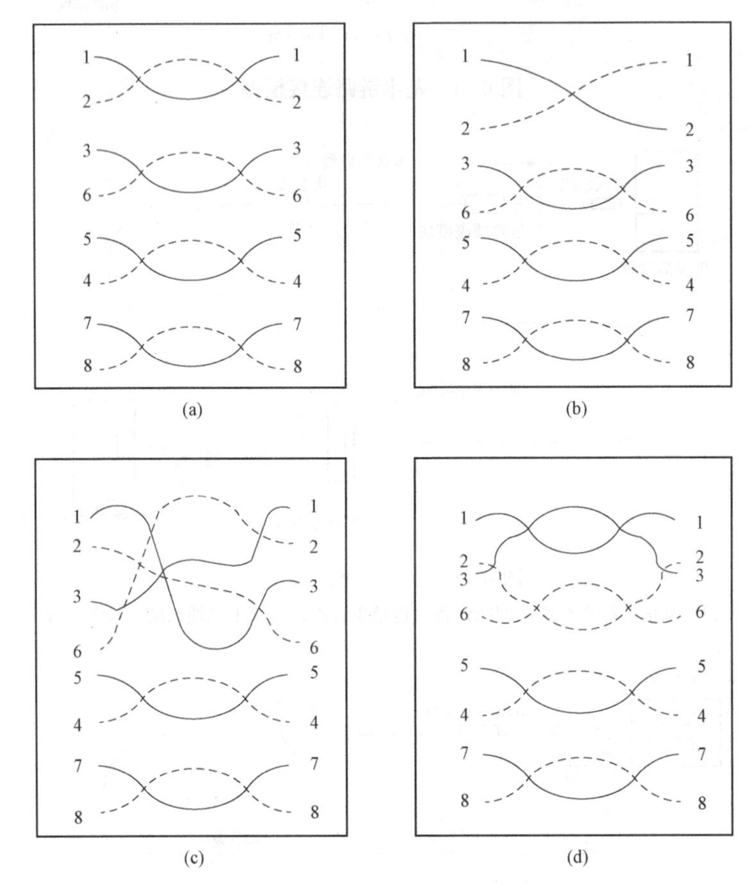

图6-4 接线图

(a) 正确连接；(b) 反向线对；(c) 交叉连接；(d) 串对

(2) 长度测试 (Length)。长度是指链路的物理长度，每一条链路的长度必须要有记录。现场测试综合布线的长度可以用测量电子长度的方法进行估算。布线链路及信道缆线长度应在测试接线图所要求的极限长度范围之内。常见的测量方法有时域反射法 (TDR) 与电容法。时域反射法测量综合布线长度是通过给定的电缆额定传输速度和链路的传输延迟来实现的。额定传输速度 (Nominal Velocity of Propagation，NVP) 是指电信号在缆线中传输的速度与真空中光的传输速度的比值。例如，NVP72%就代表这条铜缆的特征是光速的

72%，NVP 必须由制造厂商提供。5e 类双绞线（100MHz）中的合格标准为 60%～90%。通过测量测试信号在链路上的延迟时间，然后与该电缆的 NVP 值进行计算，就可得出链路的电子长度。由于电缆的生产厂商对电缆 NVP 值的标定有相当大的不定度，所以要获得比较精确的链路长度就应该在对综合布线系统测试之前，用现场测试仪对同一批标号的电缆进行校正测试，以得到精确的 NVP 值。NVP 计算公式如下

$$\mathrm{NVP}=\frac{2L}{TC} \tag{6-1}$$

式中　L——电缆长度；

T——信号传送与接收之间的时间差；

C——真空状态下的光速（3×10^9m/s）。

因为严格的 NVP 值的校正很难全面实现，一般有 10%的误差，因此 TSB-67 修正了长度测试通过和未通过的参数：对于通道，长度为 100m+100m×10%=110m；对于基本链路，长度为 94m+94m×10%=103.4m。

（3）衰减（Attenuation）测试。衰减是信号沿链路传输损失的量度。通常衰减与缆线的长度有关，随着长度增加，信号衰减也随之增加。同时衰减是频率的持续函数，所以应测量应用范围内全部频率的衰减。一根长 90m 的 5 类双绞线电缆基本链路衰减如图 6-5 所示。各对双绞线的衰减不同，而且衰减会随着链路长度的增加而增大，即电信号的损失越多。信号衰减到一定程度，将会引起链路传输的信息不可靠。引起衰减的原因还有温度、阻抗不匹配及连接点等因素。

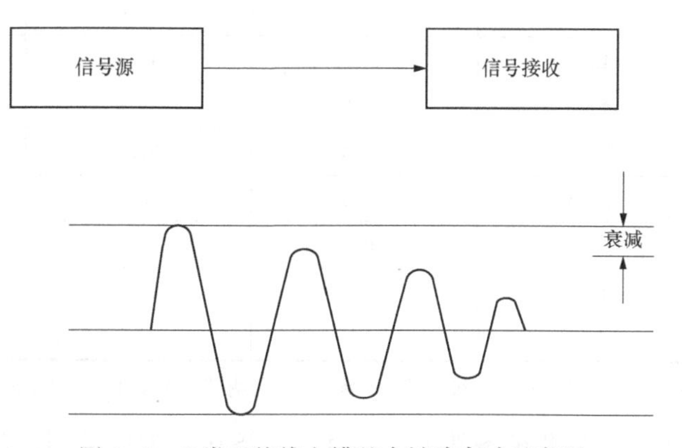

图 6-5　5 类双绞线电缆基本链路衰减示意图

现场测试仪器应测量出已安装的每一对线的衰减最严重情况，并且通过将衰减最大值与衰减允许值比较后，给出通过或未通过的结论：

1）如果通过，则给出处于可用频率范围内（5 类电缆是 1～100MHz）的最大衰减值。

2）如果未通过，给出未通过时的衰减值、测试允许值及所在点的频率。

（4）近端串扰（Near End Cross Talk，NEXT）测试。近端串扰是决定链路传输能力的最重要的参数。施工中的工艺问题也会产生近端串扰。近端串扰与长度没有比例关系，事实上近端串扰与链路前长度相对独立。

测试一条双绞线电缆的链路近端串扰需要在每一对线之间测试。也就是说，对于 4 对双绞线电缆来说要有 6 对线对关系的组合，即测试 6 次。近端串扰必须进行双向测试，这是因

为绝大多数的近端串扰是由在链路测试端的近处测到的。实际中，大多数近端串扰发生在近端的连接硬件上，只有长距离的电缆才能累计起比较明显的近端串扰。有时在链路的一端测试近端串扰是可以通过的，而在另一端测试则是未通过的，这是因为发生在远端的近端串扰经过电缆的衰减到达测试点，其影响已经减小到标准的极限值以内了。所以对近端串扰的测试要在链路的两端各进行一次。现场测试仪应该能测试并报告出在某两对线对之间近端串扰性能最差（也就是说最接近极限值）时的近端串扰值、该点频率和极限值。

认证测试并不能提高综合布线系统的通道性能，只是确认所安装的缆线、相关连接硬件及其工艺能否达到设计要求。只有使用能满足特定要求的测试仪器并按照相应的测试方法进行测试，所得结果才是有效的。

4. 验收规范规定的主要性能指标

（1）根据 GB 50312—2016《综合布线系统工程验收规范》的规定，在环境温度 20℃的测试条件下，5 类水平链路及信道性能指标应符合表 6 - 1 的要求。

表 6 - 1　5 类水平链路及信道性能指标

频率（MHz）	基本链路性能指标		信道性能指标	
	近端串扰（dB）	衰减（dB）	近端串扰（dB）	衰减（dB）
1.00	60.0	2.1	60.0	2.5
4.00	51.8	4.0	50.6	4.5
8.00	47.1	5.7	45.6	6.3
10.00	45.5	6.3	44.0	7.0
16.00	42.3	8.2	40.6	9.2
20.00	40.7	9.2	39.0	10.3
25.00	39.1	10.3	37.4	11.4
31.25	37.6	11.5	35.7	12.8
62.50	32.7	16.7	30.6	18.5
100.00	29.3	21.6	27.1	24.0
长度（m）	94		100	

注　基本链路长度为 94m，包括 90m 水平缆线及 4m 测试仪表的测试电缆长度，在基本链路中不包括 CP 点。

（2）在环境温度 20℃的测试条件下，5e 类、6 类和 7 类信道测试项目及性能指标应符合以下要求：

1）回波损耗（RL）。只在布线系统中的 C、D、E、F 级采用，信道的每一线对和布线的两端均应符合耗值的要求，布线系统信道的最小回波损耗值应符合表 6 - 2 的规定，并可参考表6 - 3 所列关键频率的回波损耗建议值。

表 6 - 2　信道回波损耗值

级别	频率（MHz）	最小回波损耗（dB）
C	$1 \leqslant f \leqslant 16$	15.0
D	$1 \leqslant f < 20$	17.0
	$20 \leqslant f \leqslant 100$	$30-10\lg f$

续表

级别	频率（MHz）	最小回波损耗（dB）
E	$1 \leqslant f < 10$	19.0
	$10 \leqslant f < 40$	$24 - 5\lg f$
	$40 \leqslant f < 250$	$32 - 10\lg f$
F	$1 \leqslant f < 10$	19.0
	$10 \leqslant f < 40$	$24 - 5\lg f$
	$40 \leqslant f < 251.2$	$32 - 10\lg f$
	$251.2 \leqslant f \leqslant 600$	8.0

表 6-3　信道回波损耗建议值

频率（MHz）	最小回波损耗（dB）			
	C 级	D 级	E 级	F 级
1	15.0	17.0	19.0	19.0
16	15.0	17.0	18.0	18.0
100		10.0	12.0	12.0
250			8.0	8.0
600				8.0

2）插入损耗（IL）。布线系统信道每一线对的插入损耗值应符合表 6-4 的规定，并可参考表 6-5 所列关键频率的插入损耗建议值。

表 6-4　信道插入损耗值

级别	频率（MHz）	最大插入损耗（dB）
A	$f=0.1$	16.0
B	$f=0.1$	5.5
	$f=1$	5.8
C	$1 \leqslant f \leqslant 16$	$1.05 \times (3.23\sqrt{f}) + 4 \times 0.2$
D	$1 \leqslant f \leqslant 100$	$1.05 \times (1.9108\sqrt{f} + 0.0222 \times f + 0.2/\sqrt{f}) + 4 \times 0.02 \times \sqrt{f}$
E	$1 \leqslant f \leqslant 250$	$1.05 \times (1.82\sqrt{f} + 0.0169 \times f + 0.25/\sqrt{f}) + 4 \times 0.02 \times \sqrt{f}$
F	$1 \leqslant f \leqslant 600$	$1.05 \times (1.8\sqrt{f} + 0.01 \times f + 0.2/\sqrt{f}) + 4 \times 0.02 \times \sqrt{f}$

注　插入损耗（IL）的计算值小于 4.0dB 时均按 4.0dB 考虑。

表 6-5　信道插入损耗建议值

频率（MHz）	最大插入损耗（dB）					
	A 级	B 级	C 级	D 级	E 级	F 级
0.1	16.0	5.5				
1		5.8	4.2	4.0	4.0	4.0
16			14.4	9.1	8.3	8.1

续表

频率（MHz）	最大插入损耗（dB）					
	A级	B级	C级	D级	E级	F级
100				24.0	21.7	20.8
250					35.9	33.8
600						54.6

3）近端串扰（NEXT）。在布线系统信道的两端，线对与线对之间的近端串扰值均应符合表6-6的规定，并可参考表6-7所列关键频率的近端串扰建议值。

表6-6　　信道近端串扰值NEXT

级别	频率（MHz）	信道近端串扰值NEXT（dB）
A	$f=0.1$	27.0
B	$0.1\leqslant f\leqslant 1$	$25-15\lg f$
C	$1\leqslant f\leqslant 16$	$39.1-16.4\lg f$
D	$1\leqslant f\leqslant 100$	$-20\lg[10^{\frac{65.3-15\lg f}{-20}}+2\times 10^{\frac{83-20\lg f}{-20}}]$①
E	$1\leqslant f\leqslant 250$	$-20\lg[10^{\frac{74.3-15\lg f}{-20}}+2\times 10^{\frac{94-20\lg f}{-20}}]$②
F	$1\leqslant f\leqslant 600$	$-20\lg[10^{\frac{102.4-15\lg f}{-20}}+2\times 10^{\frac{102.4-15\lg f}{-20}}]$②

①NEXT计算值大于60.0dB时均按60.0dB考虑。

②NEXT计算值大于65.0dB时均按65.0dB考虑。

表6-7　　信道近端串扰建议值

频率（MHz）	最小NEXT（dB）					
	A级	B级	C级	D级	E级	F级
0.1	27.0	40.0				
1		25.0	39.1	60.0	65.0	65.0
16			19.4	43.6	53.2	65.0
100				30.1	39.9	62.9
250					33.1	56.9
600						51.2

4）近端串扰功率（PS NEXT）。只应用与布线系统的D、E、F级，信道的每一线对和布线两端均应符合PS NEXT值要求，布线系统信道的最小PS NEXT值应符合表6-8的规定，并可参考表6-9所列关键频率的近端串扰功率和建议值。

表6-8　　信道PS NEXT值

级别	频率（MHz）	最小PS NEXT（dB）
D	$1\leqslant f\leqslant 100$	$-20\lg[10^{\frac{63.8-20\lg f}{-20}}+4\times 10^{\frac{75.1-20\lg f}{-20}}]$①
E	$1\leqslant f\leqslant 250$	$-20\lg[10^{\frac{67.8-20\lg f}{-20}}+4\times 10^{\frac{83.1-20\lg f}{-20}}]$②

续表

级别	频率（MHz）	最小 PS NEXT（dB）
F	$1 \leqslant f \leqslant 600$	$-20\lg\left[10^{\frac{94-20\lg f}{-20}}+4\times 10^{\frac{90-15\lg f}{-20}}\right]$②

①PS NEXT 计算值大于 57.0dB 时均按 57.0dB 考虑。

②PS NEXT 计算值大于 62.0dB 时均按 62.0dB 考虑。

表 6 - 9　　信道 PS NEXT 建议值

频率（MHz）	最小 PS NEXT（dB）		
	D 级	E 级	F 级
1	57.0	62.0	62.0
16	40.6	50.6	62.0
100	27.1	37.1	59.9
250		30.2	53.9
600			48.2

5）线对与线对之间的衰减串扰比（ACR）。只应用于布线系统的 D、E、F 级，信道的每一线对和布线两端均应符合 ACR 值要求。布线系统信道的 ACR 值可用式（6 - 2）进行计算，并可参考表 6 - 10 所列关键频率的 ACR 建议值。

线对 i 与 k 间衰减串扰比的计算公式为

$$ACR_{ik} = NEXT_{ik} - IL_k \qquad (6-2)$$

式中　i——线对号；

k——线对号；

$NEXT_{ik}$——线对 i 和线对 k 间的近端串扰；

IL_k——线对 k 的插入损耗。

表 6 - 10　　信道 ACR 建议值

频率（MHz）	最小 ACR（dB）		
	D 级	E 级	F 级
1	56.0	61.0	61.0
16	34.5	44.9	56.9
100	6.1	18.2	42.1
250		−2.8	23.1
600			−3.4

6）ACR 功率和（PS ACR）。为近端串扰频率和与插入损耗之间的差值，信道的每一线对和布线两端均应符合要求。布线系统信道的 PS ACR 值可用式（6 - 3）进行计算，并可参考表 6 - 11 所列关键频率的 PS ACR 建议值。

线对 k 的 ACR 功率和的计算公式为

$$PS\ ACR_k = PS\ NEXT_k - IL_k \qquad (6-3)$$

式中　k——线对号；

$PS\ NEXT_k$——线对 k 的近端串扰功率和；

IL_k——线对 k 的插入损耗。

表 6 - 11　　信道 PS ACR 建议值

频率（MHz）	最小 PS ACR（dB）		
	D级	E级	F级
1	53.0	58.0	58.0
16	31.5	42.3	53.9
100	3.1	15.4	39.1
250		−5.8	20.1
600			−6.4

7）线对与线对之间等电平远端串扰（EL FEXT）。为远端串扰与插入损耗之间的差值，只应用于布线系统的 D、E、F 级。布线系统信道每一线对的 EL FEXT 值可参考表 6 - 12 所列关键频率的 EL FEXT 建议值。

表 6 - 12　　信道 EL FEXT 建议值

频率（MHz）	最小 EL FEXT（dB）		
	D级	E级	F级
1	57.4	63.3	65.0
16	33.3	39.2	57.5
100	17.4	23.3	44.4
250		15.3	37.8
600			31.3

8）等电平远端串扰功率和（PS EL FEXT）。布线系统信道每一线对的 PS EL FEXT 值应符合表 6 - 13 的规定，并可参考表 6 - 14 所列关键频率的 PS EL FEXT 建议值。

表 6 - 13　　信道 PS EL FEXT 值

级别	频率（MHz）	最小 PS EL FEXT（dB）①
D	$1 \leqslant f \leqslant 100$	$-20\lg\left[10^{\frac{60.8-20\lg f}{-20}}+4\times10^{\frac{72.1-20\lg f}{-20}}\right]$②
E	$1 \leqslant f \leqslant 250$	$-20\lg\left[10^{\frac{64.8-20\lg f}{-20}}+4\times10^{\frac{80.1-20\lg f}{-20}}\right]$②
F	$1 \leqslant f \leqslant 600$	$-20\lg\left[10^{\frac{91-20\lg f}{-20}}+4\times10^{\frac{87-15\lg f}{-20}}\right]$③

①与测量的远端串扰 FEXT 值对应的 PS EL FEXT 值若大于 70.0dB 则仅供参考。
②PS EL FEXT 计算值大于 57.0dB 时均按 57.0dB 考虑。
③PS EL FEXT 计算值大于 62.0dB 时均按 62.0dB 考虑。

表 6 - 14　　信道 PS EL FEXT 建议值

频率（MHz）	最小 PS EL FEXT（dB）		
	D级	E级	F级
1	54.4	60.3	62.0

续表

频率（MHz）	最小 PS EL FEXT（dB）		
	D 级	E 级	F 级
16	30.3	36.2	54.5
100	14.4	20.3	41.4
250		12.3	34.8
600			28.3

9）直流环路电阻。布线系统信道每一线对的直流环路电阻应符合表 6-15 的规定。

表 6-15　信道直流环路电阻

最大直流环路电阻（Ω）					
A 级	B 级	C 级	D 级	E 级	F 级
560	170	40	25	25	25

10）传播时延。布线系统信道每一线对的传播时延应符合表 6-16 的规定，并可参考表 6-17 所列的关键频率建议值。

表 6-16　信道传播时延

级别	频率（MHz）	最大传播时延（μs）
A	$f=0.1$	20.000
B	$0.1\leqslant f\leqslant 1$	5.000
C	$1\leqslant f\leqslant 16$	$0.534+0.036/\sqrt{f}+4\times 0.0025$
D	$1\leqslant f\leqslant 100$	$0.534+0.036/\sqrt{f}+4\times 0.0025$
E	$1\leqslant f\leqslant 250$	$0.534+0.036/\sqrt{f}+4\times 0.0025$
F	$1\leqslant f\leqslant 600$	$0.534+0.036/\sqrt{f}+4\times 0.0025$

表 6-17　信道传播时延建议值

频率（MHz）	最大传播时延（μs）					
	A 级	B 级	C 级	D 级	E 级	F 级
0.1	20.000	5.000				
1		5.000	0.580	0.580	0.580	0.580
16			0.553	0.553	0.553	0.553
100				0.548	0.548	0.548
250					0.546	0.546
600						0.545

11）传播时延偏差。布线系统信道所有线对间的传播时延偏差应符合表 6-18 的规定。

表 6-18 信道传播时延偏差

级别	频率（MHz）	最大时延偏差（μs）
A	f=0.1	
B	0.1≤f≤1	
C	1≤f≤16	0.050
D	1≤f≤100	0.050
E	1≤f≤250	0.050
F	1≤f≤600	0.030

（3）5e类、6类和7类永久链路或CP链路测试项目及性能指标应符合以下要求：

1）回波损耗（RL）。布线系统永久链路或CP链路每一线对和布线两端的回波损耗值应符合表6-19的规定，并可参考表6-20所列的关键频率建议值。

表 6-19 永久链路或CP链路回波损耗值

级别	频率（MHz）	最小回波损耗（dB）
C	1≤f≤16	15.0
D	1≤f<20	19.0
	20≤f≤100	32−10lg$f$
E	1≤f<10	21.0
	10≤f<40	26−5lg$f$
	40≤f<250	34−10lg$f$
F	1≤f<10	21.0
	10≤f<40	26−5lg$f$
	40≤f<251.2	34−10lg$f$
	251.2≤f≤600	10.0

表 6-20 永久链路回波损耗建议值

频率（MHz）	最小回波损耗（dB）			
	C级	D级	E级	F级
1	15.0	19.0	21.0	21.0
16	15.0	19.0	20.0	20.0
100		12.0	14.0	14.0
250			10.0	10.0
600				10.0

2）插入损耗（IL）。布线系统永久链路或CP链路每一线对的插入损耗值应符合表6-21的规定，并可参考表6-22所列的关键频率建议值。

表 6-21　　永久链路或 CP 链路插入损耗值

级别	频率（MHz）	最大插入损耗（dB）
A	$f=0.1$	16.0
B	$f=0.1$	5.5
	$f=1$	5.8
C	$1\leqslant f\leqslant 16$	$0.9\times(3.23\sqrt{f})+3\times 0.2$
D	$1\leqslant f\leqslant 100$	$(L/100)\times(1.9108\sqrt{f}+0.0222\times f+0.2/\sqrt{f})+n\times 0.04\times\sqrt{f}$
E	$1\leqslant f\leqslant 250$	$(L/100)\times(1.82\sqrt{f}+0.0169\times f+0.25/\sqrt{f})+n\times 0.02\times\sqrt{f}$
F	$1\leqslant f\leqslant 600$	$(L/100)\times(1.8\sqrt{f}+0.01\times f+0.2/\sqrt{f})+n\times 0.02\times\sqrt{f}$

注　插入损耗（IL）的计算值小于 4.0dB 时均按 4.0dB 考虑。其中

$$L = L_{FC} + L_{CP}Y \tag{6-4}$$

式中　L_{FC}——固定电缆长度，m；

L_{CP}——CP 电缆长度，m；

Y——CP 电缆衰减，dB/m，与固定水平电缆衰减（dB/m）比值；$n=2$，对于不包含 CP 点的永久链路的测试或仅测试 CP 链路；$n=3$，对于包含 CP 点的永久链路的测试。

表 6-22　　永久链路插入损耗建议值

频率（MHz）	最大插入损耗（dB）					
	A 级	B 级	C 级	D 级	E 级	F 级
0.1	16.5	5.5				
1		5.8	4.0	4.0	4.0	4.0
16			12.2	7.7	7.1	6.9
100				20.4	18.5	17.7
250					30.7	28.8
600						46.6

3）近端串扰（NEXT）。布线系统永久链路或 CP 链路每一线对和布线两端的近端串扰值均应符合表 6-23 的规定，并可参考表 6-24 所列的关键频率建议值。

表 6-23　　永久链路或 CP 链路近端串扰值

级别	频率（MHz）	最大插入损耗（dB）
A	$f=0.1$	27.0
B	$0.1\leqslant f\leqslant 1$	$25-15\lg f$
C	$1\leqslant f\leqslant 16$	$40.1-15.8\lg f$
D	$1\leqslant f\leqslant 100$	$-20\lg\left[10^{\frac{65.3-15\lg f}{-20}}+10^{\frac{83-20\lg f}{-20}}\right]$①
E	$1\leqslant f\leqslant 250$	$-20\lg\left[10^{\frac{74.3-15\lg f}{-20}}+10^{\frac{94-20\lg f}{-20}}\right]$②
F	$1\leqslant f\leqslant 600$	$-20\lg\left[10^{\frac{102.4-15\lg f}{-20}}+10^{\frac{102.4-15\lg f}{-20}}\right]$②

①NEXT 计算值大于 60.0dB 时均按 60.0dB 考虑。

②NEXT 计算值大于 65.0dB 时均按 65.0dB 考虑。

表 6-24 **永久链路近端串扰建议值**

频率（MHz）	最小 NEXT（dB）					
	A级	B级	C级	D级	E级	F级
0.1	27.0	40.0				
1		25.0	30.1	60.0	65.0	65.0
16			21.1	45.2	54.6	65.0
100				32.3	41.8	65.0
250					35.3	60.4
600						54.7

4）近端串扰功率（PS NEXT）。只应用于布线系统的 D、E、F 级，布线系统永久链路或 CP 链路每一线对和布线两端的近端串扰功率和值应符合表 6-25 的规定，并可参考表 6-26 所列的关键频率建议值。

表 6-25 **永久链路或 CP 链路近端串扰功率和值**

级别	频率（MHz）	最小 PS NEXT（dB）
D	$1 \leqslant f \leqslant 100$	$-20\lg\left[10^{\frac{62.3-150\lg f}{-20}}+10^{\frac{80-20\lg f}{-20}}\right]$①
E	$1 \leqslant f \leqslant 250$	$-20\lg\left[10^{\frac{72.3-15\lg f}{-20}}+10^{\frac{90-20\lg f}{-20}}\right]$②
F	$1 \leqslant f \leqslant 600$	$-20\lg\left[10^{\frac{99.4-15\lg f}{-20}}+10^{\frac{99.4-15\lg f}{-20}}\right]$②

①PS NEXT 计算值大于 57.0dB 时均按 57.0dB 考虑。

②PS NEXT 计算值大于 62.0dB 时均按 62.0dB 考虑。

表 6-26 **永久链路近端串扰功率和参考值**

频率（MHz）	最小 PS NEXT（dB）		
	D级	E级	F级
1	57.0	62.0	62.0
16	42.2	52.2	62.0
100	29.3	39.3	62.0
250		32.7	57.4
600			51.7

5）线对与线对之间的衰减串扰比（ACR）。只应用于布线系统的 D、E、F 级，布线系统永久链路或 CP 链路每一线对和布线两端的 ACR 值可用式（6-2）进行计算，并可参考表 6-27 所列关键频率的 ACR 建议值。

表 6-27 **永久链路 ACR 建议值**

频率（MHz）	最小 ACR（dB）		
	D级	E级	F级
1	56.0	61.0	61.0

续表

频率（MHz）	最小 ACR（dB）		
	D 级	E 级	F 级
16	37.5	47.5	58.1
100	11.9	23.3	47.3
250		4.7	31.6
600			8.1

6）ACR 功率和（PS ACR）。布线系统永久链路或 CP 链路每一线对和布线两端的 PS ACR 值可用式（6-3）进行计算，并可参考表 6-28 所列关键频率的 PS ACR 建议值。

表 6-28　永久链路 PS ACR 建议值

频率（MHz）	最小 PS ACR（dB）		
	D 级	E 级	F 级
1	53.0	58.0	58.0
16	34.5	45.1	55.1
100	8.9	20.8	44.3
250		2.0	28.6
600			5.1

7）线对与线对之间等电平远端串扰（EL FEXT）。只应用于布线系统的 D、E、F 级。布线系统永久链路或 CP 链路每一线对的 EL FEXT 值可参考表 6-29 所列关键频率的 EL FEXT 建议值。

表 6-29　永久链路 EL FEXT 建议值

频率（MHz）	最小 EL FEXT（dB）		
	D 级	E 级	F 级
1	58.6	64.2	65.0
16	34.5	40.1	59.3
100	18.6	24.2	46.0
250		16.2	39.2
600			32.6

8）等电平远端串扰功率和（PS EL FEXT）。布线系统永久链路或 CP 链路每一线对的 PS EL FEXT 值应符合表 6-30 的规定，并可参考表 6-31 所列关键频率的 PS EL FEXT 建议值。

表 6-30　信道 PS EL FEXT 值

级别	频率（MHz）	最小 PS EL FEXT（dB）①
D	$1 \leqslant f \leqslant 100$	$-20\lg\left[10^{\frac{60.8-20\lg f}{-20}}+n\times 10^{\frac{72.1-20\lg f}{-20}}\right]$②

续表

级别	频率（MHz）	最小 PS EL FEXT（dB）①
E	$1 \leqslant f \leqslant 250$	$-20\lg\left[10^{\frac{64.8-20\lg f}{-20}}+n\times10^{\frac{80.1-20\lg f}{-20}}\right]$②
F	$1 \leqslant f \leqslant 600$	$-20\lg\left[10^{\frac{91-20\lg f}{-20}}+n\times10^{\frac{87-15\lg f}{-20}}\right]$③

注 $n=2$，对于不包含 CP 点的永久链路的测试或仅测试 CP 链路；$n=3$，对于包含 CP 点的永久链路的测试。

①与测量的远端串扰 FEXT 值对应的 PS EL FEXT 值若大于 70.0dB 则仅供参考。

②PS EL FEXT 计算值大于 57.0dB 时均按 57.0dB 考虑。

③PS EL FEXT 计算值大于 62.0dB 时均按 62.0dB 考虑。

表 6-31　永久链路 PS EL FEXT 建议值

频率（MHz）	最小 PS EL FEXT（dB）		
	D 级	E 级	F 级
1	55.6	61.2	62.0
16	31.5	37.1	56.3
100	15.6	21.2	43.0
250		13.2	36.2
600			29.6

9）直流环路电阻。布线系统永久链路或 CP 链路每一线对的直流环路电阻应符合表 6-32 的规定，并可参考表 6-33 所列的建议值。

表 6-32　永久链路或 CP 链路直流环路电阻值

级别	最大直流环路电阻（Ω）	级别	最大直流环路电阻（Ω）
A	530	D	$(L/100)\times22+n\times0.4$
B	140	E	$(L/100)\times22+n\times0.4$
C	34	F	$(L/100)\times22+n\times0.4$

表 6-33　信永久链路直流环路电阻建议值

最大直流环路电阻（Ω）					
A 级	B 级	C 级	D 级	E 级	F 级
530	140	34	21	21	21

10）传播时延。布线系统永久链路或 CP 链路每一线对的传播时延应符合表 6-34 的规定，并可参考表 6-35 所列的关键频率建议值。

表 6-34　永久链路或 CP 链路传播时延

级别	频率（MHz）	最大传播时延（μs）
A	$f=0.1$	19.400
B	$0.1 \leqslant f < 1$	4.400
C	$1 \leqslant f \leqslant 16$	$(L/100)\times0.534+0.036/\sqrt{f}+n\times0.0025$

续表

级别	频率（MHz）	最大传播时延（μs）
D	1≤f≤100	$(L/100)\times 0.534+0.036/\sqrt{f}+n\times 0.0025$
E	1≤f≤250	$(L/100)\times 0.534+0.036/\sqrt{f}+n\times 0.0025$
F	1≤f≤600	$(L/100)\times 0.534+0.036/\sqrt{f}+n\times 0.0025$

表 6-35　　永久链路传播时延建议值

频率（MHz）	最大传播时延（μs）					
	A 级	B 级	C 级	D 级	E 级	F 级
0.1	19.400	4.400				
1		4.400	0.521	0.521	0.521	0.521
16			0.496	0.496	0.496	0.496
100				0.491	0.491	0.491
250					0.490	0.490
600						0.489

11）传播时延偏差。布线系统永久链路或 CP 链路所有线对间的传播时延偏差应符合表 6-36 的规定，并可参考表 6-37 所列的建议值。

表 6-36　　永久链路或 CP 链路传播时延偏差

级别	频率（MHz）	最大时延偏差（μs）
A	f=0.1	
B	0.1≤f≤1	
C	1≤f≤16	$(L/100)\times 0.045+n\times 0.00125$
D	1≤f≤100	$(L/100)\times 0.045+n\times 0.00125$
E	1≤f≤250	$(L/100)\times 0.045+n\times 0.00125$
F	1≤f≤600	$(L/100)\times 0.045+n\times 0.00125$

表 6-37　　永久链路传播时延偏差建议值

级别	频率（MHz）	最大时延偏差（μs）
A	f=0.1	
B	0.1≤f≤1	
C	1≤f≤16	0.044
D	1≤f≤100	0.044
E	1≤f≤250	0.044
F	1≤f≤600	0.026

6.1.3　常见的解决测试错误的方法

如果在测试过程中出现一些问题，可以从以下几个方面着手分析，然后一一排除故障。

（1）近端串扰未通过故障原因可能是近端连接点的问题，或者是因为串对、外部干扰、远端连接点短路、链路电缆和连接硬件性能问题、不是同一类产品及电缆的端接质量问题等。

(2) 接线图未通过故障原因可能是两端的接头有断路、短路、交叉或破裂，或是因为跨接错误等。

(3) 衰减未通过故障原因可能是缆线过长或温度过高，或是连接点问题，也可能是链路电缆和连接硬件的性能问题，或不是同一类产品，还有可能是电缆的端接质量问题等。

(4) 长度未通过故障原因可能是缆线过长、开路或短路，或者设备连线及跨接线的总长度过长等。

(5) 测试仪故障原因可能是测试仪不启动（可采用更换电池或充电的方法解决此问题）、测试仪不能工作或不能进行远端校准、测试仪设置为不正确的电缆类型、测试仪设置为不正确的链路结构、测试仪不能存储自动测试结果及测试仪不能打印存储的自动测试结果等。

6.2 光纤传输通道测试

在光纤的应用中，光纤本身的种类很多，但光纤及其系统的基本测试方法大致都是一样的，所使用的设备也基本相同。对光纤或光纤系统，其基本的测试内容有连续性和衰减/损耗。测量光纤输入功率和输出功率，分析光纤的衰减/损耗，确定光纤连续性和发生光损耗的部位等。

进行光纤的各种参数测量之前，必须做好光纤与测试仪器之间的连接。目前，有各种各样的接头可用，但如果选用的接头不合适，就会造成损耗，或者造成光学反射。例如，接头处光纤不能太长，即使长出接头端面 1μm，也会因压缩接头而使之损坏。反过来，若光纤太短，则又会产生气隙，影响光纤之间的耦合。因此，应该在进行光纤连接之间，仔细地平整及清洁端面，并使之适配。

目前，绝大多数的光纤系统都采用标准类型的光纤、发射器和接收器。例如，纤芯为 62.5μm 的多模光纤和标准发光二极管 LED 光源，工作在 850nm 的光波上，这样就可以大大地减少测量中的不确定性。而且，即使是用不同厂家的设备，也可以很容易地将光纤与仪器进行连接，可靠性和重复性也很好。

6.2.1 光纤测量参数

1. 光纤的连续性

光通过光纤传输时，如果在光纤中有断裂或其他不连续点，在光纤输出端的光功率就会减少或者根本没有输出，因此，光纤的连续性是对光纤的基本要求，对光纤的连续性进行测试是基本的测量之一。连续性测试是最简单的测试方法，通常是把红色激光、发光二极管或者其他可见光注入光纤，在光纤的另外一端是否有光闪。连续性测试的目的是确定光纤中是否存在断点，如果在光纤中有断裂或其他不连续点，在光纤输出端的光功率就会减少或者根本没有光输出。

通常在购买电缆时，用四节电池的电筒从光纤一端照射，从光纤的另一端察看是否有光源，如有，则说明光纤是连续的，中间没有断裂，如光线较弱，则要用测试仪来测试。

光通过光纤传输后，功率的衰减大小也能表示出光纤的传导性能。如果光纤的衰减太大，则系统也不能正常工作。光功率计和光源是进行光纤传输性能测量的一般设备。

2. 光纤的衰减

衰减是指光信号在光纤中的损失，是光功率减少量的一种度量。光纤的衰减通常是用光纤的衰减常数来表示，它是多模光纤和单模光纤最重要的特征参数之一，在很大程度上决定了多模和单模光纤通信的中继距离。

衰减系数越大，光信号在光纤中的衰减就越严重。在特定的波长下，从光纤输出端的功率中减去输入端的功率，再除以光纤的长度即可得到光纤的衰减系数。

光纤的衰减系数应在许多波长上进行测量，因此悬着单色仪作为光源，也可以用发光二极管作为多模光纤的测试源。

3. 光纤的带宽

带宽是光纤传输系统中重要参数之一，带宽越宽，信息传输速率就越高。

在大多数的多模系统中，都采用发光二极管作为光源，光源本身也会影响带宽。这是因为这些发光二极管光源的频谱分布很宽，其中长波长的光比短波长的光传播速度要快。这种光传播速度的差别就是色散，它会导致光脉冲在传输后被扩展。

6.2.2 光纤测量常用仪器

用于光纤的测试评估设备与用于铜缆的不同，每个测试设备都必须能够产生光脉冲然后在光纤链路的另一端对其测试。常用的光纤测试设备有光功率计、稳定光源、光万用表、光时域反射仪和光纤识别仪。

1. 光功率计（见图6-6）

在光线系统中，测量光功率是最基本的。光功率计主要用于测量绝对光功率或通过一段光纤的光功率相对损耗。通过测量发射端机或光网络的绝对功率，一台光功率计就能够评价光端设备的性能。如果将光功率计与稳定光源组合起来使用，则能够测量光纤连接损耗、检验连续性，并帮助评估光纤链路传输质量。光功率计通常是由光电探测器、放大电路、A/D变换器、数据处理和显示电路组成。光电探测器将输入光功率转换成与之成正比的电流信号，经I/V变换、程控放大电路等放大到一定的电压，然后经A/D变换器变换成数字信号，送CPU进行数据处理与校准，用软件完成对数转换计算，最后得到被测光功率的线性值和对数值，并将结果显示出来。按照光功率测量方法的不同，光功率计可分为热转换型光功率计和半导体光电检测型光功率计。热转换型光功率计利用黑体吸收光功率后温度升高的特征，来计算光功率的大小，这种光功率计的优点是光谱响应曲线平坦、准确度高，但成本偏高、响应时间较长，因此，一般被用来作为标准光功率计。半导体光电检测型光功率计利用半导体PN结的光电效应，通过计算，得出光功率的大小。

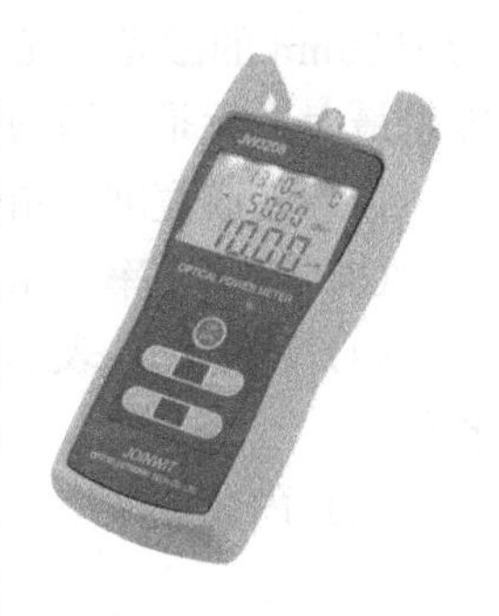

图6-6 光功率计

光功率计主要技术指标包括波长范围、功率范围、功率测量准确度、分辨率。

2. 稳定光源（见图6-7）

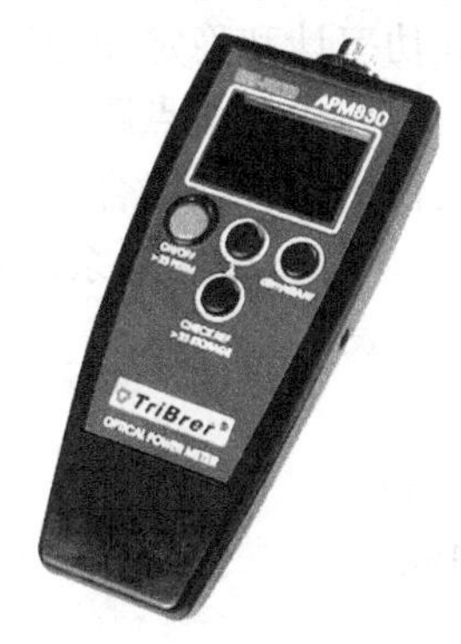

图6-7 稳定光源

稳定光源是被广泛应用的光电子基础测量仪器之一，它的主要作用是对光系统发射已知功率和波长的光。稳定光源与光功率计结合在一起，可以测量光纤系统的光损耗。对现成的光纤系统，通常也可把系统的发射端机当作稳定光源。如果端机无法工作或没有端机，则需要单独的稳定光源。稳定光源的波长应与系统端机的波长尽可能一致。在系统安装完毕后，经常需要测量端到端损耗，以便确定连接损耗是否满足设计要求，如测量连接器、接续点的损耗及光纤本体损耗。

稳定光源按发射中心波长的不同，可分为单一波长光源、多路稳定光源、波长可调稳定光源三类。单一波长光源，如850nm稳定光源、980nm稳定光源、1310nm稳定光源、1480nm稳定光源、1550nm稳定光源等，一般情况，单一波长光源稳定度比较高，并可以增加集成内部调制功能（即带内调制的稳定光源，用于移去杂散光或用于同相检测）和集成外部调制功能（即带外调制的稳定光源，用作电/光变换器进行基带特征测量）。多路稳定光源主要用于多芯光缆损耗的测量，可以同时输出多路波长的光信号。通常将两个或两个以上单一波长光源集成在一起，例如，同时能输出1310nm和1550nm两个波长的光信号，即双路稳定光源，也可以将更多的单一波长光源集成在一起，构成多路稳定光源。波长可调稳定光源是指输出光的波长在一定范围内可以连续设置，该类光源最大的特点是波长和功率在一定范围内均可以连续设置，主要用于密集波分复用元器件和光纤放大器的参数测试。

稳定光源的主要技术指标包括：

（1）中心波长。是指光源输出光的光谱几何中心波长。在实际应用中，无法产生只具有单一波长的光源，即使是纯度最高的激光，也有一定的波长分布范围，例如，需要产生波长为1550nm的激光，光源产生的也许是1549～1551nm的激光，但是1550nm这个波长的光能量最大，就是所谓的中心波长。

（2）光谱宽度。指光谱或光谱特征的波长范围的量度。

（3）输出功率。是指输出激光的功率。

（4）稳定度。表示光源在规定时间内输出光功率的变化情况，变化量越小，稳定度越好。

（5）内调制频率。是指内部电路加在输出激光上的调制频率。

（6）衰减。指光源的输出功率在一定范围内可以连续递减。

图6-8 光万用表

3. 光万用表（见图6-8）

将光功率计和稳定光源组合在一起被称为光万用表，它是一种高效的光网络工程作业工具，融光源、光功率计、光纤识别等功能于一体，用来测量光纤链路的光功率损耗。光万用表可分为两类，即由独立的光功率计和稳定光源组成的光万用表或者光功率计和稳定光源结合为一体的集成测试系统。在短距离局域网（LAN）中，端点距离在步行或谈话之内，技术人员可在任意一端成功地使用经济性组合光万用表，一端使用稳定光源，另一端使用光功率计。对长途网络系统，技术人员应该在每端装备完整的组合或集成光万用表。

光万用表主要技术指标：

（1）光功率测试波长。可以测试的波长范围，如850、1310、1550nm。

（2）光功率测试范围。测试相关波长的功率范围，如－50～＋3dBm。

（3）光功率测试准确度。测试光功率的准确度，如±0.20dB。

（4）光源波长。光源模块的工作波长，如1310、1550nm。

图 6-9　光时域反射仪

（5）光源输出频率。光源的调制频率，如 270Hz、1kHz、2kHz。

（6）光源光稳定度。光源输出光功率的稳定度，如±0.08dB/h。

（7）光接口。光纤连接接口，如 FC/PC、FC/APC、SC/PC、SC/APC 等接口。有些光万用表的部分接口为选件，用户可以根据测试需要选择。

4. 光时域反射仪（Optical Time-Domain Reflectometer，OTDR）（见图 6-9）

光时域反射仪是根据光的后向散射与菲涅耳反向原理制作，利用光在光纤中传播时产生的后向散射光来获取衰减的信息，通过对测量曲线的分析，了解光纤的均匀性、缺陷、断裂、接头耦合等若干性能的仪器；可用于测量光纤衰减、接头损耗、光纤故障点定位，以及了解光纤沿长度的损耗分布情况等，是光缆施工、维护及监测中必不可少的工具。

OTDR 按照结构类型可分为台式、便携式、手持式、掌上型、卡式及模块化等类型产品。台式和便携式 OTDR 体积较大、重量较重，携带不方便，一般适用于实验室；手持式和掌上型 OTDR 体积小、重量轻、便于携带，是目前 OTDR 市场上的主力产品；卡式及模块化 OTDR 不能独立作为测试仪器，必须借助 PC 机平台，通过在 PC 机上运行相应的应用软件，并通过 PC 机内部的总线接口或外部接口与卡式或模块化 OTDR 通信，最终实现 OTDR 测试功能，该类 OTDR 一般适用于用户进行二次开发，主要应用于光缆监控系统中。

OTDR 按照所测试的光纤类型也可分为单模 OTDR、多模 OTDR 及单多模一体化 OTDR。

OTDR 按照能够提供的测试波长数量可分为单波长、双波长、三波长及四波长等类型产品。

OTDR 测试是通过发射光脉冲到光纤内，然后在 OTDR 端口接收返回的信息来进行。当光脉冲在光纤内传输时，会由于光纤本身的性质、连接器、接合点、弯曲或其他类似的事件而产生散射和反射。其中一部分的散射和反射就会返回到 OTDR 中，返回的有用信息由 OTDR 探测器来测量，它们就作为光纤内不同位置上的时间或曲线片断。

OTDR 使用瑞利散射和菲涅尔反射来表征光纤的特征。瑞利散射是由于光信号沿着光纤产生无规律的散射而形成。OTDR 就测量回到 OTDR 端口的一部分散射光。这些背向散射信号就表明了由光纤而导致的衰减（损耗/距离）程度，形成的轨迹是一条向下的曲线，它说明了背向散射的功率不断减小，这是由于经过一段距离的传输后发射和背向散射的信号都有所损耗。

菲涅尔反射是离散的反射，它是由整条光纤中的个别点而引起的，这些点是由造成反向系数改变的因素组成，如玻璃与空气的间隙。在这些点上，会有很强的背向散射光被反射回来。因此，OTDR 就是利用菲涅尔反射的信息来定位连接点、光纤终端或断点。

OTDR 的工作原理就类似于一个雷达，它先对光纤发出一个信号，然后观察从某一点上返回来的是什么信息。这个过程会重复地进行，然后将这些返回的信息结果进行平均并以轨迹的形式来显示，这个轨迹就描绘了在整段光纤内信号的强弱（或光纤的状态）。

光时域反射仪主要技术指标如下：

（1）光输出中心波长。是由输出光谱的峰值谱与其他谱纵模按规定的方法（RMS 法或

FWHM法）计算求得的波长值。由于在不同的波长点光纤损耗值不同，光输出中心波长通常应与被测光纤系统所用的波长一致，一般标称为850、1300、1310、1550nm等。OTDR的实际输出波长与标称波长的偏差一般应小于±20nm，如果波长偏差较大，将会引起较大的损耗测试误差。

（2）动态范围。以dB表示，该参数反映测长能力，在相同条件下，动态范围越大，则可测试的距离越长。另外，对相同的动态范围指标，光纤链路的平均损耗（以dB/km表示）越小，则可测试的距离越长。动态范围的大小除与测试波长有关外，还与发射的光脉冲宽度有关，脉冲宽度越宽，则动态范围越大。

（3）测距准确度。测距准确度是反映光时域反射仪所测得的光纤长度与光纤真实长度偏差程度的指标。

（4）测损耗线性度。测损耗线性度（以dB/dB表示）表明OTDR测量均匀损耗光纤曲线的线性误差，决定不同测量条件下测试损耗的准确度。

（5）事件/衰减盲区。以m表示，反映了光时域反射仪的测短能力，即近端测试能力，事件/衰减盲区的大小与脉冲宽度有关，脉冲宽度越宽，则盲区越大，一般光时域反射仪标称的盲区都是指在最小脉冲宽度条件下测得的。

（6）测试距离。实际上测试距离就是光在光纤中的传播速度乘上传播时间，对测试距离的选取就是对测试采样起始和终止时间的选取。测量时，选取适当的测试距离可以生成比较全面的轨迹图，对有效地分析光纤特征有很好的帮助。

（7）脉冲宽度。可以用时间表示，也可以用长度表示，在光功率大小恒定的情况下，脉冲宽度的大小直接影响着光的能量的大小，光脉冲越长，光的能量就越大。同时，脉冲宽度的大小也直接影响着测试死区的大小，也就决定了两个可辨别事件之间的最短距离，即分辨率。显然，脉冲宽度越小，分辨率越高，脉冲宽度越大，测试距离越长。

（8）折射率。就是待测光纤实际的折射率，这个数值由待测光纤的生产厂家给出，单模石英光纤的折射率为1.4～1.6。越精确的折射率对提高测量距离的精度越有帮助。这个问题对配置光路由也有实际的指导意义，实际上，在配置光路由时应该选取折射率相同或相近的光纤进行配置，尽量减少不同折射率的光纤芯连接在一起形成一条非单一折射率的光路。

5. 光纤识别仪（见图6-10）

光纤识别仪是一种光纤维护必备的工具，用于无损的光纤识别工作，可在单模和多模光纤的任何位置进行探测。在维护、安装、布线和恢复期间，常需在不中断业务的情况下寻找和分离特定的一根光纤，通过在一端把1310nm或1550nm带特定调制信号的光信号射进光纤，用识别器在线路上把它识别出来。

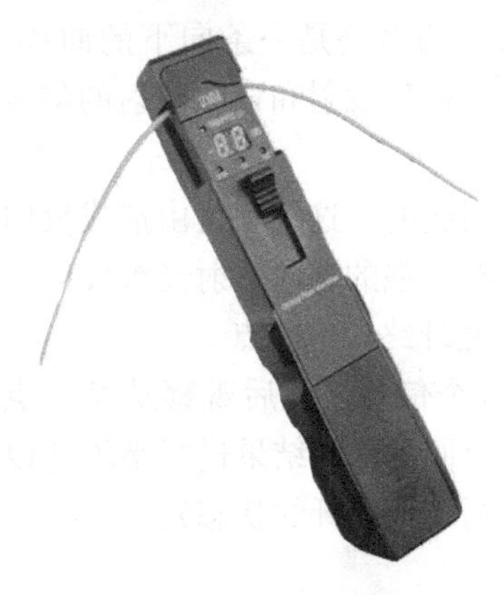

图6-10　光纤识别仪

目前主要用于在用光纤的判断，在日常维护工作中，经常需进行光缆割接，为了准确判断光纤芯在用情况及收发光关系，就会经常用到光纤识别仪，能够准确判断在用光纤(是否有光)，如果是在用光纤，会显示读出光功率值及收发光的方向，这样就能准确判断光纤在用状态。光纤识别仪是一个很灵敏的光电探测器。当将一根光纤弯曲时，有些光会从光纤芯中辐射出来。这些光就会被光纤识别仪检测到，技术人员根据这些光可以将多芯光缆或是接插板中的单根光纤从其他光纤中标识出来。光纤识别仪可以在不影响传输的情况下检测光的状态及方向。为了使这项工作更为简单，通常会在发送端将测试信号调制成 270、1000Hz 或 2000Hz 并注入特定的光纤中。大多数的光纤识别仪用于工作波长为 1310nm 或 1550nm 的单模光纤光缆，最好的光纤识别仪是可以利用宏弯技术在线地识别光缆和测试光缆中的传输方向和功率。

综上所述，一般大量使用光纤设备的项目都是一个大型工程，要完成一项光损耗的测量工作或者排除光纤设备故障的工作，一个校准的光源和一个标准的光功率计是不可缺少的。

6.2.3　光纤传输通道测试步骤

1. 光纤测试方法

通常在具体工程中对光纤的测试方法有连续性测试、端 - 端损耗测试、收发功率测试和反射损耗测试 4 种。

（1）连续性测试。连续性测试是最简单的测试方法，只需在光纤一端导入光线（如手电光），在光纤的另外一端是否有光闪即可。连续性测试的目的是确定光纤中是否存在断点。

（2）端 - 端损耗测试。端 - 端损耗测试采取插入式测试方法，使用一台光功率计和一个光源，先将被测光纤的某个位置作为参考点，测试出参考功率值，然后进行端 - 端测试并记录信号的增益值，两者之差即为实际端到端的损耗值。用该值与 FDDI 标准值相比就可确定这段连接是否有效。

操作步骤分为两步：第一步是参考度量（P_1）测试，测量从已知光源到直接相连的光功率计之间的损耗值 P_1；第二步是实行度量（P_2）测试，测量从发送器到接收器的损耗值 P_2。端到端功率损耗 A 是参考度量与实际度量的差值，即 $A=P_1-P_2$。

（3）收发功率测试。收发功率测试是测定布线系统光纤链路的有效方法，使用的设备主要是光纤功率测试仪和一段跳接线。在实际应用中，链路的两端可能相距很远，但只要测得发送端和接收端的光功率，即可判定光纤链路的状况。具体操作过程如下：

在发送端将测试光纤取下，用跳接线取而代之，跳接线一端为原来的发送器，另一端为光功率计，使光发送器工作，即可在光功率计上测得发送端的光功率值。

在接收端，用跳接线取代原来的跳线，接上光功率计，在发送端光发送器工作的情况下，即可测得接收端的光功率值。发送端与接收端的光功率值之差，就是该光纤链路所产生的损耗。

（4）反射损耗测试。反射损耗测试是光纤线路检修非常有效的手段。它使用光纤时间区域反射仪（OTDR）来完成测试工作，基本原理就是利用导入光与反射光的时间差来测定距离，如此可以准确判定故障的位置。虽然 FDDI 系统验收测试没有要求测量光缆的长度和部件损耗，但它也是非常有用的数据。OTDR 将探测脉冲注入光纤，在反射光的基础上估计光纤长度。OTDR 测试适用于故障定位，特别是用于确定光缆断开或损坏的位置。OTDR 测试文档对网络诊断和网络扩展提供了重要数据。

2. 光纤链路测试方法

（1）测试前应对所有的光纤连接器件进行清洗，并将测试接收器校准至零位。

（2）测试应包括以下内容：

1）在施工前进行器材检验时，一般检查光纤的连续性，必要时宜采用光万用表（稳定光源和光功率计组合）对光纤链路的插入损耗和光纤长度进行测试。

2）对光纤链路（包括光纤、连接器件和熔接点）的衰减进行测试，同时测试光纤跳线的衰减值可作为设备连接光缆的衰减参考值，整个光纤信道的衰减值应符合设计要求。

(3) 测试应按图 6-11 进行连接。

1）在两端对光纤逐根进行双向（收与发）测试，连接方式如图 6-11 所示。

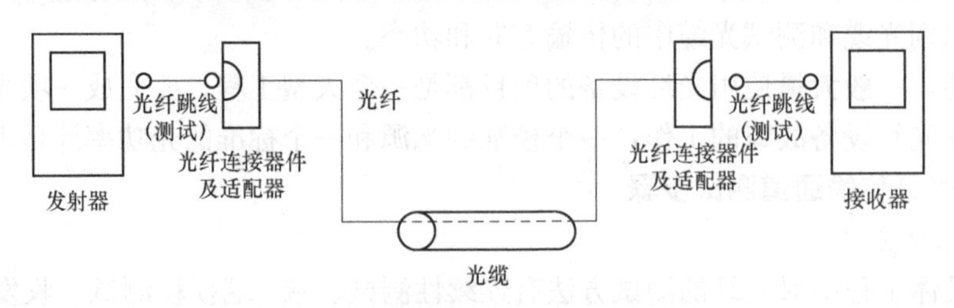

图 6-11 光纤链路测试连接（单芯）

注：光纤连接器件可以为工作区 TO、电信间 FD、设备间 BD、CD 的 SC、ST、SFF 连接器件。

2）光缆可以为水平光缆、建筑物主干光缆和建筑群主干光缆。

3）光纤链路中不包括光纤跳线在内。

(4) 布线系统所采用光纤的性能指标及光纤信道指标应符合设计要求。不同类型的光缆在标称的波长，每千米的最大衰减值应符合表 6-38 的规定。

表 6-38　　光 缆 衰 减

项目	OM1、OM2 及 OM3 多模		OS1 单模	
波长（nm）	850	1300	1310	1550
衰减（dB/km）	3.5	1.5	1.0	1.0

(5) 光缆信道在规定的传输窗口测量出的最大光缆衰减（介入损耗）应不超过表 6-39 的规定，该指标已包括接头与连接插座的衰减在内。

表 6-39　　光缆信道衰减范围

级别	最大信道衰减（dB）			
	单模		多模	
	1310nm	1550nm	850nm	1300nm
OF-300	1.80	1.80	2.55	1.95
OF-500	2.00	2.00	3.25	2.25
OF-2000	3.50	3.50	8.50	4.50

注　每个连接处的衰减值最大为 1.5dB。

(6) 光纤链路的插入损耗极限值可用以下公式计算

光纤链路损耗＝光纤损耗＋连接器件损耗＋光纤连接点损耗

光纤损耗＝光纤损耗系数(dB/km)×光纤长度（km）

连接器件损耗＝连接器件损耗/个×连接器件个数

光纤连接点损耗＝光纤连接点损耗/个×光纤连接点个数

表 6-40　光纤链路损耗参考值

种类	工作波长（nm）	衰减系数（dB/km）
多模光纤损耗	850	3.5
多模光纤损耗	1300	1.5
单模室外光纤损耗	1310	0.5
单模室外光纤损耗	1550	0.5
单模室内光纤损耗	1310	1.0
单模室内光纤损耗	1550	1.0
连接器件损耗	0.75dB	
光纤连接点损耗	0.3dB	

3. 测试光纤链路所需的器件

(1) 两个 938A 光纤损耗测试仪（OLTS）。

(2) 为使在两个地点进行测试的操作员之间能够通话，需要有无线电话（至少要有电话）。

(3) 用 4 条光纤跳线来建立 938A 测试仪与光纤链路之间的连接。

(4) 用红外线显示器来确定光能量是否存在。

(5) 眼镜（测试人员必须戴上眼镜）。

4. 光纤链路损耗的测试步骤

(1) 设置测试设备。按 938A 光纤损耗测试仪提供的指令来设置。

(2) 938A 调零。调零用来消除能级偏移量，当测试非常低的光能级时，不调零则会引起很大的误差，调零还能消除跳线的损耗。为了调零，在位置 A 用一跳线将 938A 的光源（输出端口）和检波器插座（输入端口）连接起来，在光纤链路的另一端（位置 B）完全同样的工作，测试人员必须在两个位置（A 和 B）上对两台 938A 调零，如图 6-12 所示。

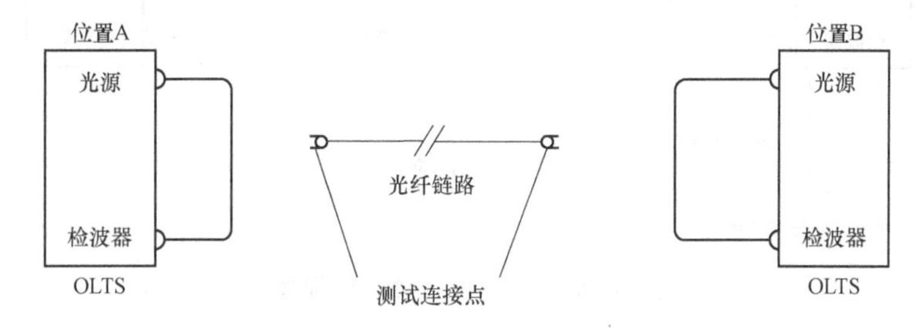

图 6-12　对两台 938A 进行调零

(3) 按 ZERO SET 按钮。连续按住 ZERO SET 按钮 1s 以上，等待 20s 的时间来完成自校准，如图 6-13 所示。

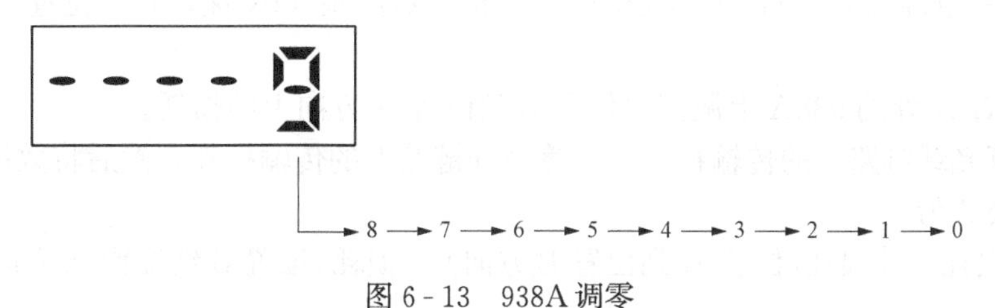

图 6-13　938A 调零

(4) 测试光纤链路中的损耗（图 6 - 14 中位置 A 到位置 B 方向上的损耗）。

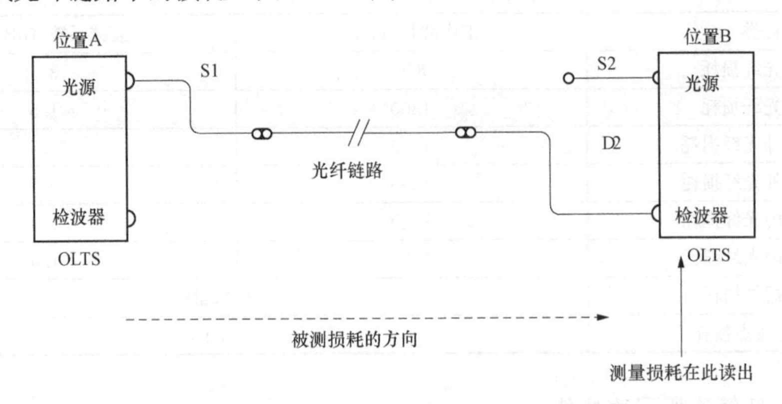

图 6 - 14 在位置 B 测试的损耗

1) 在位置 A 的 938A 上从检波器插座（IN 端口）处断开跳线 S1，并把 S1 连接到被测的光纤链路上；

2) 在位置 B 的 938A 上从检波器插座（IN 端口）处断开跳线 S2；

3) 在位置 B 的 938A 检波器插座（输入端口）与被测光纤通路的位置 B 末端之间用另一条光纤跳线连接起来；

4) 在位置 B 处的 938A 测试位置 A 到位置 B 方向上的损耗。

(5) 测试光纤链路中的损耗（图 6 - 15 中位置 B 到位置 A 方向上的损耗）。

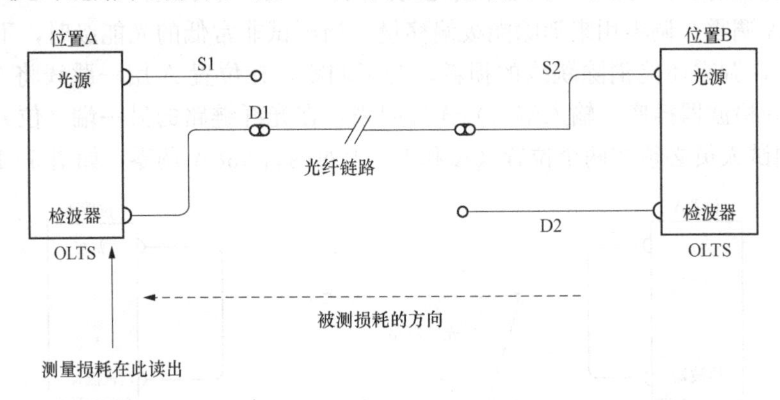

图 6 - 15 在位置 A 测试的损耗

1) 在位置 B 的光纤链路处将跳线 D2 断开；

2) 将跳线 S2（位置 B 处的）连接到光纤链路上；

3) 从位置 A 处的将跳线 S1 从光纤链路上断开；

4) 用另一条跳线 D1 将位置 A 处的 938A 检波器插座（IN 端口）与位置 A 处的光纤链路连接起来；

5) 在位置 A 处的 938A 上测试出位置 B 到位置 A 方向上的损耗。

(6) 计算光纤链路上的传输损耗。计算光纤链路上的传输损耗，然后将数据认真地记录下来，计算公式为

平均损耗 =［损耗(位置 A 到位置 B 方向) − 损耗(位置 B 到位置 A 方向)］/2 (6 - 11)

(7) 记录所有的数据。当一条光纤链路建立好后，测试的是光纤链路的初始损耗。要认真地将安装系统时所测试的初始损耗记录在案。以后在某条光纤链路工作不正常，要进行测试时，这时的测试值要与最初测试的损耗值比较。若高于最初测试的损耗值，则表明存在问题。其原因可能是测试设备的问题，也可能是光纤链路的问题。

(8) 重复测试过程。如果测出的数据高于最初记录的损耗值，那么要对所有的光纤连接器进行清洗。此外，测试人员还要检查对设备的操作是否正确，检查测试跳线连接条件。

如果重复出现较高的损耗值，那么就要检查光纤链路上是否有不合格的接续、损坏的连接器、被压住或挟住的光纤等。

将测试的结果进行记录，见表 6 - 41。

表 6 - 41　光纤损耗测试数据单

光纤号	波长（nm）	在 X 位置的损耗读数 L_x(dB)	在 Y 位置的损耗读数 L_y(dB)	总损耗$(L_x+L_y)/2$(dB)
1				
2				
3				
⋮				
N				

5. 光纤测试过程中可能遇到的问题

(1) 用手电对一端光纤头照光时，另一端的光纤头光线微弱。用手电继续检查其他光纤时，如发现的确有某个光纤头光线微弱，则说明光纤头制作过程中有操作问题。用测试仪测量光纤损耗值（dB），如超标，应重新制作该头。

(2) 跳线连接时出现指示灯不亮或指示灯发红。检查一下跳线接口是否接反了，正确的端接是 O→I、I→O，交叉跳接。ST 是否与耦合器扣牢，防止光纤头间出现不对接现象。

(3) 使用光纤测试仪测试时，测量值大于 4.0dB 以上。检查光纤头是否符合制作要求；检查光纤头是否与耦合器正确连接；检查光纤头部是否有灰尘（用酒精纸试擦光纤头，等酒精挥发干后再测）。

6.3　综合布线系统工程验收与测试

综合布线系统工程的验收是一项系统性工作，它不仅仅包含利用各类电缆测试仪进行的现场认证测试，同时还包括对施工环境，设备质量及安装工艺，电缆、光缆在楼内及楼宇之间的布放工艺，缆线终接，竣工技术文件等众多项目的检查。综合布线系统工程的验收可分为施工前检查、随工检验、隐蔽工程签证及竣工检验几部分。综合布线系统工程采取三级验收方式：

(1) 自检自验。由施工单位自检、自验，发现问题及时完善。

(2) 现场验收。由施工单位和建设单位联合验收，作为工程结算的根据。

(3) 鉴定验收。上述两项验收后，乙方提出正式报告作为正式竣工报告，由甲乙双方共同上报上级主管部门或委托专业验收机构进行鉴定。

实际上，综合布线系统工程的验收工作是贯穿整个施工过程的，而不只是工程完工后的电气性能测试。在验收完成后由验收方提供的验收报告中，电缆测试报告仅仅是验收报告内容的一部分，对网络工程验收是施工方向用户方移交的正式手续，也是用户对工程的认可。

6.3.1 工程验收的依据和原则

综合布线系统工程的验收应严格按下列原则和验收项目内容进行：

(1) 综合布线系统工程应按 YD/T 926.1—2009《大楼通信综合布线系统 第 1 部分：总规范》中规定的链路性能要求进行验收。

(2) 工程竣工验收项目的内容和方法应按 GB 50312—2016《综合布线系统工程验收规范》的规定执行。

(3) 综合布线系统缆线链路的电气性能验收测试应按 YD/T 1013—2013《综合布线系统电气特性通用测试方法》中的规定执行。

(4) 综合布线系统工程的验收除应符合上述规范外，还应符合 YD/T 5138—2005《本地网通信线路工程验收规范》和 TD 5013—2003《通信管道工程施工及验收技术规范》中的相关规定。

(5) 在综合布线系统工程施工和验收中，如遇到上述规范未包括的技术标准和技术要求，为了保证验收，可按有关设计规范和设计文件的要求进行。

(6) 由于综合布线系统工程中尚有不少技术问题需要进一步研究，有些标准内容尚未完善健全，前面所述的标准目前是有效的，但随着综合布线系统技术的发展，有些将会被修订或补充，因此，在工程验收时，应密切注意当时有关部门有无发布临时规定，以便结合工程实际情况进行验收。

6.3.2 工程验收检查

综合布线系统验收是用户对网络工程施工工作的认可，检查工程施工是否符合设计要求和符合有关施工规范。验收分两部分进行，第一部分是物理验收，第二部分是文档验收。

1. 物理验收

综合布线系统的物理验收主要包括环境检查、器材及测试仪表工具检查、设备安装检验、缆线的敷设和保护方式检验、缆线终接、工程电气测试和管理系统验收。

(1) 环境检查。

1) 工作区、配线间、设备间的检查应包括下列内容：

a. 工作区、配线间、设备间土建工程已全部竣工。房屋地面平整、光洁，门的高度和宽度应符合设计要求。

b. 房屋预埋线槽、暗管、孔洞和竖井的位置、数量、尺寸均应符合设计要求。

c. 铺设活动地板的场所，活动地板防静电措施及接地应符合设计要求。

d. 配线间、设备间应提供 220V 带保护接地的单相电源插座。

e. 配线间、设备间应提供可靠的接地装置，接地电阻值及接地装置的设置应符合设计要求。

f. 配线间、设备间的位置、面积、高度、通风、防火及环境温、湿度等应符合设计要求。

2) 建筑物进线间及入口设施的检查应包括下列内容：

a. 引入管道与其他设施如电气、水、煤气、下水道等的位置间距应符合设计要求。

b. 引入缆线采用的敷设方法应符合设计要求。

c. 管线入口部位的处理应符合设计要求，并应检查采取排水及防止气、水、虫等进入的措施。

3）进线间的位置、面积、高度、照明、电源、接地、防火、防水等应符合设计要求。

4）有关设施的安装方式应符合设计文件规定的抗震要求。

（2）器材及测试仪表工具检查。

1）器材检验应符合下列要求：

a. 工程所用缆线和器材的品牌、型号、规格、数量、质量应在施工前进行检查，应符合设计要求并具备相应的质量文件或证书，原出厂检验证明材料、质量文件或与设计不符者不得在工程中使用。

b. 进口设备和材料应具有产地证明和商检证明。

c. 经检验的器材应做好记录，对不合格的器件应单独存放，以备核查与处理。

d. 工程中使用的缆线、器材应与订货合同或封存的产品在规格、型号、等级上相符。

e. 备品、备件及各类文件资料应齐全。

2）配套型材、管材与铁件的检查应符合下列要求：

a. 各种型材的材质、规格、型号应符合设计文件的规定，表面应光滑、平整，不得变形、断裂。预埋金属线槽、过线盒、接线盒及桥架等表面涂覆或镀层应均匀、完整，不得变形、损坏。

b. 室内管材采用金属管或塑料管时，管身应光滑、无伤痕，管孔无变形，孔径、壁厚应符合设计要求。金属线槽应根据工程环境要求做镀锌或其他防腐处理。塑料线槽必须采用阻燃线槽，外壁应具有阻燃标记。

c. 室外管道应按通信管道工程验收的相关规定进行检验。

d. 各种铁件的材质、规格均应符合相应质量标准，不得有歪斜、扭曲、飞刺、断裂或破损。

e. 铁件的表面处理和镀层应均匀、完整，表面光洁，无脱落、气泡等缺陷。

3）缆线的检验应符合下列要求：

a. 工程使用的电缆和光缆形式、规格及缆线的防火等级应符合设计要求。

b. 缆线所附标志、标签内容应齐全、清晰，外包装应注明型号和规格。

c. 缆线外包装和外护套需完整无损，当外包装损坏严重时，应测试合格后再在工程中使用。

d. 电缆应附有本批量的电气性能检验报告，施工前应进行链路或信道的电气性能及缆线长度的抽验，并做测试记录。

e. 光缆开盘后应先检查光缆端头封装是否良好。光缆外包装或光缆护套如有损伤，应对该盘光缆进行光纤性能指标测试，如有断纤，应进行处理，待检查合格才允许使用。光纤检测完毕，光缆端头应密封固定，恢复外包装。

f. 光纤接插软线或光纤跳线检验应符合下列规定：两端的光纤连接器件端面应装配合适的保护盖帽；光纤类型应符合设计要求，并应有明显的标记。

4）连接器件的检验应符合下列要求：

a. 配线模块、信息插座模块及其他连接器件的部件应完整，电气和机械性能等指标符合相应产品生产的质量标准。塑料材质应具有阻燃性能，并应满足设计要求。

b. 信号线路浪涌保护器各项指标应符合有关规定。

c. 光纤连接器件及适配器使用形式和数量、位置应与设计相符。

5）配线设备的使用应符合下列规定：

a. 光缆、电缆配线设备的形式、规格应符合设计要求。

b. 光缆、电缆配线设备的编排及标志名称应与设计相符。各类标志名称应统一，标志位置正确、清晰。

6）测试仪表和工具的检验应符合下列要求：

a. 应事先对工程中需要使用的仪表和工具进行测试或检查，缆线测试仪表应附有相应检测机构的证明文件。

b. 综合布线系统的测试仪表应能测试相应类别工程的各种电气性能及传输特征，其精度符合相应要求。测试仪表的精度应按相应的鉴定规程和校准方法进行定期检查和校准，经过相应计量部门校验取得合格证后，方可在有效期内使用。

c. 施工工具，如电缆或光缆的接续工具（剥线器、光缆切断器、光纤熔接机、光纤磨光机、卡接工具等）必须进行检查，合格后方可在工程中使用。

7）现场尚无检测手段取得屏蔽布线系统所需的相关技术参数时，可将认证检测机构或生产厂家附有的技术报告作为检查依据。

8）对绞线电缆电气性能、机械特征、光缆传输性能及连接器件的具体技术指标和要求，应符合设计要求。经过测试与检查，性能指标不符合设计要求的设备和材料不得在工程中使用。

（3）设备安装检验。

1）机柜、机架安装应符合下列要求：

a. 机柜、机架安装位置应符合设计要求，垂直度偏差不应大于 3mm。

b. 机柜、机架上的各种零件不得脱落或碰坏，漆面不应有脱落及划痕，各种标志应完整、清晰。

c. 机柜、机架、配线设备箱体、电缆桥架及线槽等设备的安装应牢固，如有抗震要求，应按抗震设计进行加固。

2）各类配线部件安装应符合下列要求：

a. 各部件应完整，安装就位，标志齐全。

b. 安装螺钉必须拧紧，面板应保持在一个平面上。

3）信息插座模块安装应符合下列要求：

a. 信息插座模块、多用户信息插座、集合点配线模块安装位置和高度应符合设计要求。

b. 安装在活动地板内或地面上时，应固定在接线盒内，信息插座面板采用直立和水平等形式；接线盒盖可开启，并应具有防水、防尘、抗压功能。接线盒盖面应与地面齐平。

c. 信息插座底盒同时安装信息插座模块和电源插座时，间距及采取的防护措施应符合设计要求。

d. 信息插座模块明装底盒的固定方法根据施工现场条件而定。

e. 固定螺钉需拧紧，不应产生松动现象。

f. 各种插座面板应有标识，以颜色、图形、文字表示所接终端设备业务类型。

g. 工作区内终接光缆的光纤连接器件及适配器安装底盒应具有足够的空间，并应符合设计要求。

4）电缆桥架及线槽的安装应符合下列要求：

a. 桥架及线槽的安装位置应符合施工图要求，左右偏差不应超过 50mm。

b. 桥架及线槽水平度每米偏差不应超过 2mm。

c. 垂直桥架及线槽应与地面保持垂直，垂直度偏差不应超过 3mm。

d. 线槽截断处及两线槽拼接处应平滑、无毛刺。

e. 吊架和支架安装应保持垂直，整齐牢固，无歪斜现象。

f. 金属桥架、线槽及金属管各段之间应保持连接良好，安装牢固。

g. 采用吊顶支撑柱布放缆线时，支撑点宜避开地面沟槽和线槽位置，支撑应牢固。

5）安装机柜、机架、配线设备屏蔽层及金属管、线槽、桥架使用的接地体应符合设计要求，就近接地，并应保持良好的电气连接。

（4）缆线的敷设和保护方式检验。

1）缆线敷设应满足下列要求：

a. 缆线的形式、规格应与设计规定相符。

b. 缆线在各种环境中的敷设方式、布放间距均应符合设计要求。

c. 缆线的布放应自然平直，不得产生扭绞、打圈、接头等现象，不应受外力的挤压和损伤。

d. 缆线两端应贴有标签，应标明编号，标签书写应清晰、端正和正确。标签应选用不易损坏的材料。

e. 缆线应有余量以适应终接、检测和变更。对绞线电缆预留长度：在工作区宜为 3～6cm，配线间宜为 0.5～2m，设备间宜为 3～5m；光缆布放路由宜预留，预留长度宜为 3～5m，有特殊要求的应按设计要求预留长度。

f. 缆线的弯曲半径应符合下列规定：①非屏蔽 4 对对绞线电缆的弯曲半径应至少为电缆外径的 4 倍。②屏蔽 4 对对绞线电缆的弯曲半径应至少为电缆外径的 8 倍。③主干对绞线电缆的弯曲半径应至少为电缆外径的 10 倍。④2 芯或 4 芯水平光缆的弯曲半径应大于 25mm；其他芯数的水平光缆、主干光缆和室外光缆的弯曲半径应至少为光缆外径的 10 倍。

g. 缆线间的最小净距应符合设计要求：①电源线、综合布线系统缆线应分隔布放，并应符合表 6-42 的规定。②综合布线与配电箱、变电室、电梯机房、空调机房之间最小净距宜符合表 6-43 的规定。③建筑物内电、光缆暗管敷设与其他管线最小净距见表 6-44 规定。④综合布线系统缆线宜单独敷设，与其他弱电系统各子系统缆线间距应符合设计要求。⑤有安全保密要求的工程，综合布线系统缆线与信号线、电力线、接地线的间距应符合相关的保密规定。具有安全保密要求的缆线应采取独立的金属管或金属线槽敷设。

表 6-42　对绞线电缆与电力电缆最小净距

条件	最小净距（mm）		
	380V，＜2kVA	380V，2～5kVA	380V，＞5kVA
对绞线电缆与电力电缆平行敷设	130	300	600
有一方在接地的金属槽道或钢管中	70	150	300
双方均在接地的金属槽道或钢管中②	10①	80	150

①当 380V 电力电缆小于 2kVA，双方都在接地的线槽中，且平行长度小于或等于 10m 时，最小间距可为 10mm。

②双方都在接地的线槽中，是指两个不同的线槽，也可在同一线槽中用金属板隔开。

表 6-43 综合布线电缆与其他机房最小净距

名称	最小净距（m）	名称	最小净距（m）
配电箱	1	电梯机房	2
变电室	2	空调机房	2

表 6-44 综合布线缆线及管线与其他管线的间距

管线种类	平行净距（mm）	垂直交叉净距（mm）
避雷引下线	1000	300
保护地线	50	20
热力管（不包封）	500	500
热力管（包封）	300	300
给水管	150	20
煤气管	300	20
压缩空气管	150	20

h. 屏蔽电缆的屏蔽层端到端应保持完好的导通性。

2）预埋线槽和暗管敷设缆线应符合下列规定：

a. 敷设线槽和暗管的两端宜用标志表示出编号等内容。

b. 预埋线槽宜采用金属线槽，预埋或密封线槽的截面利用率应为30%～50%。

c. 敷设暗管宜采用钢管或阻燃聚氯乙烯硬质管。布放大对数主干电缆及4芯以上光缆时，直线管道的管径利用率应为50%～60%，弯管道应为40%～50%。暗管布放4对对绞线电缆或4芯及以下光缆时，管道的截面利用率应为25%～30%。

3）设置缆线桥架和线槽敷设缆线应符合下列规定：

a. 密封线槽内缆线布放应顺直，尽量不交叉，在缆线进出线槽部位、转弯处应绑扎固定。

b. 缆线桥架内缆线垂直敷设时，在缆线的上端和每间隔1.5m处应固定在桥架的支架上；水平敷设时，在缆线的首、尾、转弯及每间隔5～10m处进行固定。

c. 在水平、垂直桥架中敷设缆线时，应对缆线进行绑扎。对绞线电缆、光缆及其他信号电缆应根据缆线的类别、数量、缆径、缆线芯数分束绑扎。绑扎间距不宜大于1.5m，间距应均匀，不宜绑扎过紧或使缆线受到挤压。

d. 楼内光缆在桥架敞开敷设时应在绑扎固定段加装垫套。

4）采用吊顶支撑柱作为线槽在顶棚内敷设缆线时，每根支撑柱所辖范围内的缆线可以不设置密封线槽进行布放，但应分束绑扎，缆线应阻燃，缆线选用应符合设计要求。

5）建筑群子系统采用架空、管道、直埋、墙壁及暗管敷设电缆、光缆的施工技术要求应按照本地网通信线路工程验收的相关规定执行。

6）配线子系统缆线敷设保护应符合下列要求：

a. 预埋金属线槽保护要求。①在建筑物中预埋线槽，宜按单层设置，每一路由进出同一过线盒的预埋线槽均不应超过3根，线槽截面高度不宜超过25mm，总宽度不宜超过300mm。线槽路由中若包括过线盒和出线盒，截面高度宜在70～100mm范围内。②线槽直埋长度超过 30m 或在线槽路由交叉、转弯时，宜设置过线盒，以便于布放缆线和维修。③过线盒盖能开启，并与地面齐平，盒盖处应具有防灰与防水功能。④过线盒和接线盒盒盖应能抗压。⑤从金属线槽至信息插座模块接线盒间或金属线槽与钢管之间相连接时的缆线宜采用金属软管敷设。

b. 预埋暗管保护要求。①预埋在墙体中间暗管的最大管外径不宜超过 50mm，楼板中暗管的最大管外径不宜超过 25mm，室外管道进入建筑物的最大管外径不宜超过 100mm。②直线布管每 30m 处应设置过线盒装置。③暗管的转弯角度应大于 90°，在路径上每根暗管的转弯角不得多于 2 个，并不应有 S 弯出现，有转弯的管段长度超过 20m 时，应设置管线过线盒装置；有 2 个弯时，不超过 15m 应设置过线盒。④暗管管口应光滑，并加有护口保护，管口伸出部位宜为 25～50mm。⑤至楼层配线间暗管的管口应排列有序，便于识别与布放缆线。⑥暗管内应安置牵引线或拉线。⑦金属管明敷时，在距接线盒 300mm 处或弯头处的两端，每隔 3m 处应采用管卡固定。⑧管路转弯半径不应小于所穿入缆线的最小允许弯曲半径，并且不应小于该管外径的 6 倍，例如，暗管外径大于 50mm 时，不应小于 10 倍。

c. 设置缆线桥架和线槽保护要求。①缆线桥架底部应高于地面 2.2m 及以上，顶部距建筑物楼板不宜小于 300mm，与梁及其他障碍物交叉处间的距离不宜小于 50mm。②缆线桥架水平敷设时，支撑间距宜为 1.5～3m。垂直敷设时固定在建筑物结构体上的间距宜小于 2m，距地 1.8m 以下部分应加金属盖板保护，或采用金属走线柜包封，门应可开启。③直线段缆线桥架每超过 15～30m 或跨越建筑物变形缝时，应设置伸缩补偿装置。④金属线槽敷设时，在下列情况下应设置支架或吊架：线槽接头处、每间距 3m 处、离开线槽两端出口 0.5m 处、转弯处。⑤塑料线槽槽底固定点间距宜为 1m。⑥缆线桥架和缆线线槽转弯半径不应小于槽内缆线的最小允许弯曲半径，线槽直角弯处最小弯曲半径不应小于槽内最粗缆线外径的 10 倍。⑦桥架和线槽穿过防火墙体或楼板时，缆线布放完成后应采取防火封堵措施。

d. 网络地板缆线敷设保护要求。①线槽之间应沟通。②至楼层配线间暗管的管口应排列有序，便于识别与布放缆线。③暗管内应安置牵引线或拉线。④金属管明敷时，在距接线盒 300mm 处或弯头处的两端，每隔 3m 处应采用管卡固定。⑤管路转弯半径不应小于所穿入缆线的最小允许弯曲半径，并且不应小于该管外径的 6 倍，例如，暗管外径大于 50mm 时，不应小于 10 倍。

e. 设置缆线桥架和线槽保护要求。①缆线桥架底部应高于地面 2.2m 及以上，顶部距建筑物楼板不宜小于 300mm，与梁及其他障碍物交叉处间的距离不宜小于 50mm。②缆线桥架水平敷设时，支撑间距宜为 1.5～3m。垂直敷设时固定在建筑物结构体上的间距宜小于 2m，距地 1.8m 以下部分应加金属盖板保护，或采用金属走线柜包封，门应可开启。③直线段缆线桥架每超过 15～30m 或跨越建筑物变形缝时，应设置伸缩补偿装置。④金属线槽敷设时，在下列情况下应设置支架或吊架：线槽接头处、每间距 3m 处、离开线槽两端出口 0.5m 处、转弯处。⑤塑料线槽槽底固定点间距宜为 1m。⑥缆线桥架和缆线线槽转弯半径不应小于槽内缆线的最小允许弯曲半径，线槽直角弯处最小弯曲半径不应小于槽内最粗缆线外径的 10 倍。⑦桥架和线槽穿过防火墙体或楼板时，缆线布放完成后应采取防火封堵措施。

f. 网络地板缆线敷设保护要求。①线槽之间应沟通。②线槽盖板应可开启。③主线槽的宽度宜在 200～400mm，支线槽宽度不宜小于 70mm。④可开启的线槽盖板与明装插座底盒间应采用金属软管连接。⑤地板块与线槽盖板应抗压、抗冲击和阻燃。⑥当网络地板具有防静电功能时，地板整体应接地。⑦网络地板板块间的金属线槽段与段之间应保持良好导通并接地。

g. 在架空活动地板下敷设缆线时，地板内净空应为150～300mm。若空调采用下送风方式则地板内净高应为300～500mm。

h. 吊顶支撑柱中电力缆线和综合布线系统缆线合一布放时，中间应有金属板隔开，间距应符合设计要求。

7）当综合布线系统缆线与大楼弱电系统缆线采用同一线槽或桥架敷设时，子系统之间应采用金属板隔开，间距应符合设计要求。

8）干线子系统缆线敷设保护方式应符合下列要求：

a. 缆线不得布放在电梯或供水、供气、供暖管道竖井中，缆线不应布放在强电竖井中。

b. 配线间、设备间、进线间之间干线通道应沟通。

9）建筑群子系统缆线敷设保护方式应符合设计要求。

10）当电缆从建筑物外面进入建筑物时，应选用适配的信号线路浪涌保护器，信号线路浪涌保护器应符合设计要求。

（5）缆线终接。

1）缆线终接应符合下列要求：

a. 缆线在终接前，必须核对缆线标识内容是否正确。

b. 缆线中间不应有接头。

c. 缆线终接处必须牢固、接触良好。

d. 对绞线电缆与连接器件连接应认准线号、线位色标，不得颠倒和错接。

2）对绞线电缆终接应符合下列要求：

a. 终接时，每对对绞线应保持扭绞状态，扭绞松开长度：3类电缆不应大于75mm；5类电缆不应大于13mm；6类电缆应尽量保持扭绞状态，减小扭绞松开长度。

b. 对绞线与8位模块式通用插座相连时，必须按色标和线对顺序进行卡接，如图6-16所示。

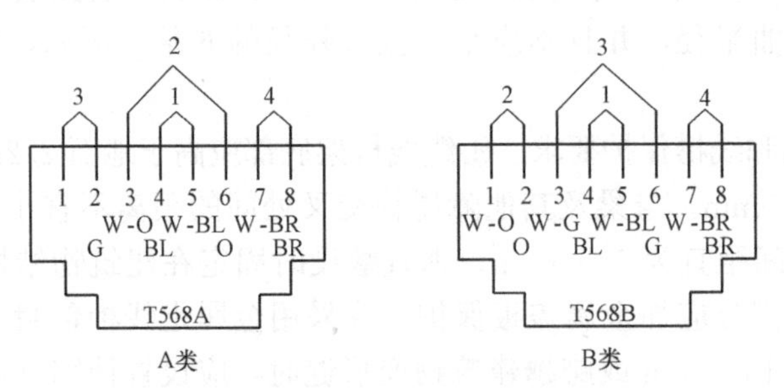

图6-16 8位模块式通用插座连接示意图

G—绿色；BL—蓝色；BR—棕色；W—白色；O—橙色

图6-16所示两种连接方式均可采用，但在同一布线工程中两种连接方式不应混合使用。

c. 7类布线系统采用非RJ-45方式终接时，连接图应符合相关标准规定。

d. 屏蔽对绞线电缆的屏蔽层与连接器件终接处屏蔽罩应通过紧固器件可靠接触，缆线屏蔽层应与连接器件屏蔽罩 360°圆周接触，接触长度不宜小于 10mm。屏蔽层不应用于受力场合。

e. 对不同的屏蔽对绞线或屏蔽电缆，屏蔽层应采用不同的端接方法。应对编织层或金属箔与汇流导线进行有效的端接。

f. 每个 2 口 86 面板底盒宜终接 2 条对绞线电缆或 1 根 2 芯/4 芯光缆，不宜兼做过线盒使用。

3）光缆终接与接续应采用下列方式：

a. 光纤与连接器件连接可采用尾纤熔接、现场研磨和机械连接方式。

b. 光纤与光纤接续可采用熔接和光纤连接子（机械）连接方式。

4）光缆线芯终接应符合下列要求：

a. 采用光纤连接盘对光纤进行连接、保护，在连接盘中光纤的弯曲半径应符合安装工艺要求。

b. 光纤熔接处应加以保护和固定。

c. 光纤连接盘面板应有标志。

d. 光纤连接损耗值，应符合表 6-45 的规定。

表 6-45　　光纤连接损耗值　　dB

连接类别	多模		单模	
	平均值	最大值	平均值	最大值
熔接	0.15	0.3	0.15	0.3
机械连接		0.3		0.3

5）各类跳线的终接应符合下列规定：

a. 各类跳线缆线和连接器件间接触应良好，接线无误，标志齐全。跳线选用类型应符合系统设计要求。

b. 各类跳线长度应符合设计要求。

（6）工程电气测试。

1）综合布线系统工程电气测试包括电缆系统电气性能测试及光纤系统性能测试。电缆系统电气性能测试项目应根据布线信道或链路的设计等级和布线系统的类别要求制定。各项测试结果应有详细记录，作为竣工资料的一部分。测试记录内容和形式宜符合表 6-46 和表 6-47 的要求。

2）对绞线电缆及光纤布线系统的现场测试仪应符合下列要求：

a. 应能测试信道与链路的性能指标。

b. 应具有针对不同布线系统等级的相应精度，应考虑测试仪的功能、电源、使用方法等因素。

c. 测试仪精度应定期检测，每次现场测试前仪表厂家应出示测试仪的精度有效期限证明。

3）测试仪表应具有测试结果的保存功能并提供输出端口，将所有存储的测试数据输出至计算机和打印机，测试数据必须不被修改，并进行维护和文档管理。测试仪表应提供所有测试项目、概要和详细的报告。测试仪表宜提供汉化的通用人机界面。

表 6-46　　综合布线系统电缆（链路/信道）性能指标测试记录

工程项目名称											
序号	编号			内容							备注
				电缆系统							
	地址号	缆线号	设备号	长度	接线图	衰减	近端串扰		电缆屏蔽层连通情况	其他项目	
测试日期、人员及测试仪表型号测试仪表精度											
处理情况											

表 6-47　　综合布线系统工程光纤（链路/信道）性能指标测试记录

工程项目名称												
序号	编号			光缆系统								备注
				多模				单模				
				850nm		1300nm		1310nm		1550nm		
	地址号	缆线号	设备号	衰减（插入损耗）	长度	衰减（插入损耗）	长度	衰减（插入损耗）	长度	衰减（插入损耗）	长度	
测试日期，人员及测试仪表型号测试仪表精度												
处理情况												

（7）管理系统验收。

1）综合布线管理系统宜满足下列要求：

a. 管理系统级别的选择应符合设计要求。

b. 需要管理的每个组成部分均设置标签，并由唯一的标识符进行表示，标识符与标签的设置应符合设计要求。

c. 管理系统的记录文档应详细完整并汉化，包括每个标识符相关信息、记录、报告、图纸等。

d. 不同级别的管理系统可采用通用电子表格、专用管理软件或电子配线设备等进行维护管理。

2）综合布线管理系统的标识符与标签的设置应符合下列要求：

a. 标识符应包括安装场地、缆线终端位置、缆线管道、水平链路、主干缆线、连接器件、接地等类型的专用标识，系统中每一组件应指定一个唯一标识符。

b. 配线间、设备间、进线间所设置配线设备及信息点处均应设置标签。

c. 每根缆线应指定专用标识符，标在缆线的护套上或在距每一端护套 300mm 内设置标签，缆线的终接点应设置标签标记指定的专用标识符。

d. 接地体和接地导线应指定专用标识符，标签应设置在靠近导线和接地体的连接处的明显部位。

e. 根据设置的部位不同，可使用粘贴型、插入型或其他类型标签。标签表示内容应清晰，材质应符合工程应用环境要求，具有耐磨、抗恶劣环境、附着力强等性能。

f. 终接色标应符合缆线的布放要求，缆线两端终接点的色标颜色应一致。

3）综合布线系统各个组成部分的管理信息记录和报告，应包括如下内容：

a. 记录应包括管道、缆线、连接器件及连接位置、接地等内容，各部分记录中应包括相应的标识符、类型、状态、位置等信息。

b. 报告应包括管道、安装场地、缆线、接地系统等内容，各部分报告中应包括相应的记录。

4）综合布线系统工程如采用布线工程管理软件和电子配线设备组成的系统进行管理和维护工作，应按专项系统工程进行验收。

2. 文档验收

技术文档、技术资料是综合布线系统工程验收的重要组成部分。为了便于工程验收和管理使用，施工单位必须编制工程竣工技术文件，按协议或合同规定的要求交付所需要的文档。

（1）竣工技术文件的编制。

1）工程竣工后，施工单位应在工程验收以前，将工程竣工技术资料交给建设单位。

2）综合布线系统工程的竣工技术资料应包括以下内容：

a. 安装工程量。

b. 工程说明。

c. 设备、器材明细表。

d. 竣工图纸。

e. 测试记录（宜采用中文表示）。

f. 工程变更、检查记录及施工过程中，需更改设计或采取相关措施，建设、设计、施工等单位之间的双方洽商记录。

g. 随工验收记录。

h. 隐蔽工程签证。

i. 工程决算。

3）竣工技术文件要保证质量，做到外观整洁，内容齐全，数据准确。

（2）系统的检验。综合布线系统工程，应按表 6-48 所列项目、内容进行检验。检测结论作为工程竣工资料的组成部分及工程验收的依据之一。

1）系统工程安装质量检查，各项指标符合设计要求，则被检项目检查结果为合格；被检项目的合格率为 100%，则工程安装质量判为合格。

2）系统性能检测中，对绞线电缆布线链路、光纤信道应全部检测，竣工验收需要抽验时，抽样比例不低于 10%，抽样点应包括最远布线点。

3）系统性能检测单项合格判定。

a. 如果一个被测项目的技术参数测试结果不合格，则该项目判为不合格。如果某一被测项目的检测结果与相应规定的差值在仪表准确度范围内，则该被测项目应判为合格。

b. 按规范的指标要求，采用4对对绞线电缆作为水平电缆或主干电缆，所组成的链路或信道有一项指标测试结果不合格，则该水平链路、信道或主干链路判为不合格。

c. 主干布线大对数电缆中按4对对绞线对测试，指标有一项不合格，则判为不合格。

d. 如果光纤信道测试结果不满足规范的指标要求，则该光纤信道判为不合格。

e. 未通过检测的链路、信道的电缆线对或光纤信道可在修复后复检。

4）竣工检测综合合格判定。

a. 对绞线电缆布线全部检测时，无法修复的链路、信道或不合格线对数量有一项超过被测总数的1%，则判为不合格。光缆布线检测时，如果系统中有一条光纤信道无法修复，则判为不合格。

b. 对绞线电缆布线抽样检测时，被抽样检测点（线对）不合格比例不大于被测总数的1%，则视为抽样检测通过，不合格点（线对）应予以修复并复检。被抽样检测点（线对）不合格比例如果大于1%，则视为一次抽样检测未通过，应进行加倍抽样，加倍抽样不合格比例不大于1%，则视为抽样检测通过。若不合格比例仍大于1%，则视为抽样检测不通过，应进行全部检测，并按全部检测要求进行判定。

c. 全部检测或抽样检测的结论为合格，则竣工检测的最后结论为合格；全部检测的结论为不合格，则竣工检测的最后结论为不合格。

5）综合布线管理系统检测，标签和标识按10%抽检，系统软件功能全部检测。检测结果符合设计要求，则判为合格。

表6-48　　综合布线系统检验项目及内容

阶段	验收项目	验收内容	验收方式
一、施工前检查	环境要求	（1）土地施工情况：地面、墙面、门、电源插座及接地装置； （2）土建工艺：机房面积、预留孔洞； （3）施工电源； （4）地板铺设	施工前检查
	器材检验	（1）外观检查； （2）形式、规格、数量； （3）电缆电气性能测试； （4）光纤特征测试	施工前检查
	安全、防火要求	（1）消防器材； （2）危险物的堆放； （3）预留孔洞防火措施	施工前检查
二、设备安装	配线间、设备间、设备机柜、机架	（1）规格、外观； （2）安装垂直、水平度； （3）油漆不得脱落； （4）各种螺钉必须紧固； （5）抗震加固措施； （6）接地措施	随工检验

续表

阶段	验收项目	验收内容	验收方式
二、设备安装	配线部件及 8 位模块式通用插座	(1) 规格、位置、质量； (2) 各种螺钉必须拧紧； (3) 标志齐全； (4) 安装符合工艺要求； (5) 屏蔽层可靠连接	随工检验
三、电、光缆布放（楼内）	电缆桥架及线槽布放	(1) 安装位置正确； (2) 安装符合工艺要求； (3) 符合布放缆线工艺要求； (4) 接地	随工检验
	缆线暗敷（包括暗管、线槽、地板等方式）	(1) 缆线规格、路由、位置； (2) 符合布放缆线工艺要求； (3) 接地	隐蔽工程签证
四、电、光缆布放（楼间）	架空缆线	(1) 吊线规格、架设位置、装设规格； (2) 吊线垂度； (3) 缆线规格； (4) 卡、挂间隔； (5) 缆线的引入符合工艺要求	随工检验
	管道缆线	(1) 使用管孔孔位； (2) 缆线规格； (3) 缆线走向； (4) 缆线的防护设施的设置质量	隐蔽工程签证
	埋式缆线	(1) 缆线规格； (2) 敷设位置、深度； (3) 缆线的防护设施的设置质量； (4) 回土夯实质量	隐蔽工程签证
	隧道缆线	(1) 缆线规格； (2) 安装位置，路由； (3) 土建设计符合工艺要求	隐蔽工程签证
	其他	(1) 通信线路与其他设施的距； (2) 进线室安装、施工质量	随工检验或隐蔽工程签证
五、缆线终结	8 位模块式通用插座、配线部位、光纤插座、各类跳线	符合工艺要求	随工检验
六、系统测试	工程电气性能测试	(1) 连接图； (2) 长度； (3) 衰减； (4) 近端串扰（两端都应测试）； (5) 设计中特殊规定的测试内容	竣工检验

续表

阶段	验收项目	验收内容	验收方式
六、系统测试	光纤特征测试	(1) 衰减； (2) 长度	竣工检验
七、工程总验收	竣工技术文件	清点、交接技术文件	竣工检验
	工程验收评价	考核工程质量，确认验收结果	

思 考 题

1. 什么是链路的验证测试？施工中常见的电缆连接故障都包括哪些？
2. 画图说明基本链路模型和永久链路连接模型有何不同？
3. 简述综合布线系统的测试模型。
4. 电缆传输通道认证测试的主要参数有哪些？
5. 在进行电缆测试时近端串扰未通过，则故障原因主要有哪些？
6. 在进行电缆测试时衰减未通过，则故障原因主要有哪些？
7. 简述如何测量光纤的连续性？
8. 光纤测量常见的仪器有哪些？各自有什么功能？
9. 简述光纤测试的 4 种方法。
10. 如何进行光纤链路的测试？

第7章　BIM技术及其在综合布线系统中的应用

7.1　建筑信息模型

7.1.1　BIM技术概述

建筑信息模型（Building Information Modeling，BIM），近几年来，它作为一种新型的数字化技术被广泛地应用在建筑行业中，推动了建筑行业的巨大变革。BIM技术被广泛地应用在建筑领域的设计阶段、施工阶段及建成后的维护和管理阶段，现在已经成为设计和施工单位承接项目的必要能力，受到了广泛的重视。BIM技术专业咨询公司已经出现很多，发展势力非常活跃，为中小企业运用BIM技术提供了强有力的支持。BIM是以三维数字技术为基础，以集成建筑工程项目各种相关信息的工程数据模型的方式对该工程项目相关信息进行详尽表达，是解决建筑工程在软件中的描述问题的直接应用，并且让设计人员和工程技术人员能够对各种建筑信息做出正确的应对。BIM技术可以对工程项目设施实体和功能特性进行数字化表达。完善的信息模型可以将建筑项目在不同周期的数据、资源及过程连接起来，能够将完整的工程对象描述起来，能够方便地被各个建筑项目参与方使用。BIM具有单一工程数据源，可解决分布式、异构工程数据之间的一致性和全局共享问题，支持建设项目生命周期中动态的工程信息创建、管理和共享。BIM同时又是一种应用于设计、建造、管理的数字化方法，这种方法支持建筑工程的集成管理环境，可以使建筑工程在其整个进程中显著提高效率和大量减少风险。

BIM技术具备可视化、协调性、模拟性、优化性、可出图性、完备性、关联性、一致性的特点，从而可以方便进行更好的沟通、讨论与决策，减少不合理变更方案或问题变更方案。

7.1.2　BIM技术应用前景

BIM理念正逐渐为我国建筑行业知晓。国内先进的建筑设计机构和地产公司纷纷成立BIM技术小组。同时，北京、上海、广州等地的专业BIM咨询公司在建筑项目生命周期的各个阶段（包括策划、设计、招投标、施工、运营维护和改造升级等）都开始了BIM技术的应用。

目前，BIM在国内市场的主要应用是BIM模型维护、场地分析、建筑策划、方案论证、可视化设计、协同设计、性能化分析、工程量统计、管线综合、施工进度模拟、施工组织模拟、数字化建设、物料跟踪、施工现场配合、竣工模拟交付、维护计划、资产管理、空间管理、建筑系统分析、危害应急模拟。BIM的应用对于实现建筑全生命期管理，提高建筑行业规划、设计、施工和运营的科学技术水平，促进建筑业全面信息化和现代化，具有巨大的应用价值和广阔应用前景。BIM被誉为21世纪建筑产业技术的革命，无论从管理层面还是技术层面都远远优于传统CAD模式。BIM的关键在于其对建筑全生命周期中的应用范围，从概念设计，到后期施工，再到竣工乃至拆除，BIM是可以贯穿其始终的。在各阶段不同的利益相关者，都可以通过BIM建立的模型来查看自身的业务状况，然后做出合理判断，并且达成一致为同一项目服务的行为。

Revit 是国内 BIM 应用方面的一款主流软件，其覆盖率有数据显示高达 75%左右。旗下有建筑、结构、管线综合三大模块。基本覆盖了建筑设计方面所有的专业，而且该软件与 CAD 可以完美结合，两款软件之间的数据可以相互交换，基本不用担心数据损失问题。

总的来说，BIM 就是一个平台，而 Revit 就是实现 BIM 这个平台的一个工具，两者是包含与被包含的关系。另外，Revit 是表现 BIM 技术的一个渠道，而 BIM 则是给了 Revit 一个展示的舞台。

7.2 Revit 通用功能

7.2.1 视图工具

在 Revit 功能区视图选项卡中，包括用于管理和修改当前视图及切换视图的工具，如图 7-1 所示。

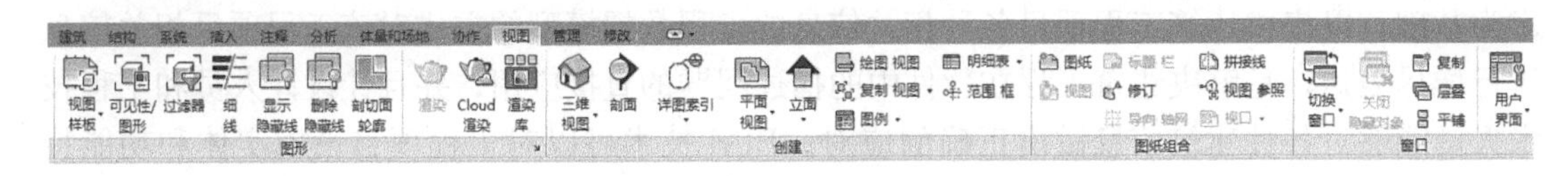

图 7-1　视图选项卡

1. 可见性/图形

与 AutoCAD 中关闭图层显示功能相似，当绘图区域里图元较多，图纸比较复杂时，需要关闭某些对象的显示，Revit 也可以根据具体情况选择不同的可见性控制方法。单击“视图”→“图形”面板→“可见性/图形”自动弹出对话框，如图 7-2 所示。对话框中分别按模型类别、注释类别、分析模型类别、导入的类别、过滤器五个选项卡分类控制各种图元类别的可见性和线条样式等。取消勾选图元类别前面的复选框即可关闭这一类型图元显示。

（1）模型类别。控制风管、水管、风管附件、机械设备等模型的可见性、线样式及详细程度等。

（2）注释类别。控制所有立面、剖面符号、门窗标记、尺寸标注等注释图元的可见性和线样式等。

（3）分析模型类别。结构模型分析使用。

（4）导入的类别。控制导入的外部 CAD 格式文件图元的可见性和线样式等，仍按图层控制。

（5）过滤器。使用过滤器可以替换图形的外观，还可以控制特定视图中所有共享公共属性的图元可见性。需要先创建过滤器，然后再设置可见性。

2. 创建

单击“视图”→“创建”，面板下包括“三维视图”“平面视图”等命令。通过该面板中的命令，可以快速创建出平面视图、立面视图及剖面视图。通过打开三维视图，可以利用“相机”命令从放置在视图中的相机的透视图来创建三维视图；可以利用“漫游”命令创建模型的动画三维漫游。

图 7-2　可见性设置

3. 图纸组合

单击"视图"→"图纸组合"，面板下包括"图纸""标题栏""修订"等命令，可以为文档集创建页面，创建标题栏图元，指定项目修订信息等。

4. 窗口

单击"视图"→"窗口"，面板下包括"切换窗口""用户界面"等命令，可以指定要显示或给出焦点的视图，选择视图的显示方式，控制用户界面组件（包括状态栏、项目浏览器等）的显示。

5. 视图控制栏

视图控制栏位于 Revit 窗口底部的状态栏上方，通过它可以快速访问影响绘图区域的功能。界面为：1 : 100 。

单击视图控制栏中的按钮，其工作内容从左到右依次如下：

（1）设置视图的比例。可以选择 1∶100、1∶200 等视图比例，便于查看。

（2）详细程度。由于在建筑设计的图纸表达里，不同图纸的视图表达要求也不相同，所以需要对视图进行详细程度的设置。单击"详细程度"命令，可以选择"粗略""中等"或者"精细"三种程度。

（3）模型图形样式。单击"模型图形样式"命令，可以选择线框、隐藏线、着色、一致的颜色和真实 5 种模式，同时增加了新的选项卡——"图形显示选项"。此方法适用于所有类型视图。

（4）打开/关闭日光路径。在日光路径里的命令中，可以对日光进行详细的设置。

（5）打开/关闭阴影。在视图中，可以通过此命令显示模型的光照阴影，增强模型的表现力。

（6）显示/隐藏渲染对话框（仅当绘图区域显示三维视图时可用）。

（7）打开/关闭剪裁区域。

（8）显示/隐藏剪裁区域。

视图剪裁区域定义了视图中用于显示项目的范围，由两个工具组成：打开/关闭剪裁区域和显示/隐藏剪裁区域，可以单击命令在视图中显示剪裁区域，再通过启用剪裁按钮将视图剪裁功能启用，通过拖曳剪裁边界，对视图进行剪裁，完成后，剪裁框外的图元不显示。

（9）锁定/解锁三维视图（仅三维视图可以使用）。如果需要在三维视图中进行三维尺寸标注及添加文字注释信息，需要先锁定三维视图。单击该命令将创建新的锁定三维视图。锁定的三维视图不能旋转，但是可以进行平移和缩放。在创建三维详图大样时，使用这种方法。

（10）临时隐藏/隔离。单击“临时隐藏/隔离”，下拉列表中有以下命令：

1）隔离类别。在当前视图中只显示与选中图元相同类别的所有图元，隐藏不同类别的其他所有图元。

2）隐藏类别。在当前视图中隐藏与选中图元相同类别的所有图元。

3）隔离图元。在当前视图中只显示选中图元，隐藏选中图元以外所有对象。

4）隐藏图元。在当前视图中隐藏选中图元。

5）重设临时隐藏/隔离。恢复显示所有图元。

（11）显示隐藏的图元。单击该命令，将显示原本被隐藏的图元，且所有隐藏图元会用彩色标识出来，而可见性图元为灰色。

（12）临时视图属性。单击可选择启用临时视图属性、临时应用样板属性和回复视图属性。

（13）显示/隐藏分析模型。临时仅显示分析模型类别：结构图元的分析线会显示一个临时视图模式，隐藏项目视图中的物理模型并仅显示分析模型类别，这是一种临时状态，并不会随项目一起保存，清除此选项则退出临时分析模型视图。

（14）高亮显示位移集。

7.2.2 项目设置

管理选项卡——项目和系统参数及设置。

单击“管理”选项卡→“设置”面板，可以对项目信息进行设置，如图 7-3 所示。

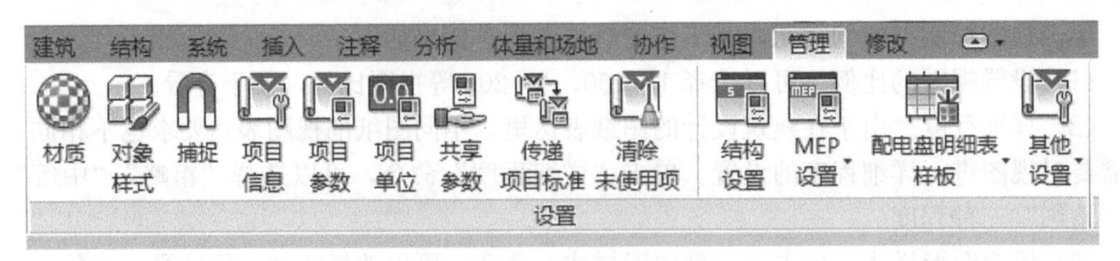

图 7-3 管理选项卡

单击“项目信息”，弹出“项目属性”对话框，可以按照图 7-4 所示内容录入项目信息，包括项目发布日期、项目名称及编号等，单击“确定”按钮完成。

单击“项目参数”，即可以指定添加到项目中的图元类别并在明细表中使用的参数，如图 7-5 所示。但是项目参数不能与其他项目或族共享，要创建共享参数，则使用“共享参数工具”。

图 7-4　项目属性

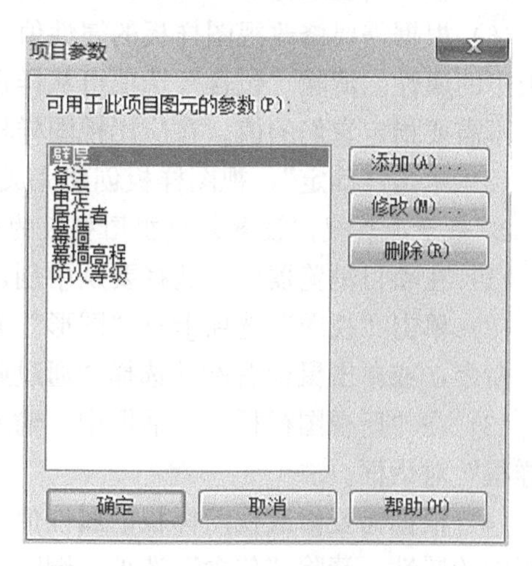

图 7-5　项目参数

单击“项目单位”，打开“项目单位”设置对话框，如图 7-6 所示。单击“长度”选项组中的“格式”列按钮，将长度单位设置为 mm，单击“面积”选项组中“格式”列按钮，将面积单位设置为 m^2，单击“体积”选项组中“格式”列按钮，将体积单位设置为 m^3，同时也可以修改角度、坡度等。

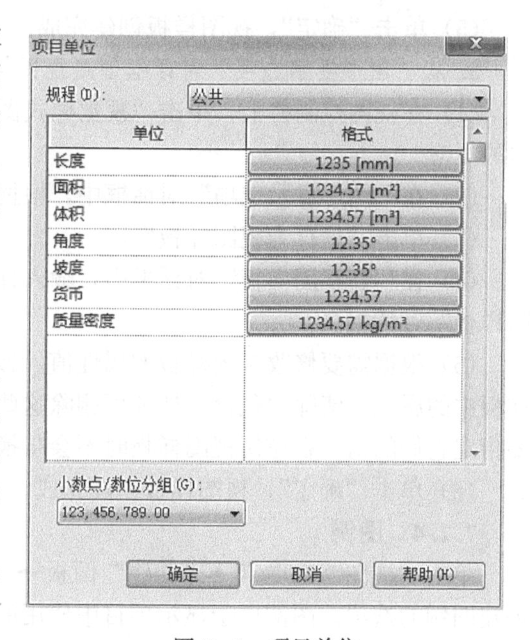

图 7-6　项目单位

7.2.3　视图样板定制

视图样板用于创建、编辑或将标准化设置应用于视图。它是视图属性，如视图比例、规程、详细程度及可见性设置的集合，这些属性对于视图类型是公共的。使用视图样板可以标准化项目中视图的设置。

创建视图样板可通过复制现有的视图样板，并进行必要的修改来创建新的视图样板；也可以从项目视图或直接从“图形显示选项”对话框中创建视图样板。

1. 基于现有视图样板创建视图样板的步骤

(1) 单击“视图”选项卡→“图形”面板→“视图样板”下拉列表“管理视图样板”命令。

(2) 在“视图样板”对话框中的“视图样板”下，使用“规程”过滤器和“视图类型”过滤器限制视图样板列表。每个视图类型的样板都包含一组不同的视图属性，为正在创建的样板选择适当的视图类型。

（3）在“名称”列表中，选择视图样板以用作新样板的起点。

（4）单击“复制”。

（5）在“新视图样板”对话框中，输入样板的名称，然后单击“确定”。

（6）根据需要修改视图样板的属性值。如果选中“包含”选项，可以选择将包含在视图样板中的属性。清除“包含”选项可从样板中删除这些属性。对于未包含在视图样板中的属性，不需要指定它们的值。在应用视图样板时不会替换这些视图属性。

（7）单击“确定”，视图样板创建完成。

2. 基于项目视图设置创建视图样板的步骤

（1）在项目浏览器中，选择要从中创建视图样板的视图。

（2）单击“视图”选项卡→“图形”面板→“视图样板”下拉列表“从当前视图创建样板”命令，或单击鼠标右键并选择“通过此视图创建样板”。

（3）在“新视图样板”对话框中，输入样板的名称，然后单击“确定”。此时显示“视图样板”对话框。

（4）根据需要修改视图样板的属性值。如果选中“包含”选项，可以选择将包含在视图样板中的属性。清除“包含”选项可删除这些属性。对于未包含在视图样板中的属性，不需要指定它们的值。在应用视图样板时不会替换这些视图属性。

（5）单击“确定”，视图样板创建完成。

3. 从“图形显示选项”对话框创建视图样板的步骤

（1）在视图控制栏上，单击“视觉样式图形显示选项”。注：新视图样板将反映当前视图的类型。

（2）在“图形显示选项”对话框中，根据需要定义选项。

（3）单击“另存为视图样板”。

（4）在“新视图样板”对话框中，输入样板的名称，然后单击“确定”。此时显示“视图样板”对话框。

（5）根据需要修改视图样板的属性值。如果选中“包含”选项，可以选择将包含在视图样板中的属性。清除“包含”选项可删除这些属性。对于未包含在视图样板中的属性，不需要指定它们的值。在应用视图样板时不会替换这些视图属性。

（6）单击“确定”，视图样板创建完成。

7.2.4 图例

单击“视图”选项卡→“创建”面板→“图例”命令，如图 7-7 所示。其中提供用于创建图例的选项。图例用于显示项目中使用的各种建筑构件和注释的列表。例如，可以为材质、符号、线样式、工程阶段、注释记号等创建图例。

“图例”用于创建项目中使用的建筑构件和注释的列表，可以放置在图纸视图中的任何图元均可放置在图例中。“注释记号图例”用于创建项目中使用的注释记号的列表，以及注释记号的定义，可以创建注释记号图例，以便将常见类型的注释记号组成一组。

7.2.5 明细表设置

明细表是 Revit 的重要组成部分。通过定制明细表，用户可以从所创建的 Revit 模型中获取项目所需要的各类项目信息，应用表格的形式直观表达。此外，Revit 模型中所包含的

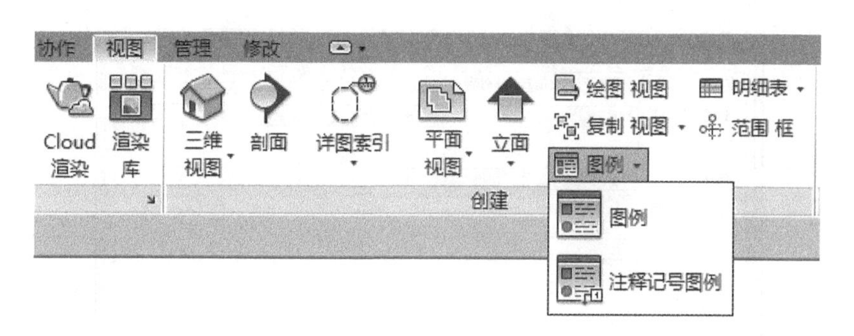

图 7-7　图例设置

项目信息还可以通过 ODBC 数据库导出到其他数据库管理软件中。

1. 创建实例明细表

单击“视图”选项卡→“创建”面板→“明细表”下拉按钮，选择“明细表/数量”命令，在弹出的“新建明细表”对话框中选择要统计的构件类别，如门，设置明细表名称为“门明细表”，选择“建筑构件明细表”单选按钮，设置明细表，如图 7-8 所示。

在弹出的“明细表属性”对话框中完成进一步的设置，如图 7-9 所示。在“字段”选项卡中，从“可用的字段”列表框中选择要统计的字段，如型号、功能等。单击“添加”按钮，移动到“明细表字段”列表框中，利用“上移”和“下移”调整字段顺序。

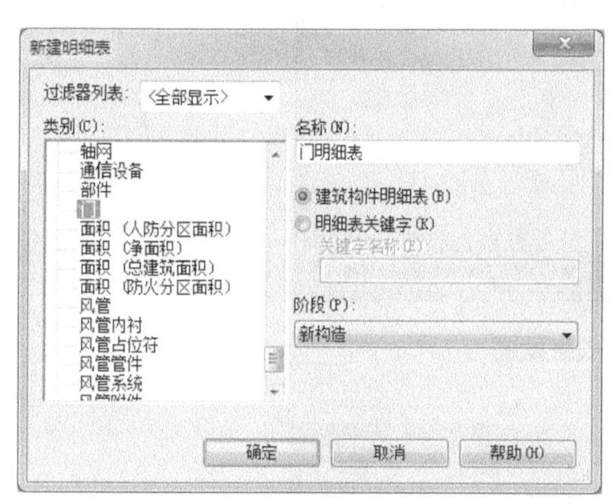

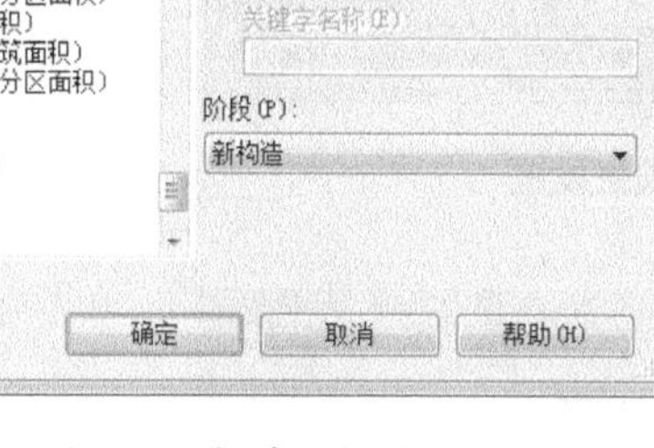

图 7-8　新建明细表

图 7-9　字段设置

在“过滤器”选项卡中，设置过滤器可用统计其中部分构件，不设置过滤器则统计全部构件，如图 7-10 所示。

“排序/成组”选项卡设置排序方式，如按照型号排序。勾选“总计”“逐项列举每个实例”复选框，如图 7-11 所示。

“格式”选项卡，如图 7-12 所示，设置字段在表格中的标题名称（字段和标题名称可以不同）、标题方向、对齐方式，需要时可勾选“计算总数”复选框。

“外观”选项卡，如图 7-13 所示，设置表格线宽、标题和正文字体的大小，单击“确定”按钮完成设置。

明细表属性
字段
过滤器
排序/成组
格式
外观
过滤条件(F):
型号
等于
与(A):
(无)
与(N):
(无)
与(D):
(无)
确定
取消
帮助

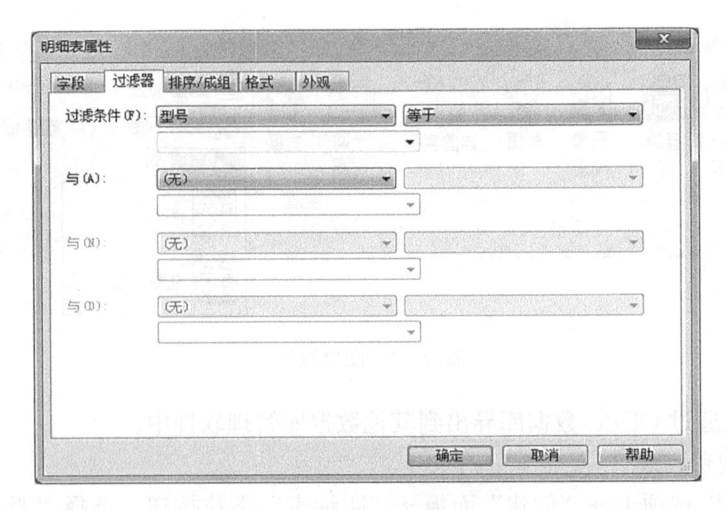

图 7-10 过滤器设置

明细表属性
字段
过滤器
排序/成组
格式
外观
排序方式(S):
型号
升序(C)
降序(D)
页眉(H)
页脚(F):
空行(B)
否则按(T):
(无)
升序(N)
降序(I)
页眉(R)
页脚(O):
空行(L)
否则按(E):
(无)
升序
降序
页眉
页脚:
空行
否则按(Y):
(无)
升序
降序
页眉
页脚:
空行
总计(G):
标题、合计和总数
逐项列举每个实例(Z)
确定
取消
帮助

图 7-11 排序/成组设置

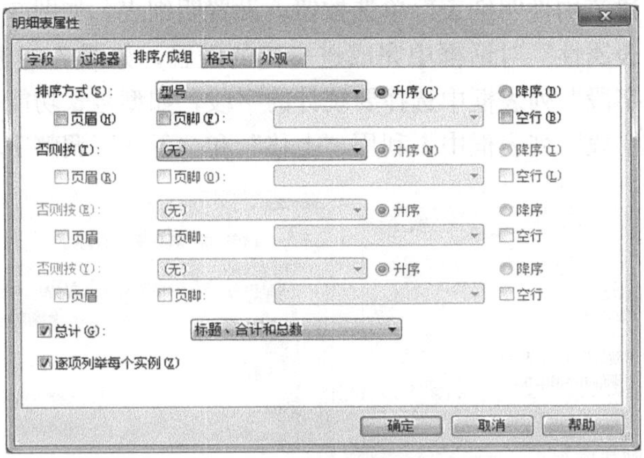

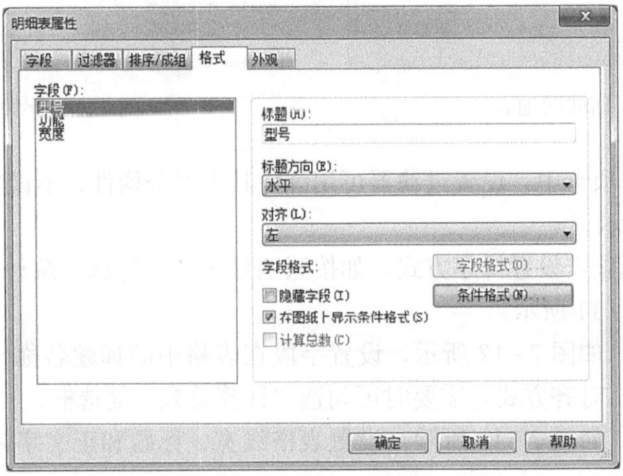

明细表属性
字段
过滤器
排序/成组
格式
外观
字段(F):
型号
功能
宽度
标题(H):
型号
标题方向(E):
水平
对齐(L):
左
字段格式:
字段格式(O)...
隐藏字段(I)
条件格式(N)...
在图纸上显示条件格式(S)
计算总数(C)
确定
取消
帮助

图 7-12 格式设置

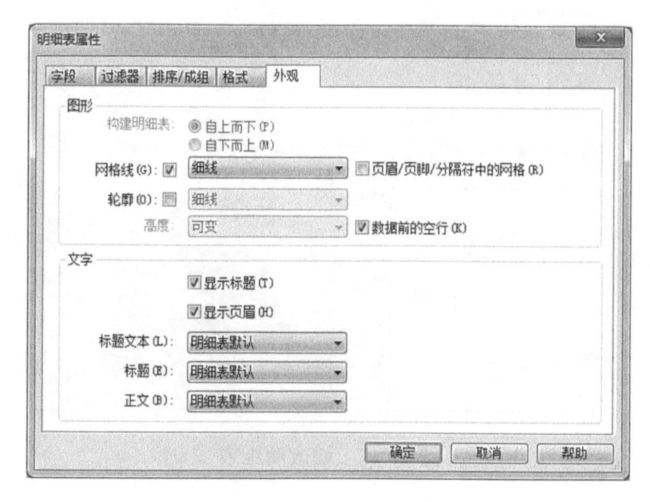

图7-13 外观设置

2. 创建类型明细表

在实例明细表视图左侧“视图属性”面板中单击“排列/成组”对应的编辑按钮，在“排列/成组”选项卡中取消勾选“逐项列举每个实例”复选框，注意“排序方式”选择构件类型，确定后自动生成类型明细表。

3. 创建关键字明细表

选择“明细表/数量”命令，选择要统计的构件类别，如房间。设置明细表名称，选择“明细表关键字”单选按钮，输入“关键字名称”，单击“确定”按钮，如图7-14所示。

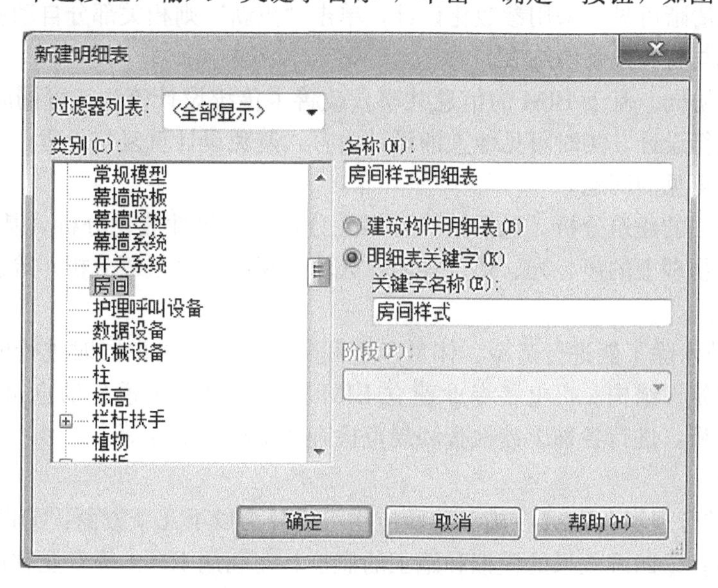

图7-14 新建关键字明细表

接下来按照创建实例明细表的步骤，设置明细表字段、排列/成组、格式、外观等属性。在功能区单击“行”面板中的“插入”按钮向明细表中添加新行，创建新关键字，并填写每个关键字的相应信息，如图7-15所示。

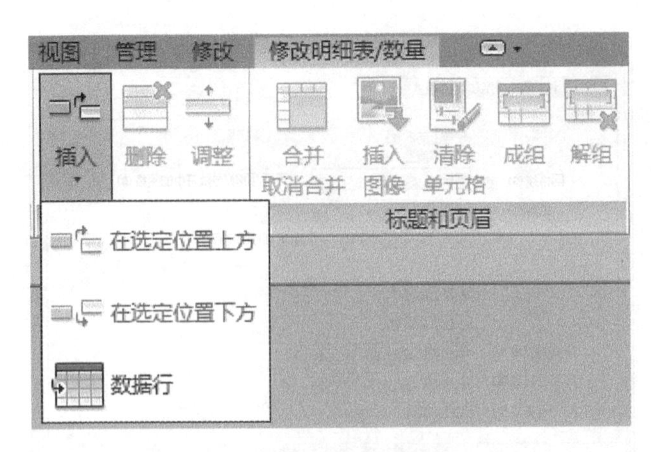

图 7-15 修改明细表

将关键字应用到图元中，在图形视图中选择含有预定义关键字的图元。将关键字应用到明细表，按上述步骤新建明细表，选择字段时添加关键字名称字段，如“房间样式”，设置表格属性，单击“确定”按钮。

7.2.6 BIM 技术工程设计

1. 工程设计阶段

BIM 提供工程全部信息，将项目各阶段主要参与方都集中，做出项目空间三维复杂形态的表达。设计阶段的 BIM 具体到工程设计阶段，BIM 的内容主要可以归纳为以下几点：

(1) 高完成度的设计与制图。基于 BIM 的工程设计，更容易实现异型建筑的建模，整个项目模型三维清晰可见；采用参数化设计，单击“更新”则相关部分自动更新，从模型自动生成所需图纸与材料设备明细表。

(2) 多专业协同。基于 BIM 的信息共享，改善了传统设计流程，可同时多人或多专业在同一模型中进行设计，实时可见他人的设计内容，避免设计重复与矛盾；碰撞检查功能能及时暴露肉眼不可见的问题。

(3) 执行全面的建筑分析。包括结构可靠性分析、建筑性能化分析（基于绿色、节能、环境保护等建筑物理上的声、光、热、气流、人流、视线、气候等分析）等。

2. 分析阶段

使用 BIM 技术除了能进行造型、体量和空间分析外，还可以同时进行能耗分析和建造成本分析等。建筑、结构、机电各专业建立 BIM 模型，可利用模型信息进行能耗、结构、热工、日照等分析，进行各种干涉检查和规范检查及工程量统计等。

3. 施工阶段

应用 BIM 整合现场。BIM 在施工阶段应用可以分为以下几个方面：①设计效果可视化；②模型效果检验；③四维效果的模拟和施工的监控。在利用 Revit 等专业软件为工程建立了三维信息模型后，会得到项目建成后的效果作为虚拟的建筑，因此 BIM 展现了二维图纸所不能给予的视觉效果和认知角度，同时为有效控制施工安排、减少返工、控制成本，创造绿色、环保、低碳施工等方面提供了有力的支持。

7.2.7 注释工具

功能区选项卡“注释”——用于将二维信息添加到设计中的工具，其中包括尺寸标注、添加高程点与坡度、添加门窗及房间标记等，如图7-16、图7-17所示。

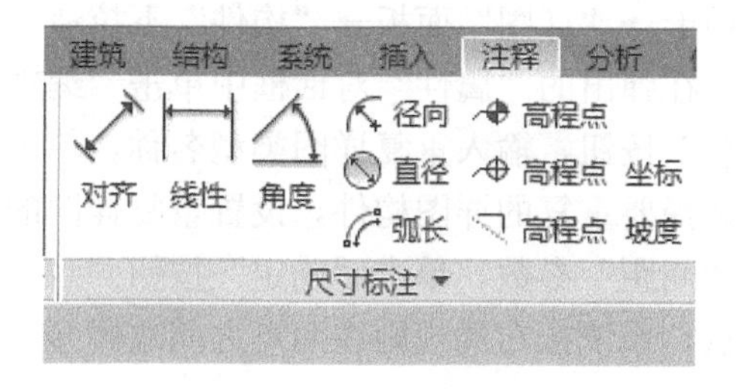

图7-16 尺寸标注1

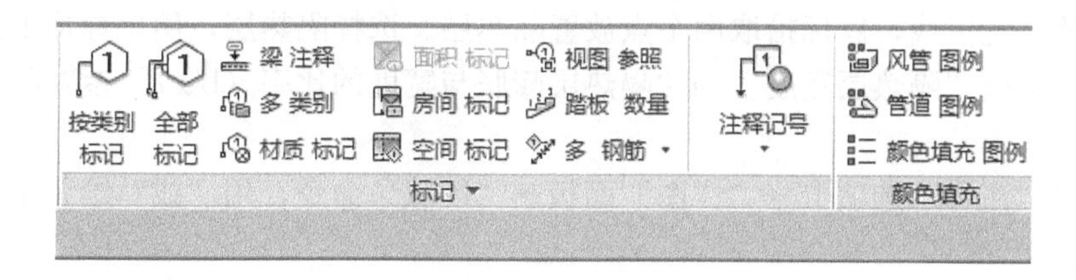

图7-17 尺寸标记2

7.2.8 详图工具

在Revit软件中，可以通过详图索引工具直接索引绘制出平面、立面、剖面的详图，而且可以随意修改大样图的出图比例，所有的文字标注、注释符号等会自动缩放与之相匹配。此外，在绘制详图大样时，软件不仅提供了详图线工具（所绘制的线仅在当前视图可见）、模型线工具（在各视图都可见）、编辑剖面轮廓工具等，而且还提供了各式各样的详图构件和注释符号。这些详图构件和注释符号都允许用户自行定制。正是因为详图索引工具的易用性，以及详图构件和符号的高度自定义的特点，使用户在Revit软件中绘制详图大样事半功倍，而且可以定制出完全符合本地化需求的施工图设计图纸。相关命令如图7-18所示。

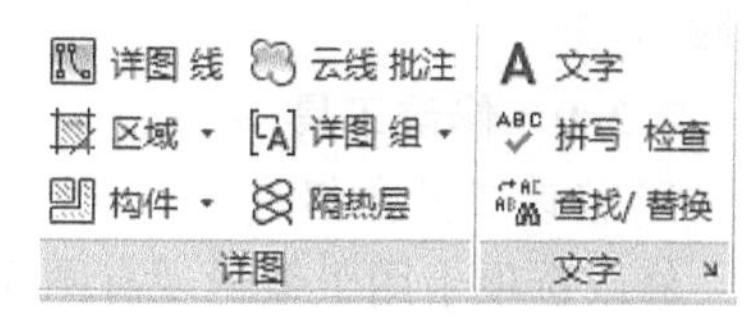

图7-18 详图工具

1. 详图线

单击“注释”选项卡→“详图”面板→“详图线”命令，在弹出的线样式面板中选择适当的线类型，用直线、矩形、多边形、圆、弧、椭圆、样条曲线等绘制工具，绘制所需的详图图案。

2. 详图构件

单击“注释”选项卡→“详图”面板→“构件”下拉命令，在弹出的下拉列表中选择“详图构件”选项，在子列表中选择适当的详图构件，如截断线、观察孔、木板、混凝土过梁、不同规格型钢剖面等。可用“载入族”从库中载入所需的构件，或创建自己的详图构件族文件。

（1）按空格键旋转构件方向，单击放置详图构件。

（2）选择详图构件，单击“图元”面板→“图元属性”按钮，修改参数值。

（3）选择详图构件，用鼠标拖曳控制柄调整构件形状。

3. 重复详图

(1) 单击“注释”选项卡→“详图”面板→“构件”下拉命令，在弹出的下拉列表中选择“重复详图构件”选项，在弹出的“属性”对话框中单击“编辑类型”按钮，弹出“类型属性”对话框，单击“复制”按钮，输入重复详图类型名称，单击“确定”按钮。

(2) 为“详图”参数选择要重复的详图构件，设置重复详图的布局方式，根据不同的布局方式来设置“内部”和“间距”参数，单击“确定”按钮。

(3) 用鼠标拾取两个点，系统按布局规则在两点之间放置多个重复的详图构件。

4. 隔热层

单击“注释”选项卡→“详图”面板→“隔热层”命令，在选项栏做相应设置：隔热层宽度、偏移值、定位线，鼠标拾取两个点放置隔热层。选择隔热层，用鼠标拖曳控制点调整隔热层长度，修改“隔热层宽度”和“隔热层膨胀与宽度的比率 $(1/x)$”参数值。

5. 区域

(1) 单击“注释”选项卡→“详图”面板→“区域”命令，用“线”绘制工具绘制区域的封闭轮廓。

(2) 选择边界线条，从线样式面板中选择需要的线样式，如选择“不可见线”作为隐藏边界。

(3) 选择上面所画的区域，单击“编辑类型”按钮，弹出“类型属性”对话框，选择填充样式，设置填充背景、线宽、颜色参数值，单击“确定”按钮，完成绘制。

6. 云线批注

(1) 单击“注释”选项卡→“详图”面板→“云线批注”命令，绘制云线批注轮廓。

(2)“云线批注”工具用于将云线批注添加到当前视图或图纸中，以指明已修改的设计区域。

7.2.9 修改工具

1. 修改工具介绍

修改选项卡用于编辑现有图元、数据和系统的工具，如图 7-19 所示。

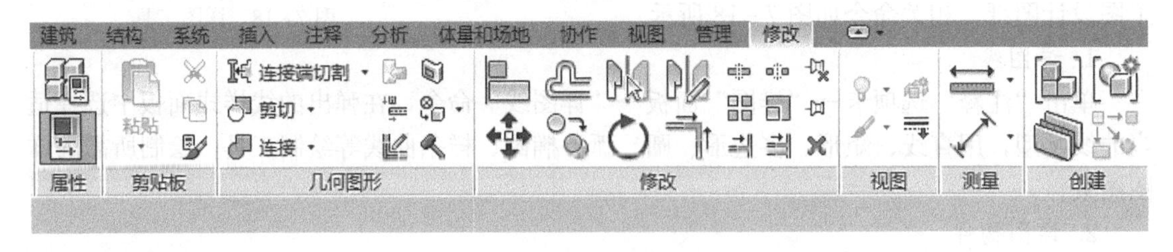

图 7-19 修改选项卡

常规的编辑命令适用于软件的整个绘图过程中如移动、复制、旋转、阵列镜像、对齐、拆分、修剪、偏移等编辑命令。下面主要通过墙体和门窗的编辑来详细介绍。

复制：用于复制选定图元并将它们放置在当前视图中的指定位置。勾选选项栏选项，修改 | 墙 约束 分开 多个 拾取复制的参考点和目标点，可复制多个墙体到新的位置，结束复制命令可以单击鼠标右键，在弹出的快捷菜单中单击“取消”或者按键盘上的 ESC 键结束复制命令，复制的墙与相交的墙自动连接。

注：选项栏的“约束”选项可以保证正交，勾选“多个”可以在一次复制完成后不需要激活“复制”命令继续执行操作，从而实现多次复制。

旋转：可以绕轴旋转选定图元。拖曳“中心点”可以改变旋转的中心位置。鼠标拾取旋转参照位置和目标位置，旋转墙体。也可以在选项栏设置旋转角度值后回车旋转墙体，如图 7-20 所示。

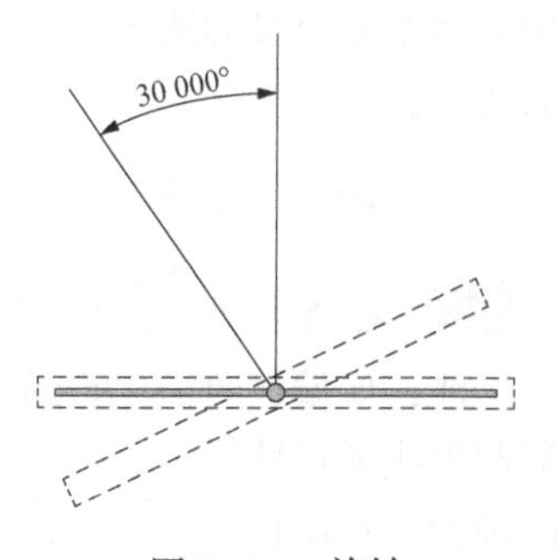

图 7-20　旋转

注：如图 7-21 所示，勾选“复制”会在旋转的同时复制一个墙体的副本。

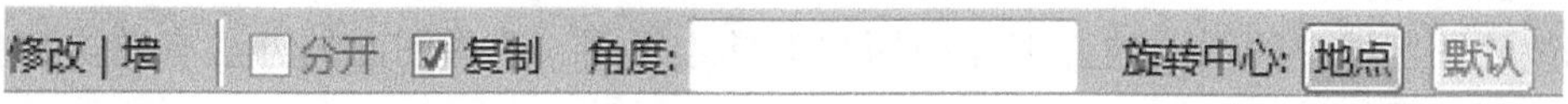

修改 | 墙　分开　☑复制　角度:　旋转中心: 地点　默认

图 7-21　修改墙设置

阵列：选择“阵列”调整选项栏中相应设置，在视图中拾取参考点和目标点位置，两者间距将作为第一个墙体和第二个或最后一个墙体的间距值，自动阵列墙体。

修改 | 墙　激活尺寸标注　☑成组并关联　项目数: 2　移动到: ◉第二个 ○最后一个　☑约束

图 7-22　阵列设置

注：如图 7-22 所示，勾选“成组并关联”选项，阵列后的标高将自动成组，需要编辑该组才能调墙体的相应属性，“项目数”包含被阵列对象在内的墙体个数，勾选“约束”选项可保证正交。

镜像：可以选择“拾取镜像轴”或者“绘制镜像轴”。“拾取轴”可以使用现有线或者边作为镜像轴来反转选定图元的位置；“绘制轴”绘制一条临时线作为镜像轴。

缩放：可以调整选定项的大小。选择图元墙体，单击“缩放”工具，选项栏选择缩放方式：修改 | 墙　◉图形方式 ○数值方式　比例: 2。

“图形方式”，单击整道墙体的起点、终点，以此来作为缩放的参照距离，再次单击墙体新的起点、终点，确认缩放后的大小距离；“数值方式”，直接缩放比例数值，回车确认即可。

对齐：可以将一个或者多个图元与选定的图元对齐。选定目标构件，使用 Tab 键确定对齐位置，再选择需要对齐构件，再次使用 Tab 键选择需要对齐的部位。

拆分：包括“拆分图元”和“用间隙拆分”。“拆分图元”在选定点剪切图元（如墙或线），或者删除两点间的线段。“用间隙拆分”将墙拆分成之前已定义间隙的两面单独的墙。

修剪：修剪或延伸图元以形成一个角。

延伸：包括“修剪/延伸单个图元”，可以修剪或延伸一个图元（如墙、线、梁）

到其他图元定义的边界；“修剪/延伸多个图元”，可以修剪或延伸多个图元到其他图元定义的边界。

偏移：将选定图元复制或移动到其长度的垂直方向上的指定距离处。在 图形方式 数值方式 偏移: 1000.0 复制 选项栏设置偏移，选择“图形方式”偏移。

注：如偏移时需生产新的构件，勾选“复制”选项，单击起点输入数值，回车确定即可复制生成平行墙体，选择“数值方式”直接在“偏移”后输入数值，仍需注意“复制”选项的设置，在墙体一侧单击鼠标可以快速复制平行墙体。

2. 图元基本操作

(1) 图元选择。在 Revit 中，要对图元进行操作，必须先选择图元。只有选中图元后，用于修改绘图区域中的图元的许多控制柄和工具才可用。选择图元的方法有单击选择、框选、过滤器选择三种。

单击选择：移动光标至任意图元上，Revit 将高亮显示该图元并在状态栏中显示有关该图元的信息，单击鼠标左键将选择被高亮显示的图元。在选择时，如果遇到多个图元彼此重叠的情况，可以将光标移动至图元所在位置，循环按键盘 Tab 键，切换各个图元。当要选择的图元高亮显示时，单击鼠标左键选择该图元。

框选：将光标放在要选择的图元一侧，并对角拖拽光标形成矩形边界，可以绘制选择范围框。当从左至右绘制范围框时，将生成实线的边框，被实线范围框全部包含的图元为选中图元；当从右至左绘制范围框时，将生成虚线的边框，为选中图元所有与虚线范围框相交的图元均为选中图元。

过滤器选择：在状态栏过滤器中能查看到各类图元，可以进行相关选择。

(2) 图元编辑。实例属性：当修改某个实例参数值时，修改只对当前选定的图元起作用，而其他图元的该实例参数仍然维持原值。

类型属性：当修改某个类型参数值时，修改对所有相同类型的图元起作用。

根据以上介绍，Revit 中提供的复制、移动、旋转、镜像、偏移等修改工具，可以对图元进行相关的编辑和修改操作。

7.2.10 项目管理与协调

单击“协作”选项卡，面板如图 7 - 23 所示。

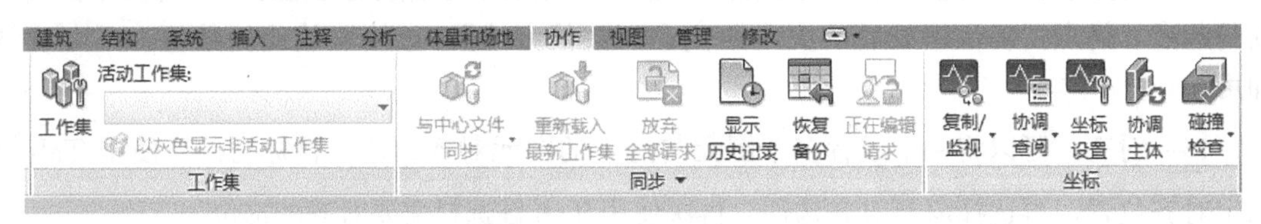

图 7 - 23 协作选项卡

在 Revit 中，可以使用链接的方式完成多专业间的三维设计协同工作。例如，可以在机电专业模型中，通过链接的方式打开建筑专业的模型文件，并且使用 Revit 中提供的碰撞检查功能来检查专业间的冲突关系。除链接方式外，Revit 还提供了工作集的方式用于多个人员同时对项目中心文件进行编辑，实现实时协作的目的。

7.3　Revit MEP 电气设计与建模

建筑电气设计中的 BIM 主要包括三个方面的内容：①要对项目开展全方位的分析，在电气设计时，要详细分析电气设计主要内容，还要充分考虑建筑整体的可行性、安全性、实用性，做到统筹兼顾。②多专业的协同配合，这里主要指在电气设计过程中，设计人员可以使用 BIM 共享信息功能，对传统的设计流程进行科学有效的创新，从而实现不同专业的人能在同一模型中一起设计，有效地解决了设计重复的问题。③能设计一些超高难度的电气设计图，BIM 技术能大幅度提高设计人员对建筑电气设计的三维制图速度；另外，使用参数化进行设计可以实现设计人员新添加内容的自动更新，这样可以保证设计人员设计的电气元件的明细表能够自动生成相应图纸，从而方便电气施工人员的理解，促使建筑安全有效地施工。

7.3.1　电气设置

在功能区中选择“管理”→“MEP 设置”→“电气设置”，打开“电气设置”对话框，见图 7 - 24。

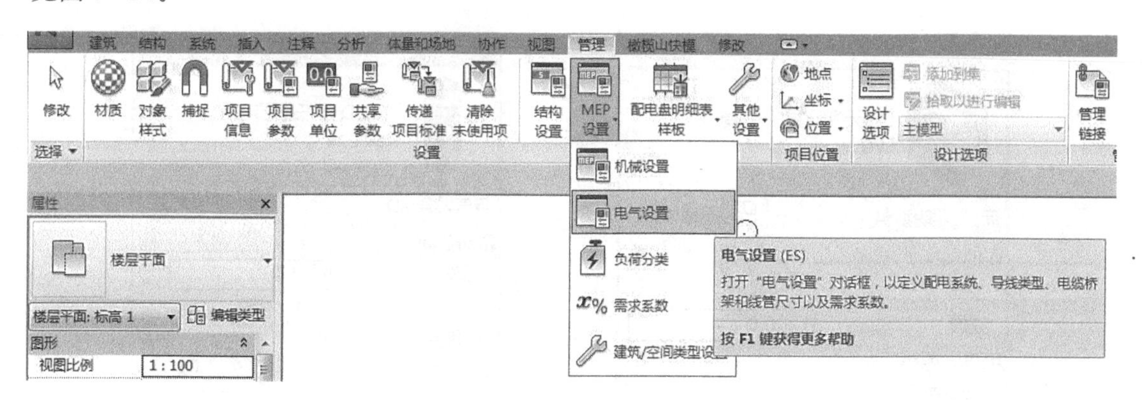

图 7 - 24　电气设置

单击“系统”中“电气”的 ↘ 图标唤出电气设置对话框。直接键入 ES。

1. 常规参数设置

在“电气设置”对话框中编辑线路的常规参数，见图 7 - 25。

(1) 电气连接件分隔符。指定用于分隔装置的“电气数据”参数额定值的符号。软件默认符号“—”，用户可自行设置。

(2) 电气数据样式。为电气构件“属性”选项板中的“电气数据”参数指定样式，见图 7 - 26。单击该值之后，可以从下拉式列表中选择“连接件说明电压/级数 - 负荷”“连接件说明电压/相位 - 负荷”“电压/级数 - 负荷”或者“电压/相位 - 负荷”。

(3) 线路说明。指定导线实例属性中的“线路说明”参数的格式。单击该值之后，从下拉列表中选择参数格式，软件提供的格式有 480V - 3P/30A、480 - 3/30、3P30A、3P/30A、3/30 和 3P30。

(4) 按相位命名线路。相位标签只有在使用“属性”选项板为配电盘指定按相位命名线路时才使用。A、B 和 C 是默认值，见图 7 - 27。

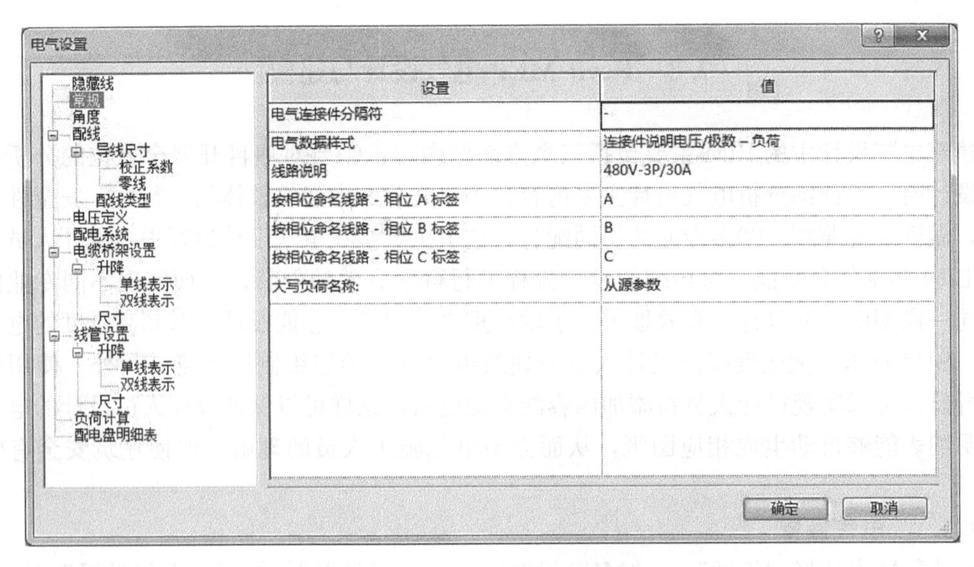

图 7-25 电气设置（常规）

属性

低天棚灯具－壁装 70W

新建 照明设备 编辑类型

限制条件	
主体	<不关联>
立面	1200.0
电气－照明	
计算使用系数	☑
使用系数	
开关 ID	
电气－负荷	
嵌板	
线路数	
标识数据	
图像	
注释	
标记	
电气－线路	
电气数据	220 V/1-70 VA
其他	
明细表标高	标高 1

图 7-26 电气数据

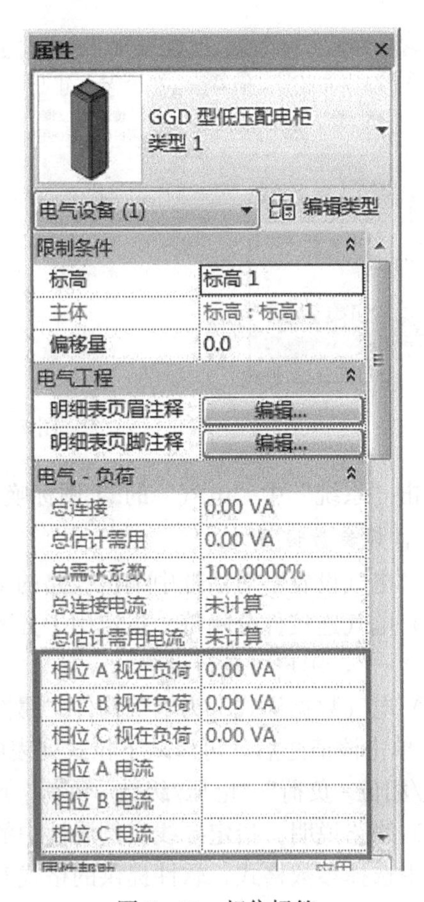

图 7-27 相位标签

（5）大写负荷名称。指定线路实例属性中的“负荷名称”参数的格式。单击该值之后，可以从下拉式列表中选择“从源参数”“首字母”“句子”或者“大写”。

2. 配线

“电气设置”中“配线”是针对导线的表达、尺寸、计算等的一系列设置，项目准备时可根据具体项目情况进行预设。

单击左侧面板中的“配线”，见图7-28，在右侧面板中对导线进行以下设置：

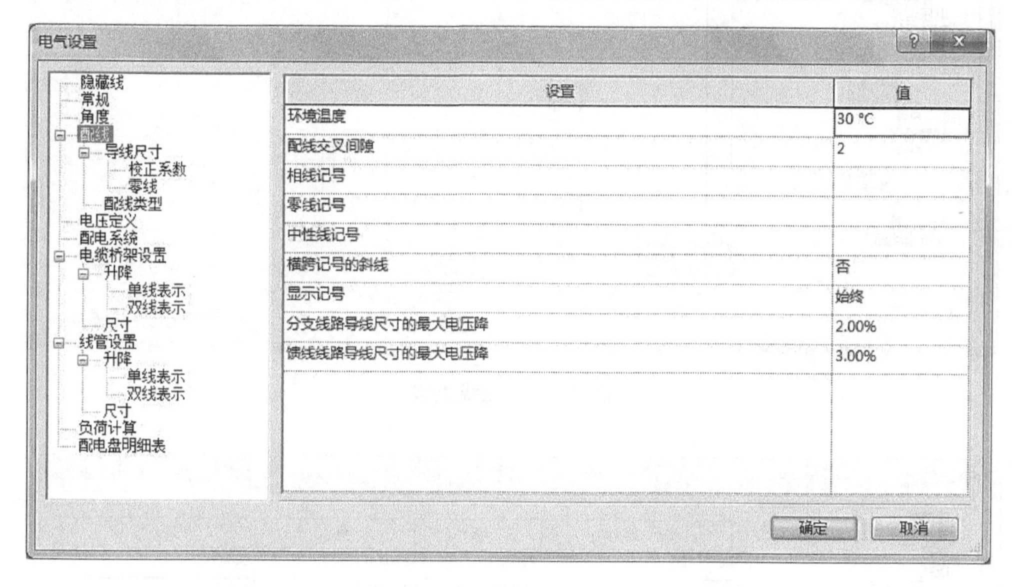

图7-28　配线

(1) 环境温度。指定配线所在环境的温度，为导线计算提供条件。

(2) 配线交叉间隙。指定用于显示相互交叉的未连接导线的间隙的宽度。

(3) 相线记号、零线记号、中性线记号。分别为相线、零线和中性线选择显示的记号样式。需要将导线记号族载入到项目文件中，否则这三个设置的下拉选项为空。

(4) 横跨记号的斜线。可以将零线的记号显示为横跨其他导线的记号的对角线。单击“值”列，在下拉列表中选择“是”将此功能应用于记号。如果选择否，则显示为零线指定的记号。

(5) 显示记号。可以指定始终隐藏记号，始终显示记号还是只为回路显示记号。

为了把相线、零线、中性线区分开来，可以把“相线记号”的值设为“挂钩导线记号”，零线设置为“长导线记号”，中性线设置为“短导线记号”。在“电气设置”对话框的左侧面板展开“配线”，设置“导线尺寸”和“配线类型”，见图7-29。其中，用户可在“配线类型”中自行增加常用导线。

3. 电压定义和配电系统

在“电气设置”对话框中设置“电压定义”和“配电系统”。

(1)“电压设置”定义项目中配电系统所要用到的电压。每级电压可指定±20%的电压范围，便于适应不同标准的额定电压。

(2) 单击“添加”，可添加并设置新的电压定义，见图7-30，单击“删除”可删除所选电压定义。以下列出了“电压定义”表中各列的定义。

1) 名称：用于标识电压定义。

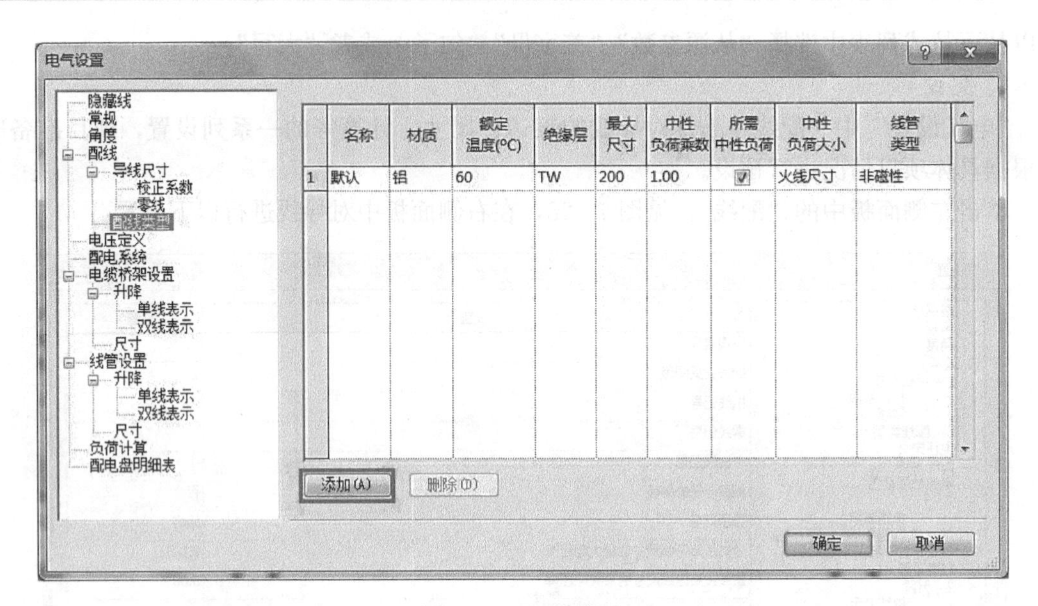

图 7-29 配线类型

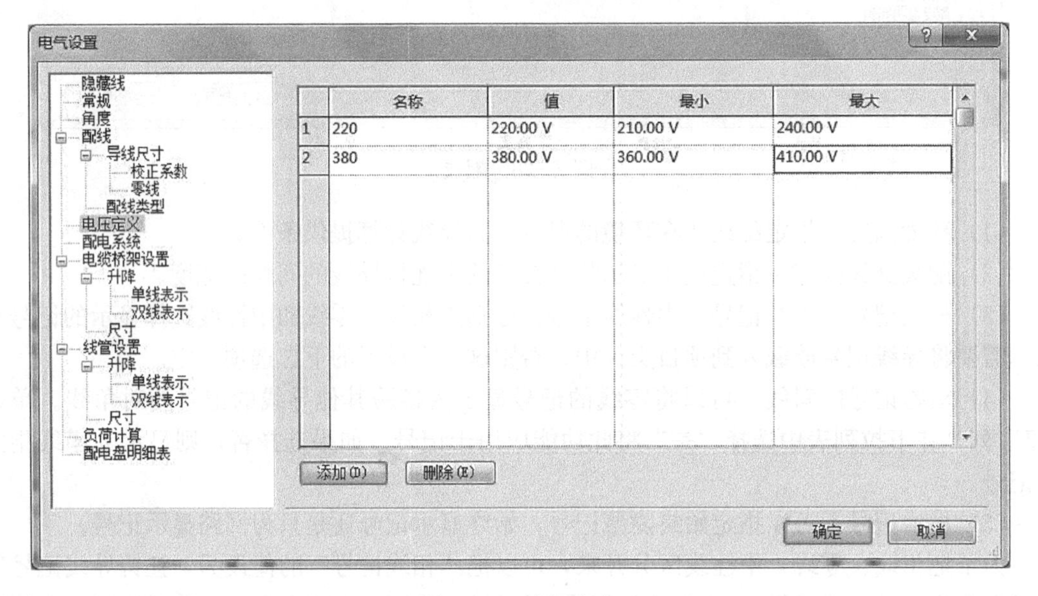

图 7-30 电压定义

2）值：电压定义的额定电压。

3）最小：用于电压定义的最小额定电压。

4）最大：用于电压定义的最大额定电压。

(3)“配电系统”定义项目中可用的配电系统，见图 7-31。

1）名称：用于标识配电系统。

2）相位：从下拉式列表中选择“三相”或“单相”。

3）配置：单击该值之后，可以从下拉式列表中选择“星形”或“三角形”（仅限于三相系统）。

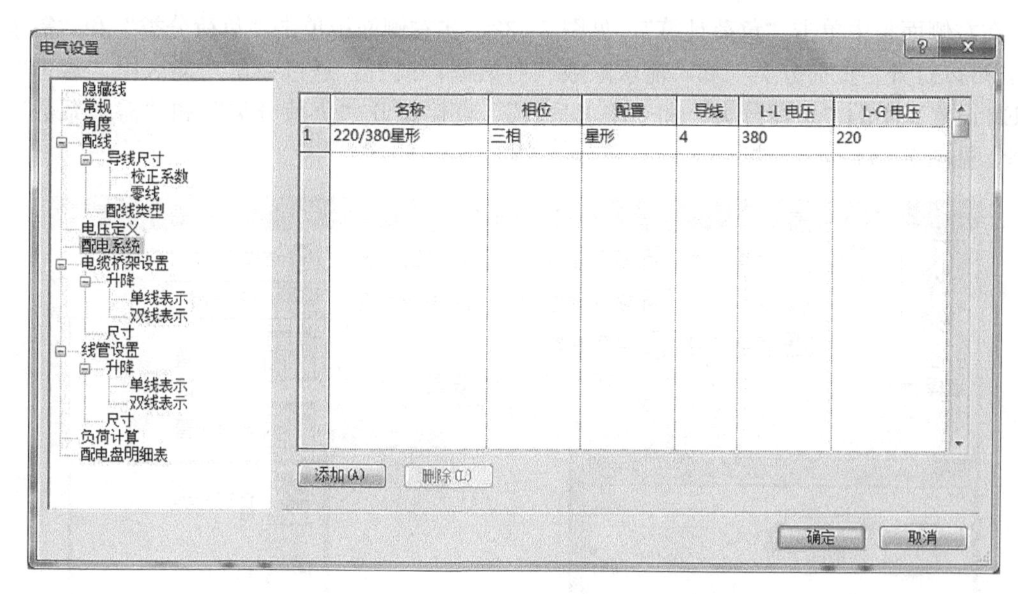

图 7-31　配电系统

4）导线：用于指定导线的数量（对于三相，为 2/3；对于单相，为 2/3）。

5）L-L 电压：单击该值之后，从下拉列表中选择一个电压定义，以表示在“相”和“相”之间的电压。

（4）负荷计算。用户可以自定义电气负荷类型，并为不同的负荷类型指定需求系数。针对需求系数，可以通过创建不同的需求系数类型，指定相应的需求系数“计算方法”来计算需求系数。

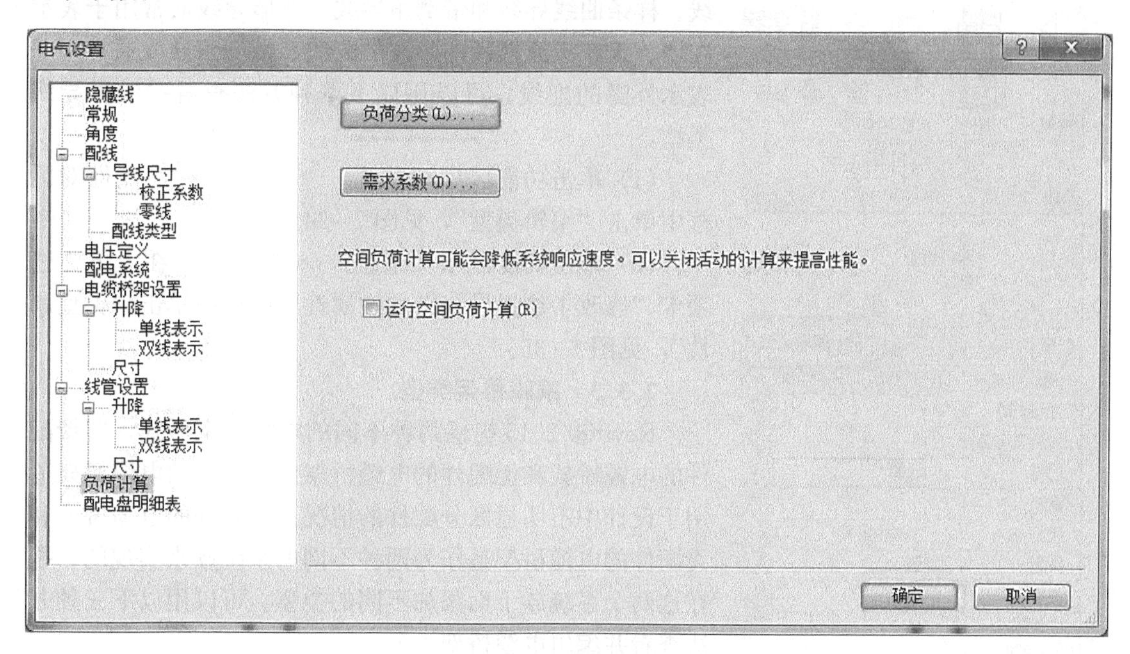

图 7-32　负荷计算 1

在左侧面板中单击“负荷计算”，见图 7-32，在右侧面板单击“负荷分类”和“需求系数”，可以打开“负荷分类”和“需求系数”对话框；或者，通过单击功能区中“管理”→“MEP 设置”中的“负荷分类”和“需求系数”，直接打开“负荷分类”和“需求系数”对话框，见图 7-33。

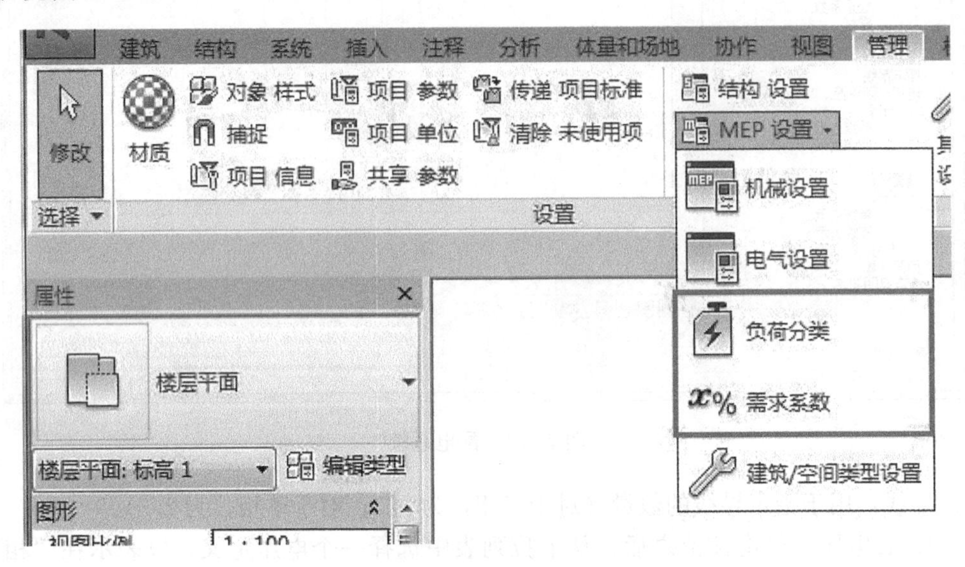

图 7-33 负荷计算 2

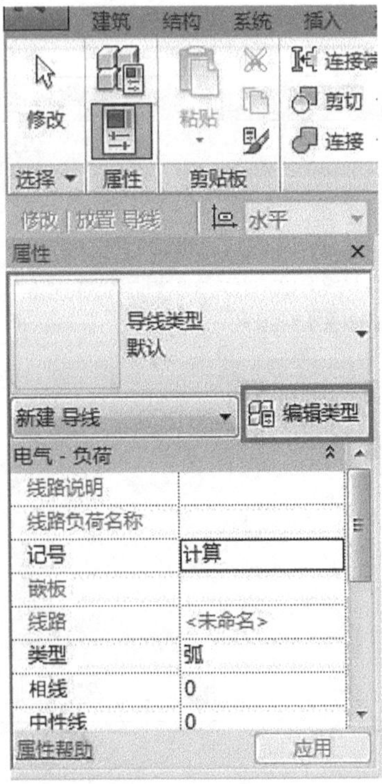

7.3.2 编辑导线类型

Revit® 2015 提供三种不同的导线形式，即弧形导线、样条曲线导线和带倒角导线。弧形导线通常用于表示在墙、天花板或楼板内隐藏的配线。带倒角导线通常用于表示外露的配线。可以用以下两种方法查看并编辑导线类型：

(1) 单击功能区中“系统”→“导线”，在属性对话框中单击“编辑类型”，见图 7-34。

(2) 单击功能区中“系统”→“导线”，在上下文选项卡“修改 | 放置导线”的“属性”面板中单击“类型属性”，见图 7-35。

图 7-34 导线类型 1

7.3.3 编辑桥架类型

Revit® 2015 提供两种不同的电缆桥架形式，即带配件的电缆桥架和无配件的电缆桥架。无配件的电缆桥架适用于设计中不明显区分配件的情况。带配件的电缆桥架和无配件的电缆桥架是作为两种不同的系统族来实现的，并在这两个系统族下面添加不同的类型。可以用以下三种方法查看并编辑电缆桥架类型：

(1) 单击功能区中“系统”→“电缆桥架”，在属性对话框中单击“编辑类型”。

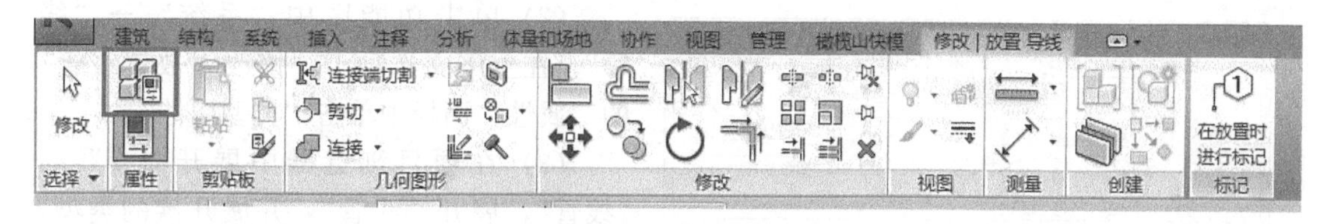

图7-35　导线类型2

(2) 单击功能区中“系统”→“电缆桥架”，在上下文选项卡“修改 | 放置电缆桥架”的“属性”面板中单击“类型属性”。

(3) 在项目浏览器中展开“族”→“电缆桥架”，展开“电缆桥架”，并展开族的类型，双击要编辑的类型就可以打开“类型属性”对话框，见图7-36。

在电缆桥架的“类型属性”对话框中，如图7-37所示，“管件”组别下需要定义管件配置参数，即水平弯头、垂直内弯头、垂直外弯头、T形三通、交叉线、过渡件、活接头。通过为这些参数指定电缆桥架配件族，可以配置在管路绘制过程中自动生成的管件（或称配件）。

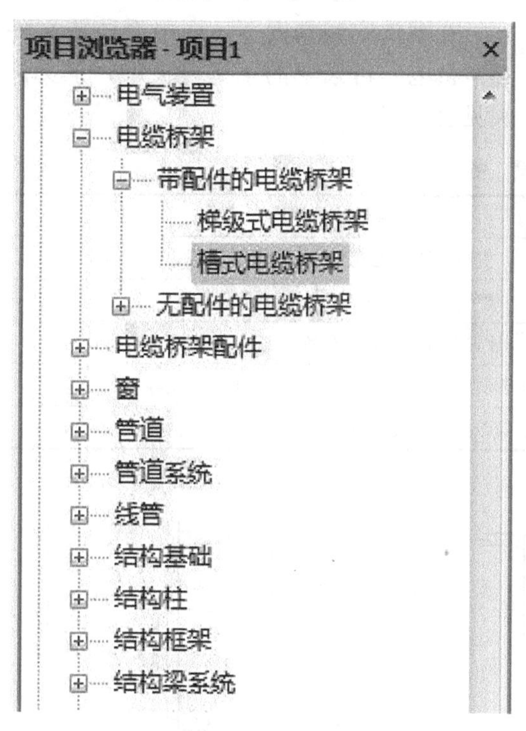

图7-36　桥架类型

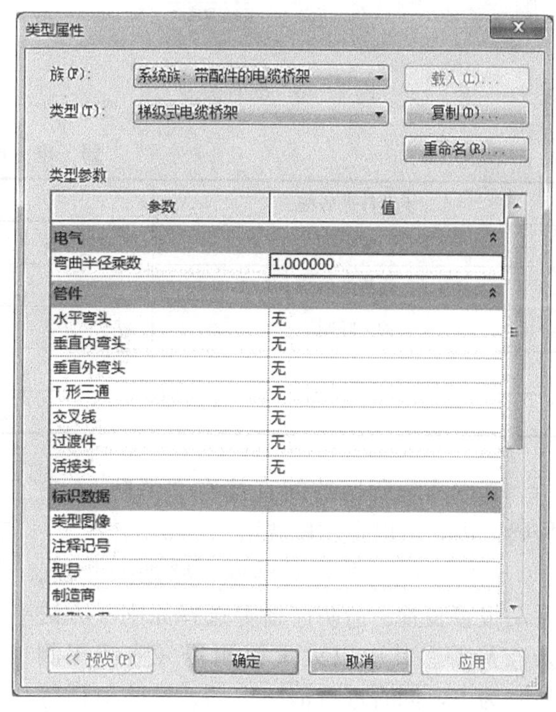

图7-37　桥架类型属性

7.3.4　编辑线管类型

与电缆桥架一样，Revit® 2015的线管也提供了两种线管管路形式，即无配线的线管和带配件的线管，见图7-38。用户可以自行添加定义线管类型。

与编辑桥架类型相似，查看或编辑线管的类型，可以用以下三种方法查看并编辑：

(1) 单击功能区中“系统”→“线管”，在属性对话框单击“编辑类型”。

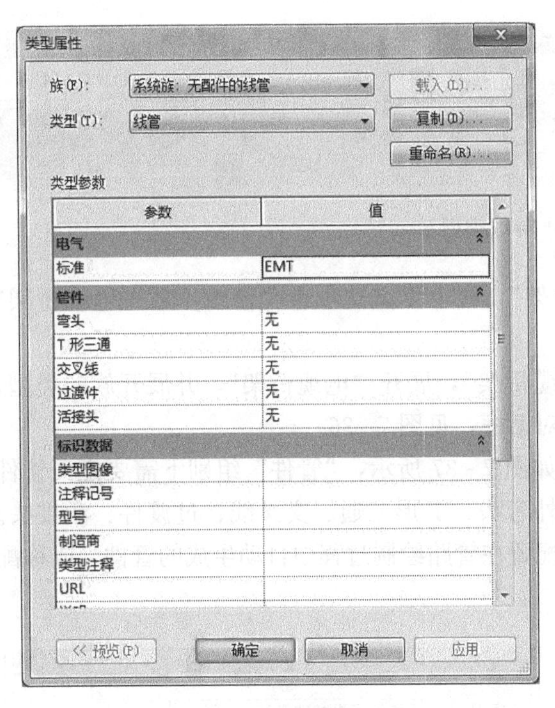

图 7-38　线管类型

(2) 单击功能区中“系统”→“线管”，在上下文选项卡“修改 | 放置线管”的“属性”面板中单击“类型属性”。

(3) 在项目浏览器中展开“族”→“线管”，展开“线管”，并展开族的类型，双击要编辑的类型，就可以打开“类型属性”对话框。

在线管的“类型属性”对话框中，如图 7-38 所示，标准是指通过选择标准决定线管所采用的尺寸列表。管件配置参数是用于指定与线管类型配套的管件，即弯头、T形三通、交叉线、过渡件、活接头。通过这些参数可以配置在线管绘制过程中自动生成的线管配件。

7.3.5　添加电气弱电设备

在默认安装情况下，弱电系统族文件在“机电”目录下的子文件夹中，子文件夹见表 7-1。

表 7-1　弱电设备

子文件夹名称	所存放的构件族
安防	安防系统所用族文件，如读卡器等
建筑控件	楼宇自控方面的族，如自动调温器等
护士呼叫	放置医院护理系统的族，如护士室等
综合布线	用于弱电综合布线的族，如单联电视插座等
通信	通信数据传送机广播方面的族，如扬声器等

其中消防所用的族直接在“消防/火灾警铃”内，可以在这里调用。

消防系统主要是对感温、感烟探测器、手动报警装置、消防广播等选择原则、方法及布局等。其中以火灾探测器（感烟探测器）为主，同时进行消防广播、消防电话等设计。

火灾报警控制器主要布置于一层控制间，各个房间和走廊要放置感烟探测器，在楼梯位置除安装探测器外，还要手动安装手动报警器及扬声器。探测器安装位置距离地面高度 1.5m，见图 7-39。对于感烟探测器，一般安装于天花板。

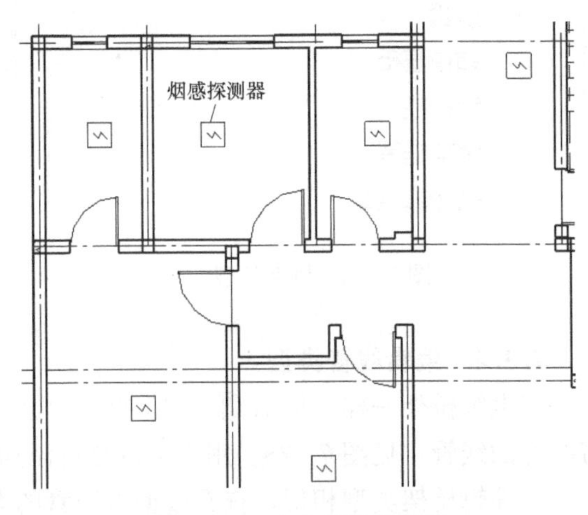

图 7-39　火灾报警控制器

7.3.6　创建电气回路

1. 绘制电缆桥架路由

在平面视图、立体视图、剖面视图和三维视图中均可绘制水平、垂直和倾斜的线管。

(1) 基本操作。进入线管绘制模式有以下方式：

1) 单击“系统”→“电缆桥架”，见图7-40。

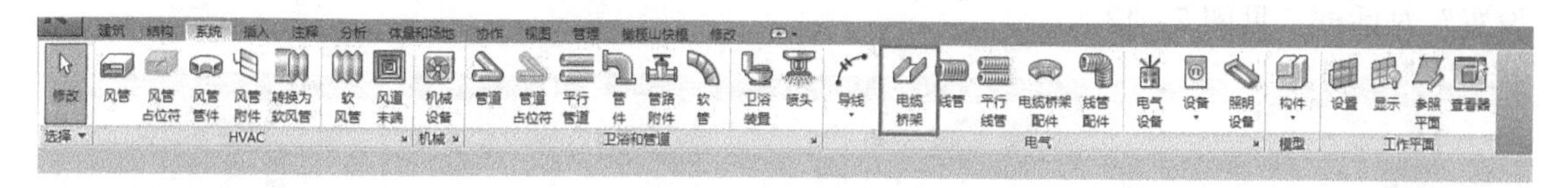

图7-40　绘制桥架

2) 选中绘图区已布置构建族的电缆桥架连接件，右击鼠标，单击快捷菜单中的“绘制电缆桥架”。

3) 直接键入CT。

(2) 按照以下步骤绘制电缆桥架：

1) 选择电缆桥架类型。在电缆桥架“属性”对话框中选择所需要绘制的电缆桥架类型，见图7-41中左侧类型选择器。

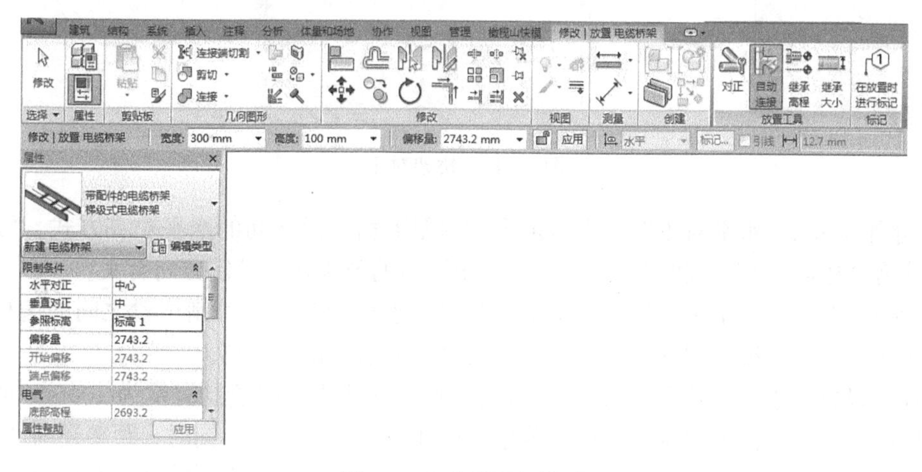

图7-41　电缆桥架类型

2) 选择电缆桥架尺寸。单击“修改 | 放置电缆桥架”选项栏上“宽度”右侧下拉按钮，选择电缆桥架尺寸；也可以直接输入想绘制的尺寸，如果下拉列表中没有该尺寸，系统将从列表中自动选择和输入尺寸最接近的尺寸。同样方法设置“高度”。

3) 指定电缆桥架偏移。默认“偏移量”是指电缆桥架中心线相对于当前平面标高的距离。重新定义电缆桥架“对正”方式后，“偏移量”指定的距离含义将发生变化。在“偏移量”选项中单击下拉按钮，可以选择项目中已经用到的偏移量，也可以直接输入自定义的偏移量数值，默认单位为mm。

4) 指定电缆桥架起点和终点。将鼠标移至绘图区域，单击即可指定电缆桥架起点，移动至终点位置再次单击，完成一段电缆桥架的绘制。可以继续移动鼠标绘制下一段。绘制过程中，根据绘制路线，在“类型属性”对话框中预设好的电缆桥架管件将自动添加到电缆桥架中。绘制完成后，按“Esc”键或者右击鼠标选择“取消”退出电缆桥架绘制命令（注：绘制垂直电缆桥架时，可在立面视图或剖面视图中直接绘制，也可以在平面视图中绘制；在选项栏上改变将要绘制的下一段水平桥架的“偏移量”，就能自动连接出一段垂直桥架）。

（3）电缆桥架对正。在平面视图和三维视图中绘制电缆桥架时，可以通过“修改｜放置电缆桥架”选项卡中的“对正”命令指定电缆桥架的对齐方式。单击“对正”，打开“对正设置”对话框，见图7-42。

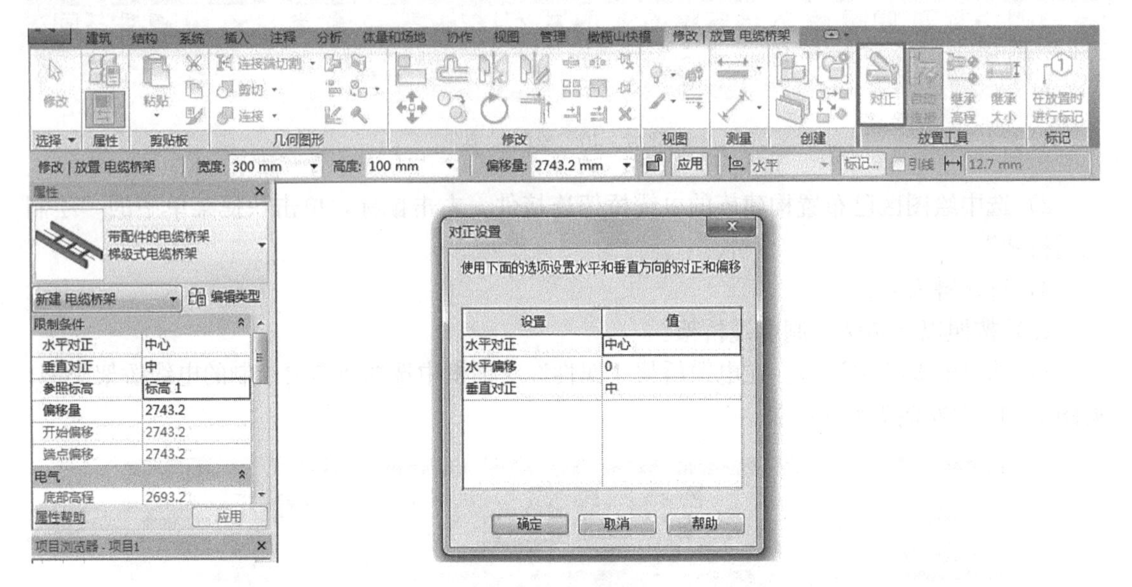

图7-42　桥架对正

1）水平对正。“水平对正”用来指定当前视图下相邻段之间的水平对齐方式。“水平对正”方式有“中心”“左”和“右”。“水平对正”后的效果还与绘制方向有关。

2）水平偏移。“水平偏移”用于指定绘制起始点位置与实际绘制位置之间的偏移距离。该功能多用于指定电缆桥架和墙体等参考图元之间的水平偏移距离。

例如，设置“水平偏移”值为500mm后，捕捉墙体中心线绘制宽度为100mm的直段，这样实际绘制位置是按照“水平偏移”值偏移墙体中心线的位置。同时，距离还与“水平对正”方式及绘制方向有关：如果自左向右绘制电缆桥架，在三种不同的水平对正方式下，电缆桥架中心线到墙中心线的距离标注为0.050、0.150、0.100。

3）垂直对正。“垂直对正”用来指定当前视图下相邻之间垂直对齐方式。“垂直对正”方式有中、底、顶。

另外，电缆桥架绘制完成后，可以使用“对正”命令修改对齐方式。选中需要修改的电缆桥架，单击功能区中“对正”，进入“对正编辑器”，选择需要的对齐方式和对齐方向，单击“完成”，见图7-43。

（4）自动连接。在“修改｜放置电缆桥架”选项卡中有“自动连接”这一选项，见图7-44。默认时，这一选项是勾选的。

勾选与否将决定绘制电缆桥架时是否自动连接到相交的电缆桥架上，并生成电缆桥架配件。当勾选“自动连接”时，在两直段相交位置自动生成四通。如不勾选，则不会生成电缆桥架配件（注：当绘制不同高程的两路电缆桥架时，可暂时去除“自动连接”，以避免误连）。

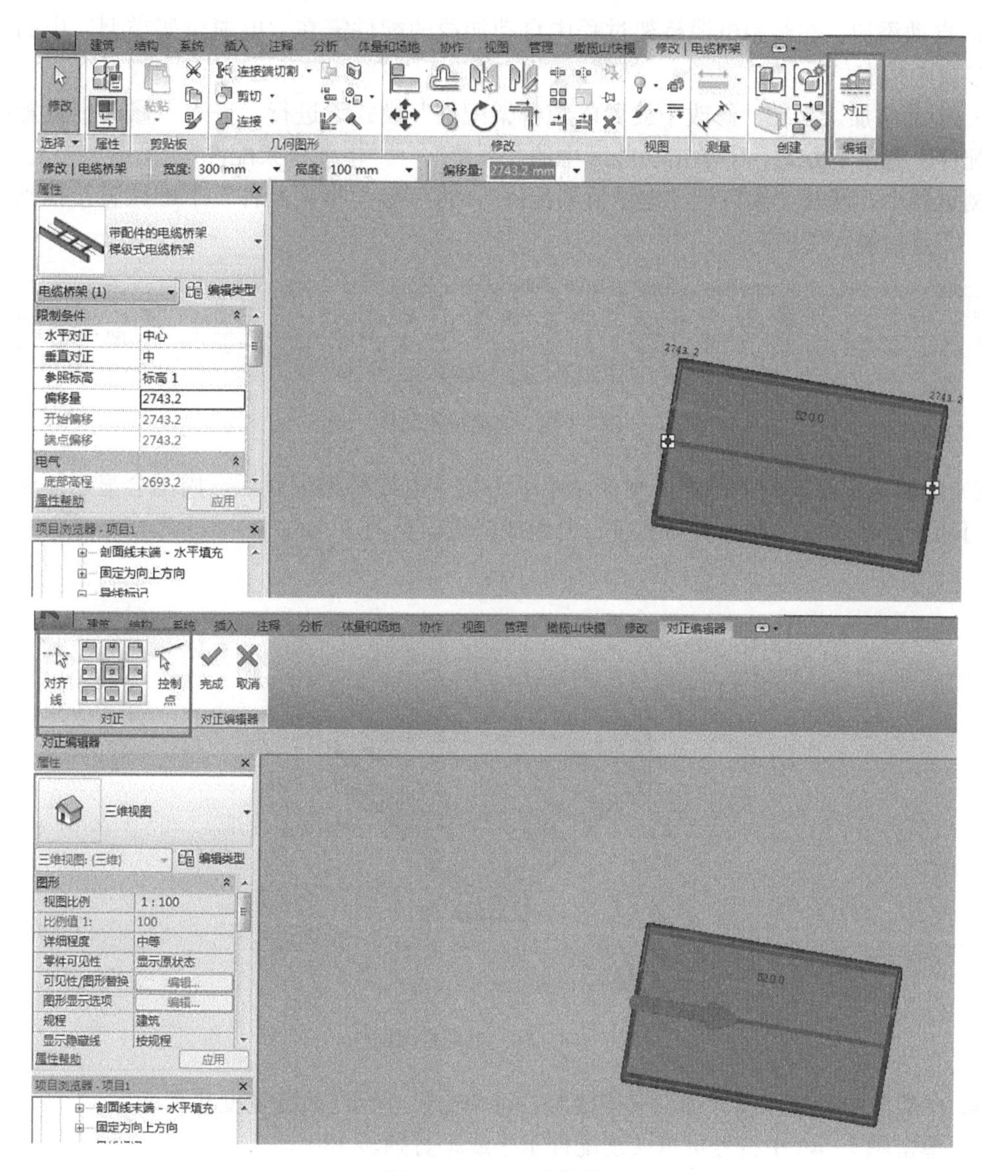

图 7 - 43　对正编辑器

图 7 - 44　自动连接

（5）电缆桥架配件放置和编辑。电缆桥架连接中要使用电缆桥架配件。下面介绍绘制电缆桥架时配件的使用。

1）放置配件。在平面视图、立体视图、剖面视图和三维视图中都可以放置电缆桥架配件。放置电缆桥架配件有自动添加和手动添加两种方法。

a. 自动添加。在绘制电缆桥架过程中自动加载的配件需在“电缆桥架类型”中的“管件”参数中指定。

b. 手动添加。是在“修改｜放置电缆桥架配件”模式下进行，进入“修改｜放置电缆桥架配件”有以下方式：①单击功能区中的“系统”→“电缆桥架配件”，见图 7-45。②在项目浏览器中，展开“族”→“电缆桥架配件”，将“电缆桥架配件”下的族直接拖到绘图区域。③直接键入 TF。

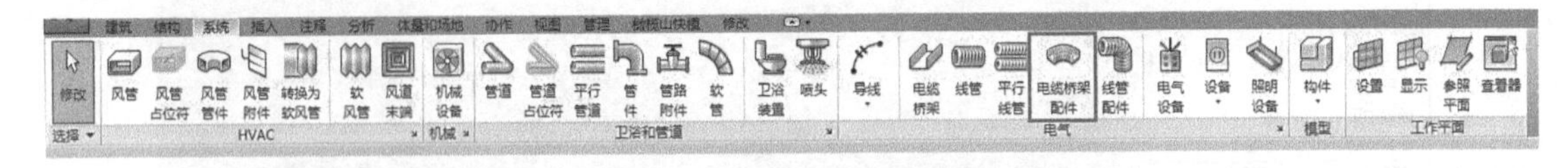

图 7-45　电缆桥架配件

2）编辑电缆桥架配件。在绘图区域中单击某一电缆桥架配件后，周围会显示一组控制柄，可用于修改尺寸、调整方向和进行升级或降级，见图 7-46。

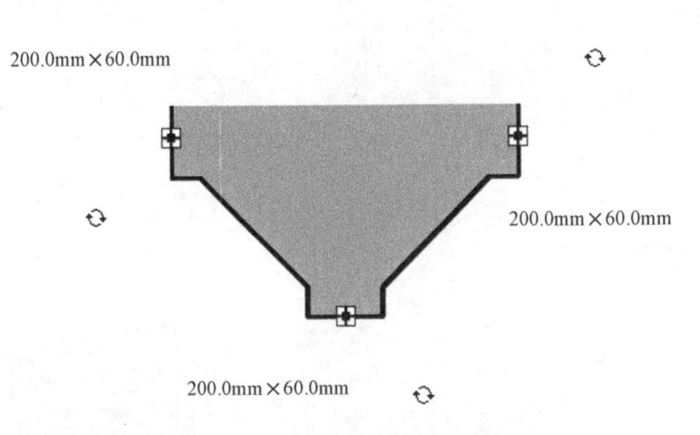

图 7-46　标记电缆桥架配件

a. 在配件的所有连接件都没有连接时，可单击尺寸标注改变宽度和高度。

b. 单击图 7-46 中符号可以实现配件水平或垂直翻转 180°。

c. 单击图 7-46 中符号可以旋转配件。注意：当配件连接了电缆桥架后，该符号不再出现。

d. 如果配件的旁边出现加号，表示可以升级该配件（例如，弯头可以升为 T 形三通）。

e. 通过未使用连接件旁边的减号可以将该配件降级（例如，带有未使用连接件的四通可以降级为 T 形三通）。

（6）带配件和无配件的电缆桥架。绘制“带配件的电缆桥架”和“无配件的电缆桥架”功能上是不同的。前者桥架直段和配件间有分隔线分为各自几段。后者转弯处和直段之间并没有分隔，桥架交叉时，桥架自动被打断，桥架分支时也是直接相连而不插入任何配件。

（7）电缆桥架显示。在视图中，电缆桥架模型根据不同的“详细程度”显示不同，可通过单击“视图控制栏”的“详细程度”按钮，以“带配件的电缆桥架梯级式电缆桥架”为例。切换“精细”“中等”“粗略”三种粗细程度，如图 7-47 所示。

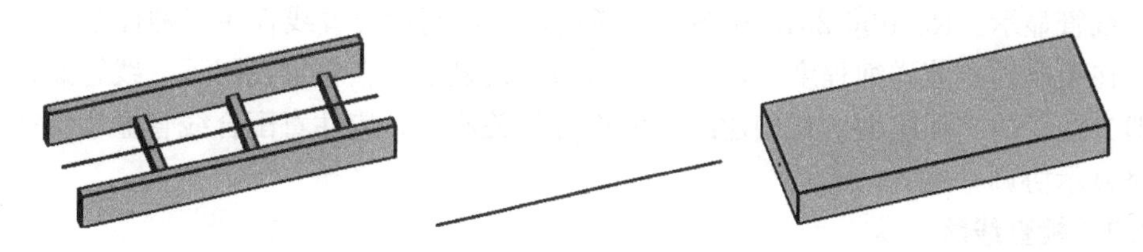

图 7-47　电缆桥架显示

电缆桥架的“精细”“中等”“粗略”视图显示分别是：

a. 精细：默认显示电缆桥架实际模型。

b. 中等：默认显示电缆桥架最外面的方形轮廓。

c. 粗略：默认只显示电缆桥架的单线。

2. 创建线管管路

在平面视图、立体视图、剖面视图和三维视图中均可绘制水平、垂直和倾斜的线管。

(1) 基本操作。进入线管绘制模式有以下方式：

a. 单击“系统”→“线管”，见图 7-48。选中绘图区已布置构建族的线管连接件，右击鼠标，单击快捷菜单中的“绘制线管”。

b. 直接键入 CN。绘制线管的具体步骤和电缆桥架、风管、管道均类似。

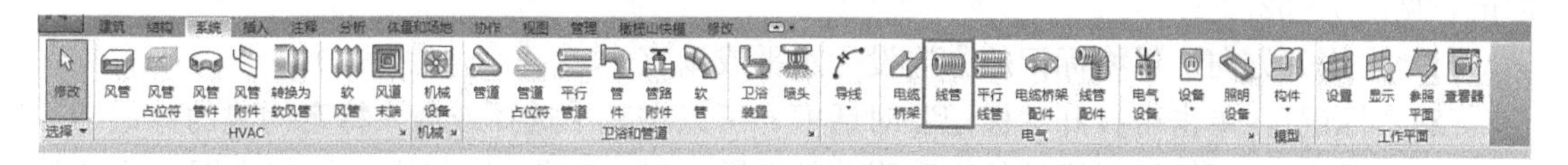

图 7-48　线管类型

(2) 平行线管。平行线管绘制时根据已有的线管，绘制与其水平或者垂直方向的线管，但不能直接绘制若干平行线管。通过指定“水平数”“水平偏移”等参数来控制平行线管的绘制，其中“水平数”和“垂直数”线管，见图 7-49。

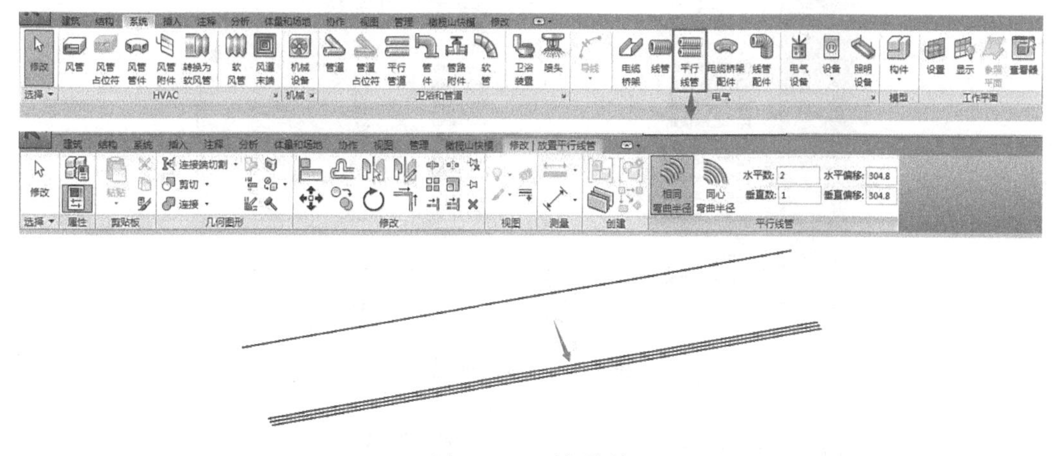

图 7-49　平行线管

(3) 带配件和无配件的线管。线管也分为带配件的线管和无配件的线管，绘制时要注意着两者的区别。另外，带配件的线管和无配件的线管的差别还体现在明细表统计。

（4）线管显示。Revit® 2015 视图可以通过视图控制栏设置线管在三种详细程度下的默认显示：在粗略和中等详细程度下，线管默认为单线显示；在精细视图下，线管默认为双线显示，即为线管的实际模型。在创建线管配件等相关族时，应注意配合线管显示特征，确保线管管路显示协调一致。

7.3.7 检查线路

Revit® 2015 提供了检查电气线路的命令。单击功能区中“分析”→“检查系统”下的“检查线路”。如果项目文件中设备均已连接，会弹出“未发现线路错误”窗口，如图 7-50 所示。若有未连接的设备，会弹出警告窗口。如果该未连接的设备在当前激活的视图中，该设备高亮显示。在显示的警告窗口中，单击“展开警告对话框”可查看警告的详细信息。

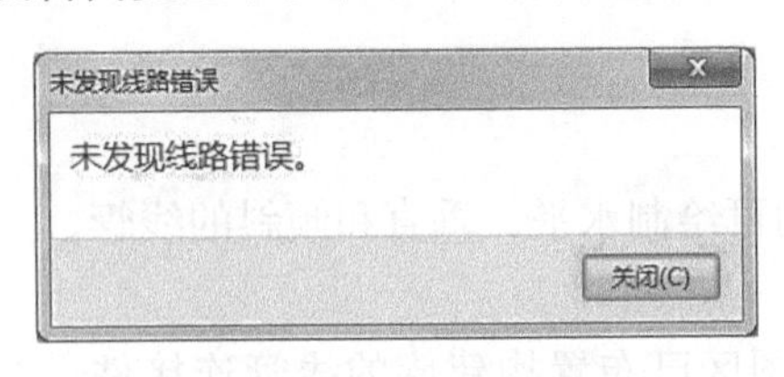

图 7-50 检查线路

7.3.8 添加标记

在 Revit® 2015 中可以对设备、导线、线管、桥架进行标记。以上标记可以随线路的更新而更新。

首先将需要的标注载入到软件中，单击“插入”→“载入族”，需要的电气标记族在“注释/电气”目录下，见图 7-51。

然后，添加标记，单击功能区中“注释”→“按类别标记”。在选项栏中设置要用到的标记，见图 7-52。

（1）使用“方向”可将标记的方向设为水平或垂直。

（2）“标记”：单击可打开“标记”对话框，可以在其中选择或载入特定构建的标记。

（3）“引线”：可标记引线的长度和附着的参数。“附着端点”指定引线与视图内构件的接触。“自由端点”指定在构件与引线之间的空隙，见图 7-53。在设置完标记选项后，见图 7-54，单击要在视图中标记的线路，即可为其添加标记。

图 7-51 载入标记

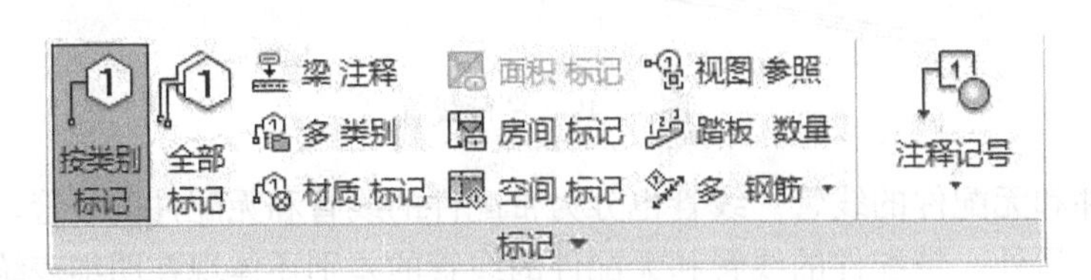

图 7-52 按类型标记

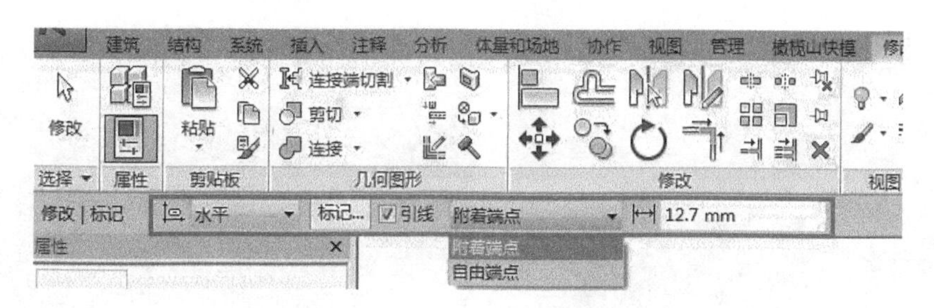

图 7-53　标记选项

图 7-54　添加标记

7.4　电气系统现场实例

本节以工程实例中的施工现场为依据，建立 BIM 模型图。建筑电气系统安装主要包括的内容有线管敷设，金属线槽、桥架、封闭母线安装，电线、电缆敷设及连接，配电箱(板)、成套配电盘柜安装，开关、插座安装、灯具安装，建筑物防雷接地系统及等电位连接，电气试运行，智能建筑工程。本次示例以电缆桥架和线管为主。

(1) 电缆桥架图对比。电缆桥架安装应做到以下几点：

1) 缩节做法规范，标识清晰；

2) 架防火封堵施工规范；

3) 线排列整齐，公用支架固定可靠；

4) 架排布均匀整齐，横担水平有序，桥架走向平直。

电缆桥架现场布局见图 7-55、图 7-56。电缆桥架相应信息模型设计如图 7-57 所示，经过深度优化，设计模型能承担施工指导功能。

(2) 线管图对比。线管布置应注意以下几点：

1) 设备末端接地可靠；

2) 屋面设备电源制防水弯；

3) 顶棚明配管排列整齐、有序；

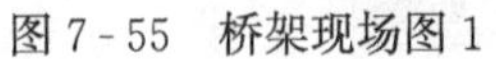

图 7-55 桥架现场图 1

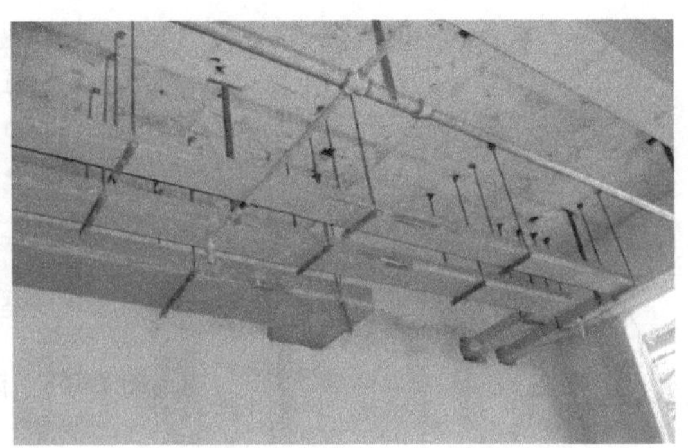

图 7-56 桥架现场图 2

4）配管支吊架排列整齐，间距符合要求，固定可靠；

5）埋管线应在现浇板面标出。

电缆桥架现场图见图 7-58、图 7-59，电缆桥架 BIM 信息模型图见图 7-60。

图 7-57 桥架 BIM 信息模型图

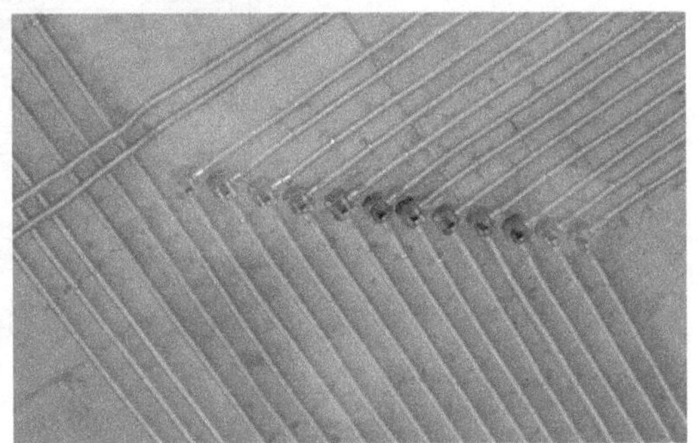

图 7-58 桥架现场图 1

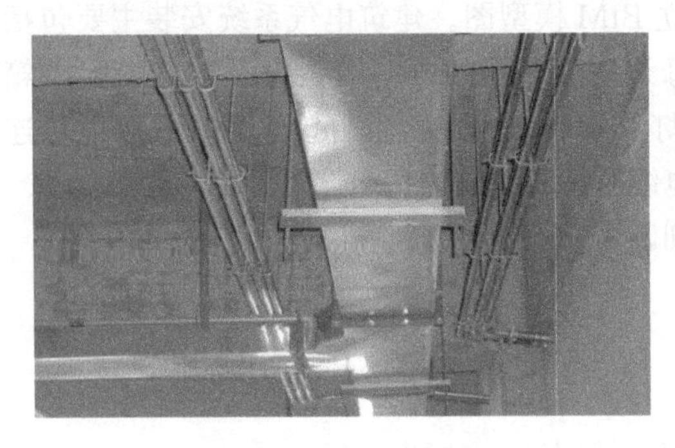

图 7-59 桥架现场图 2

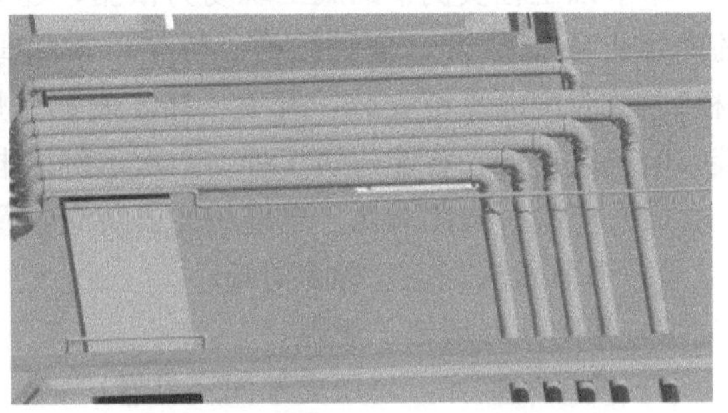

图 7-60 桥架相应 BIM 信息模型图

思 考 题

1. 什么是 BIM 技术？BIM 技术的应用前景如何？

2. BIM 技术与 Revit 的关系是什么？

3. 如何将设计对象的体积参数设置为立方米？
4. 如何创建实例明细表？
5. BIM 在施工阶段应用可以分为几个方面？
6. 如何进行云线批注？
7. 如何进行“配线”设计？
8. 如果电缆桥架绘制偏左，如何较正？

参 考 文 献

[1] 柏幕进业. Autodesk Revit Architecture 2014 官方标准教程. 北京：电子工业出版社，2014.
[2] 廖小烽，王君烽. Revit 2013/2014 建筑设计火星课堂. 北京：人民邮电出版社，2013.
[3] 欧特克软件（中国）有限公司构件开发组. Autodesk Revit MEP 2012 应用宝典. 上海：同济大学出版社，2012.
[4] 黄亚斌，徐钦. Autodesk Revit Architect 实例详解. 北京：中国水利水电出版社，2013.
[5] 王君峰，陈晓. Autodesk Revit 土建应用之入门篇. 北京：中国水利水电出版社，2013.
[6] 李学森. 智能大厦与结构化综合布线系统. 工业建筑，2013，43：113-115.
[7] 吉江，庞宏伟，金梁，等. 物理层安全的随机波束成型传输算法. 信号系统，2013，29（1）：24-30.
[8] 张传成，李向东，颉建成，等. 智能大厦与结构化综合布线系统. 建筑技术，2016，47（2）：102-106.
[9] 杨阳，秦建明，吕明，等. 单片机在智能建筑网络工程验收中的应用. 现代电子技术，2015，38（20）：98-100.
[10] 宫峰勋，马艳秋，车业蒙. 场面信道特征重构的非视距多点定位性能研究. 电波科学学报，2015，30（6）：1189-1196.
[11] 隋振国，马锦明，陈东，等. BIM 技术在土木工程施工领域的应用进展. 施工技术，2013，12（42）：161-165.
[12] 纪博雅，戚振强，孟桂芹. BIM 技术在设施管理中的应用现状调查. 施工技术，2016，45（18）：54-69.
[13] 郑华海，刘匀，李元齐. BIM 技术研究与应用现状. 结构工程师，2015，31（4）：233-241.